DIE LEHRE

VON DEN

LAGERSTÄTTEN DER ERZE.

EIN ZWEIG DER GEOLOGIE.

VON

DR. ALBRECHT VON GRODDECK,

BERGRATH UND DIRECTOR DER KÖNIGL. PREUSS. BERGACADEMIE UND BERGSCHULE IN CLAUSTHAL.

MIT 119 ABBILDUNGEN IN HOLZSCHNITT.

LEIPZIG,

VERLAG VON VEIT & COMP.

1879.

SEINEM HOCHVEREHRTEN LEHRER

DEM

GEHEIMEN BERGRATH PROFESSOR

DR. FERDINAND ROEMER

IN BRESLAU

WIDMET

DIESES BUCH ALS ZEICHEN SEINER DANKBARKEIT

DER VERFASSER.

Vorwort.

Häufig hört man von Bergbeamten die Klage aussprechen, dass es ihnen unmöglich sei den raschen Fortschritten der Geologie zu folgen. Diese Klage wird auch sehr leicht begreiflich, wenn man einen Blick auf die Thätigkeit der Specialisten in der Palaeontologie, Petrographie und Stratigraphie wirft.

Es ist gewiss nicht zu erwarten, dass Männer, deren Arbeitsfeld auf einem ganz anderen Gebiete liegt, sich in die Feinheiten palaeontologischer Forschungen, mikroskopischer Gesteinsstudien, localer Gliederungen einzelner Formationen etc. vertiefen werden.

Sehr wünschenswerth, ja nothwendig ist es aber, dass die Bergleute vom Leder und von der Feder, die auf eine fachwissenschaftliche Bildung Anspruch erheben, stets über die Methoden der Wissenschaft, sowie über die herrschenden geologischen Auffassungen im Allgemeinen orientirt sind, und den für die Praxis wichtigsten Zweig der Geologie, das ist die Geologie der nutzbaren Fossilien, nie aus den Augen verlieren.

Gleich bei dem ersten geologischen Unterricht für angehende Bergleute sind diese Richtungen einzuschlagen. — Nichts fördert dabei mehr, als kurz gefasste Lehrbücher.

Das vorliegende Buch verfolgt den Zweck, eine gedrängte und übersichtliche Darstellung des Wissenswürdigsten aus dem Gebiete der Lehre von den Erzlagerstätten zu geben, die Bergleuten, Geologen und Allen, die Beziehungen zu dem Erzbergbau haben, willkommen sein dürfte, da seit dem Erscheinen der „Lehre von den Erzlagerstätten von B. v. Cotta“ bereits zwanzig Jahre verflossen sind.

Seit meiner Studienzeit habe ich dem Gegenstande das lebhafteste Interesse zugewandt, mich mit der Literatur bekannt zu machen gesucht und jede Gelegenheit, die sich darbot, ausgenutzt, um Lagerstätten durch Augenschein kennen zu lernen, und so glaubte ich für dieses Unternehmen hinreichend vorbereitet zu sein.

Wer nun einige Erfahrungen gesammelt hat, weiss sehr wohl, dass neben den vielen zutreffenden Urtheilen und vortrefflichen Schilderungen auch manche, auf unvollständigen, oder falschen Beobachtungen basirte Anschauungen über Erzlagerstätten, durch Wort und Schrift, verbreitet sind, so dass man bei Benutzung der Literatur sehr vorsichtig sein muss, und es selbst bei der grössten Vorsicht doch nicht immer möglich ist, das Wahre von dem Falschen zu unterscheiden; — eine Controlle der Beobachtungen ist, — das liegt in der Natur der Sache — gewöhnlich nicht ausführbar.

Diese Erwägungen konnten mich nicht abhalten, den dritten Abschnitt dieses Buches, der eine, in der Hauptsache auf dem Literaturstudium beruhende, systematische Schilderung der Erzlagerstätten enthält, zu verfassen; im Gegentheile verspreche ich mir von dieser, hier zum ersten Male ausgeführten Arbeit einen sehr grossen Nutzen. — Es würde mir zu grosser Genugthuung gereichen, wenn durch dieselbe den practischen Bergleuten neue Anregung zu controllirenden und vergleichenden Beobachtungen über die Erzlagerstätten und Veröffentlichung derselben gegeben würde, damit das Beobachtungsmaterial sich rasch vermehre, das Wahre in dem allgemeinen Bewusstsein sich immer mehr und mehr befestige, und Irrthümer, die sich in die Literatur einzuschleichen drohen, rechtzeitig erkannt und beseitigt werden.

Eine übersichtliche Darstellung war im Anschluss an ältere Eintheilungen nicht möglich.

Die Unterscheidung von geschichteten Lagerstätten, massigen Lagerstätten, Hohlraumsfüllungen und metamorphischen Lagerstätten, welche meiner Darstellung zu Grunde liegt, ist aus der Beschäftigung mit dem Gegenstande wie von selbst herausgewachsen, ebenso die Unterscheidungen von Hohlraum, Spalte (Gang) und Höhle — Mineraleinschluss, Mineralausscheidung und Mineraleinsprengung — Lage, Schicht und Kruste — derb und verwachsen — Netzgängen, Parallelgängen und Strahlengängen — Contractionsspalten und Dislocationsspalten etc. etc.

Die Lehre von den Lagerstätten der Erze bekam im Laufe der Arbeit durch diese Unterscheidungen eine von den bisherigen Darstellungen und Auffassungen recht abweichende Gestalt, und wurden einige neue Gesichtspunkte gewonnen. —

Möge dieser Versuch, auf den Arbeiten so vieler ausgezeichneter Forscher, denen wir die Kenntniss der Erzlagerstätten verdanken, weiter zu bauen, zur Förderung und Verbreitung der Wissenschaft beitragen, und das Buch, das ich dem geognostischen und bergmännischen Publikum übergebe, eine wohlwollende und nachsichtige Beurtheilung erfahren.

Clausthal, im September 1879.

Der Verfasser.

Inhalt.

Einleitung.

Erster Abschnitt.

Die räumlichen Verhältnisse der Erzlagerstätten und ihre Beziehungen zum Nebengestein.

Die geschichteten Lagerstätten.

Flötze.

Lager.

Die massigen Lagerstätten, Hohlraumsfüllungen und metamorphischen Lagerstätten.

Gänge.

Stöcke, Butzen und Nester.

Zweiter Abschnitt.

Der stoffliche Inhalt der Erzlagerstätten.

Mineralien und Gesteine.

Die Textur der Erzlagerstätten.

Erzmittel.

Wechsel der Mineralführung.

Dritter Abschnitt.

System der Erzlagerstätten.

A. Ursprüngliche Lagerstätten.

I. Geschichtete Lagerstätten.

II. Massige Lagerstätten.

III. Hohlraumsfüllungen.

1. Spaltenfüllungen oder Gänge.

2. Höhlenfüllungen

und der grösste Theil der

IV. Metamorphischen Lagerstätten.

B. Trümmerlagerstätten.

Vierter Abschnitt.

Die Theorie der Genesis der Erzlagerstätten.

I. Bildung der Mineralien durch Sublimation oder Einwirkung von Gasen auf feste Körper.

II. Bildung der Mineralien durch Erstarren aus dem Schmelzfluss.

III. Bildung der Mineralien durch Ausscheidung aus Flüssigkeiten.

Einleitung.

§ 1. Erze hat man in der Mineralogie metallhaltige Mineralien genannt, z. B. Spatheisenstein, Rothkupfererz, Bleiglanz, Rothgiltigerz etc.

Man kann den Begriff, seiner ursprünglichen Bedeutung entsprechend, aber auch technisch auffassen und definiren: Erze sind Mineralien oder Mineralgemenge, aus denen man im Grossen und auf ökonomisch vortheilhafte Weise Metalle oder Metallverbindungen darstellen kann.

Beide Auffassungen stehen gleichberechtigt neben einander.

Im Folgenden wird das Wort Erz in doppelter Bedeutung gebraucht werden, ohne dass für gewöhnlich angegeben ist, ob der mineralogische oder technische Begriff gemeint ist, denn es erhellt das meist aus dem Zusammenhang.

Erze im technischen Sinne sind also nicht homogene Körper wie die Mineralien, sondern alle diejenigen metallhaltigen Massen, die der Bergmann zu Tage fördert, um sie in den Aufbereitungswerkstätten und in den Hütten weiter zu verarbeiten. — Es gehören dazu z. B. Gesteine, welche metallische Fossilien eingeschlossen enthalten (Kupferschiefer), ferner allerhand Mineralien, die so mit einander, oder mit Gestein verwachsen vorkommen, dass sie gemeinschaftlich gewonnen werden müssen. (Quarz mit gediegenem Gold. — Kalkspath mit Kupferkies und Zinkblende. — Bleiglanz mit Quarz und Thonschiefer.)

In der bergmännischen Praxis werden gewisse metallhaltige Mineralgemenge auch besonders benannt, so heissen alle oxydischen Zinkerze Galmei, rundliche, durch concentrische Minerallagen (Bleiglanz und Quarz) verkittete Gesteinsbruchstücke Ringelerze — schwefelfreie, meist pulverige oder erdige, unreine, aber silberhaltige Gemenge von Metalloxyden Pacos etc.

Erz im technischen Sinne muss in grösserer Menge vorkommen. — Ein Kupferkieskörnchen oder Kryställchen, das sich vereinzelt in einem Gestein eingewachsen findet, kann der Mineraloge als Erz bezeichnen, der Techniker nicht.

Die Verarbeitung im Grossen und auf ökonomisch vortheilhafte Weise erfordert, je nach dem Werth des Metalls, einen bestimmten, ein Minimum nicht unterschreitenden Gehalt des Erzes. — So wird z. B. ein eisenhaltiges Mineral oder Mineralgemenge, das weniger als 20 % Eisen enthält, kaum als ein Eisenerz angesprochen werden können, während $^1/_2$ % Silber einer mineralischen Masse schon den Charakter eines sehr werthvollen Silbererzes verleiht.

Selbstverständlich wird sich das Urtheil über den Werth eines Erzes mit dem Werth der Metalle und dem jeweiligen Standpunkt der hüttenmännischen Technik ändern.

Sehr beachtenswerth ist es, dass durch die Erweiterung chemischer Kenntnisse und die Vervollkommnung metallurgischer Processe metallhaltige Mineralien zu Erzen werden, die vorher die Aufmerksamkeit des Bergmanns nicht verdienten.

Kobalt und Nickel sind Schimpfnamen, welche die alten Bergleute den Verbindungen des Kobalts und Nickels mit Schwefel, Arsenik und Antimon beilegten (z. B. Kupfernickel), weil sie dieselben trotz ihres verlockenden metallischen Aussehens als werthlos auf die Halde werfen mussten, bis es am Ende des 16. Jahrhunderts gelang, die Kobalterze zur Smaltefakrikation zu verwenden. — Die Kunst, aus der Zinkblende metallisches Zink zu gewinnen, hat man erst am Ende des vorigen Jahrhunderts gelernt und von dieser Zeit an ist die Zinkblende in die Kategorie der Erze eingetreten. Seitdem man das von Wöhler entdeckte Aluminium im Grossen darzustellen gelernt hatte, war man berechtigt, nach unserer Auffassung des Begriffs Erz, die dazu benutzten Aluminium enthaltenden Substanzen, wie Thon, Beauxit, Kryolith, als Aluminiumerze zu bezeichnen.

Mit dem Begriff Erz ist ursprünglich die Idee der Verwerthbarkeit zur Metallgewinnung eng verbunden. — Es ist daher eine dieser berechtigten Auffassung nicht entsprechende, wenngleich in der Praxis eingebürgerte Erweiterung des Begriffs, Schwefel enthaltende Mineralien, die zur Darstellung von gediegenem Schwefel oder Schwefelsäure benutzt werden können, wie Schwefelkies und Markasit, Schwefelerze zu nennen.

§ 2. Als Erzlagerstätten bezeichnet man das Vorkommen der Erze auf ihren natürlichen Ablagerungen, welche, als Theile des Erdkörpers, entweder direct zu den Gesteinen gerechnet werden müssen, oder in letzteren als untergeordnete Einlagerungen auftreten.

§ 3. Die Lehre von den Erzlagerstätten ist ein Theil der Geologie und muss nach der Methode dieser Wissenschaft behandelt werden. — Je vielseitiger die geognostischen Kenntnisse sind, je tiefer die geognostische Auffassung ist, mit um so grösserem Erfolge wird das Studium der Erzlagerstätten betrieben werden können.

Exacte Beobachtungen der beim Erzbergbau sich zeigenden Erscheinungen und treue Darstellung derselben in Bild und Wort schaffen die hauptsächlichste Grundlage dieses wichtigen Theils der Geologie. — Niemand ist daher mehr berufen, die Kenntnisse der Erzlagerstätten zu fördern, als der practische Bergmann, der durch täglich sich wiederholende Beobachtungen allein im Stande ist, die vielfach wechselnde Natur derselben zu erkennen.

Ein einmaliger Besuch einer Grube ist meist nicht genügend, um die bebaute Lagerstätte verstehen zu lernen. Die Beobachtungen müssen so vielseitig angestellt werden wie irgend möglich, und sich vorzüglich erstrecken auf das räumliche Verhalten der Lagerstätten, ihre Beziehungen zu dem Nebengestein, die Eigenschaften des letzteren, die mineralogische Natur der Lagerstätte, die Art und Weise wie die Mineralien neben und über einander vorkommen etc. etc.

Je mehr die Lagerstätten durch Bergbau aufgeschlossen sind, desto günstiger ist natürlich die Gelegenheit zu derartigen Beobachtungen. — Leider hat man diese Gelegenheit, besonders in früheren Zeiten, vielfach ungenutzt vorübergehen lassen. — Die Baue sind zugestürzt und viele der wichtigsten Aufschlüsse sind für ewig zugedeckt; eine Mahnung dem lebenden Geschlechte, dafür Sorge zu tragen, dass solche Bausteine der Wissenschaft ferner nicht verloren gehen.

Das letzte Ziel des Studiums der Erzlagerstätten ist, einen klaren Einblick in die Entstehungsgeschichte derselben zu erlangen. — Wir sind diesem Ziele um so ferner, je lückenhafter unsere positiven Kenntnisse der Lagerstätten sind, um so näher, je vollständiger das Beobachtungsmaterial vorliegt. — Die Einsicht in die Genesis der Lagerstätten muss, wie jedes wissenschaftliche Erkennen, Selbstzweck sein; es ist aber nicht unbeachtet zu lassen, dass dieselbe allein den Bergmann befähigt, in vollkommen rationeller Weise bei der Aufsuchung und Untersuchung der Lagerstätten zu verfahren. Die Erfolge einer oft mit grossem Glück angewandten Empirie einerseits, und die Ueberzeugung andererseits, dass wir dem erhofften Ziele noch sehr ferne stehen, dürfen an der Wahrheit des Satzes nicht irre machen, dass die geognostische Wissenschaft dem Bergmann, bei der Aufsuchung und Untersuchung der Lagerstätten, allein als Führer dienen kann.

§ 4. Eintheilung.

1. Eine der wichtigsten Aufgaben ist es, die räumlichen Verhältnisse der Erzlagerstätten und ihre Beziehungen zu den angrenzenden Gesteinen kennen zu lernen. — Damit beschäftigt sich der erste Abschnitt der Erzlagerstättenlehre.

2. Der zweite Abschnitt handelt von dem stofflichen Inhalt der Erzlagerstätten oder von den Mineralien und Gesteinen derselben und ihrer Anordnung.

3. Der dritte Abschnitt giebt eine systematisch geordnete Schilderung aller Arten von Erzlagerstätten und gewährt so eine Uebersicht über das ganze Gebiet.

4. In dem vierten Abschnitt wird die Theorie der Genesis der Erzlagerstätten im Zusammenhang behandelt.

Es lässt sich nicht vermeiden, in die Darstellung der drei ersten Abschnitte schon genetische Betrachtungen zu verflechten. — Die Gesammtheit der erworbenen Kenntnisse befähigt aber allein — natürlich mit voller Berücksichtigung der Physik und der Chemie — ein Urtheil über die Genesis der Erzlagerstätten zu haben.

§ 5. Hülfswissenschaften. Als ein Theil der Geologie wird die Erzlagerstättenlehre nur im Zusammenhang mit den übrigen Theilen dieser Wissenschaft verstanden werden können, und ist deshalb die Kenntniss derselben, in möglichst grossem Umfange, vorauszusetzen.

Die Hülfswissenschaften der Geologie, vorzüglich Mineralogie, Chemie und Physik, bilden daher auch für uns die nothwendige Grundlage eines tieferen Verständnisses.

§ 6. Literatur. An Lehrbüchern der Erzlagerstättenlehre ist die Literatur sehr arm. Das vorzüglichste ist:

Bernhard von Cotta, *Die Lehre von den Erzlagerstätten.* Zweite Auflage. 2 Theile. Freiberg 1859—1861.

Ausserdem sind noch zu nennen:

Joseph Waldauf von Waldenstein, *Die besonderen Lagerstätten der nutzbaren Mineralien.* Wien 1824, und

Johann Grimm, *Die Lagerstätten der nutzbaren Mineralien.* Prag 1869.

Fast alle Lehrbücher der Geologie und Bergbaukunde behandeln in besonderen Abschnitten die Erzlagerstätten.

Auf eine vollständige Aufzählung verzichtend, mögen hier nur erwähnt werden:

Carl Friedrich Naumann, *Lehrbuch der Geognosie.* Zweite Auflage. 3. Band. 16. Abschnitt. (Leider unvollendet geblieben.) Leipzig 1872.

Moritz Ferdin. Gaetschmann, *Die Auf- und Untersuchung von Lagerstätten nutzbarer Mineralien als 1. Theil der Vollständigen Anleitung zur Bergbaukunst.* Freiberg 1856. Zweite Auflage. Leipzig 1866, und

Albert Serlo, *Leitfaden zur Bergbaukunde.* Dritte Auflage. 1. Abschnitt. Berlin 1878.

Ein grosser Schatz an werthvollen Monographien und Arbeiten, die sich auf Erzlagerstätten beziehen, ist in den geologischen und bergmännischen Zeitschriften und sonstigen mineralogischen und geognostischen Werken niedergelegt, auf den im Folgenden durch Citate specieller hingewiesen werden soll.

Erster Abschnitt.

Die räumlichen Verhältnisse der Erzlagerstätten und ihre Beziehungen zum Nebengestein.

§ 7. Regelmässig und unregelmässig gestaltete Lagerstätten. Man hat die Erzlagerstätten nach ihrer äussern Form in regelmässig und unregelmässig gestaltete eingetheilt, und zu den ersteren Flötze, Lager und Gänge, zu den letzteren Stöcke, Butzen und Nester gerechnet.

Die ideale Form der regelmässig gestalteten Lagerstätten ist die einer mehr oder weniger dicken (mächtigen) ebenen Platte. — Dieser Form kommen Flötze und Gänge in Wirklichkeit manchmal sehr nahe; meist finden sich aber erhebliche Abweichungen, indem sich Undulationen der Platte einstellen, — die die Platte begrenzenden Flächen also nicht mehr Ebenen sind, — ferner keilförmige Gestalten herausbilden, und die scharfen Grenzen der Lagerstätten dadurch verschwinden, dass letztere mit dem Nebengestein in unregelmässigster Weise verwachsen. — Bei den Lagern kommen linsenförmige Gestalten besonders häufig vor, die aber recht oft in ganz regellose Formen übergehen.

Lager und Gänge, welche sehr stark von der Plattenform abweichen, werden, wenn sie gleichzeitig grosse Dimensionen besitzen, als stockartig ausgebildet bezeichnet. (Lagerstöcke und Gangstöcke.)

§ 8. Bestimmung der Lage der Lagerstätten im Raum. Soll die Lage einer regelmässigen Lagerstätte im Raum mathematisch bestimmt werden, so muss man sich ihre Gestalt, indem man von den zufälligen Unregelmässigkeiten absieht, auf die ideale Form und diese schliesslich auf eine Ebene zurückgeführt denken.

Die Lage einer Ebene im Raume ist durch drei Punkte, oder durch zwei sich schneidende gerade Linien bestimmt.

In der Praxis wählt man zwei gerade, in der Ebene der Lagerstätte liegende, sich rechtwinklig schneidende Linien, von denen eine horizontal liegt.

Diese horizontale Linie *a b* in Fig. 1 wird die Streichlinie genannt, und die darauf senkrecht stehende *c d* die Falllinie.

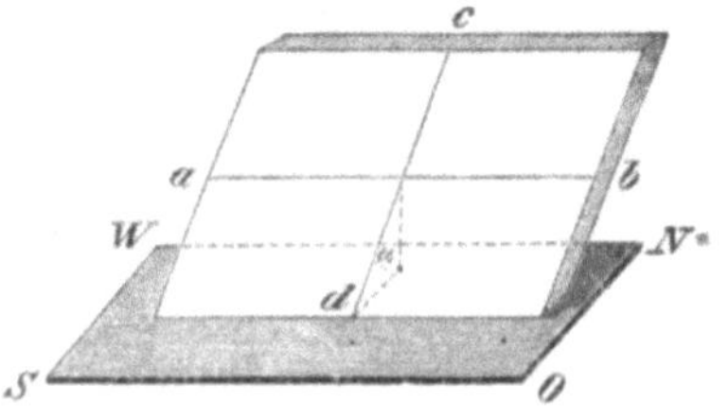

Fig. 1.

Die Himmelsrichtung der Streichlinie, gemessen durch den Winkel, welchen letztere mit dem Meridian bildet, nennt man das Streichen der Lagerstätte.

Mit Hülfe des Compass kann man das Streichen, bezogen auf den magnetischen Meridian, das sogenannte observirte Streichen leicht bestimmen.

Ist das auf den astronomischen Meridian bezogene, sogenannte reducirte Streichen zu ermitteln, so hat man von dem observirten Streichen die durch die Declination angegebene Anzahl Grade abzuziehen; — für Deutschland gegenwärtig rund 15° westlich.

Das Streichen wird entweder in Stunden (horae), oder in Graden ausgedrückt. — Bei der ersten Methode denkt man sich den Horizont in 2 mal 12 Stunden eingetheilt, und zwar dem Gange der Sonne entsprechend von Ost nach West. — Jeder Stunde entsprechen 15°.

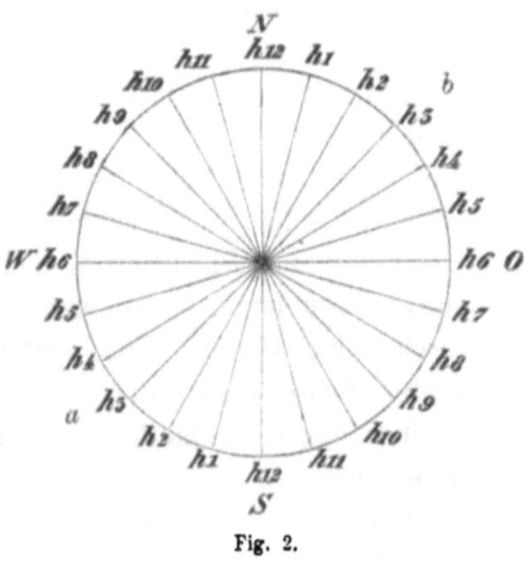

Fig. 2.

Die Richtung NS ist Stunde 12 (h. 12) — Mitternacht und Mittag —, die Richtung OW ist Stunde 6 (h. 6) — Morgen und Abend.

In beistehender Figur 2 wird der Horizont durch einen Kreis vorgestellt. — Die Linie *a b* ist die Streichlinie einer in h 3 streichenden Lagerstätte.

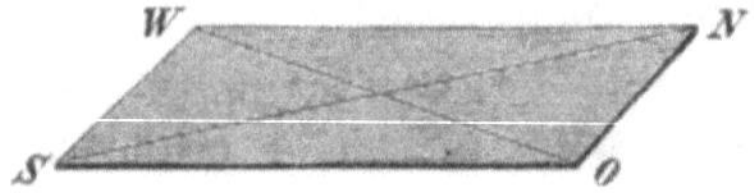

Fig. 3.

In Zukunft wird, wie bereits in Fig. 1 geschehen, der Horizont durch einen horizontal liniirten Rhombus NOSW (Fig. 3) dargestellt werden, in welchem NS = h 12 und WO = h 6 bedeuten soll.

Bei der Bestimmung nach Graden wird der Horizont sehr verschieden eingetheilt, entweder in 360° oder in 2 mal 180°, auch sogar in 4 mal 90°. — Die Theilung beginnt in den beiden ersten Fällen an der Nordsüdlinie, im letzteren Fall — bei Eintheilung in 4 mal 90° — auch an der Ostwestlinie. Die Richtung der Zählung wird ausgedrückt, indem man die Zeichen N, S, O. W vor und hinter die Zahl, welche die Grade angiebt, schreibt; so ist z. B. h 3 = N 45° O. — Um an dem Compass das Streichen direct ablesen zu können, müssen auf dem Theilkreis desselben Ost und West vertauscht sein.

Den Winkel, welchen die Falllinie mit dem Horizont bildet — α in Fig. 1 — nennt man das Fallen; dasselbe wird durch den Gradbogen bestimmt.

Wenn eine plattenförmige Lagerstätte von der regelmässigen idealen Form abweicht, so zeigt dieselbe nicht an allen Stellen dasselbe Streichen und Fallen. Aus den einzelnen Observationen, Specialstreichen und Specialfallen, wird man aber immer im Stande sein, eine durchschnittliche Streich- und Fallrichtung — das Generalstreichen und Generalfallen — zu construiren.

In Fig. 4 bedeutet $a\,b$ das Generalstreichen und $a'\,b'$ ein Specialstreichen, in Fig. 5 $c\,d$ das Generalfallen und $c'\,d'$ ein Specialfallen.

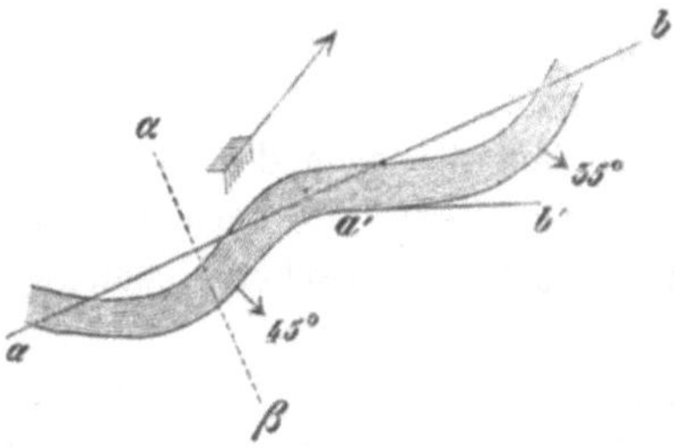

Fig. 4. Grundriss.

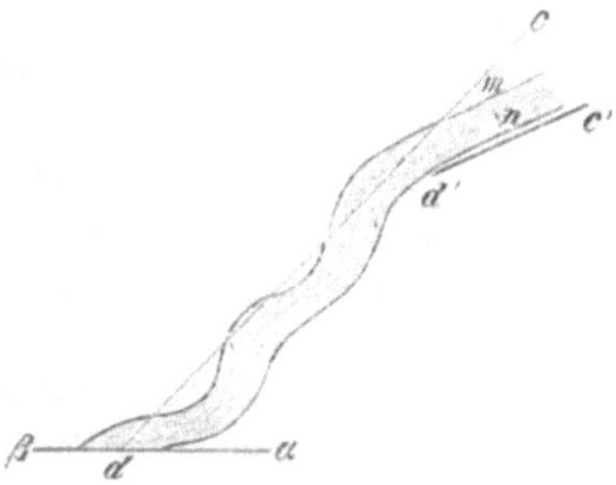

Fig. 5. Querprofil.

Die Dicke einer plattenförmigen Lagerstätte nennt man ihre Mächtigkeit; dieselbe wird durch die Länge des Perpendikels zwischen den beiden Begrenzungsflächen gemessen. ($m\,n$ in Fig. 5.)

Das unter einer Lagerstätte befindliche Gebirgsstück heisst das Liegende; das über ihr gelagerte Gebirgsstück das Hangende. Bei einem Fallen von 90° hört der Unterschied von Liegendem und Hangendem natürlich auf.

Der Theil einer Lagerstätte, welcher an der Tagesoberfläche, oder nahe darunter liegt, heisst das Ausgehende.

Je unregelmässiger die Lagerstätten geformt sind, desto schwieriger wird es, Streichen, Fallen, Mächtigkeit etc. zu bestimmen, bis schliesslich bei den regellosesten Formen ganz darauf verzichtet werden muss.

§ 9. Bildliche Darstellung der Lagerstätten. Von der eminentesten Bedeutung für das Studium und die Fortentwickelung der Lehre von den Erzlagerstätten ist die bildliche Darstellung der letzteren; diese geschieht durch Projectionen auf drei zu einander senkrecht stehende Ebenen, oder mit Hülfe von Durchschnitten.

Ein Grundriss ist ein horizontaler Durchschnitt durch die Lagerstätte, oder eine Projection auf die horizontale Ebene. Man erkennt in demselben, wenn der Meridian verzeichnet ist, das Streichen. (Fig. 4.) Die Fallrichtung wird auf dem Grundriss meistens durch einen Pfeil (↓) mit beigeschriebener Gradzahl angegeben.

Geognostische Karten mit darauf verzeichneten Lagerstätten gehören in die Kategorie der Grundrisse, und ist deren Anfertigung zum richtigen und vollständigen Verständniss der Lagerstätten absolut nothwendig.

Ein Saigerriss ist die Projection auf eine parallel dem Streichen der Lagerstätte gelegte senkrechte Ebene.

Ein flacher Riss ist die Projection auf eine Ebene, welche durch die Richtung des Generalstreichens und Generalfallens gelegt ist.

Profile sind senkrechte Durchschnitte durch die Lagerstätte.

Das Querprofil liegt senkrecht zur Streichlinie und zeigt in deutlichster Weise das Fallen und die Mächtigkeit. (Fig. 5.)

Das Längenprofil verläuft parallel dem Streichen der Lagerstätte.

Die Risse und Profile müssen, wenn sie eine ganz richtige Vorstellung von den Lagerstätten geben sollen, mit markscheiderischer Genauigkeit angefertigt sein.

Bei regelmässigen Lagerstätten genügt gewöhnlich ein Grundriss und ein Profilriss; in manchen Fällen, z. B. bei Darstellung von Gangverhältnissen, ist noch ein Saigerriss, oder ein flacher Riss hinzuzufügen.

Bei unregelmässigen Lagerstätten sind dagegen, je nach Erforderniss, mehrere Grundrisse in verschiedenen Höhen über einander, und eine grössere Anzahl von Profilen etc. anzufertigen. (Fig. 79.)

Die Eintragung des geognostischen Details in die Risse und Profile wird in jedem Fall zum wissenschaftlichen Verständniss der Lagerstätten wesentlich beitragen.

§ 10. Wissenschaftliche Eintheilung der Lagerstätten. So zweckmässig die Unterscheidung von regelmässig und unregelmässig gestalteten Lagerstätten in mancher Beziehung, besonders was die speciell bergtechnische Seite anbetrifft, ist, so wenig geeignet ist sie als wissenschaftliches Haupteintheilungsprincip, da sie sich auf ein rein äusserliches, man kann sagen zufälliges Merkmal bezieht.

Eine zur Haupteintheilung geeignete Unterscheidung ist die von

1. geschichteten Lagerstätten,
2. massigen Lagerstätten,
3. Hohlraumsfüllungen und
4. metamorphischen Lagerstätten.

Obwohl das räumliche Verhalten und die Beziehungen zu dem Nebengestein bei diesen vier Arten von Lagerstätten meist sehr verschieden sind und zum Theil äusserst charakteristische Merkmale abgeben, so ist es doch nicht möglich, in allen Fällen an diesen Merkmalen allein die Zugehörigkeit einer Lagerstätte zu der einen oder der anderen Hauptgruppe zu erkennen; es muss vielmehr die Natur der Lagerstätte auch nach anderen Richtungen hin berücksichtigt werden.

Ein vollkommenes Verständniss für diese Unterscheidungen kann demnach in diesem Abschnitt noch nicht gewonnen werden, trotzdem ist schon hier darauf einzugehen, da die bezeichneten Hauptgruppen bei den nächstfolgenden Darstellungen stets im Auge zu behalten sind.

Die geschichteten Lagerstätten bekunden durch ihr räumliches Verhalten, ihre Beziehungen zu dem Nebengestein und die Natur ihres stofflichen Inhalts, dass sie sich, ebenso wie geschichtete Gesteine, Kalksteine, Sandsteine, Schieferthone etc. ursprünglich, jedenfalls an der Tagesoberfläche, durch successiven Absatz aus dem Wasser gebildet haben. — Es sind also, um den sehr treffenden Ausdruck Grimm's anzuwenden, Bodensatzbildungen.

In horizontaler oder nur wenig davon abweichender Lage verbreitete sich die Ablagerung mit gleichmässiger Mächtigkeit über grosse Flächenräume (Flötz), oder sie fand vielfach unterbrochen statt, trat auch wohl nur ganz local auf und nahm dabei stellenweise sehr bedeutende Mächtigkeit an. (Lager und Lagerstöcke, Nieren und Nester.) — Liegen solche Lagerstätten noch jetzt an der Tagesoberfläche, wie viele Raseneisensteine und Seifenlager, so nennt man sie oberflächliche Lagerstätten; — gewöhnlich sind sie in geschichteten Gesteinen eingeschlossen, also eingelagerte Lagerstätten. Dieselben haben mit ihrem Nebengestein Dislocationen mannigfacher Art erfahren; immer zeigen sie aber als ganz besonders charakteristisches Merkmal gleiches Streichen und Fallen mit den sie einschliessenden Schichtgesteinen.

Nur ausnahmsweise, und zwar bei den Lagergängen, ist letzteres Verhalten auch bei den ungeschichteten Lagerstätten zu bemerken. Ein besonderer Fall ist es, dass sich geschichtete Lagerstätten über einem massigen Gestein, oder auch über den Schichtenköpfen eines gehobenen Schichtensystems discordant abgelagert haben und dann von jüngeren Schichtgesteinen gleichförmig bedeckt sind. — Die Folge davon würde sein, dass Liegendes und Hangendes der Lagerstätte sehr abweichend entwickelt sind.

Hier ist noch ganz besonders darauf aufmerksam zu machen, dass geschichtete Lagerstätten niemals in massigen Gesteinen eingelagert sein können. — Man darf daher nicht — wie es wohl geschehen — von Lagern im Granit, Diorit etc. reden.

Zu den massigen Lagerstätten gehören alle massigen, gemengt krystallinischen Gesteine, z. B. Diabas, Olivingestein, Syenit etc., die Erze, z. B. Magneteisen, so einschliessen, dass eine wesentlich gleichzeitige Entstehung dieser Erze und des Gesteins angenommen werden muss. — Das Erzvorkommen ist in diesem Falle immer durchaus unregelmässig gestaltet; es sind im Gestein ausgeschiedene Kryställchen, krystallinische Körner, Klumpen, Primärtrümmer (vergl. § 46), die entweder ganz vereinzelt liegen, oder sich local zu Erznestern oder Erzstöcken concentriren.

Der Ausdruck massige Lagerstätten ist gebraucht, weil dieselben ausschliesslich an die massigen Gesteine geknüpft und mit diesen gleichzeitig entstanden sind.

Die Hohlraumsfüllungen bekunden, im Gegensatz zu den vorigen Lagerstätten, durch die Gesammtheit ihrer Eigenschaften eine spätere Entstehung als das umgebende Gestein.

Man hat nach der Entstehung der Hohlräume zwei Hauptarten zu unterscheiden.

Erstens Hohlräume, die durch Ueberwindung der Cohäsion des Gesteins in Folge innerer Spannungen beim Austrocknen, Abkühlen, Biegen, Drücken etc. entstanden sind, wobei ein Reissen, Brechen, Zersplittern des Gesteins stattfand. — Die dabei gebildeten Hohlräume nennen wir Spalten oder Spaltenräume.

Die zweite Art von Hohlräumen sind Auswaschungsräume, die in geeigneten Gesteinen, vor Allem in Kalksteinen und Dolomiten, herausgelöst oder ausgewaschen sind. So entstandene Räume, von meist sehr unregelmässiger Form, nennen wir Höhlen.

Wo sich Hohlräume in der Erdkruste befanden, war Gelegenheit zum Absatz von Mineralien aus Lösungen, die im Erdinnern circulirten, gegeben, — Gelegenheit zur Bildung von Erzlagerstätten, wenn diese Lösungen metallhaltig waren.

Unter den so entstandenen Erzlagerstätten haben wir nach dem Vorigen die Spaltenfüllungen und die Höhlenfüllungen zu unterscheiden.

Spalten haben die Form von Platten, und es gehören daher die Spaltenfüllungen zu den regelmässig plattenförmigen Lagerstätten. — Leere, offene Spalten im Gestein nennt man Klüfte, ausgefüllte Spalten Gänge oder Trümmer[1] (Secundärtrümmer).

Ein wesentlicher Unterschied zwischen Gängen und Trümmern existirt nicht. — Gang ist eigentlich jede ausgefüllte Spalte, speciell aber eine solche von grösseren Dimensionen, während die von kleineren Dimensionen Trümmer heissen.

Gänge können natürlich sowohl in massigen als auch in geschichteten Gesteinen auftreten; es sind Quergänge, wenn sie anderes Streichen und Fallen haben wie ihr geschichtetes Nebengestein, Lagergänge, wenn sie dasselbe Streichen und Fallen besitzen, also zwischen den Schichtflächen liegen. — Der Unterschied zwischen Quergängen und Lagergängen existirt selbstverständlich gar nicht, wenn die Gänge in massigen Gesteinen aufsetzen. Erweitert sich eine Gangspalte local zu sehr grossen und unregelmässigen Dimensionen, wird sie als stockartig bezeichnet (Gangstock).

Ueber die Höhlenfüllungen ist hier nichts weiter zu bemerken, als dass sie zu den unregelmässig gestalteten Lagerstätten zum grössten Theil gehören und als Nester, Butzen und Stöcke bezeichnet sind.

Durch die Umwandlung von Gesteinen in Erz entstehen die metamorphischen Lagerstätten. — Die Umwandlung pflegt von Klüften oder von den Wänden der Höhlen aus um sich zu greifen, und besitzen die so entstandenen Lagerstätten fast ausnahmslos höchst unregelmässige Form.

Die geschichteten Lagerstätten.

§ 11. Der Unterschied von Flötzen und Lagern. Die geschichteten Lagerstätten, zu denen Flötze und Lager gehören, sind bereits oben (S. 9 f.) im Allgemeinen characterisirt.

Das gemeinschaftliche normale Verhalten der Flötze und Lager ist danach das Folgende: sie sind entweder an der jetzigen Tagesoberfläche als oberflächliche Lagerstätten abgelagert, oder sie finden sich in Form eingelagerter Lagerstätten mit gleichem Streichen und Fallen wie ihr Nebengestein in einer Weise ausgebildet, die bekundet, dass sie jünger als ihr Liegendes und älter als ihr Hangendes sind.

Es wird nun die Frage aufzuwerfen sein, wie sich Flötze und Lager unterscheiden.

---

[1] Der viel gebrauchte, mit Trumm gleichbedeutende Ausdruck Ader ist nicht anschaulich, da die Masse nicht röhrenförmig, sondern plattenförmig gestaltet ist.

Die Flötze haben bei grosser, wesentlich ununterbrochener Verbreitung über weite Flächenräume eine ziemlich constant bleibende, verhältnissmässig geringe Mächtigkeit.

Die Lager dagegen nehmen, bei verhältnissmässig grosser und oft sehr wechselnder Mächtigkeit, nur geringe Flächenräume ein.

Aus diesen Erklärungen geht ohne Weiteres hervor, dass eine scharfe Grenze zwischen Flötzen und Lagern nicht vorhanden ist; — sie gehen allmälig in einander über.

Bedeutsam ist, dass nur die deutsche Sprache den Unterschied kennt; denselben beizubehalten ist aber durchaus zweckmässig, denn — wenn auch ganz allmälige Uebergänge stattfinden — die Extreme liegen gewöhnlich sehr weit von einander, wie beispielsweise der Vergleich zwischen den linsenförmig und stockförmig ausgebildeten Erzlagern der archäischen Formation und den Eisenerzflötzen der jüngeren Formationen, oder dem Kupferschieferflötz der Zechsteinformation lehrt.

Die zwischen Glimmerschiefern, chloritischen Schiefern und Thonschiefern eingelagerten Kieslager von Røraas und Dovre bei Trondhjem in Norwegen bilden nach A. Helland nach allen Seiten hin sich auskeilende, meist linsenförmig gestaltete Erzmassen, deren Mächtigkeit von 0,1 bis 26 m schwankt. Die streichende Länge, auf welche die einzelnen Erzmassen verfolgt werden konnten, wechselt von wenigen Metern bis etwa 570 m und ist diese bei geringer Mächtigkeit meist ebenfalls gering, bei bedeutender Mächtigkeit bedeutend. Bei Ducktown in Tennessee finden sich nach H. Credner zwischen Talk- und Glimmerschiefern in gewissen Zonen staffelförmig angeordnete lentikulare Kiesmassen, welche bei einer streichenden Ausdehnung von etwa 500 m eine Mächtigkeit bis zu 150 m erreichen.

Solchen typischen Lagern gegenüber verhalten sich echte Flötze durchaus abweichend, so das Kupferschieferflötz der Zechsteinformation, ein durchschnittlich $^1/_2$ m mächtiger, bituminöser Mergelschiefer mit feinen Kupfererzeinschlüssen, der in der Mansfelder Mulde allein über einen Flächenraum von etwa 4 Quadratmeilen verbreitet ist und sich von hier aus über hunderte von Quadratmeilen, bei merkwürdiger Constanz seiner Eigenschaften, bis Riechelsdorf, Frankenberg und Bieber in Hessen verfolgen lässt. In Westfalen ist innerhalb der productiven Kohlenformation ein 0,24 bis 0,48 m, selten bis 1,2 m mächtiges, aus derbem krystallinischem Spatheisenstein bestehendes Flötz bekannt, welches, die dortigen Kohlenflötze begleitend, auf viele Meilen streichende Länge zwischen Werden und Witten a. d. Ruhr nachgewiesen ist.

Flötze.

§ 12. Ursprüngliche Flötzablagerung. Die Flötze müssen alle ursprünglich horizontal abgelagert sein, und bei einer ununterbrochenen gleichmässigen Gebirgsbildung die Form einer ebenen Platte erhalten haben. Beim Flötzbergbau ist es üblich, die unmittelbar unter dem Flötz befindliche Schicht die Sohle und die dicht über dem Flötz liegende Schicht das Dach zu nennen.

Die Mächtigkeit der Flötze, abhängig von der Menge des local zur Ablagerung gelangten Materials, ist eine zwischen weiten Grenzen schwankende Grösse. Es giebt Flötze deren Mächtigkeit nach Centimetern zählt, und andererseits steigt die Mächtigkeit auf viele Meter; so besitzen die bei Commern in der Eifel abgebauten Bleierz führenden Sandsteinflötze (Knottenflötze) Mächtigkeiten von 18 bis 26 m. — Das in den huronischen Schiefern des Bergwerksdistricts von Negaunee am Oberen See auftretende Rotheisenerzflötz erreicht sogar bis 30 m Mächtigkeit. Bei ein und demselben Flötz bemerkt man sehr häufig mannigfachen Wechsel der Mächtigkeit.

Nimmt letztere allmälig bis zum Verschwinden des Flötzes ab, so sagt man: das Flötz keilt sich aus. Gewöhnlich setzt es dabei in Form eines zwischen Sohle und Dach liegenden dünnen Lettenschmitzes oder Lettenbesteges fort, eine Erscheinung, die deshalb wichtig ist, weil die Erfahrung lehrt, dass dem Auskeilen des Flötzes sehr häufig auch wieder ein Aufthun desselben folgt (Fig. 6). — Der Bergmann hat daher, wenn sich ein Flötz ausgekeilt hat, in der Hoffnung neue Anbrüche zu treffen, den Lettenbestegen oder Lettenschmitzen mit seinen Bauen zu folgen.

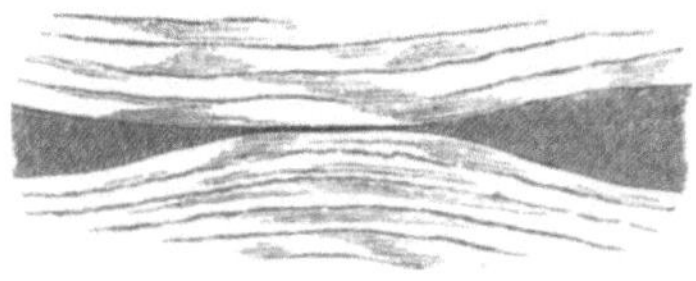

Fig. 6.

Tritt das Auskeilen und Wiederaufthun des Flötzes häufig und in kurzen Abständen ein, so wird dadurch der continuirliche Zusammenhang der Flötzmasse bedeutend unterbrochen, und es nimmt die Ablagerung den Charakter des Lagerhaften an. — Der Zusammenhang zwischen Flötzen und Lagern tritt dabei deutlich hervor. Die Flötze zertheilen sich gleichsam in lauter einzelne Lagermassen, die in ihrer Gesammtheit die Eigenschaften der später zu schildernden Lagerzüge besitzen. (S. § 17.)

Alle etwaigen Unebenheiten der Sohle des Flötzes werden sich bei der Ablagerung ausgleichen und dadurch ebenfalls Mächtigkeitswechsel entstehen. (S. Fig. 7.) Die Flötzablagerung fand naturgemäss in einzelnen geschlossenen, oder in mehreren zusammenhängenden Becken statt, deren Formen sich nach den zur Zeit der Flötzbildung vorhandenen Unebenheiten der Erdoberfläche richteten. — Hatten diese Becken flache Ufer, so endeten die Flötzablagerungen an ihren äussersten Grenzen durch allmäliges Auskeilen, waren dagegen steile Ufer vorhanden, so stossen die Flötze an denselben, manchmal mit voller, oft aber auch mit verminderter Mächtigkeit ab. Um inselförmige Hervorragungen des Grundgebirges findet eine Umlagerung statt, die als mantelförmig bezeichnet wird, wenn die Flötzmasse sich an dem Grundgebirge flach hinaufzieht. (S. Fig. 8.) Eine solche mantelförmige Umlagerung kann eine vollständige, oder auch nur theilweise ausgebildete sein.

Je nachdem die Bedingungen zur Flötzbildung in einem Becken nur einmal vorhanden waren, oder sich mehrmals wiederholten, findet man nur ein Flötz oder mehrere.

Vereinzelt tritt das Kupferschieferflötz auf, dagegen findet man nach G. v. Rath[1] im Teschener Kreise in der Kreideformation nicht weniger als 51 Sphärosideritflötze von 5—7 cm, seltener 10—15 cm Mächtigkeit übereinander.

Fig. 7.

Fig. 8.

Innerhalb eines Flötzes findet man die Erzführung nicht selten durch parallel Sohle und Dach ausgedehnte Gesteinsablagerungen unterbrochen, die man als Bergmittel bezeichnet. — Die Mächtigkeit derselben ist demselben Wechsel unterworfen wie die Mächtigkeit der Flötze selbst. — Beginnt ein Bergemittel ganz schwach und verdickt sich dann allmälig immer mehr und mehr, so wird das Flötz in zwei Theile getheilt, — es gabelt sich.

Dadurch, sowie durch sonstige locale Wechsel der Ablagerungsbedingungen, erklärt es sich, dass innerhalb eines Ablagerungsgebietes die Anzahl der Flötze an verschiedenen Stellen verschieden ist.

Bei Commern in der Eifel sind gewöhnlich nur 2 Knottenerzflötze von 18, beziehungsweise 26 m Mächtigkeit bekannt. An einer Stelle schiebt

[1] G. v. Rath, *Bericht über eine geol. Reise nach Ungarn.* Bonn 1877, p. 4.

sich aber in jedes Flötz ein Bergemittel ein, so dass sich 4 Flötze von geringerer Mächtigkeit herausbilden.

Ein ausgezeichnetes Beispiel dafür, dass die Anzahl der Flötze wechselt, liefern die sogenannten Minetteflötze in Luxemburg und Lothringen. — Diese Flötze treten im mittleren Jura auf und enthalten oolithische Brauneisenerze. Fast immer führen sie Bergmittel von Kalkstein oder Mergel. Die Mächtigkeit der Eisenerzablagerung und die Anzahl der Flötze nimmt regelmässig in der Richtung von Norden nach Süden ab. Im Norden treten 3 bis 4 bauwürdige Flötze von 4 bis 5 m Mächtigkeit auf; weiter südlich zwischen Feusch und Orne liegen nur 2 etwa 2 m mächtige bauwürdige Flötze, und bei Novéant an der französischen Grenze ist nur noch ein unbauwürdiges, etwa 1 m mächtiges Flötz zu finden.

§ 13. Störungen der ursprünglichen Ablagerungsformen. In horizontaler oder nur wenig davon abweichender Lage, in der sich die Flötze ursprünglich abgelagert haben müssen, finden wir dieselben gegenwärtig nur selten. Jede Abweichung von der ursprünglichen Lage wird als Schichtenstörung — Dislocation — bezeichnet. — Eine solche besteht in den meisten Fällen zunächst darin, dass die Flötzplatte verbogen und zusammengefaltet erscheint, ohne dass der Zusammenhang derselben aufgehoben ist. — Die horizontale Lage ist dabei in eine mehr oder weniger geneigte übergegangen; Streichen und Fallen bleiben sich aber entweder noch auf grosse Flächenräume gleich, oder wechseln schnell, je nach der minder oder mehr energischen Zusammenfaltung.

Im innigsten Zusammenhang mit dieser Art der Schichtenstörung — manchmal aber auch ganz unabhängig davon — steht die Erscheinung, dass da, wo die Cohäsion der Platte beim Biegen, Drücken, Stossen etc. überschritten wurde, ein Riss oder eine Spalte entstand, der Zusammenhang der Flötzmasse also aufgehoben wurde und dann eine Verschiebung der zerrissenen Theile gegen einander eintrat.

Hangendes und Liegendes der Flötze machen alle diese Störungen mit, ja — ganze Gebirgssysteme sind mitsammt den darin liegenden Flötzen gefaltet und stellenweise zerrissen.

Die Beweise dafür beizubringen, dass die ursprüngliche Lage der Schichten, sowie der dazu gehörigen Flötze horizontal war, ist hier nicht der Ort. — Wir nehmen das als durch geognostische Gründe bewiesen an.

Als Ursache der Schichtenstörungen, der Verbiegungen, Zusammenfaltungen, Zerreissungen, haben wir Druckkräfte anzunehmen, welche die Schichten local hoben und senkten, oder, was besonders häufig vorgekommen zu sein scheint, seitlich zusammenpressten. — Diese Kräfte sind jedenfalls auf sehr verschiedene Weise entfesselt worden. — In erster

Linie scheint die Contraction der sich abkühlenden Erdrinde und das damit im causalen Zusammenhang stehende Empordringen von Eruptivgesteinen gewirkt zu haben, sodann — aber jedenfalls in untergeordneter Weise — Volumverminderung oder Volumvermehrung liegender Schichtenreihen in Folge von Lösung und Umwandlung.

§ 14. Sättel und Mulden. Die gewöhnlichste Form der Schichtenstörung ist die der Sättel (Gewölbe nach A. Heim) und Mulden. Man unterscheidet unter diesen die geschlossenen und die offenen.

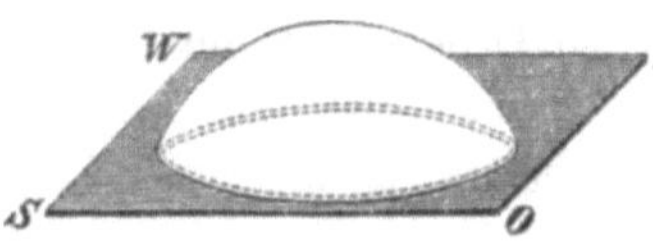

Fig. 9.

Geschlossene Mulden und Sättel sind schaalenförmige Einsenkungen resp. glockenförmige Erhebungen der im Uebrigen noch horizontal oder wenig geneigt liegenden Flötze. — Denkt man sich durch dieselben einen horizontalen Schnitt gelegt, so bildet die Streichlinie in demselben eine in sich geschlossene krumme Linie. (S. Fig. 9.)

Solche geschlossenen Sättel und Mulden, die einen sogenannten umlaufenden Schichtenbau zeigen, sind bei Erzflötzen sehr selten.

Allgemein verbreitet sind die offenen Mulden und Sättel. (S. Fig. 10 u. 11.) — Die geneigt liegenden Theile *f* in Fig. 10 nennt man die Mulden- beziehungsweise Sattelflügel (Mulden- und Gewölbeschenkel nach A. Heim). — Die Muldenflügel besitzen eine sogenannte synklinale, die Sattelflügel eine antiklinale Schichtenstellung.

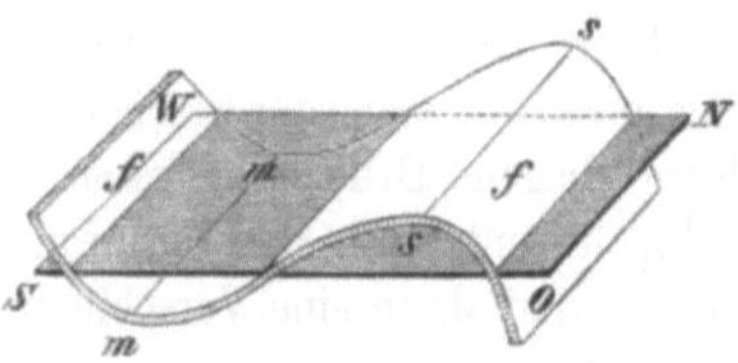

Fig. 10.

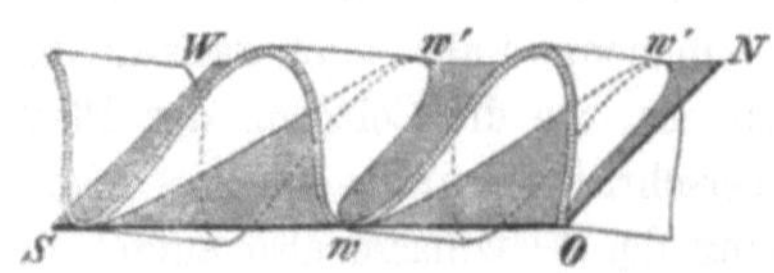

Fig. 11.

Die Verbindungslinie aller höchsten Punkte vertikaler Schnitte innerhalb eines Flötzsattels nennt man die Sattellinie, *ss* in Fig. 10, und die Verbindungslinie aller tiefsten Punkte vertikaler Schnitte innerhalb einer Flötzmulde eine Muldenlinie, *mm* in Fig. 10.

Liegen die Sattel- und Muldenlinien horizontal, so verlaufen die Streichlinien der Flügel genau parallel und gehören einem geradelaufenden Schichtenbau an. (Fig. 10.)

Liegen aber die Mulden- und Sattellinien gegen den Horizont geneigt, so treffen die Streichlinien der Flügel in den sogenannten Muldenwendungen *w* und Sattelwendungen *w'* zusammen. (S. Fig. 11.)

Der Uebergang von einem Flügel in den anderen ist meist ein ganz allmäliger und wird durch ein bogenförmiges Streichen vermittelt. — Seltener ist die Wendung winkelig, wobei Zickzackfalten entstehen, die besonders ausgezeichnet bei den Kohlenflötzen Belgiens gefunden werden. Die Flügel grösserer Mulden und Sättel sind häufig noch in sich gefaltet und es entstehen so kleinere Mulden und Sättel, die Specialmulden und Specialsättel, innerhalb der grösseren. (Vergl. Fig. 66.)

Je nach der Stärke der Zusammenfaltung werden die Flügel mehr oder minder starkes Fallen zeigen; alle möglichen Fallwinkel kommen vor, ja sogar 90°. Wenn ein Flötz 90° einfällt, so sagt man: „es steht auf dem Kopfe."

Ein sehr bemerkenswerther Fall ist der, bei welchem die Zusammenfaltung so stark war, dass die Flügel der Mulden und Sättel paralleles Einfallen angenommen haben. Dann hat der eine Flügel einer Mulde oder eines Sattels gewissermaassen grösseres Fallen als 90°, er ist übergekippt, was sich dadurch bemerklich macht, dass in abnormer Weise die ältere Schicht *a* in Fig. 12 über der jüngeren *b* liegt, das ursprüngliche Liegende des Flötzes oder Lagers zu seinem Hangenden geworden ist.

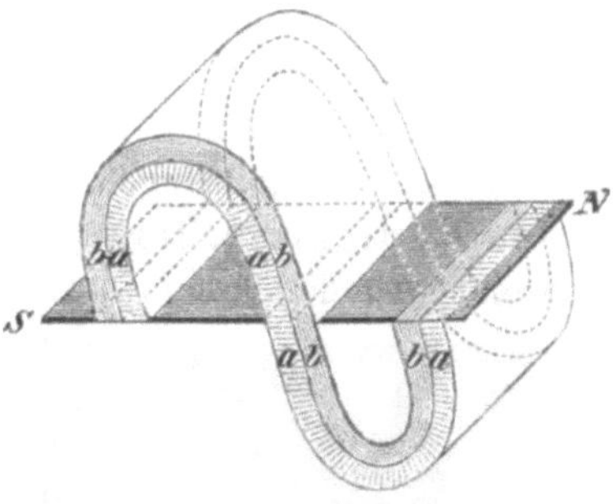

Fig. 12. Ueberkippung.

Ueberkippungen der Schichten sind meist mit sehr steilen Schichtenstellungen verbunden. — Ein ausgezeichnetes Beispiel für solche Ueberkippung der Schichten ist am Rammelsberge bei Goslar zu finden, wo über den oberdevonischen Schiefern, welche das Erzlager einschliessen, die mitteldevonischen Calceolaschichten und der unterdevonische Spiriferensandstein liegen. (Vergl. Fig. 64.)

Bei dem Zusammenfalten der Schichten mussten die nach oben ausweichenden Sattelfalten an ihren Sattellinien bersten. Des zerklüfteten, zerborstenen Gesteins bemächtigte sich die nivellirende Thätigkeit des Wassers, die eine Tagesoberfläche mit Berg und Thal schaffte.

Durch die verschiedene Art der Mulden- und Sattelbildung einerseits und andererseits durch die verschiedene Configuration der Erdoberfläche erklären sich die mehr oder minder complicirten Figuren, welche das Ausgehende der Lagerstätten bildet. Ist die Kuppe eines Sattels weggewaschen, so dass man sich den einstigen Zusammenhang zwischen zwei Sattelflügeln durch die Luft ergänzen muss, so nennt man den Sattel einen Luftsattel. (Vergl. Fig. 59 I, II u. III.)

In einer im Grossen höchst einfach gebildeten, ganz flachen, nach SO geöffneten Mulde ist das Kupferschieferflötz im Mansfeldischen abgelagert. Die Mulde hat im NW bei Hettstädt ihre Wendung. — Bei einer Breite der Mulde von circa 4000 m zwischen Eisleben und Gerbstedt fällt das Flötz sowohl an den Flügeln, als auch an der Wendung nur mit 5 bis 12° ein. — An diese breite Mulde schliessen sich nördlich und südlich zwei schmale Luftsättel an, deren Flügel stellenweise steiler einfallen. — Innerhalb der im Ganzen sehr regelmässig gebildeten Mulde finden sich allerhand kleine Störungen; so Flötzberge, das sind langgestreckte Specialsättel, deren Längsrichtung einen spitzen Winkel mit dem Hauptstreichen des Flötzes macht, ferner Horste, das sind kleine locale Aufbiegungen des Flötzes, die auch in die Kategorie der Specialsättel gehören dürften, sodann Ueberschläge, das sind knieförmige Einbiegungen des Flötzes. — Stellt sich plötzlich und auf kurze Entfernungen ein stärkeres Fallen ein, das sogleich wieder dem normalen Fallen weicht, so nennt das der Mansfelder Bergmann einen Verfall, der Kamsdorfer Bergmann eine Stürzung.

Viel complicirter ist das Spatheisensteinflötz Westfalens gelagert, welches, das Leitflötz Hundsnocken Dickekirschbaum begleitend, alle Mulden- und Sattelbildungen der Kohlenflötze Westfalens mitmacht.

§ 15. Gewirre, Doppelungen und Durchsetzungen. Einen Uebergang von den bisher betrachteten Störungen der Flötzablagerung zu denen, bei welchen der Zusammenhang der Flötzmasse durch Bildung von Spalten und Verschiebung der getrennten Stücke aufgehoben ist, bilden die Gewirre, Doppelungen und Durchsetzungen.

Fig. 13. Gewirre.

Gewirre (s. Fig. 13) finden sich an Mulden- und Sattellinien, wenn die Flötzmasse in Folge der Cohäsionsüberschreitung bei der Biegung zerbröckelt und zerstückt ist.

Fig 14. Doppelung.

Sind beim Zerreissen eines Flötzes die Stücke über einander geschoben, wie Fig. 14 zeigt, so hat sich eine Doppelung gebildet.

Eine Durchsetzung findet statt, wenn sich eine Gesteinsmasse in Form eines Keils oder eines Riegels durch die Flötzmasse hindurchzieht, ohne dass eine Verschiebung der getrennten Flötztheile zu bemerken ist.

§ 16. Flötzverwerfungen.[1] Während die drei zuletzt genannten

[1] v. Carnall, *Die Sprünge im Steinkohlengebirge.* Berlin 1835.

Lagerungsstörungen selten sind, werden *Flötzverwerfungen* überall beobachtet.

Eine Gebirgsspalte, welche Flötzablagerungen durchsetzt, wird, wenn gleichzeitig eine Verschiebung der Gebirgsstücke neben der Spalte stattgefunden hat, eine *Verwerfungskluft*, eine *Sprungkluft* oder ein *Rücken* genannt.

Die ganze Erscheinung heisst: *Verwerfung*, *Sprung*, *Rücken* oder *Wechsel*.

Die Bezeichnungen Verwerfung und Sprung werden allgemein angewandt und sind gleichbedeutend. — Rücken und Wechsel sind locale Ausdrücke. Als Rücken bezeichnet der Mansfelder Bergmann die Verwerfungen des Kupferschieferflötzes und der westfälische Bergmann nennt eine besondere Art von Verwerfungen (s. unten p. 21) Wechsel.

Die Sprungklüfte haben eine plattenförmige Gestalt und unterscheiden sich, was ihr räumliches Verhalten anbetrifft, in Nichts von den Gängen; ihr Studium wird deshalb für das Verständniss der Erzgänge wichtig. Sie durchsetzen mit dem verschiedensten Streichen die Gebirgsmassen; ihr Fallen ist meist ein sehr steiles (50—80°) und ihre Mächtigkeit schwankt zwischen sehr weiten Grenzen.

Den Ausfüllungsmassen nach gehören die Sprungklüfte zu den faulen oder tauben Gängen, denn sie enthalten zerriebenes aufgelöstes Nebengestein. Finden sich in ihnen Mineralien und Erze, was hin und wieder vorkommt, so treten die Sprungklüfte in die Reihe der Mineral- und Erzgänge.

Ein ausgezeichnetes Beispiel dafür ist im Rheinlande bekannt, wo eine bedeutende Verwerfungskluft der Steinkohlenmulde des Indereviers bei Aachen in ihrer weiteren Fortsetzung als Blei- und Zinkerzgang auf der Grube Breiniger Berg bei Stolberg bebaut wird.

Sobald der Flötzbergbau eine Sprungkluft anfährt, neben welcher das Flötz verschwindet, wird die Frage aufzuwerfen sein, wo man das verworfene Flötzstück aufzusuchen hat.

Erst nachdem man ein richtiges Verständniss für die Sprungerscheinungen gewonnen, ist das Aufsuchen ein rationelles geworden, während dasselbe in früheren Zeiten entweder aufs Gerathewohl geschah oder, vorurtheilsvollen Anschauungen gemäss, ganz unterblieb.

Um die Betrachtung der oft höchst complicirten Sprungerscheinungen zu vereinfachen, wird zunächst nur ein Sprung ins Auge gefasst und Folgendes angenommen:

1. Sowohl die Sprungklüfte als auch die verworfenenen Flötztheile sind ebenflächig begrenzte Platten.

2. Die geraden Schnittlinien, *ss* in Fig. 15—18, zwischen den Sprungklüften und den Flötztheilen, deren 4 existiren müssen, sind unter einander parallel.

3. Die Verschiebung der Flötzstücke erfolgte in der Richtung der Falllinie der Sprungkluft (s. u. in Fig. 17).

Die Erfahrung, dass die meisten Sprünge diesen Annahmen entsprechen, giebt die Berechtigung, letztere einer allgemeinen Betrachtung zu Grunde zu legen.

Die Mannigfaltigkeit der Sprungerscheinungen erfordert, um eine Uebersicht derselben zu gewinnen, eine Eintheilung und entsprechende Terminologie.

Es lassen sich die Sprünge nach drei verschiedenen Gesichtspunkten eintheilen:

1. nach dem Streichen,
2. nach dem Fallen,
3. nach der Lage der verworfenen Flötztheile zur Sprungkluft.

1. Nach dem Streichen unterscheidet man streichende, querschlägige und spiesseckige Sprünge.

a) Bei einem streichenden Sprunge liegt das Streichen der Sprungkluft parallel mit dem Streichen des verworfenen Flötzes. (S. Fig. 15 u. 16.)

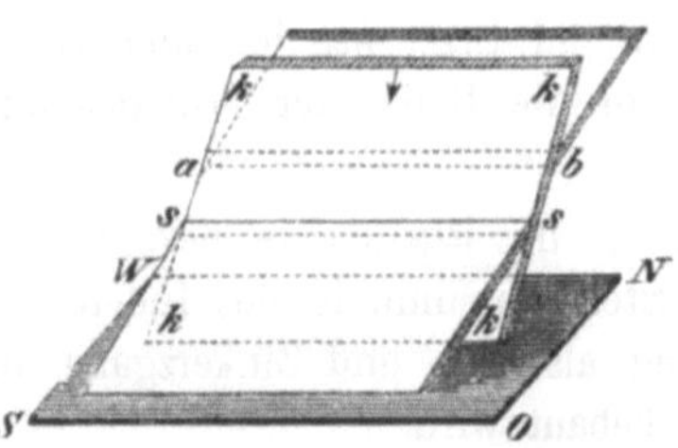

Fig. 15. Streichender rechtsinniger Sprung.

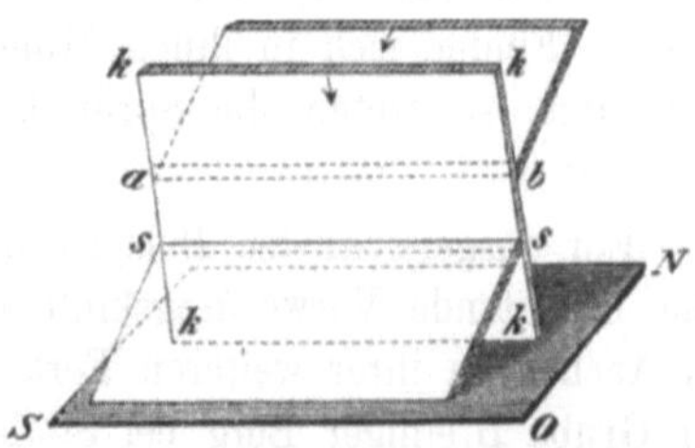

Fig. 16. Streichender widersinniger Uebersprung. (Wechsel.)

Nothwendiger Weise liegen dann auch die Schnittlinien dem Streichen der Kluft und des Flötzes parallel.

b) Bei einem querschlägigen Sprunge steht das Streichen der Kluft senkrecht (querschlägig) zum Streichen des Flötzes. (Fig. 17.)

c) Bei einem spiesseckigen Sprunge bildet das Streichen der Kluft mit dem Streichen des Flötzes spitze resp. stumpfe Winkel. (Fig. 18.)

Sehr wichtig sind die Winkel, welche die Schnittlinien mit der Streichlinie der Kluft bilden. — Als Sprungwinkel — *x* in Fig. 17 und *f* in Fig. 18 — bezeichnet man den Winkel, welchen diese beiden Linien im Liegenden des Flötzes einschliessen.

Der Sprungwinkel ist bei streichenden Sprüngen immer gleich 0, bei querschlägigen Sprüngen ist er immer ein spitzer, bei spiesseckigen Sprüngen kann er sowohl spitz als auch stumpf sein; letzterer Fall kommt in der Natur selten vor, ist aber besonders zu beachten, da er einen Ausnahmefall der später anzuführenden Regeln für die Aufsuchung verworfener Flötztheile bildet. Fig. 17 stellt einen Sprung mit spitzem und Fig. 18 einen solchen mit stumpfem Sprungwinkel dar.

2. Nach dem Fallen unterscheidet man rechtsinnig fallende und widersinnig fallende Sprünge.

a) Rechtsinnig fallend ist der Sprung, wenn Kluft und Flötz nach derselben Himmelsgegend einfallen. (Fig. 15 u. 18.)

b) Widersinnig fallend ist der Sprung, wenn Kluft und Flötz nach entgegengesetzter Himmelsrichtung einfallen. (Fig. 16.) Bei einem querschlägigen Sprunge fällt der Gegensatz von rechtsinnig und widersinnig fort, weil dabei das Einfallen nach zwei senkrecht zu einander stehenden Richtungen erfolgt.

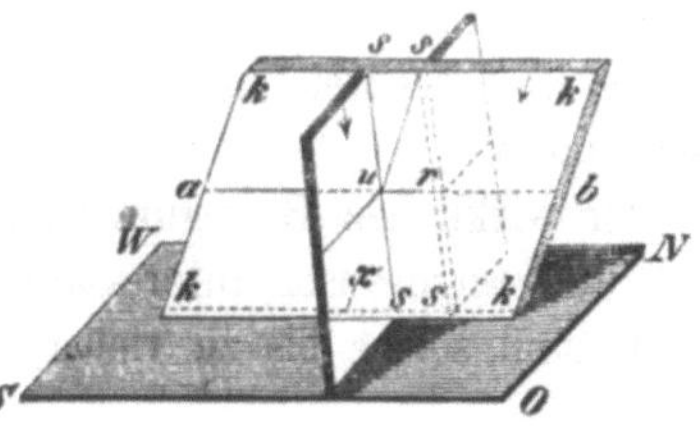

Fig. 17. Querschlägiger Sprung.

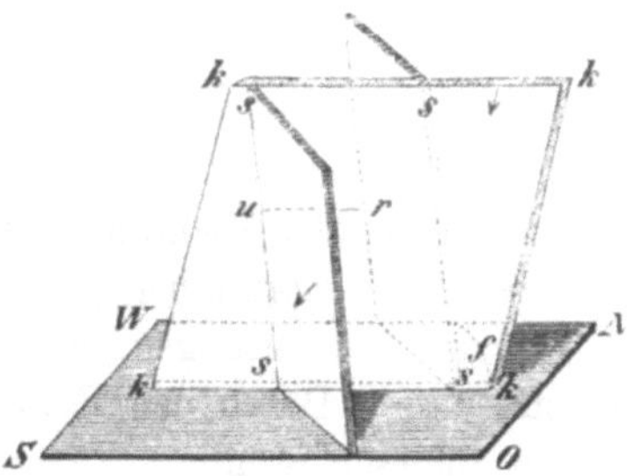

Fig. 18. Spiesseckiger rechtsinniger Sprung mit stumpfem Sprungwinkel.

3. Nach der Lage der verworfenen Flötzstücke zur Kluft sind Sprünge im engeren Sinne und Uebersprünge oder Ueberschiebungen (Wechsel) zu unterscheiden.

a) Bei einem Sprunge im engeren Sinne liegt der verworfene Theil des Flötzes im Hangenden der Sprungkluft tiefer als der im Liegenden. (Fig. 15, 17 u. 18.)

b) Bei einem Uebersprunge oder einer Ueberschiebung — Wechsel in Westfalen genannt — findet das Entgegengesetzte statt. (Fig. 16.)

Ein Sprung, bei welchem die Sprungkluft saiger, d. h. 90^0 einfällt, heisst ein Seigersprung. — Bei diesem fällt, da weder von einem Hangenden noch von einem Liegenden der Sprungkluft geredet werden kann, der Unterschied von Sprung- und Uebersprung fort.

Selbstverständlich kann jeder Sprung im engeren Sinne sowohl, wie auch jeder Uebersprung, einerseits als streichender oder querschlägiger oder spiesseckiger Sprung, andererseits als rechtsinnig fallender oder als widersinnig fallender Sprung entwickelt sein. — Die Entfernung zweier correspondirender Schnittlinien, gemessen in der Fallrichtung der Kluft, nennt man die flache Sprunghöhe. (*su* in Fig. 17.)

Bei der Annahme, dass die Bewegung in der Fallrichtung der Kluft erfolgte, giebt also die flache Sprunghöhe die wahre Grösse der Bewegung an.

Projicirt man die flache Sprunghöhe auf den Horizont, so ist die Länge des dabei construirten Perpendikels gleich der seigeren Sprunghöhe, die auch oft angegeben wird.

Ist H = flache Sprunghöhe,
α = Fallwinkel der Sprungkluft,
S = seigere Sprunghöhe,
so ist $S = H \,.\, \sin\alpha$.

Bei den querschlägigen und spiesseckigen Sprüngen kann man die Entfernung der Schnittlinien auch in der Richtung des Streichens der Kluft messen, was bei streichenden Sprüngen natürlich nicht möglich ist.

Diese horizontale Entfernung — *ur* in Fig. 17 und 18 — wird als Seitenverschiebung bezeichnet, welcher Ausdruck aber nicht die Vorstellung erwecken darf, dass die Bewegung in der Streichlinie der Kluft, also in horizontaler Richtung, erfolgt sein muss.

Die flache Sprunghöhe, als Maass der wirklichen Bewegungsgrösse, ist bei den Verwerfungen ohne Zweifel die geognostisch interessanteste Dimension. — Durch den Kohlenbergbau sind solche bis zu vielen 100 Metern aufgeschlossen.

Kein Grund liegt vor anzunehmen, dass Erzflötze nicht ebenfalls von so bedeutenden Dislocationen betroffen werden konnten. Die Erzflötze der bekanntesten Bergbaureviere haben aber nur geringe Störungen der Art aufzuweisen; so beträgt die flache Höhe der Rücken, welche das Kupferschieferflötz im Mansfeldischen verwerfen, wenige Centimeter bis etwa 40 m, die der Verwerfungen der Bleierzflötze bei Commern in der Eifel 42 bis 46 m.

Wenn beim Bergbaubetriebe ein Flötz verschwindet, so kann die Ursache davon sein: eine Verdrückung, oder ein Abstossen des Flötzes, oder eine Verwerfung.

Das Kennzeichen einer Verdrückung (Fig. 6) ist, dass bei allmäliger Mächtigkeitsabnahme des Flötzes die Masse desselben in einem parallel den Schichten verlaufenden Bestege, oder in einer solchen Kluft fortsetzt.

Abstossen des Flötzes und Verwerfung verhalten sich insofern gleich, als bei beiden eine Kluft gefunden wird, die ins Hangende und Liegende des Flötzes fortsetzt; sie unterscheiden sich aber dadurch, dass bei dem

Abstossen hinter der Kluft eine Gebirgsart erscheint, die von derjenigen, in welcher das Flötz auftritt, gänzlich abweicht (Fig. 8, Grundgebirge), während bei der Verwerfung wesentlich dieselben Gesteine — einer Formation angehörig — vor und hinter der Kluft anstehen. — Allerdings ist letzteres Merkmal dann nicht mehr zutreffend, wenn durch die Verwerfung zwei verschiedene Formationen neben einander gerückt sind, was selten vorkommen wird und nach jedem einzelnen Fall besonders beurtheilt werden muss.

Ist es entschieden, dass eine Verwerfung vorhanden ist, dann wird man jedenfalls erst die Kluft durchbrechen müssen, um das verworfene Flötzstück an der dem Anfahrungspunkt entgegengesetzten Seite der Kluft aufzusuchen. — Durch einen Betrieb neben der Kluft, und zwar entweder in der Richtung der Streichlinie, oder in der Richtung der Falllinie derselben, wird man jedenfalls das verworfene Flötzstück auffinden können.

Genau genommen hat man die Wahl zwischen vier senkrecht zu einander stehenden Richtungen, denn sowohl innerhalb der Streichlinie als auch innerhalb der Falllinie kann man ins Hangende oder ins Liegende des verworfenen Flötzes fahren.

Bei streichenden Sprüngen ist der Betrieb im Streichen der Kluft selbstverständlich ausgeschlossen. Bei querschlägigen und spiesseckigen Sprüngen hat man die Wahl zwischen dem Betriebe in der Falllinie oder in der Streichlinie, doch wird letzterer gewöhnlich vorgezogen.

Für die Sprünge im engeren Sinne, bei denen also das verworfene Flötzstück im Hangenden der Kluft tiefer liegt als im Liegenden, gilt folgende Regel:

„Befindet man sich beim ersten Anfahren der Kluft im Hangenden derselben, hat man, nach Durchbrechung der Kluft, ins Hangende des verworfenen Flötzes aufzufahren, gegentheils hat man im Liegenden des verworfenen Flötztheils zu suchen, wenn man sich beim ersten Anfahren der Kluft im Liegenden derselben befindet."

Diese Regel erleidet eine sehr wichtige Ausnahme, nämlich bei spiesseckigen Sprüngen mit stumpfem Sprungwinkel. (S. p. 20 und 21.) Für diesen Fall ist die Regel umzukehren.

Durch Beobachtung des Streichens und Fallens von Kluft und Flötz und darauf gegründete Construction resp. Berechnung der Lage der Schnittlinie wird sich immer leicht ermitteln lassen, ob man es im gegebenen Falle mit einem spitzen oder stumpfen Sprungwinkel zu thun hat, so dass in dieser Beziehung keine Zweifel entstehen können. Die Regel gilt aber auch nur für Sprünge im engeren Sinne, wie oben angeführt. Für Uebersprünge oder Ueberschiebungen (Wechsel) ist die Regel, wie leicht begreiflich, ebenfalls umzukehren.

Ganz sichere Merkmale zur Unterscheidung der Sprünge und Uebersprünge giebt es bis jetzt leider nicht und würde die Regel ihren Werth vollkommen verlieren, wenn nicht folgende Erfahrungen vorlägen.

Die streichenden Sprünge sind hauptsächlich Uebersprünge (Wechsel), während die querschlägigen und spiesseckigen Sprünge hauptsächlich Sprünge im engeren Sinne sind. — Vielleicht gilt das ganz allgemein; dafür sprechen die Erfahrungen des Kohlenbergbau's im Wormrevier bei Aachen und in Westfalen, ferner viele Beobachtungen über Schichtenstörungen der Gesteine in den verschiedensten Gebirge, z. B. in den Alpen, im Harz und schliesslich die Theorie.

Es ist schon lange die Vermuthung ausgesprochen, dass die Bildung aller streichenden Verwerfungen mit der Faltung der Schichten im causalen Zusammenhange steht. A. Heim[1] hat diesen Vorgang aber zuerst genauer kennen gelehrt.

Um A. Heim verstehen zu können, müssen wir uns erinnern, dass derselbe statt der Ausdrücke Sattel- und Muldenflügel die Ausdrücke Gewölbe und Muldenschenkel gebraucht, und bemerken, dass ein Gewölbe (Sattel) mit anschliessender Mulde eine Falte bildet, und der zwischen Gewölbe und Mulde einer Falte liegende Schenkel der Mittelschenkel genannt wird.

Nach der Theorie von A. Heim (Näheres unten § 149) wird bei fortgesetzter sich immer mehr und mehr steigender Faltung, wie aus

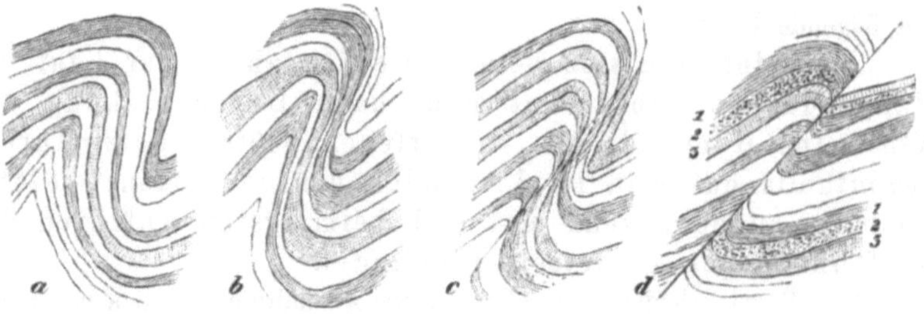

Fig. 19. Uebergang einer Falte *a* in eine Verwerfung *d* durch steigende Verquetschung des Mittelschenkels. Faltenverwerfung nach Albert Heim.

Fig. 19 hervorgeht, der Mittelschenkel der Falte so verquetscht, dass die Falte in eine Verwerfung und zwar natürlich streichende Verwerfung übergeht. Eine solche Verwerfung nennt A. Heim eine Faltenverwerfung, die er im Gegensatze zu den Spaltenverwerfungen stellt.

[1] A. Heim, *Untersuchungen über den Mechanismus der Gebirgsbildung*. Basel 1878.

Die Faltenverwerfungen müssen, ihrer Natur nach, ausnahmslos streichende Uebersprünge sein. Characteristisch für dieselben ist, dass sich erst während der Verschiebung der Gebirgsstücke die verwerfende Kluft bildet, während bei den Spaltenverwerfungen letztere vor dem Beginn der Verschiebung bereits vorhanden war.

Unter den Spaltenverwerfungen sind streichende Sprünge und Uebersprünge aller Art jedenfalls sehr selten, wie zahlreiche Erfahrungen in fast allen Kohlenrevieren beweisen, und diese Erfahrungen sind es, welche unserer Regel die Bedeutung geben.

Wenn nicht andere Anzeichen dagegen sprechen, wird man also jede streichende, oder sehr nahe streichende Verwerfung als Uebersprung, und jede querschlägige oder spiesseckige Verwerfung als Sprung im engeren Sinne auszurichten haben.

Ein Hauptanzeichen für die Natur der Verwerfungen sind die Schichtenbiegungen dicht neben den Verwerfungsklüften. Regel ist, dass bei Sprüngen im engeren Sinne die Schichten im Hangenden der Kluft aufwärts, im Liegenden niederwärts gebogen sind (s. Fig. 20), während bei Uebersprüngen das Gegentheil der Fall ist. (S. Fig. 19.)

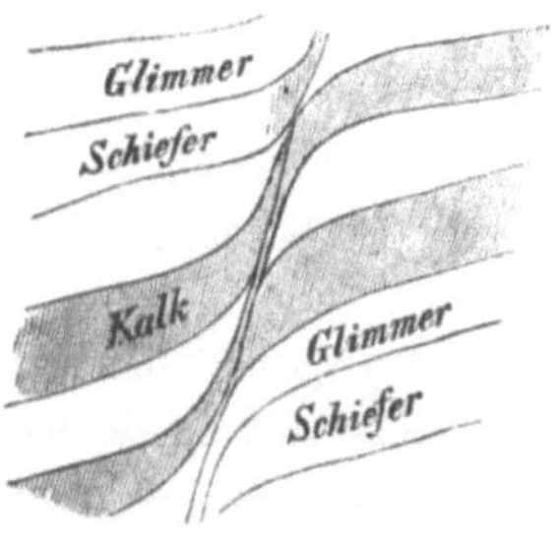

Fig. 20. Abbiegen der Schichten neben einer Verwerfung bei Rodna nach Pošepny.

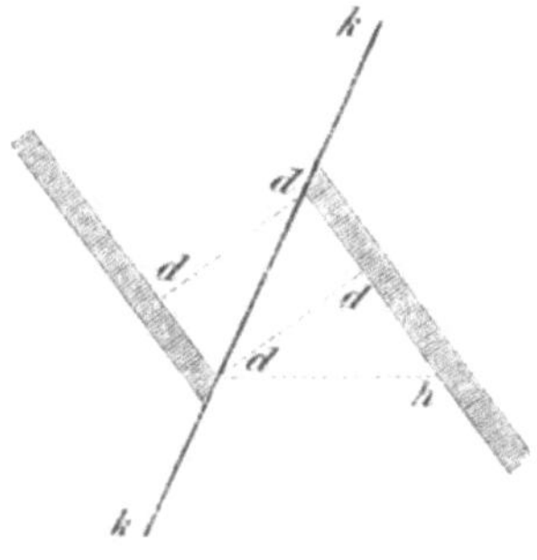

Fig. 21. Profil durch eine Verwerfung mit Deckung.

Unter besonderen Bedingungen der Lage des Flötzes und der Sprungkluft kommt es vor, dass die beiden verworfenen Flötztheile so liegen, dass man Normalen von dem einen Flötztheile auf den anderen fällen kann, man hat dann eine Deckung vor sich (s. Fig. 21), die dadurch characterisirt ist, dass innerhalb des Bereichs der Normalen das Flötz gewissermaassen doppelt vorkommt.

Die Wiederaufsuchung kann in diesem Falle ausser durch Betrieb im Streichen und Fallen der Kluft auch noch durch Querschlagsbetrieb im Nebengestein erfolgen. — Durch Rechnungen, die in Carnall's Werk (a. a. O.) ausführlich enthalten sind, lässt sich für jeden einzelnen Fall bestimmen, welcher Weg zur Wiederausrichtung des verworfenen Flötztheils der kürzeste ist.

Der practische Bergmann wird zu ermitteln haben, welcher Weg einestheils der billigste, anderentheils der für seine Grube im Allgemeinen vortheilhafteste ist, wobei zu bemerken, dass der kürzeste Weg durchaus nicht immer diesen practischen Anforderungen genügt.

Bisher ist immer nur von einer einzelnen Verwerfung die Rede gewesen. — Fast ausnahmslos treten die Verwerfungen aber (wie die Gänge) gesellig auf.

Nahe aneinander liegende Sprünge verwerfen die Flötze häufig terassenförmig. Einen besonderen Fall der Art bilden die Flötzhorste und Flötzgraben Fig. 22, Erscheinungen, die sich nur erklären lassen,

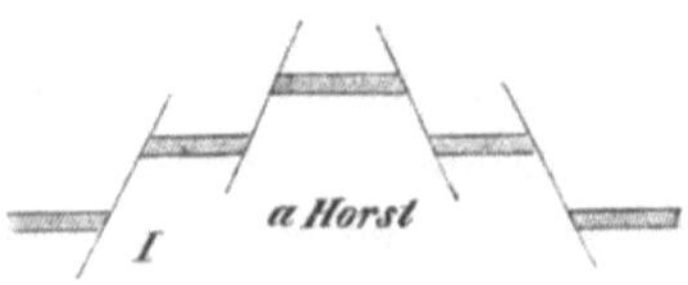

Fig. 22 I.

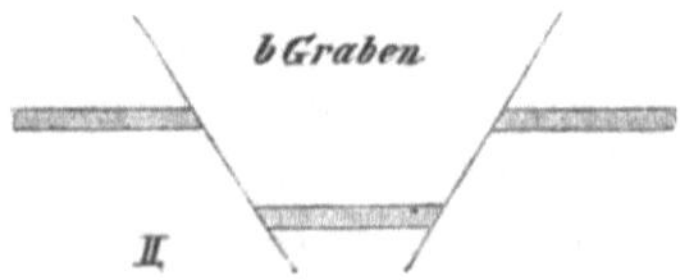

Fig. 22 II.

wenn man ein verschiedenes Alter der Verwerfungsvorgänge annimmt, und damit im Zusammenhange ferner, dass die jüngere Verwerfungskluft die ältere wieder verworfen hat.

Die Linien, in welchen die Sprungklüfte sich treffen, werden die Schaarungslinien der Klüfte genannt. (Vergleiche Schaarungslinien der Gänge p. 46 § 25 u. 26.)

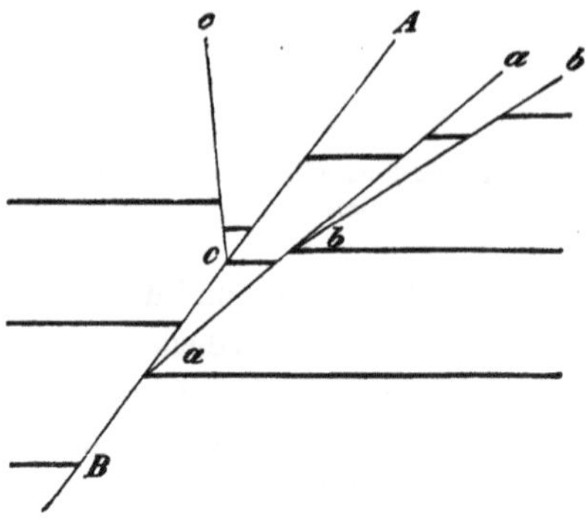

Fig. 23. Hauptsprung mit Nebensprüngen nach v. Carnall.

Werden Sprungklüfte von bedeutender Höhe und Ausdehnung von kleineren begleitet, so nennt man erstere Hauptsprünge, letztere Nebensprünge. (Fig. 23.)

Die auf p. 19 gemachte erste Annahme trifft, wenn man die Erscheinung im kleinen Raume beobachtet, sehr häufig zu, sobald man aber das Beobachtungsfeld erweitert, dann hat man es weder mit ebenen Flötzen noch mit ebenen Verwerfungsklüften zu thun. Die Flötze sind gefaltet, die Verwerfungsklüfte mehr oder weniger wellig.

Viel seltener scheinen Abweichungen von den beiden anderen Annahmen 2 und 3 auf p. 20 zu sein.

Falls die Schnittlinien nicht parallel sind, muss eine Drehung der Gebirgsstücke erfolgt sein; es zeigen sich dann äusserst complicirte Schichtenstellungen, von denen 49 verschiedene Fälle JOHN FAREY[1] in schematischen Figuren darstellte.

Als Beweis dafür, dass die Bewegung der Gebirgsstücke in der Falllinie der Klüfte erfolgte, findet man glatt gescheuerte und dabei parallel den letzteren gefurchte Flächen — Rutschflächen — in und neben den Sprungklüften. — Auch allerhand andere Anzeichen giebt es dafür, wie z. B. Krümmungen der Flötzebenen, Verdrückungen derselben etc., deren correspondirende Theile in der Falllinie einer Kluft untereinander liegen. Durch analoge Beobachtungen ist es aber auch in einzelnen Fällen bewiesen worden, dass die Bewegung der Gebirgsstücke in einer anderen Richtung als in der Falllinie der Kluft erfolgte.

Es würde viel zu weit führen, wollten wir die grosse, man kann behaupten unendliche Mannigfaltigkeit der Erscheinungen schildern, die durch Zusammentreffen vieler Sprungklüfte, Faltung der Schichten, Undulationen der Klüfte, Drehbewegungen der Gebirgsstücke und schräg gerichtete Verschiebungen zu Stande kommt, und mag es daher genügen, auf das Vorkommen allgemein hingewiesen zu haben.

Lager.

§ 17. Die Formen der Lager und Lagerzüge. In welcher Weise Flötze in Lager übergehen, ist bereits früher (p. 13 ff.) geschildert. Durch wiederholtes Auskeilen und Wiederaufthun bilden sich aus einem Flötz mehr oder weniger regelmässig gestaltete und ausgedehnte, unzusammenhängende, oder durch Bestege verbundene Erzmassen. Jede derselben bildet für sich ein Lager, dessen gewöhnliche Form eine lenticulare ist. (S. Fig. 24 u. 63.)

Bei grossen und unregelmässigen Dimensionen werden die Lager Lagerstöcke genannt, bei kleinen Dimensionen als Nieren oder Nester bezeichnet.

Die Vertheilung und Verbreitung der einzelnen Lager, Lagerstöcke, Nieren oder Nester innerhalb einer Schichtfläche ist, der localen Zufuhr des Erzmaterials bei der Bildung conform, äusserst wechselnd. Von gleichmässiger Vertheilung über grosse Flächenräume zu strichweiser Vertheilung, oder ganz isolirtem Auftreten sind alle möglichen Uebergänge denkbar, und stellenweise auch nachzuweisen.

---

[1] JOHN FAREY, *General View of Agricult.* etc. und WALDAUF V. WALDENSTEIN a. a. O.

Ebenso wie die Flötze finden sich auch die lagerartigen Massen nur selten noch in ihrer ursprünglichen horizontalen Lage; sie sind gemeinschaftlich mit den Schichten, von welchen sie eingeschlossen werden, gehoben, gesenkt, durch Seitendruck zu Mulden und Sätteln zusammengefaltet und verworfen. — Diese Erscheinungen lassen sich aber natürlich an der einzelnen Lagermasse nur selten erkennen, sie treten erst deutlich hervor, wenn man das einzelne Lager als isolirten Theil einer flötzförmig verbreiteten Ablagerung im obigen Sinne auffasst, oder in günstigen Fällen als solchen nachweist.

Bei steiler Schichtenstellung hat der Bergbau nur im Falle sehr reicher Erzführung die Lager bis in grössere Tiefe verfolgen können. Die Kenntniss beschränkt sich gewöhnlich auf die zufällig nahe der Tagesoberfläche befindliche Region der die Erzlager enthaltenden Schichtfläche. — Vergegenwärtigt man sich nun, dass die Lagermassen oft nur strichweise, oder ganz unregelmässig vertheilt liegen, so wird es begreiflich,

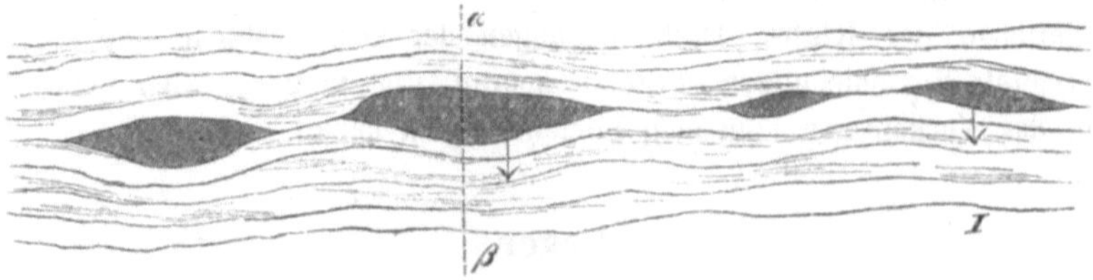

Fig. 24 I. Grundriss. Lagerzug.

dass von vielen einem Ablagerungsprocess angehörenden Lagern nur einzelne nahe der Tagesoberfläche erscheinen, und aus Unkenntniss der in der Tiefe verborgenen Ablagerungen dann als isolirte angesehen werden.

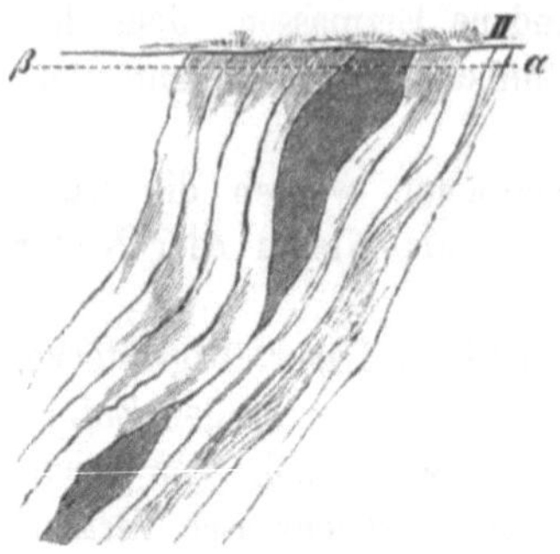

Fig. 24 II. Querprofil nach α β.

Uebrigens soll nicht geleugnet werden, dass solche isolirte, auf einzelne Localitäten beschränkten Erzmassen in der Natur sich gebildet haben können.

Erzlager, welche einem gemeinschaftlichen Ablagerungsprocess ihre Entstehung verdanken, also nach Bildung ihres gemeinschaftlichen Liegenden und vor Bildung ihres gemeinschaftlichen Hangenden entstanden sind, sich über grössere Flächenräume verbreiten, und an, oder nahe der Tagesoberfläche im Streichen weit zu verfolgen sind, bilden einen Lagerzug. (S. Fig. 24.)

Wie mehrere Flötze, durch Gesteinsschichten getrennt, in einem Bassin sich übereinander bildeten, so hat sich auch die Bildung der

Lager wiederholt, und trifft man deshalb recht häufig mehrere Lagerzüge übereinander.

Ein ganz ausgezeichnetes Beispiel für das Vorkommen von zu Flötzen vereinigten nester- und nierenförmig gestalteten Erzmassen bilden Thoneisenstein und Sphärosiderit zwischen Schieferthonen der verschiedensten Formationen. — Auf eine streichende Länge von mindestens 80 Meilen sind nach v. Cotta Lagerzüge der Art innerhalb der Kreideformation am Nordabhange der Karpathen von der Bukowina bis nach Mähren hinein bekannt geworden.

Linsenförmig gestaltete, gediegen Gold nebst allerhand Kiese und Glanze führende, zu Lagerzügen angeordnete Quarzlager, deren Mächtigkeit bis zu 3 oder auch 5 m anschwillt, treten in den huronischen Schichten auf, welche sich in meilenweiter Erstreckung parallel den Alleghany's durch Maryland, Virginien, Nord- und Süd-Carolina hinziehen.

Bei Poschorita in der Bukowina lässt sich im Glimmerschiefergebiet ein Lagerzug compacter Kieslinsen auf 3 bis 4 Meilen ununterbrochen, und mit einigen Unterbrechungen auf 10 Meilen streichende Länge verfolgen.

Noch viele andere Beispiele, die geeignet sind das Gesagte zu veranschaulichen, werden im dritten Abschnitte speciell besprochen werden, und mag hier darauf hingewiesen sein.

Hochinteressant ist der Nachweis von linsenförmig gestalteten Erzlagern, die innerhalb einer Schicht in diagonaler Richtung, d. h. in einer zwischen Streichen und Fallen liegenden, angeordnet sind, ähnlich wie die später zu schildernden Erzfälle in den Gangebenen. (S. Fig. 55.)

A. R. Schmidt[1] beschreibt das von den aus Kupferkies, Eisenkies und Magneteisenstein bestehenden Erzlinsen, die bei Prettau in Tirol bergmännisch aufgeschlossen sind. Im Glimmerschiefer, der in Thon- und Chloritschiefer übergehen soll, sind dort 12 linsenförmige Lager von 1 bis 6 m Mächtigkeit bekannt, die im Streichen nur etwa 16 bis 80 m lang aushalten, sich aber in diagonaler Richtung unter 45 bis 80^0 nach der Tiefe zu erstrecken und so bis auf 400 m verfolgt sind, ohne dass das Ende der Ablagerung erreicht wäre.

Dasselbe Verhalten zeigen die Kieslinsen des Brennthals bei Mühlbach im Pinzgau, die in früheren Zeiten das Material zur Darstellung des bekannten Salzburger Vitriols lieferten. F. M. Stapff[2] beschreibt diese Lagerstätten. Die Linsen treten im Glimmerschiefer auf und haben 2 bis 4 m Mächtigkeit und 20 bis 30 m streichende Länge. „Die ein-

---

1 *Berg- u. Hüttenm. Zeitung.* 1868, p. 403.

2 *Berg u. Hüttenm. Zeitung.* 1865, p. 30 u. 31.

zelnen Kieslager sind in 3 Linien an einander gereiht, welche allen Biegungen des Schiefers folgend, unter 15° gegen Nordwest einschiessen. Diese drei Bänder haben also ihre grösste Ausdehnung in einer zwischen Streichen und Fallen des Schiefers gehenden Richtung."

Wenn die Kieslinsen von Prettau und Mühlbach und ähnliche, wirkliche Lager sind, woran aus vielen Gründen nicht zu zweifeln ist, dann müssen sie bei der Bildung in horizontaler Lage strichweise abgelagert sein. — Erst später, bei der Hebung der Schichten, ist dann die strichweise Ablagerung eine diagonale innerhalb der Schichtfläche geworden. Da es in einer Schicht unendlich viele diagonale Richtungen giebt, dagegen nur eine Streich- und nur eine Fallrichtung, so ist die Wahrscheinlichkeit dafür, dass strichweise Ablagerungen innerhalb geneigter Schichtflächen diagonal liegen $= \infty : 2$.

Unter den Abweichungen von der normalen Linsenform sind die Gabelungen die verbreitetsten und interessantesten. Die Erscheinung hat sehr viel Aehnlichkeit mit der Gabelung bei den Flötzen (p. 14) und mag auch wohl stellenweise dieselbe Ursache, nämlich Einschieben eines Bergmittels bei der Ablagerung, haben.

Es scheinen aber auch andere nachträglich wirkende Kräfte thätig gewesen zu sein, die sich in Stauchungen, eigenthümlichen Zusammenfaltungen und Knickungen der Lager und der sie einschliessenden Schichten äusserten, kurz in Umformungen bei der Hebung.

Ein sehr schönes Beispiel für letztere Vorgänge giebt das bekannte Rammelsberger Erzlager bei Goslar am nördlichen Harzrande. Die Lagerstätte hat überall dasselbe Streichen und Fallen wie das Nebengestein und nimmt an allen Störungen des letzteren Theil (s. Fig. 64), selbst da, wo am Hangenden eine Gabelung des Lagers eintritt.

Nach Fr. Wimmer ist diese Gabelung nur durch eine Faltung in der Richtung des Einfallens zu erklären, da sich die das Nebengestein bildenden Schiefer an allen Stellen eng an die Lagermassen anschmiegen.

Ebenso wie Gabelungen durch Faltung der Gebirgsschichten in der Richtung des Fallens entstehen, ist der Vorgang auch in der Richtung des Streichens nachweisbar, z. B. bei der berühmten Erzlagerstätte des Paris-mountain[1] auf der Insel Anglesea, die grosse Aehnlichkeit mit der Rammelsberger haben soll, sich aber in der Richtung des Streichens gabelt.

Sehr interessante Gabelungen zeigen die Spatheisensteinlager im körnigen Kalk von Hüttenberg in Kärnthen. (S. Fig. 65.) In ganz gleicher Weise verhalten sich dort die Lager des körnigen Kalks zum umgebenden

---

[1] Naumann, *Lehrb. d. Geogn.* Zweite Auflage. III. Bd., p. 458.

Glimmerschiefer. Ueberraschend ist es nun, dieselben Gabelungen an den Lagerdurchschnitten zu bemerken, die A. Helland von Røraas und Dovre bei Throndhjem abgebildet hat, und zu beobachten, wie sich der Schiefer daselbst ebenso wie am Rammelsberg überall an die Kiesmassen genau anschmiegen.

Alles was früher über Verwerfungen der Flötze (§ 16, p. 19 ff.) gesagt ist, lässt sich ohne Weiteres auf verworfene Lager und Lagerzüge anwenden.

Beispiele für solche Verwerfungen sind im dritten Abschnitt angeführt. (Vergl. Wicklow, Schmöllnitz etc.)

Der Darstellung der räumlichen Verhältnisse der Flötze und Lager und ihrer Beziehungen zum Nebengesteine ist noch als eine allgemeine Bemerkung hinzuzufügen, dass die Grenzen dieser Lagerstätten sehr häufig durchaus keine scharfen sind. Zwischen erzhaltigem Nebengesteine und den eigentlichen Erzlagerstätten findet nämlich oft ein so allmäliger Uebergang statt, dass von bestimmt umgrenzten Formen letzterer gar nicht mehr die Rede sein kann.

Die massigen Lagerstätten, Hohlraumsfüllungen und metamorphischen Lagerstätten.

Den äusseren Formen nach sind unter diesen bereits früher (p. 10 ff.) charakterisirten Lagerstätten zu unterscheiden: Gänge, Stöcke, Butzen und Nester.

Gänge sind regelmässig plattenförmig gestaltete Lagerstätten. Stöcke, Butzen und Nester gehören zu den unregelmässig gestalteten Lagerstätten.

Gänge.

§ 18. Die Gangspalten. Gänge sind ausgefüllte Spalten. Jede Ursache der Gesteinsspaltung ist auch gleichzeitig Ursache der Bildung von Gangräumen. Es sind hauptsächlich zwei Ursachen dieses Vorgangs bekannt, nämlich: 1. Volumveränderung eines Gesteins in Folge von Abkühlung, Austrocknung oder chemischer Umwandlung und 2. ungleicher mechanischer Druck in Folge der Bewegungen der Erdrinde bei Erdbeben, Hebungen und Senkungen des Erdbodens und Zusammenfaltung geschichteter Gesteine.

Je nach der Ursache im einzelnen Falle und den verschiedenen Cohäsionsverhältnissen der Gesteine wird die Zersplitterung mehr oder weniger tief eingreifen.

Bei Volumveränderung in sich geschlossener kleinerer Gebirgsglieder, wie einzelner Schichten oder Gesteinsstöcke, und ebenso wenn solche stark erschüttert oder gepresst werden, reissen gewöhnlich sehr viele kleine, nach den verschiedensten Richtungen verlaufende Spalten auf, die nach ihrer Erfüllung mit Mineralien als Trümmer, auch wohl als Adern oder Schnüre bezeichnet werden.

Characteristisch für solche Trümmernetze ist es, dass sie sich auf einzelne Gebirgsglieder beschränken und nicht, oder nur selten, von diesen in andere hinübersetzen. — Auch finden Verschiebungen des Gesteins neben solchen Spalten in nur ganz untergeordneter Weise statt. (Contractionsspalten und Pressungsspalten. S. § 149.)

Reissen dagegen in Folge der Bewegung grosser Stücke der Erdrinde Spalten auf, so setzen diese sehr oft durch viele Gebirgsglieder hindurch, steigen in uns unzugängliche Tiefen hinab (ewige Teufe des Bergmanns) und sind manchmal meilenweit an der Tagesoberfläche zu verfolgen. — Derartige Spalten sind fast immer als Verwerfungsspalten oder Sprungklüfte entwickelt.

Bei den Gängen werden die Bezeichnungen: Streichen, Fallen, Mächtigkeit, Hangendes, Liegendes, Ausgehendes etc. in derselben Weise wie bei Flötzen und Lagern gebraucht. Ein nur bei den Gängen gebräuchlicher Ausdruck ist Salband, womit der Bergmann die Grenzflächen der Gänge gegen das Nebengestein bezeichnet.

§ 19. Trümmer. Beispiele von Klüften und Trümmern in Gesteinen begegnen dem Geognosten und Bergmanne auf Schritt und Tritt.

Es gehören dazu die Quarztrümmer, welche allerhand Gesteine, wie Gneiss, Grauwacke, Thonschiefer, Kieselschiefer etc. nach allen möglichen Richtungen durchsetzen, ferner die Kalkspathadern in Kalksteinen, die Trümmer mit Fasergyps in dichten Gypsen u. s. w. u. s. w.

Zuweilen lassen sich in solchen Trümmern metallische Mineralien, wie Schwefelkies, Kupferkies, Eisenglanz etc. entdecken.

Fr. Hofmann[1] beschrieb Talkschiefer von Ruosina in den Apuanischen Alpen, die nach allen Richtungen von feinen Gangadern durchsetzt sind, welche Quarz und Schwefelmetalle enthalten. — Unter letzteren sind silberhaltiger Bleiglanz und Zinkblende am häufigsten, seltener Grauspiessglanz, Schwefelkies und Kupferkies. — Merkwürdig ist, dass diese Erzadern wieder von Eisenglanz enthaltenden Trümmern durchsetzt werden und in der Nähe, in denselben krystallinischen Schiefern, mächtige Rotheisenstein-, Eisenglanz- und Magneteisenerzgänge aufsetzen.

---

1 Karstens, *Archiv* 1833, Bd. 6, p. 238.

Neuerdings ist durch den Steinbruchsbetrieb bei Miltitz[1] unweit Meissen in Sachsen ein interessantes Erzvorkommen in Trümmern entdeckt. Dort wird ein Lager sehr reinen krystallinisch körnigen Kalksteins abgebaut, welches zwischen Thonschiefern und Hornblendeschiefern liegt. In demselben sind mehrere bis 2,5 cm starke Kalkspathtrümmer getroffen, welche Schwefelkies, Rothnickelkies, Weissnickelkies, Kobaltblüthe, Glaserz und gediegenes Silber enthalten. — Ein Zusammenhang mit in der Nähe bekannten Gängen ist weder der Ausfüllung, noch dem Streichen und Fallen nach zu vermuthen.

Am Südabhange der Calanda[2] in Graubünden sind innerhalb einer Schicht chloritischer Schiefer, die der Juraformation angehört und concordant zwischen anderen Gesteinen derselben Formation liegt, kluftartige Gänge bekannt, welche in die benachbarten Gesteine nicht hineintreten. Diese Gänge haben 0,3 bis 1 m Mächtigkeit und lassen sich auf höchstens 7 m Länge verfolgen, obwohl die gangführende Schicht selbst auf mehr als 100 m Länge fortsetzt. — Die Gänge enthalten Quarz und Kalkspath mit gediegenem Gold und goldhaltigem Schwefelkies.

Trummartige, nach den verschiedensten Richtungen streichende, aber im Streichen ziemlich weit aushaltende Gänge von $^1/_2$ bis 1 m, selten 4 m Mächtigkeit mit Rotheisenstein, rothem Glaskopf, Eisenglanz, Quarz, Kalkspath und Braunspath finden sich in den dichten, dem Silur angehörenden Diabasen des Harzes, z. B. bei Zorge.[3]

Nur innerhalb der Porphyritdecke, welche bei Ilfeld[4] am Harze dem mittleren Rothliegenden eingelagert ist, finden sich nach den verschiedensten Richtungen streichende trummartige bis 60 cm mächtige Gänge, welche Manganerze und Schwerspath führen und durch die schönen Manganit-, Hausmannit- und Braunit-Krystalle, welche sie enthalten, sehr berühmt geworden sind.

Zwischen Trümmern und Gängen, wie sie in obigen Beispielen erscheinen, zu den grössten Gängen ist der Uebergang leicht zu finden. — Besonders deutlich zeigt sich dieser Uebergang, wenn grössere Gänge nur in einer Ansammlung von Trümmern bestehen, die in einem mehr oder weniger veränderten Gestein — Ganggestein — aufsetzen.

Sehr schön wird dieses Verhalten durch den Gang der Grube Altglück unfern Uckerath bei dem Dorfe Bennerscheid im Siegkreis illustrirt, den Mosler als eine Gangtrümmerzone bezeichnet, die sich auf eine streichende Länge von 600 m bauwürdig verfolgen lässt.

---

[1] Stelzner, *Berg- u. Hüttenm. Zeitung* 1877, p. 253.

[2] Deicke, *Berg- u. Hüttenm. Zeitung* 1860, p. 119.

[3] *Erläuterung z. geolog. Specialkarte v. Preussen.* Blatt Zorge No. 237, p. 11.

[4] *ibid.* Blatt Nordhausen. No. 256, p. 9.

Auch die Gänge des Oberharzes bei Clausthal sind stellenweise als solche Gangtrümmerzonen entwickelt.

In grossartigem Maassstabe tritt die Durchtrümmerung von Gesteinen und die Ansammlung von Trümmern zu gesonderten Gangzonen bei Lagerstätten auf, welche an Eruptivgesteine gebunden sind.

Zu Vöröspatak in Siebenbürgen findet sich eine von eocänen Sandsteinen umgebene stockförmige Masse eines porphyrischen Gesteins, das von unzähligen unregelmässig verlaufenden Klüften durchzogen ist, die im Quarz und Manganspath gediegenes Gold, Zinkblende, Fahlerz, Schwefelkies etc. führen. — Auch die angrenzenden eocänen Sandsteine sind von Gold führenden Klüften durchschwärmt.

Die Erzgänge von Kremnitz in Ungarn bestehen nach Windakiewicz aus Klüften, welche den tertiären Grünsteintrachyt durchsetzen; wenn von einzelnen 19 bis 30 m mächtigen Gängen daselbst geredet wird, so sind das eigentlich nur Trümmerzonen, welche in zersetztem, zu thonigen Massen aufgelöstem Gestein unregelmässig und zerstreut Quarz resp. Hornstein mit Gold und Silber enthaltenden Kiesen führen.

Alle diese Beispiele, die sich mit Leichtigkeit vermehren liessen, lehren, dass, wie oben bereits bemerkt, wirklich Uebergänge von Trümmern zu grossen Gängen vorhanden sind. — Diese Uebergänge sind so allmälig und im Einzelnen so vielgestaltig, dass es ein vergebliches Bemühen wäre, alle hierher gehörigen Erscheinungen systematisch scharf zu sondern.

§ 20. Einfache und zusammengesetzte Gänge. Trotzdem ist die Unterscheidung von einfachen und zusammengesetzten Gängen, die B. v. Cotta[1] zuerst gemacht hat, recht zweckmässig.

Die einfachen Gänge sind vorherrschend mit Mineralien erfüllt und enthalten nur untergeordnet Bruchstücke des Nebengesteins eingeschlossen. Besonders charakteristisch ist, dass sie zwei Salbänder haben, an denen sich Gangmasse und Nebengestein deutlich scheiden. Die Mächtigkeit ist selten sehr gross und pflegt 2 m kaum zu überschreiten.

Zu den einfachen Gängen gehören zunächst alle Trümmer, dann aber auch viele wirkliche Gänge, z. B. die in der Umgegend von Freiberg im sächsischen Erzgebirge, welche im Gneiss und nur untergeordnet im Glimmerschiefer der archäischen Formation aufsetzen. Man zählt daselbst etwa 900 verschiedene Gänge, welche nach den verschiedensten Richtungen streichen, sehr mannigfach wechselnde Ausfüllung besitzen und selten mächtiger als 0,3 bis 0,75 m sind. Auch die Gänge von Kongsberg können hier noch genannt werden, die, mindestens 500 an

[1] *Berg- u. Hüttenm. Zeitung* 1864, p. 395.

Zahl, im Gneiss aufsetzen, 6 mm bis höchstens 0,3 m Mächtigkeit erreichen, und bei vorherrschend ostwestlichem Streichen sehr steil einfallen.

Die zusammengesetzten Gänge bestehen vorherrschend aus Gestein, dem sogenannten Ganggestein. — Dasselbe ist entweder unverändertes Nebengestein, oder es ist aus letzterem durch chemische und mechanische Umwandlung hervorgegangen. (Fig. 25.) — In dem Ganggestein setzen Trümmer in unregelmässiger Vertheilung, oder regelmässiger verlaufende mit Mineralien erfüllte einfache Gänge auf.

Deutliche Salbänder fehlen nicht ganz, werden aber sehr oft vermisst. — Dann ist es nicht möglich, eine scharfe Grenze zwischen Gang und Nebengestein zu ziehen; beide gehen dadurch ineinander über, dass die den Gang bezeichnenden Trümmer noch weit in das Nebengestein hinübergreifen und sich in diesem ganz allmälig verlieren; ferner ist dadurch die Grenze verwischt, dass das frische Nebengestein allmälig in das Ganggestein übergeht.

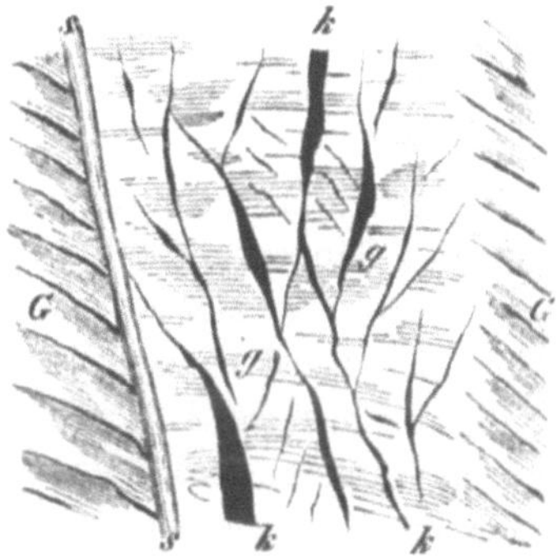

Fig. 25. Zusammengesetzter Gang. G Nebengestein. g Ganggestein. k Erztrümmer. s Salband.

Die Mächtigkeit der zusammengesetzten Gänge ist sehr gross, erreicht 40 m und mehr, lässt sich aber aus den angeführten Gründen nicht immer genau angeben.

Typische Beispiele für zusammengesetzte Gänge liefern die Grube Altglück bei Ukerath (p. 33), die Gruben bei Clausthal im Harz, die von Kremnitz in Ungarn (p. 34) und andere.

§ 21. Verwerfung des Nebengesteins der Gänge. Da der Gangbergmann mit seinen Bauen die Gänge aufschliessen will und sich, nur insoweit es absolut nothwendig ist, im Nebengestein bewegt, hat man Verwerfungen des Nebengesteins durch Gänge immer nur in den auffälligsten Fällen erkannt, während der Flötzbergmann Verwerfungen durch Gangspalten, das sind die oben geschilderten Sprungklüfte (§ 16), sehr häufig aufzudecken Gelegenheit findet. Lange bekannt sind die Verwerfungen des Kupferschieferflötzes durch Rücken, welche im Mansfeldischen, zu Riechelsdorf und Bieber als Kobalt- und Nickelerz führende Gänge ausgebildet sind.

Am Giftberge nächst Komorau in Böhmen[1] wird ein $^1/_2$ bis 2 m

[1] Lipold, *Jahrb. d. k. k. g. Reichsanst. in Wien* 1862, *Sitzungsber.* p. 195, und 1863, *Abhandl.* p. 427.

mächtiges aus Rotheisenstein und Spatheisenstein bestehendes Flötz, welches im Silur liegt, von streichenden und querschlägigen Klüften verwerfen. Die streichenden Klüfte, die das Flötz um 28 m verwerfen, sind nur mit Letten und Reibungsproducten erfüllt, enthalten aber zwischen denselben schöne blaue Schwerspathkrystalle. — Die querschlägigen, das Flötz nur sehr wenig verwerfenden Klüfte sind aber reich an Mineralien — Quarz, Jaspis, Rotheisenstein, Pyrit, Eisenspath, Baryt, Zinnober, Braunspath, Fahlerz — und gehören demnach zu den Mineral- resp. Erzgängen.

Derartige Erscheinungen sind nicht leicht zu übersehen, wenn aber neben den Gängen keine bauwürdigen Schichten — Flötze oder Lager — liegen, hängt die Möglichkeit, die Verwerfungserscheinung zu erkennen — die sicher viel häufiger ist, als man bisher angenommen hat — von zufälligen günstigen Aufschlüssen des Nebengesteins ab.

Die zusammengesetzten Gänge des Clausthaler Plateaus verwerfen ihr Nebengestein. Bei Bockswiese und Lautenthal ist das innerhalb der Grubengebäude zu erkennen, weil hier zwei verschiedene Formationen — das Devon und das untere Kohlengebirge — mit charakteristischen, leicht zu unterscheidenden, niveaubeständigen Gesteinen neben den Gangspalten durch die Grubenbaue reichlich aufgeschlossen sind.

Das Querprofil durch den Johann Friedricher Schacht bei Bockswiese (Fig. 76) durchschneidet zwei Gänge, den Bockswieser Hauptgang und den Grünlindner Gang. Letzterer zeigt die Verwerfung besonders deutlich, denn in seinem Hangenden liegen die Culmkieselschiefer 200 m tiefer als im Liegenden. — In gleicher Weise verhalten sich auch die über dem Kieselschiefer befindlichen Culmthonschiefer und Culmgrauwacken und die unter demselben liegenden devonischen Schichten — die Kramenzelkalke, Goslarer Schiefer, Calceolaschichten und der Spiriferensandstein — nur dass die Culmgrauwacken im Liegenden des Ganges durch Erosion an der Tagesoberfläche abgetragen sind und die unteren devonischen Schichten im Hangenden des Ganges von dem Bergbau noch nicht erreicht wurden.

Bei geognostischen Aufnahmen lässt sich der Verlauf von Verwerfungsspalten und somit auch der von Gängen ermitteln. Die Aufnahmen im Gebiet des Oberharzes haben z. B. constatirt, dass am Tage das Liegende des Ganges zwischen Schulenberg und Bockswiese überall vom Devon gebildet wird, während, mit scharfer Grenze, am Hangenden die Schichten des unteren Kohlengebirges (Culm) auftreten.

Oft sind bei einzelnen steil stehenden Schichten oder Schichtencomplexen nur Seitenverschiebungen (s. p. 22), die Verwerfung anzeigend, zu bemerken.

Auf der Generalgangkarte des nordwestlichen Harzgebirges von E. BORCHERS ist deutlich zu sehen, wie die Fortsetzung des vereinigten Rosenbüscher und Burgstädter Hauptganges den devonischen Diabaszug um rund 300 m seitlich verschiebt — also verwirft. — Durch den Nachweis von Seitenverschiebungen der Culmkieselschieferschichten ist es dem Verfasser gelungen, einen neuen Gang am Oberharz zu entdecken[1] und wird sich in ähnlicher Weise gewiss noch manche andere Gangspalte auffinden lassen.

Nach der geognostischen Karte zu urtheilen, die E. TILMANN seiner Beschreibung des Bergwerksdistricts von Guanajuato in Mexico (Münster, 1866) beigefügt hat, ist die veta madre auch Verwerfungsspalte, welche die Schichten des Rothliegenden um rund 4000 m seitlich verschiebt.

Wenn bei einem Quergange (p. 11) im Liegenden andere Schichten gefunden werden als am Hangenden, dann ist der Gang ausnahmslos eine Verwerfungsspalte. Viele derartige Beobachtungen liessen sich anführen; wir beschränken uns auf drei.

Das Liegende des Ganges der Grube Hülfe Gottes bei Grund am Oberharze (der echter Quergang ist), wird innerhalb des bauwürdigen Feldes von einem dünngeschichteten Thonschiefer gebildet, während das Hangende ein grobkörniges Grauwackenconglomerat ist.

Der Gang der Grube Louise bei Horhausen im Regierungsbezirk Coblenz hat im Liegenden nur Grauwacke und im Hangenden nur Thonschiefer und ist dabei echter Quergang.

Nach einer Mittheilung von FR. SANDBERGER[2] sind die Erzgänge von Freudenstadt in Würtemberg Verwerfungsspalten, denn an der einen Seite derselben liegt Buntsandstein, an der anderen Muschelkalk.

Gänge, welche ihr Nebengestein verwerfen, sind vorwiegend zusammengesetzte Gänge mit einem deutlichen Salbande am Liegenden und allmäligem Uebergange der Gangmasse in das Hangende durch Zertrümmerung (Fig. 25). — Sehr selten scheint dabei ein Salband am Hangenden vorzukommen.

War eine Spalte aufgerissen, deren Hangendes in eine abwärts gerichtete Bewegung gerieth, so begreift sich leicht, dass das Liegende nicht weiter zertrümmert werden konnte, während der hangende, sich bewegende Theil immer wieder erschüttert und zertrümmert werden musste. Damit steht denn auch im Zusammenhange, dass das hangende Gestein viel stärker mechanisch und chemisch verändert ist als das liegende.

1 v. GRODDECK, *Zeitschr. d. d. geol. Gesellsch.* 1877, p. 440.

2 *Neues Jahrb. f. Min. etc.* 1868, p. 388.

Die Oberharzer Gangspalten haben gewöhnlich am Liegenden scharfe, durch Lettenbestege ausgezeichnete Salbänder, während das Hangende mit dem Nebengestein ohne scharfe Grenze verwachsen ist.

Hilt erwähnt von dem bereits oben als Verwerfungsspalte characterisirten Gange der Grube Louise bei Horhausen, dass er am Liegenden ein Salband hat, während er am Hangenden durch Trümmer mit dem Nebengestein verwachsen ist.

Genau so wie bei den Flötzverwerfungen wird man durch Beobachtungen über das Abbiegen der Schichten neben Gängen auf die Richtung der Bewegung beim Verwerfen des Nebengesteins schliessen dürfen. (S. p. 25.)

§ 22. Contactgänge hat man Gänge genannt, die an der Grenze zweier verschiedener Gesteine aufsetzen.

Augenscheinlich gehören Gänge, welche ihr Nebengestein verwerfen, an den Stellen, wo am Hangenden und Liegenden verschiedene Gesteine auftreten, zu den Contactgängen, ein Umstand, der bisher nie genug beachtet ist und dessen Vernachlässigung zu allerhand falschen Anschauungen und Darstellungen von Gangverhältnissen geführt hat.

Lagergänge (p. 11), deren Hangendes und Liegendes petrographisch wesentlich verschieden ist, Contactgänge zu nennen, ist wenig üblich. — Der Ausdruck wird besonders gern gebraucht, wenn Gänge an der Grenze massiger und geschichteter Gesteine liegen.

Zu solchen Contactgängen gehören beispielsweise der durch seine prächtigen krystallisirten oxydischen Bleierze berühmte Gang der Grube Haus Baden unweit Badenweiler im südlichen Schwarzwalde, welcher an der Grenze von Buntsandstein und Granit aufsetzt, ferner viele Rotheisensteingänge an der Grenze von Granit und Glimmerschiefer im sächsischen Erzgebirge etc. etc.

Es kann zweifelhaft sein, ob solche Gänge auch durch Verwerfung entstanden sind, oder ob sie sich so bildeten, dass die Fuge zwischen dem Schichtgestein und dem massigen Gestein sich einfach erweiterte und dabei ausgefüllt wurde. Denkbar ist es auch, dass beide Vorgänge stattfanden. — Die Entscheidung wird in jedem einzelnen Falle getroffen werden müssen und es ist sehr wahrscheinlich, dass Verwerfungen viel häufiger angetroffen werden, als man geglaubt hat.

Auch wenn Gänge ganz in massigen Gesteinen aufsetzen, zeigen sich Unterschiede zwischen Hangendem und Liegendem, also Contacterscheinungen, die auf Verwerfung hindeuten.

Der bis 60 m mächtige Gang von Mancayan[1] auf der Insel Manila,

[1] Simon, *Berg- u. Hüttenm Zeitung* 1867, p. 41.

bekannt durch seinen Enargit, setzt mit fast seigerem Fallen im Trachyt auf. Zu beiden Seiten des Ganges ist der Trachyt aber verschieden und vermuthet Simon deshalb eine Verwerfungsspalte. — Nach der Beschreibung ist der Gang entschieden ein zusammengesetzter Gang, denn er besteht aus „einem Spaltensystem von parallelem Streichen, mit Enargit ausgefüllt und einem schiefwinkeligem Trümmersystem, welches stellenweise auch ins Nebengestein eindringt und Kupferindig führt."

Der Moderstollner Hauptgang bei Schemnitz in Ungarn hat zum Liegenden einen festen dunklen aphanitischen Grünstein von dichter Textur, von dem er aber noch durch eine mächtige Lettenlage getrennt ist. — Im Hangenden des Ganges tritt ein zersetzter, feinkörniger, grünlicher, etwas Eisenkies enthaltender Grünsteintrachyt auf, mit welchem sich der Gang verwachsen zeigt. — Also wiederum deutliche Anzeichen einer Verwerfungsspalte.

§ 23. Das Streichen und Fallen der Gänge. Dass die Gänge nach allen möglichen Richtungen des Raumes streichen und fallen, ist eine Erfahrung, die sich leicht begreift, wenn man erwägt, dass die Gangräume nichts Anderes sind als Risse, welche in den Gesteinen in Folge innerer Spannung, oder äusseren Druckes entstanden sind und, immer dem geringsten Widerstande folgend, sich da bildeten, wo die Cohäsion des Gesteins am kleinsten war.

Im concreten Falle wird die Lage der Gangräume nur verstanden werden können, wenn sich Richtung und Intensität der wirkenden Spann- und Druckkräfte, nach Maassgabe des geognostischen Baues der Gegend, beurtheilen lassen, eine Bedingung, die selten erfüllt ist.

Vergleicht man die verschiedenen Gangreviere in Bezug auf das Streichen ihrer Gänge, so lassen sich drei typische Gruppen unterscheiden: die Netzgänge, die Parallelgänge und die Strahlengänge. — Diese Gruppen sind keineswegs scharf geschieden, sondern durch Mittelglieder mit einander verbunden.

Die Netzgänge (Fig. 26) sind dadurch gekennzeichnet, dass die Hauptgangspalten innerhalb eines Ganggebietes nach allen Richtungen des Raumes streichen und sich dabei netzförmig durchkreuzen. — Gewöhnlich herrschen aber in diesen Gangnetzen schon einige Richtungen entschieden vor.

Fig. 26. Netzgänge.

Das sächsische Erzgebirge ist reich an Netzgängen. — Am entschiedensten sind sie bei Marienberg und Schneeberg entwickelt, bei Freiberg dagegen herrschen schon drei Streichungsrichtungen — h 3, h 9 und h 12 — gegen andere entschieden vor.

Zur leichteren Orientirung innerhalb solcher Ganggebiete hat der sächsische Bergmann eine besondere Terminologie zur Unterscheidung der Gangstreichen eingeführt, die aus beistehender Figur 29 sofort klar wird.

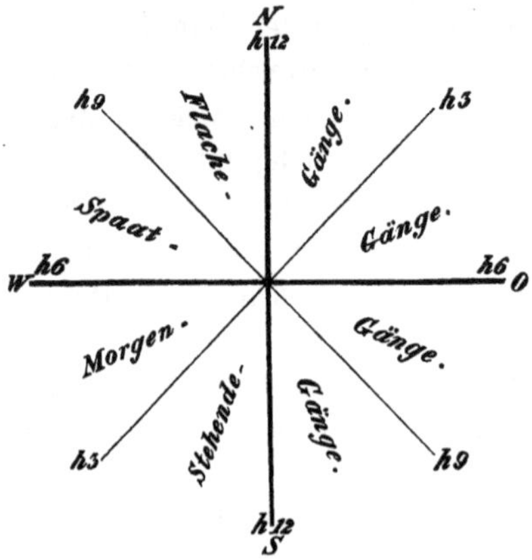

Fig. 29.

Dem Namen eines Ganges wird das Prädicat „Stehende oder Flach oder Morgengang oder Spat" beigefügt, um das Streichen desselben zu bezeichnen, so z. B. der Frisch-Glück-Stehende, der Laura-Flache, der Gottlob-Morgengang, der Halsbrückner Spat.

Streicht ein Gang genau in den Stunden 12, 3, 6 oder 9, so sagt man, er setzt in der Wechselstunde auf. — Ist das Streichen den Wechselstunden sehr nahe, wird die Bezeichnung hochstreichend oder tiefstreichend hinzugefügt, je nachdem der Gang nahe dem Anfang oder dem Ende einer Abtheilung streicht.

Sehr viel directer und anschaulicher sind die englischen und französischen analogen Bezeichnungen; so spricht der Cornwaller Bergmann von twelwe o' clock veins, three o' clock veins etc., der französische Bergmann von filons septentrionaux, meridionaux, orientaux und occidentaux oder filons du nord, du midi, du levant und du couchant.

Kommen nur wenige Streichungsrichtungen, oder gar nur eine solche Richtung in einer Gegend vor, so ist kein Bedürfniss zur Anwendung obiger Bezeichnungen vorhanden.

Mittelglieder in der Reihe, mit vorherrschenden zwei Streichungsrichtungen, sind sehr zahlreich, z. B. bei den Silbererzgängen von Joachimsthal im sächsischen Erzgebirge, von St. Andreasberg im Harze, von Hiendelaencina in Spanien, bei den Golderzgängen von Kapnik in Siebenbürgen, bei den Kupfererzgängen der Burra-Burra-Gruben in Südaustralien etc. etc.

Unter diesen könnten wieder solche mit sich im Streichen rechtwinkelig oder schiefwinkelig kreuzenden Gängen unterschieden werden.

Die letzteren führen uns zu den Parallelgängen (Fig. 27), die durch das Vorherrschen von nur einer Streichungsrichtung ausgezeichnet sind. — Dahin gehören die Goldquarzgänge Californiens mit einem vorherrschenden Streichen in h 12, parallel der Axe des Gebirges, die Gänge von Kongsberg, mit einem Hauptstreichen in h 6, die Gänge von Nagybánya mit einem Streichen in h 2—3 etc.

Die Strahlengänge (Fig. 28), die mit den beiden ersten Gruppen wieder durch unzählige Mittelglieder verbunden sind, werden dadurch charakterisirt, dass die Gänge von einem Punkte aus strahlenförmig oder fächerförmig auslaufen.

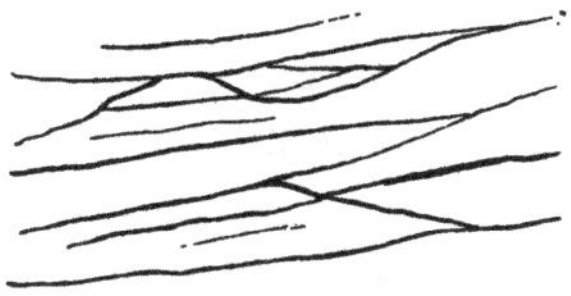

Fig. 27. Parallelgänge.

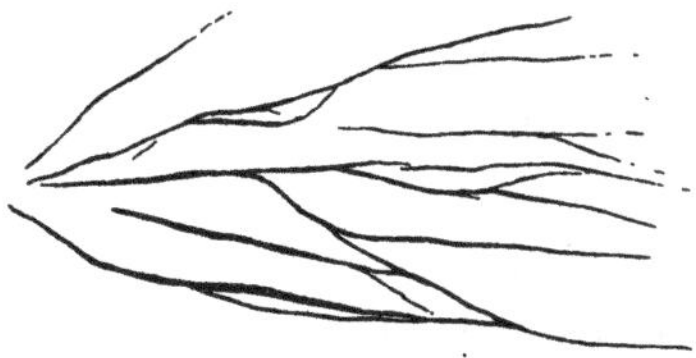

Fig. 28. Strahlengänge.

Sehr ausgezeichnet ist dieser Fall am Oberharze ausgeprägt, wo die Gänge nach drei Richtungen, unter denen zwei besonders stark entwickelt sind, von einem Punkte ausstrahlen.

Ein System parallel streichender und im Streichen lang ausgedehnter Gänge nennt man einen Gangzug. — Solche Gangzüge finden sich bei Netzgängen, Parallelgängen und Strahlengängen. — Bei Netzgängen durchkreuzen sich die Gangzüge. — Vortrefflich ist das Beispiel von Freiberg,[1] wo v. Beust drei sich kreuzende in h 3, 9 und 12 streichende Gangzüge unterschied.

Parallelgänge bilden, wenn sie nahe aneinander liegen und im Streichen weit zu verfolgen sind, in der natürlichsten Weise Gangzüge, so z. B. die parallel dem Gebirgskamme verlaufenden Goldquarzgänge Californiens.

Bei Strahlengängen wird, z. B. am Oberharze, irgend ein im Streichen lang aushaltender Hauptgang mit sammt den ihn begleitenden kleineren Gängen als Gangzug bezeichnet und mit besonderem Namen belegt, wie Lautenthal-Hahnenkleer Gangzug, Rosenhöfer Gangzug etc.

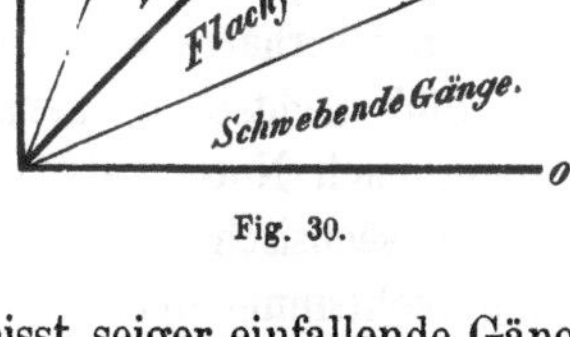

Fig. 30.

Ebenso wie alle möglichen Streichrichtungen vorkommen, so auch alle möglichen Fallrichtungen. — Steiles Fallen von 70 bis 80° ist bei Gangspalten wohl am häufigsten, doch fehlen nicht 90°, das heisst seiger einfallende Gänge und solche mit einem geringeren Einfallen als 70°. — Sehr flache, nur wenige Grad einfallende, oder gar horizontal liegende Gangspalten sind sehr selten.

[1] v. Beust, *Erläuterungen zur Gangcharte der Freiberger Bergreviere.* Leipzig 1842.

Auch das verschiedene Fallen hat der sächsische Bergmann mit besonderen Namen belegt, die aus umstehender Fig. 30 ersichtlich sind. Die Ausdrücke werden selten angewandt; am häufigsten seiger und schwebend, seiger aber vorwiegend für die 90° einfallenden Gänge.

In demselben Sinne wie nach dem Streichen könnte man auch nach dem Fallen Netzgänge, Parallelgänge und Strahlengänge, nebst den Zwischenstufen, unterscheiden. — Diese Unterscheidung hat aber keine so grosse Bedeutung, da die Gänge in ihrer Fallrichtung viel weniger bekannt sind als im Verlaufe ihres Streichens, und ist es daher besser, die obigen Ausdrücke zur Charakteristik des Streichens zu gebrauchen, und es immer besonders zu bemerken, wenn etwa die Eigenschaften des Fallens damit bezeichnet werden sollen.

Bei dem vorherrschend steilen Fallen fast aller Gänge erscheinen die meisten Parallelgänge als solche auch dem Fallen nach, besonders wenn die Gänge weit von einander entfernt auftreten. Dasselbe wird bei Strahlengängen der Fall sein, selbst wenn die Strahlen stark divergiren.

Liegen Parallelgänge und Strahlengänge, die verschiedenes Fallen haben, nahe aneinander, so erhält man beim Entwerfen von Querprofilen häufig fächerförmige Gangbilder; so ist das bei den Kremnitzer Gängen der Fall (Fig. 71), die nach Windakiewicz einem nach oben geöffneten Fächer gleichen; dasselbe Verhalten kennt man von Felsobánya, Dobschau und anderen Orten.

Bei Netzgängen werden Querprofile, je nachdem man dieselben nach dem Fallen des einen oder anderen Ganges entwirft, sehr verschieden aussehen. Nur wenn die Gänge nahe aneinander liegen und sehr verschiedenes Fallen besitzen, werden die entstehenden Gangbilder auch den Charakter des Netzförmigen an sich tragen; übrigens wird letzteres unter Umständen auch bei Querprofilen durch Parallelgänge und Strahlengänge eintreten.

Wenig wichtig ist der Unterschied von rechtsinnig und widersinnig fallenden Gängen.

Am Oberharze wird die gewöhnliche Fallrichtung der dortigen Gänge nach Süd rechtsinnig genannt und ein ausnahmsweises Einfallen eines Ganges nach Nord widersinnig oder verkehrt.

Im sächsischen Obergebirge, und mehrentheils in Oestreich, wird ein Gang rechtsinnig genannt, wenn er parallel dem nächsten Bergabhange einfällt, widersinnig, wenn er ein entgegengesetztes Fallen hat.

Abweichungen von dem normalen geradlinigen Streichen und Fallen, die bei den Gängen so häufig vorkommen, bezeichnet der deutsche Bergmann mit besonderen Ausdrücken.

Wenn ein Gang sein Streichen ändert, so kommt er aus der

Stunde, ändert er das Fallen, so wird das, je nach der Richtung in der die Aenderung beobachtet wird, bezeichnet: der Gang stürzt sich, oder der Gang richtet sich auf.

Bei plötzlichen starken, aber kurzen Biegungen der Gangebenen sind die Bezeichnungen üblich: der Gang schlägt einen Haken, wirft einen Bauch, macht eine Wanne.

Die Ausdehnung eines Ganges in der Richtung seines Streichens nennt man seine Längenerstreckung, die in der Richtung des Fallens seine Tiefenerstreckung.

Diese Dimensionen schwanken in sehr weiten Grenzen und lassen sich bei grösseren Gängen schwer ganz genau angeben, da das Interesse eines Bergbaus an dem Verlaufe der Gänge verloren geht, wenn dieselben, wie es leider häufig genug vorkommt, ihre Erzführung verlieren und in taube Gänge übergehen. In seiner Längenerstreckung wird dann der Gang allenfalls noch durch Schürfe an seinem Ausgehenden verfolgt, aber eine Untersuchung nach der Tiefe verbietet sich durch die enormen Kosten von selbst.

Man ist daher in Beziehung auf die Kenntniss der Gangdimensionen meist ganz von der Ausdehnung der bergmännischen Baue abhängig, um so mehr, da die Erfahrung gelehrt hat, dass man nur selten an das wirkliche zweifellose Ende eines grösseren Ganges gelangt ist, die Eigenschaften der Gangräume vielmehr immer noch eine weitere Fortsetzung vermuthen lassen.

Die Dimensionen der kleineren Gänge zählen nach Bruchtheilen von Metern, die der grossen Gänge nach vielen Kilometern. — Von Gängen, die auf sehr grosse streichende Längen verfolgt sind, mögen hier nur einige angeführt werden, um von den grössten Dimensionen einen Begriff zu geben. — Der Spitaler Gang bei Schemnitz in Ungarn ist auf 8 Kilometer Länge — rund 1 Meile — bekannt. Die längste Gangspalte, die in h 7 den Oberharz durchsetzt und mit sehr verschiedenen Namen — Rosenhöfer Gang, Rosenbüscher Gang und Schulthaler Gang — belegt ist, lässt sich auf 16357 m — rund 2 Meilen — streichende Länge verfolgen. Der bedeutendste Goldquarzgang Californiens, welcher den Namen Mother lode enthalten hat, soll, wenn auch nicht ununterbrochen, 112652 m (70 englische Meilen) im Streichen lang sein; — jedenfalls der längste aller bekannten Gänge.

Die grösste Tiefe, welche der Gangbergbau bis jetzt erreicht hat, beträgt am Adalberti-Schacht zu Přibram in Böhmen, 1000 m. Der auf dem Samsoner Gange bei St. Andreasberg im Harz abgeteufte Schacht ist 787 m tief.

Sicher ist in diesen Tiefen die untere Grenze der Gänge noch nicht erreicht. Aehnliche Erfahrungen haben die alten Bergleute zu dem mehr poetischen wie wahren Ausdruck geführt, dass die Gänge in die ewige Teufe niedersetzen. Für kleinere Gänge trifft das nicht zu. — Für diese passt der Name „Rasenläufer", wenn sie nicht weit unter der Tagesoberfläche verschwinden; ein ebenfalls alter bergmännischer Ausdruck, der den Gegensatz zu den in die ewige Teufe niedersetzenden Gängen bezeichnet.

Es giebt auch Gänge, die, wie J. Grimm [1] anführt, nicht zu Tage ausbeissen.

„Am häufigsten begegnet man dieser Erscheinung in den Grünsteintrachytgebirgen Siebenbürgens, z. B. zu Nagyág, wo viele parallele Gänge blos bis auf eine gewisse Tiefe niedersetzen und dann verschwinden, an ihre Stelle aber andere gleichfalls unter sich parallele Gänge, jedoch gegen die oberhalb befindlichen mit einem ganz verschiedenen, bisweilen auch ins Kreuz gerichteten Streichen auftreten, die wieder nicht in die Höhe reichen, folglich nicht zu Tage ausbeissen. Es sind dies gewöhnlich mit erzigen und sonstigen Mineralien ausgefüllte, mehr weniger geöffnete Structurflächen oder Absonderungsfugen. Auch giebt es derlei Gänge, welche weder am Tage ausbeissen, noch in grössere Tiefe reichen und ebenso auch in ihrem Streichen eine vergleichsweise kurze Andauer besitzen, mithin blos im Innern der Gebirge ihren Sitz haben. — Von derlei Gängen wurden auch schon viele im Nagyáger Grubenbau aufgeschlossen."

Man ersieht aus dieser Schilderung deutlichst, dass diese Gänge den ausgesprochensten Charakter der Trümmer an sich tragen.

§ 24. Die Mächtigkeit der Gänge wird durch die Länge des Perpendikels zwischen den Salbändern gemessen.

Bei den einfachen Gängen muss sich die Grenze zwischen Gangmasse und Nebengestein — also das Salband — entweder ganz scharf, oder wenigstens innerhalb einer kurzen Distanz angeben lassen.

Die Salbänder sind sehr verschieden beschaffen. Entweder sind es unausgefüllte Spalten oder Klüfte — (was man offene Ablösung im Gegensatz zu dem Verwachsensein nennt) —, oder es sind Lettenbestege (Ausschram), mit Letten, mildem Gangthonschiefer etc. ausgefüllte Spalten. Schliesslich findet man an den Salbändern die den Gang bildenden Mineralien auch unmittelbar am Nebengestein festgewachsen, und zwar entweder mit glatten ebenen, oder mit höchst unregelmässig gebildeten im Zickzack verlaufenden Flächen. Fehlen Salbänder ganz, oder ist nur eins

---

[1] *Die Lagerstätten nutzbarer Mineralien,* 1869, p. 105.

vorhanden, und geht die Gangmasse in Folge von Durchtrümmerung allmälig in das Nebengestein über, so hat man einen zusammengesetzten Gang, dessen Mächtigkeit sich nie genau ermitteln lässt (p. 35).

Dass die Mächtigkeit der Gänge zwischen Bruchtheilen von Metern und bis 40 m und mehr schwankt und dass die grössten Mächtigkeiten nur bei zusammengesetzten Gängen vorkommen, ist früher bereits angeführt. Jetzt ist noch hinzuzufügen, dass die eigentliche Gangmächtigkeit auch bis auf ein Minimum zusammenschrumpfen kann, so dass der Gang nur als eine papierdünne Kluft erscheint, die selbst erzleer ist, aber von einem erzführenden Nebengestein begleitet sein kann. Solche Gänge nennt der östreichische Bergmann Blätter. (Raibl in Kärnthen, Rathhausberg bei Gastein etc.) Ueberhaupt ist es eine häufige Erscheinung, dass das Nebengestein der Gänge Erz einschliesst und dadurch die Bestimmung der Ganggrenzen unsicher wird.

Mächtigkeitswechsel ist bei allen Gängen sehr gewöhnlich. — Ein allmäliges Abnehmen der Mächtigkeit bis zur feinsten Kluft, oder bis zum vollständigen Verschwinden nennt der Bergmann Verdrücken oder Auskeilen (Fig. 31); dieselbe Erscheinung, in entgegengesetzter Richtung beobachtet, das Aufthun.

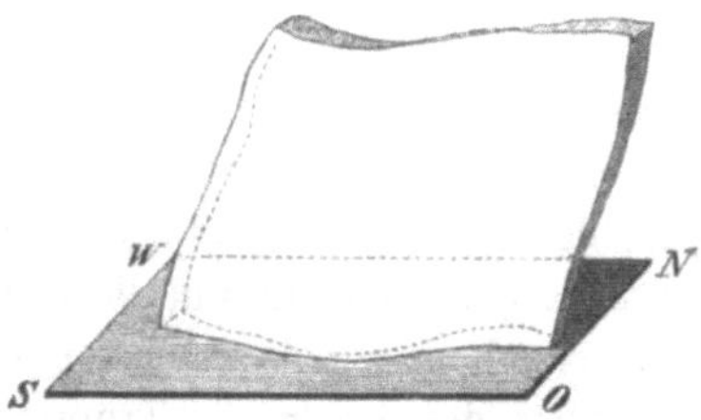

Fig. 31. Auskeilen und Verdrücken der Gänge.

Die gewöhnliche Form, in welcher ein Gang, sowohl in der Streichrichtung als auch in der Fallrichtung, zu enden scheint, ist das Auskeilen.

Die Erfahrung lehrt nun aber in tausend und aber tausend Fällen, dass dem Auskeilen auch wieder ein Aufthun der Gänge folgt, und darf daher das Auskeilen durchaus nicht als sicheres Anzeichen der Endschaft eines Ganges angesehen werden.

Wenn Gänge in kurzen Entfernungen, sowohl dem Streichen als auch dem Fallen nach, sich auskeilen und sich wieder aufthun, so heissen sie Lentikulargänge, weil die Gangräume aus einer Aneinanderreihung linsenförmiger Massen bestehen. (Fig. 47.)

Durch plötzliche, oder auch allmälige Erweiterungen der Gangesmächtigkeit entstehen Gangstöcke, die wegen des vorwiegend steilen Fallens auch stehende Stöcke genannt werden, im Gegensatz zu den stockartigen Erweiterungen der Lager, die liegende Stöcke heissen (p. 27).

§ 25. Zertrümmerung der Gänge. Nichts ist geeigneter, die Spaltennatur der Gänge zu beweisen, als die Zertrümmerungen. — Ein Gang zertrümmert sich, wenn er sich in mehrere einzelne kleinere Gänge oder Trümmer zertheilt (Fig. 32), die mehr oder weniger weit, mit meist abweichendem Streichen, fortsetzen und dann durch Auskeilen verschwinden, ein Verhalten, das auch wohl als das Zerschlagen des Ganges bezeichnet wird.

Beim Uebersetzen der Spalten von einer Gebirgsart in eine andere ist das, in Folge wechselnder Cohäsionsverhältnisse, öfters eingetreten.

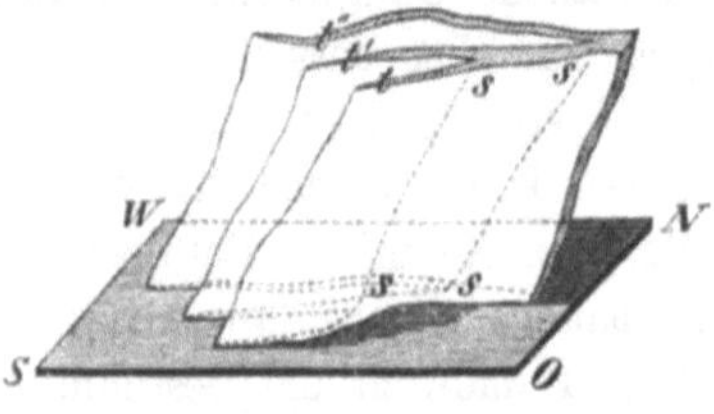

Fig. 32. Zertrümmerung.

So zerschlagen sich, um hierfür nur ein Beispiel anzuführen, die Gänge des Spitzenberges bei Silberberg[1] in Schlesien und verlieren dabei ihre Erzführung, sobald sie aus dem Gebiet des Gneiss in die, letzteren überlagernden Grauwacken hineinsetzen.

Aber auch innerhalb ein und desselben Gesteins tritt ein Zerschlagen der Gänge ein. — Gaetschmann[2] beschreibt von den in krystallinischen Schiefern aufsetzenden Zinnerzgängen des Sauberges bei Ehrenfriedersdorf in Sachsen, dass sie sich nach dem Ausgehenden zu, ruthenartig in eine grosse Menge einzelner Trümmer zerschlagen.

Jede kleinere Gangspalte, die von einem grösseren Gange abläuft, oder denselben irgend wie begleitet, wird ein Trumm genannt. — Die Ausdrücke „hangendes und liegendes Trumm, Haupttrumm, Seitentrumm" etc. verstehen sich darnach von selbst.

Statt des Ausdrucks Trumm werden auch die Worte: Ausläufer, Ausreisser, Abkommende gebraucht. Die beiden ersten vorzüglich bei Trümmern von sehr kleinen Dimensionen.

Die Linien, in welchen die Flächen der Gänge und der Trümmer zusammentreffen, nennt man die Schaarungslinien *ss* in Fig. 32—36.

Je nach dem Fallen und Streichen der einzelnen Gang- resp. Trummebenen, haben diese Schaarungslinien sehr verschiedene Lage im Raume. — Nur wenn beide Ebenen senkrecht stehen, thun das auch die Schaarungslinien, in jedem anderen Falle haben dieselben eine geneigte Lage im Raume, ein sogenanntes Einschiessen; so z. B. schiesst die Schaarungslinie *ss* innerhalb des h 3 streichenden Ganges *t''* in Fig. 32 nach Südwesten ein.

Die Punkte, an denen man mit den Grubenbauen die Schaarungslinien trifft, heissen die Schaarungspunkte.

Eine besondere Erklärung bedürfen die Ausdrücke Diagonal- oder Quertrumm, Bogentrumm und Gefährten.

---

[1] Förster, *Neues Jahrb. f. Miner.* 1865, p. 293.

[2] *Auf- u. Untersuchung d. Lagerstatten.* 1856, p. 90.

Ein Diagonaltrumm oder Quertrumm (Fig. 33) ist ein solches, welches unter spitzem resp. stumpfem Winkel zwei parallele, oder auch im Streichen zusammentreffende Gänge verbindet.

Ein Bogentrumm (Fig. 34) läuft unter spitzem Winkel von einem Hauptgange ab, verfolgt ein bogenförmiges Streichen, so dass es sich in einiger Entfernung mit dem Hauptgange wieder spitzwinkelig verbindet.

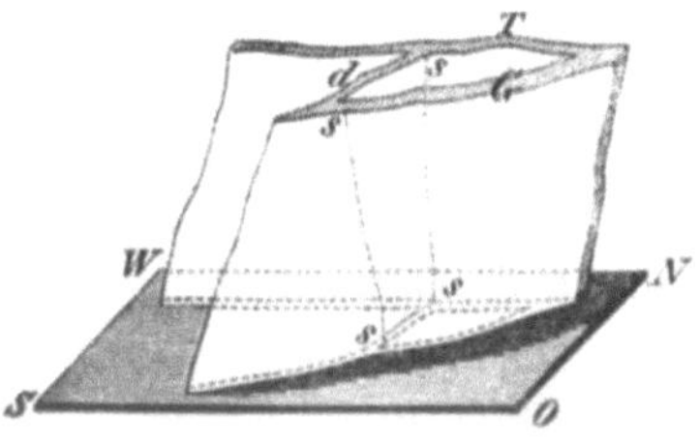

Fig. 33. Diagonaltrumm.

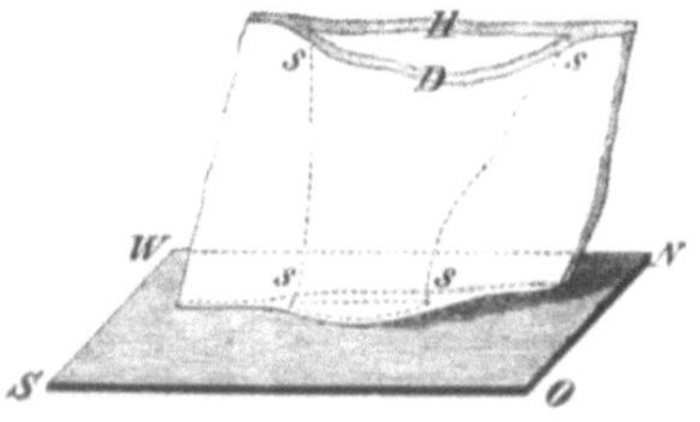

Fig. 34. Bogentrumm.

Eine nothwendige Folge verschiedenen Fallens des Ganges und des zugehörigen Bogentrumms ist es, dass die Schaarungslinien auch einen bogenförmigen, entweder nach oben oder nach unten geöffneten Verlauf nehmen und die Schaarungspunkte demnach in verschiedenen Horizontalschnitten entfernter resp. näher aneinander liegen.

Diagonaltrümmer und Bogentrümmer kommen bei den Oberharzer Gängen häufig vor. Ein sehr erzreiches Diagonaltrumm, welches den Burgstädter Hauptgang und den Kranicher Gang miteinander verbindet, wird im Tiefbau der Grube Herzog Georg Wilhelm bei Clausthal bebaut. Ein ebenfalls sehr erzreiches liegendes Bogentrumm des Bockswieser Hauptganges bei Bockswiese, das sich nach der Tiefe zu immer mehr erweitert, tritt zwischen dem Johann Friedricher und dem Herzog Auguster Schacht auf.

Gefährten sind kleine Trümmer, welche einem Hauptgang parallel liegen, demselben also nicht zuschaaren.

Ihre Längenerstreckung ist nicht gross; wenn sie durch Auskeilen verschwinden, legen sich dafür wieder andere in der Fortsetzung des Streichens an.

Gefährten begleiten sehr häufig die Freiberger Gänge.

Gaetschmann erwähnt sie vom Neue Hoffnung Flache bei Himmelfahrtfundgrube.

Schliesslich ist noch zu bemerken, dass ein sehr mächtiger, also stockförmiger Gang, der sehr viele Trümmer aussendet, oder mit ihnen endet, ein Gangtrümmerstock zu nennen ist. (S. Fig. 74.)

Das Zusammentreffen der Gänge. In vier verschiedenen Weisen, die wir als Schaarung, Kreuzung, Ablenkung und Verwerfung bezeichnen, können sich Gangspalten treffen.

§ 26. Das Schaaren der Gänge. Zwei Gänge schaaren sich, wenn sie unter spitzem Winkel zusammenkommen und dann gemeinschaftlich fortstreichen. (Fig. 35.) Tritt nach kürzerer oder längerer Entfernung vom Schaarungspunkt wieder eine Trennung ein, so nennt man das eine Gabelung.

Man sieht, dass Schaarung und Gabelung im Grunde ganz dieselben Erscheinungen sind, nur durch die Richtung, in welcher sie beobachtet werden, verschieden. — Wiederholen sich Schaarungen und Gabelungen, so bilden sich Bogentrümmer aus. — Auch die anderen oben beschriebenen Trümmer, wie ablaufende Trümmer, Diagonaltrümmer etc. zeigen die Erscheinung der Schaarung, und wird deshalb bei denselben auch von Schaarungslinien geredet.

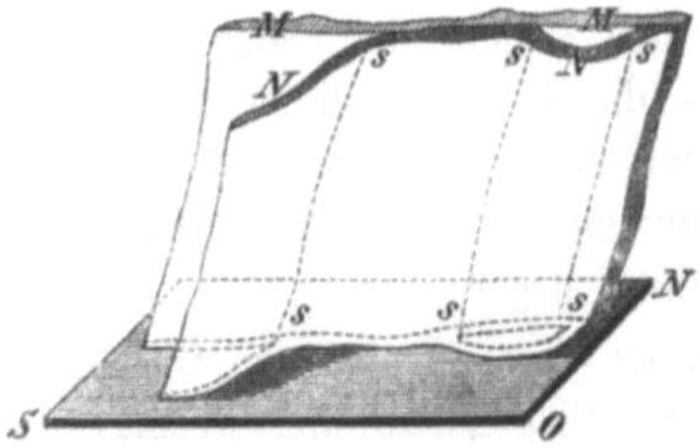

Fig. 35. Schaaren und Schleppen.

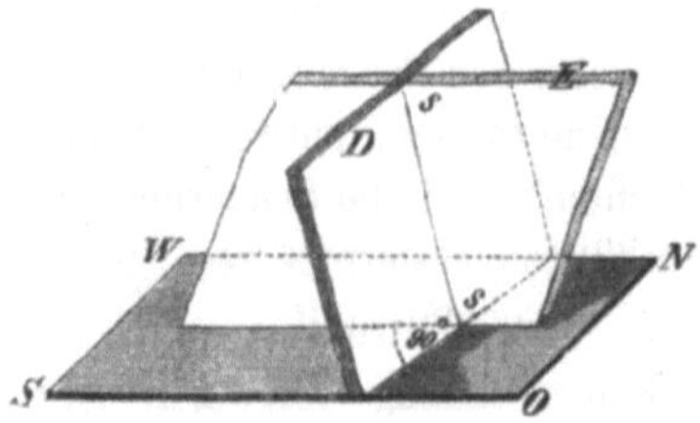

Fig. 36. Winkelkreuz.

Bei Strahlengängen ist die Schaarung die gewöhnliche Art des Zusammentreffens der Gangspalten, bei Parallelgängen findet sie sich, insofern dieselben durch Diagonalgänge verbunden werden. Bei Netzgängen ist Schaarung seltener.

Da wo zwei grössere Gänge sich schaaren, pflegt der von denselben eingeschlossene Gebirgskeil in der Nähe der Schaarungslinie sehr stark durchtrümmert zu sein. — Am Oberharze, wo fast nur Schaarungen vorkommen, giebt es viele vortreffliche Beispiele dafür. Es lassen sich hier die Ausfüllungsmassen der Gänge nach ihrer Schaarung oft gar nicht mehr unterscheiden; dieselben fliessen vollkommen zusammen.

Erhält sich der Unterschied der Ausfüllungsmassen der Gänge nach der Schaarung, entstehen Doppelgänge.

Gänge schleppen sich, wenn sie nur auf kurze Entfernung beieinander bleiben und sich dann wieder trennen. (Fig. 35.)

§ 27. Das Kreuzen der Gänge. Durchschneiden, durchsetzen oder durchkreuzen sich zwei Gänge so, dass sie ihre Streichrichtung dabei ungestört beibehalten, so entsteht ein **Gangkreuz**. Dieses ist ein **Winkelkreuz** (Fig. 36), wenn das Streichen beider Gänge rechtwinkelig zu einander steht, und ein **Schaarkreuz** (Fig. 37), wenn sich die Streichlinien der Gänge unter spitzem resp. stumpfem Winkel schneiden.

Streichen zwei Gänge parallel, so ist ein Kreuz nur bei verschiedenem Fallen möglich; ein solches wird **Durchfallungskreuz** genannt. (Fig. 38.)

Gangkreuze werden hauptsächlich bei Netzgängen angetroffen, bei Parallel- und Strahlengängen sind sie seltener.

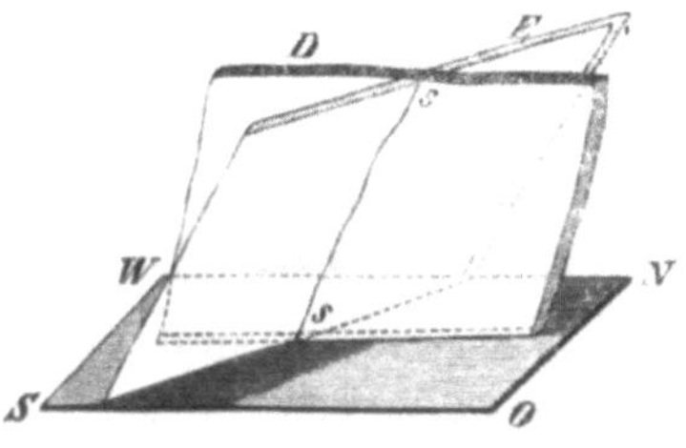

Fig. 37. Schaarkreuz.

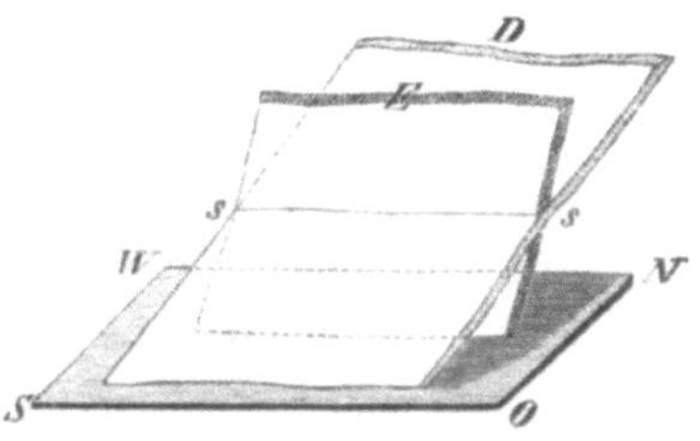

Fig. 38. Durchfallungskreuz.

Bezüglich der Ausfüllungsmassen sich kreuzender Gänge ist zu bemerken, dass sie zur Bestimmung des relativen Alters der Gänge dienen, wenn sie wesentliche Verschiedenheiten zeigen. So ersieht man aus den Figuren 36 bis 38, dass der Gang *E* der ältere, und der Gang *D* der jüngere ist.

Sind beide Gänge gleich ausgefüllt, fliessen die Ausfüllungsmassen ineinander, so hat man zu schliessen, dass beide Gangräume vor ihrer gemeinschaftlichen Erfüllung bereits aufgerissen waren. Ein treffliches Beispiel dafür giebt KÜHN.[1] (Fig. 39.)

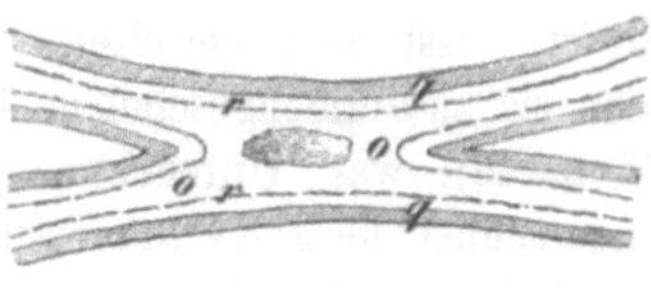

Fig. 39. Schaarkreuz nach KÜHN.

„Der Karl Morgengang und der Ludwig Stehende auf Habacht Fundgrube, beides Gänge von 105 bis 157 mm mittlerer Mächtigkeit, gehen derart ineinander über, dass das äusserste Gangglied Quarz (*q*), ebenso das zweite Rosenspath (*r*) ohne Unterbrechung aus dem einen in den anderen hinüberzieht, während das dritte, ein Gemenge von Rosenspath, silberreicher schwarzer Zinkblende und silberreichem Bleiglanz (*o*), innerhalb des von beiden Gängen gebildeten Raumes eine drusenartige 183 bis 235 mm lange Höhlung umschliesst.“

[1] K. A. KÜHN, *Handbuch d. Geognosie*. Freiberg 1836. Bd. II, p. 604.

§ 28. Gangablenkungen.[1] Beim Durchsetzen eines Ganges durch einen anderen, oder durch eine Kluft (in manchen Revieren, z. B. am Oberharz, Geschiebe genannt) bemerkt man sehr häufig eine Ablenkung

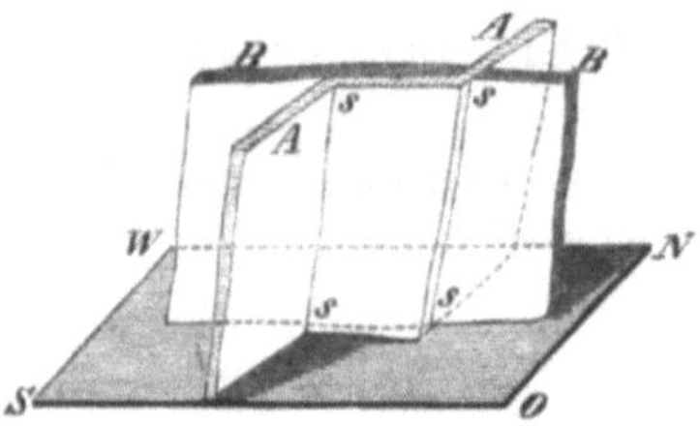

Fig. 40. Auslenkung mit Schleppung.

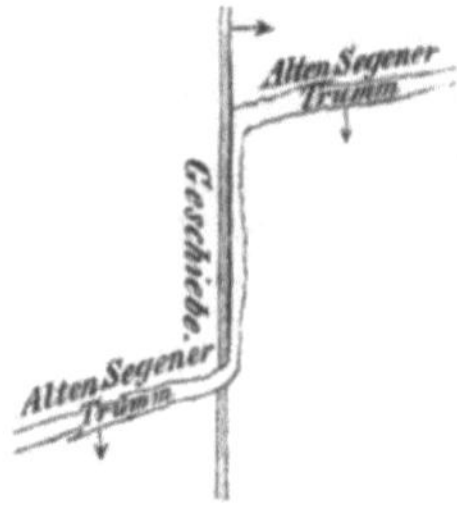

Grundriss.
Fig. 41. Auslenkung an einem Geschiebe bei Clausthal nach ZIMMERMANN.

in der Art, dass der durchsetzende Gang beim Herantreten an den durchsetzten sich mit diesem eine Strecke lang schleppt und ihn dann erst durchbricht (Fig. 40 u. 41), oder auch in der Art, dass sich die Masse des durchsetzenden Ganges *A* in Form von Trümmern innerhalb des durchsetzten Ganges *B* hinzieht. (Fig. 42.)

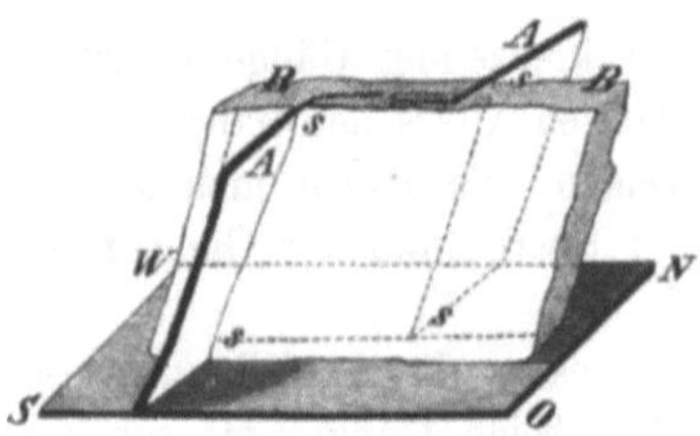

Fig. 42. Auslenkung.

Oft wird bei der Ablenkung der Zusammenhang des abgelenkten Ganges auch ganz aufgehoben und dadurch leicht die Idee erweckt, es sei der abgelenkte Gang *A* durch den Ablenker *B* verworfen; dass dem nicht so ist, lässt sich beweisen, falls die beiden getrennten Stücke, wenn man sie zusammengeschoben denkt, gar nicht aneinander passen (Fig. 43, 45 u. 46), was, Unregelmässigkeiten durch die mechanische Zerstörung ungerechnet, der Fall sein müsste, wenn eine Verwerfungserscheinung vorläge.

Sehr gewöhnlich ist der abgelenkte Gang *A* nur an einer Seite des Ablenkers *B* zertrümmert (Fig. 43 u. 45), ein Verhalten, das die Vorstellung einer Verwerfung ganz ausschliesst. — Findet Zertrümmerung des abgelenkten Ganges an beiden Seiten des Ablenkers statt, so pflegen die Trümmer nicht zu correspondiren.

---

[1] W. FUCHS, *Beiträge zur Lehre von den Erzlagerstätten.* Wien 1856. p. 78—80. — J. GRIMM; *Berg- und Hüttenm. Jahrb. der k. k. Montan-Lehranstalt.* 1856. Bd. V, p. 153 u. 154, und *Oestr. Zeitschr. f. Berg- u. Hüttenw.* 1866. p. 121. — H. CREDNER, *Zeitschr. d. d. geol. Gesellschaft.* Bd. XVII, 1865, p. 216. — BABANEK, *Oestr. Zeitschr. f. Berg- u. Hüttenw.* 1871, p. 348.

Sehr interessant ist auch der Fall, dass beide Gänge in ihrer Richtung abgelenkt sind (Fig. 46), wobei augenscheinlich auch nicht an Verwerfung gedacht werden kann.

An Gesteinsstücken, die von kleinen Quarz- oder Kalkspathtrümmern durchzogen sind, kann man die beschriebenen Ablenkungserscheinungen im kleinen Raume häufig vortrefflich beobachten — und wenn etwas beweisen kann, dass Trümmerbildung und Gangbildung derselbe Vorgang, nämlich mechanische Zerspaltung des Gesteins, so ist es der Umstand, dass sich die Gangablenkungserscheinungen der grossen Gänge in der Trümmerbildung gewissermaassen im verkleinerten Maassstabe copirt finden.

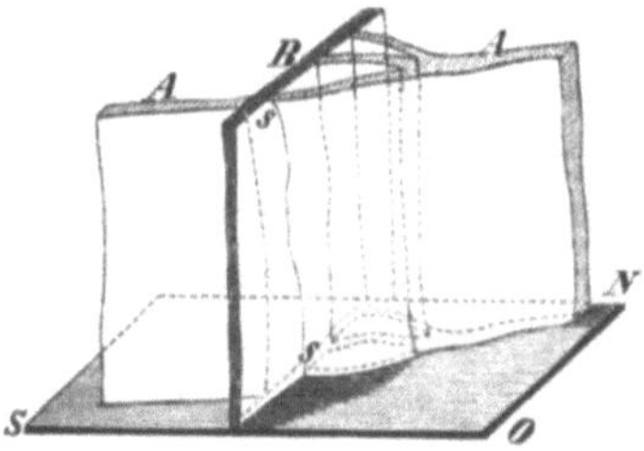

Fig. 43. Auslenkung mit Zertrümmerung.

Grundriss.

Fig. 44. Auslenkung bei St. Andreasberg nach Zimmermann.

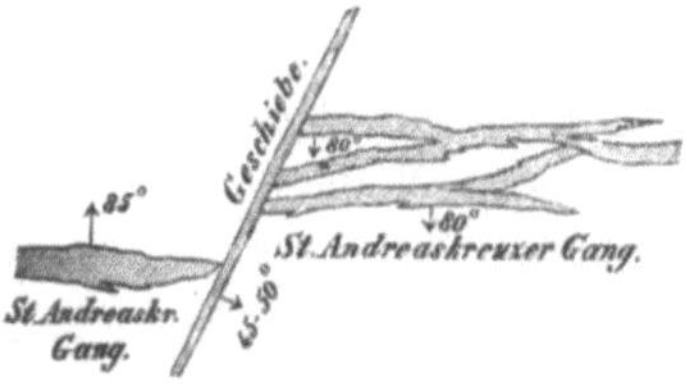

Grundriss.

Fig. 45. Auslenkung bei St. Andreasberg nach Zimmermann.

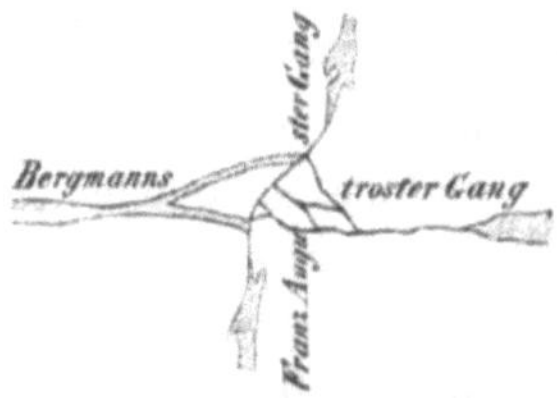

Fig. 46. Doppelauslenkung bei St. Andreasberg nach H. Credner.

Gangablenkungen sind durch Grimm bei den Gängen von Nagyag, Offenbánya, Vöröspatak in Siebenbürgen, von Příbram in Böhmen, durch H. Credner bei den Gängen von St. Andreasberg im Harze beobachtet und beschrieben; sie finden sich ohne Zweifel überall, wo Gänge und Trümmer entwickelt sind.

Die Gangablenkung ist ein Ergebniss der ursprünglichen Spaltenbildung.

Der Ablenker *B* in Fig. 40—43 ist der ältere Gang, er war bereits vorhanden — sei es leer als Kluft (Geschiebe), oder mit Ganggestein oder Mineralien erfüllt — als die abgelenkte Gangspalte *A* aufriss.

Die spaltenbildende, in einer bestimmten Richtung wirkende Kraft, immer dem geringsten Widerstande folgend, fand einen solchen in dem Moment, als die sich bildende Spalte den bereits vorhandenen Gang

(Ablenker) berührte, lenkte demgemäss an letzterem ab und konnte erst da wieder in die ursprüngliche Richtung einlenken, wo das Gestein den geringsten Widerstand darbot.

Im Grunde ist also die Ablenkung dieselbe Erscheinung wie eine lokale Aenderung des Gangstreichens, welche in einem Wechsel der Cohäsion eines unzerklüfteten Nebengesteins ihre Ursache hat.

Ist diese Erklärung richtig, so erscheint es ganz unmöglich, eine Regel zur Ausrichtung der Gangablenkungen zu geben, da der Wechsel in den Widerstandsverhältnissen der Gesteine sich niemals vorher bestimmen lässt.

Das einzige Anhalten geben oft nur kleine Trümmer (Fig. 42), welche neben, oder in dem Auslenker *B* die abgelenkten Gangtheile miteinander verbinden. (Babanek.)

§ 29. Gangverwerfungen.[1] Dass Gänge ihr Nebengestein verworfen haben, ist oben (§ 21) weitläufig auseinandergesetzt. — War in dem verworfenen Nebengestein bereits ein Gang enthalten, so musste dieser natürlich mit verworfen werden. Die Erscheinung hat mit der Gangablenkung grosse Aehnlichkeit und ist mit ihr in früheren Zeiten auch immer verwechselt worden.

Schmidt und Zimmermann, die Begründer der Verwerfungstheorie, haben alle Auslenkungen für Verwerfungen gehalten.

Räumlich betrachtet entspricht der Verwerfer dem Auslenker und der verworfene Gang dem ausgelenkten Gange. Während aber der Verwerfer der jüngere Gang ist, ist der Auslenker der ältere und so weiter.

Die Gangverwerfungen stimmen, da bei ihnen eine Bewegung der durch eine Spalte getrennten Gebirgsstücke stattfand, in allen Hauptsachen mit den Sprüngen überein. (S. § 16.)

Alles, was über letztere gesagt ist, kann ohne Weiteres auf die Gangverwerfungen übertragen werden, sobald man den Verwerfer mit der Sprungkluft, den verworfenen Gang mit dem Flötze, — natürlich nur räumlich als plattenförmige Lagerstätte betrachtet, — identificirt. — Als Regel, die nur für den Fall gilt, dass eine Bewegung des Gebirges in der Richtung der Falllinie des Verwerfers abwärts stattfand, kann hingestellt werden:

Befindet man sich beim ersten Anfahren des Verwerfers im Hangenden desselben, hat man, nach Durchbrechung des

[1] Schmidt, *Theorie d. Verschiebungen älterer Gänge.* Frankfurt 1810. — Zimmermann, *Die Wiederausrichtung verworfener Gänge, Lager und Flötze.* Darmstadt u. Leipzig 1828.

letzteren ins Hangende des verworfenen Ganges aufzufahren, gegentheils hat man im Liegenden des verworfenen Ganges zu suchen, wenn man sich beim ersten Anfahren des Verwerfers im Liegenden desselben befindet. (Vergl. p. 23.)

Bei stumpfem Sprungwinkel ist die Regel umzukehren.

Zur Ausrichtung verworfener Gänge hat ZIMMERMANN eine im Wesentlichen auf dasselbe herauskommende Regel aufgestellt, welche den Vortheil hat, dass bei ihr die Ausnahme des stumpfen Sprungwinkels nicht eintritt. — Wir verweisen bezüglich dieser Regel auf die ZIMMERMANN'sche Schrift.

Beide Regeln müssen umgekehrt werden, wenn die Bewegung im Hangenden des Verwerfers aufwärts erfolgte. — Anzeichen für die Richtung der Bewegung könnten nur in Abbiegungen der verworfenen Gangstücke, oder der Schichten des Nebengesteins aufgefunden werden. (S. p. 25.)

Schneidet ein Gang an einem anderen, oder an einer Kluft ab, so kann also Ablenkung oder Verwerfung die Ursache sein.

Die Ablenkungen sind meist von starken Zertrümmerungen begleitet, und findet sich auch wohl eine Verbindung der abgelenkten Gangtheile durch feine Trümmchen, oder Gangschnüre innerhalb des Ablenkers. (Fig. 42.)

Bei den Verwerfungen beobachtet man Abbiegungen der Schichten des Nebengesteins und — was hier noch hinzuzufügen — vielfach Rutschflächen (Gangspiegel) als Anzeichen der unter Druck bewegten Gebirgsstücke.

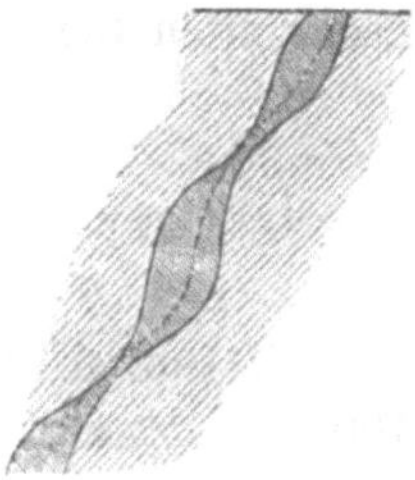

Fig. 47.

Schliesslich ist noch darauf aufmerksam zu machen, dass die Bildung von Hohlräumen eine Folge der Verwerfung sein kann, wenn nämlich die Salbänder der Klüfte oder der Gänge nicht eben, sondern wellig gestaltet sind, und bei der Rutschung die convexen Stellen sich einander gegenüber legen. (Fig. 47.)

Werden die so gebildeten Hohlräume ausgefüllt, entstehen den Lenticulargängen verwandte Formen. (S. p. 45.)

Stöcke, Butzen und Nester.

§ 30. Stöcke, Butzen und Nester sind Formen verschiedener Erzlagerstätten. Stöcke, Butzen und Nester gehören, wie oben bemerkt, zu den unregelmässig gestalteten Lagerstätten. — Weiter lässt sich zur allgemeinen Charakterisirung derselben nichts sagen. — Unter einander sind sie nur durch ihre Dimensionen unterschieden. — Stöcke haben die grössten Dimensionen, Butzen mittlere und Nester die kleinsten Dimensionen; scharfe Grenzen sind demnach nirgends zu ziehen.

Während die regelmässig plattenförmig gestalteten Lagerstätten, die Flötze, Lager und Gänge, ausser durch ihre Form, auch durch ihr Verhalten zum Nebengestein und die Gesammtheit ihrer sonstigen Eigenschaften wohl charakterisirte Gruppen geognostischer Individuen sind, — wenn dieser Ausdruck erlaubt ist, — und bei aller Mannigfaltigkeit der Ausbildung im Einzelnen stets, was Entstehungsgeschichte und Haupteigenschaften anbetrifft, dieselben bleiben, so ist ein Gleiches von den Stöcken, Butzen und Nestern gar nicht zu behaupten, deren einziges characteristisches Merkmal eben nur die unregelmässige Form ist.

Bezeichnend sind die unregelmässigen Formen für die massigen Lagerstätten, die Höhlenfüllungen und die metamorphischen Lagerstätten, sie fehlen aber durchaus nicht bei den Gängen und den geschichteten Lagerstätten.

So nehmen, wie wir früher sahen, Lager unregelmässige Form und grosse Dimensionen an und werden dadurch zu Lagerstöcken; ferner finden sich sehr zerstückelte und in nesterförmige Massen aufgelöste Flötzablagerungen. Von allen diesen den geschichteten Lagerstätten angehörenden stock- und nesterförmigen Massen soll in dem Folgenden nicht mehr die Rede sein, sondern nur von den den übrigen Arten von Lagerstätten zugehörenden unregelmässigen Formen.

a) Stöcke.

Stöcke sind Lagerstätten, deren Dimensionen nach vielen, — 10, 50, ja 100 m und mehr rechnen; ihre durchaus unregelmässige Form lässt sich meist nicht anschaulich beschreiben und ist nur in geeigneten bildlichen Darstellungen zu erkennen. Wenn überhaupt eine Dimension als Mächtigkeit bezeichnet werden kann, so ist diese im Verhältniss zur Ausdehnung nach dem Streichen und Fallen sehr bedeutend.

Dass sich Gänge durch unregelmässiges Anschwellen der Mächtigkeit zu Gangstöcken entwickeln, haben wir bereits kennen gelernt.

Zu Stöcken concentriren sich, wie ebenfalls schon erwähnt, (p. 10), Erzausscheidungen in massigen Gesteinen. — Die Dimensionen mancher mit Magneteisenstein in den verschiedensten Formen durchschwärmten Gesteine sind so gewaltig, dass man z. B. am Taberg bei Jönköpping in

Schweden, am Gora Blagodat, Katschkanar und Wissokaja-Gora im Ural von Magneteisenbergen redet. Auch Kiesstöcke liegen in massigen Gesteinen, so z. B. der in der Hauptsache birnförmig gestaltete, aber mit vielen auslaufenden Trümmern versehene Magnetkiesstock in gabbroartigen Gesteinen von la Balma bei Locarno in Val Sesia, der etwa 30 m lang und 5 bis 10 m breit ist.

Unter den Höhlenausfüllungen und metamorphischen Lagerstätten sind Stöcke sehr häufig. Geeignete Beispiele liefern die in den dolomitischen Zechsteinkalken Deutschlands enthaltenen Brauneisensteinlagerstätten, unter denen die der Gruben Stahlberg und Mommel bei Schmalkalden besondere Beachtung verdienen, ferner Galmeimassen in Kalksteinen der verschiedensten Formationen. — Der Galmeistock am Altenberg bei Moresnet unweit Aachen erreicht, bei höchst unregelmässiger Form, Dimensionen von 260 m Länge und 65 m Breite und Tiefe. (S. Fig. 79.)

Eine besondere Art von Stöcken sind die Stockwerke. — Als solche werden Stöcke von massigen Gesteinen — Granit, Porphyr etc. — bezeichnet, die so reichlich und dicht von Erzgängen durchzogen sind, ferner neben letzteren so viel Erz eingeschlossen enthalten, dass nicht die einzelnen Gänge mit ihrem erzhaltigen Nebengestein, sondern die ganze Gesteinsmasse, oder wenigstens ein grosser Theil derselben, gewonnen werden kann. Typisch sind die Zinnstockwerke des sächsischen Erzgebirges, Böhmens und Cornwalls. Das Altenberger Zinnstockwerk im sächsischen Erzgebirge hat 900 m Länge und Breite, das Zinnwalder Stockwerk in demselben Gebirge beziehungsweise 1360 und 480 m Durchmesser, das Hubertusstockwerk bei Schlaggenwald in Böhmen bei 120 m Tiefe, einen Umfang von 600 m. An den Grenzen der Stöcke gegen ihr Nebengestein, die übrigens durchaus nicht immer ganz scharf sind, liegen manchmal eigenthümliche Gesteinsmassen von abweichendem Habitus, talkige und chloritische Schiefer, Reibungsconglomerate etc., die als Stockscheider bezeichnet werden.

b) Butzen.

Butzen sind nichts anderes als Stöcke von kleinen Dimensionen.

Besonders characteristisch sind mit Brauneisenstein erfüllte Höhlen in Kalksteinen, wie z. B. die am Iberg bei Grund am Oberharze, ferner von Tage niedergehende, mit Bohnerzen, Manganerzen etc. erfüllte trichterförmige, schachtförmige und anders gestaltete Höhlen, die ebenfalls in Kalksteinen häufig gefunden werden. Locale Bezeichnungen für Butzen sind: Racheln, Rinner, Taschen etc. etc.

c) Nester.

Alle kleinsten, vereinzelt und zerstreut liegenden Erzmassen verschiedenster Form nennt man Erznester. — Dieselben finden sich als Einschlüsse in allerhand Gesteinen, an Gesteinsscheiden, als oberflächliche Auflagerungen etc. etc.

Das Wort Nest wird übrigens in sehr verschiedener Bedeutung gebraucht. — Es bedeutet nicht allein eine besondere Form von Lagerstätten, sondern auch eine Modification des Verwachsenseins von Mineralien (§ 43) und eine bestimmte Art von Erzmitteln (§ 49).

Zweiter Abschnitt.

Der stoffliche Inhalt der Erzlagerstätten.

Mineralien und Gesteine.

Die in dem vorigen Abschnitte ihren räumlichen Verhältnissen nach geschilderten Erzlagerstätten werden von Mineralien und Gesteinen im verschiedensten Gemisch zusammengesetzt. Nur wenige bestehen ausschliesslich aus Mineralien resp. Erzen, in den meisten tritt uns ein bunter Wechsel in den Ausfüllungsmassen entgegen.

Die Erze im mineralogischen Sinne (p. 1) sind die charakteristischen Bestandtheile. Nur räumlich wenig ausgedehnte Lagerstätten enthalten dieselben, sei es rein, sei es mit nicht metallischen Massen gemengt, continuirlich in solcher Menge, dass sie überall abgebaut werden können; für gewöhnlich wechseln erzführende und ganz erzarme, oder erzleere Partieen; erstere werden Erzmittel, letztere taube[1] Mittel genannt.

§ 31. Erze und sonstige Mineralien. Fast alle bekannten Mineralien, mit wenigen Ausnahmen, sind in den Erzlagerstätten zu finden. So mannigfach die mineralogische Zusammensetzung aber auch sein mag, so sind es doch nur verhältnissmässig wenige Mineralien, welche an der Zusammensetzung wesentlichen Antheil nehmen und den Lagerstätten ein characteristisches Gepräge aufdrücken.

Will man diese wesentlichen Mineralien namhaft machen, so ist es zweckmässig, die metallischen von den nicht metallischen zu trennen und erstere nach den Metallen zu ordnen.

Verzeichniss der in den Erzlagerstätten vorkommenden wesentlichen Mineralien.

I. Metallische Mineralien.

1. Golderze. Gediegenes Gold und einige Gold-Tellurverbindungen, wie Sylvanit, Nagyagit etc.; ferner einige Kiese, wie Schwefelkies, Kupferkies und Arsenkies, die mehr oder minder goldhaltig sind.

---

[1] Der Ausdruck „taub“ wird ganz allgemein in der Bergmannssprache gleichbedeutend mit „erzleer“ gebraucht.

2. Platinerze. Gediegenes Platin, begleitet von den sogenannten Platinmetallen, Osmiridium, Palladium, Rhodium etc.

3. Silbererze. Gediegenes Silber, Antimonsilber, Chlorsilber, Silberglanz, Rothgiltigerz, Melanglanz (Stephanit), Eugenglanz (Polybasit), Silberfahlerz (Weissgiltigerz) und mehr oder minder silberhaltiger Bleiglanz.

4. Kupfererze. Gediegenes Kupfer, Rothkupfererz, Kupferschwärze, Kupferlasur, Kupfermalachit, Atacamit, Kupferglanz, Buntkupfererz, Kupferkies, Kupferfahlerz, Enargit.

5. Bleierze. Bleiglanz, Bournonit, Weissbleierz (Cerussit), Bleivitriol (Anglesit), Pyromorphit, Mimetesit, Wulfenit.

6. Zinkerze. Zinkblende, Zinkspath, Kieselzinkerz, Willemit, Rothzinkerz.

Zinkspath, Kieselzinkerz und Willemit werden, wenn sie gemengt oder auch allein vorkommen, Galmei genannt.

7. Kobalterze. Speisskobalt, Glanzkobalt, Kobaltblüthe, Kobaltarsenkies.

8. Nickelerze. Rothnickelkies (Kupfernickel), Nickelglanz, Chloanthit, Millerit, Nickelblüthe, nickelhaltiger Magnetkies.

9. Wismutherze. Gediegenes Wismuth und Wismuthglanz.

10. Antimonerze. Antimonglanz, gediegenes Antimon und Sénarmontit.

11. Arsenerze. Gediegenes Arsenik, Arsenikkies und Arsenikalkies, Realgar und Auripigment.

12. Zinnerz. Zinnstein.

13. Quecksilbererze. Zinnober, gediegenes Quecksilber und Quecksilberfahlerz.

14. Eisenerze. Magneteisenstein, Eisenglanz und Rotheisenstein, Brauneisenstein und Spatheisenstein.

15. Manganerze. Pyrolusit, Manganit, Psilomelan, Hausmannit, Braunit, Wad.

II. Nicht metallische Mineralien.

Quarz in den verschiedensten Ausbildungsweisen, als Bergkrystall, Amethyst, gemeiner Quarz, Hornstein etc.

Kalkspath, Dolomitspath, Breunerit, Manganspath, Schwerspath, Gyps, Flussspath, Feldspath, Glimmer, Augit, Hornblende, Granat etc.

Der Bergmann bezeichnet die nicht metallischen Mineralien, wenn sie in Lagern vorkommen, als Lagerarten, wenn sie sich in Gängen finden, als Gangarten.

Eine scharfe Grenze zwischen wesentlichen und unwesentlichen Mineralien existirt in der Lehre von den Erzlagerstätten ebensowenig wie in der Petrographie. Es könnte daher geboten erscheinen, dem obigen Verzeichnisse, das jedenfalls die wichtigsten und verbreitetsten Mineralien enthält, noch andere anzureihen. — Schliesslich würde das aber zu einem vollständigen Verzeichnisse aller auf den Erzlagerstätten gefundenen Mineralien führen, das zu geben nicht die Absicht ist.

Die obigen Mineralien finden sich untereinander in der verschiedensten Weise gemengt, gewöhnlich in ganz characteristischen sich häufig wiederholenden Combinationen, die im folgenden Abschnitte zur Sprache kommen. (S. § 127.)

§ 32. Gesteine. Nächst den Mineralien nehmen Gesteine an der Zusammensetzung der Erzlagerstätten einen hervorragenden Antheil; sie bilden in vielen Fällen geradezu die Hauptmasse der Lagerstätten, in der die metallischen Mineralien räumlich untergeordnet auftreten und nur durch den hohen Werth ihrer Metalle die Aufmerksamkeit des Bergmanns auf sich ziehen.

So ist der Kupferschiefer ein bituminöser Mergelschiefer mit feinen staubartigen Einschlüssen von Kiesen und Glanzen, die ihm einen durchschnittlichen Gehalt von nur 2 bis 3 % Kupfer und einen geringen Silbergehalt ertheilen, ferner der Stockwerksporphyr (Zwittergestein) vom Altenberg im sächsischen Erzgebirge, ein aus Quarz und Glimmer bestehendes greisenartiges Gestein, mit so geringen Zinnsteineinschlüssen, dass sein Zinngehalt nur $^1/_2$ bis $^1/_3$ % im Durchschnitt beträgt.

Gesteine, die in Gängen liegen, nennt man Ganggestein. Dasselbe ist meist mechanisch oder chemisch verändertes Nebengestein, selten wohl aus grösserer Ferne herbeigeführtes Gesteinsmaterial. (S. § 151.) In einfachen Gängen findet es sich in Form einzelner Bruchstücke; in zusammengesetzten Gängen macht es die Hauptmasse der Gangausfüllung aus.

Auf die Natur dieser Ganggesteine, wie überhaupt aller mit den Erzen zusammenbrechenden Gesteinsmassen, die der Bergmann als Berg bei Seite wirft, ist nur sehr wenig geachtet, trotzdem sie ein hohes wissenschaftliches Interesse haben, denn die Bildung derselben steht mit den Mineralbildungen im innigsten Zusammenhange.

Die Textur der Erzlagerstätten.

§ 33. Uebersicht. Uebersieht man das Vorkommen der Mineralien und Gesteine innerhalb der Erzlagerstätten nach Form, Lage und Verwachsungsart, so lassen sich folgende Arten der Textur unterscheiden:

I. Ursprüngliche Textur (Vorkommen in situ).

A. Derbe Massen.

B. Verwachsene Massen.
   1. massige Verwachsung.
   2. lagenförmige Verwachsung.
      a. Schichten.
      b. Krusten.
   3. Mineraleinschlüsse.
      a. Krystalle und Krystallaggregate oder porphyrartige Einschlüsse.
      b. Krystallinische Körner und sonstige Aggregate.
      c. Concretionen.
      d. Oolithe.
      e. Primärtrümmer.

II. Trümmertextur (Vorkommen in Bruchstücken).

§ 34. I. Ursprüngliche Textur. Unter dem Vorkommen auf der Bildungsstätte (in situ) lassen sich unterscheiden: A. Derbe Massen und B. Verwachsene Massen.

§ 35. A. Derbe Massen. Derb nennt man alle grösseren, zusammenhängenden, reinen, oder nur wenig und gleichmässig verunreinigten Mineralmassen, die hin und wieder ganze Lagerstätten bilden, öfters nur grössere Räume in denselben einnehmen, und schliesslich auch als Bestandtheile der verwachsenen Massen auftreten.

Die derben Massen können sein: krystallinisch körnig, und zwar gross krystallinisch, klein krystallinisch, verborgen krystallinisch, oder dicht, auch amorph, ferner schaalig, schuppig, stenglich, faserig etc. etc.

Beispiele für derbe Mineralmassen lassen sich in grosser Zahl anführen, denn sie finden sich in fast allen Arten von Lagerstätten.

Sehr viele Eisensteinflötze bestehen durchweg aus derbem Eisenstein. (S. § 55.) Derber dichter Eisenglanz kommt in Form von Trümmern in einem melaphyrartigen Gestein des Iron Mountain in Missouri vor. (Fig. 68.) Derber gross bis klein krystallinischer Bleiglanz ist ein gern gesehener Bestandtheil vieler Lagerstätten.

Krystallisirter Quarz, Hornstein, Kalkspath, Schwerspath etc. in derben Massen sind weit verbreitet.

Sehr eigenthümlich ist das Vorkommen sandiger Mineralien, die mit derben im Zusammenhange stehen. So kommt zu Grängesberget in Schweden auf den dortigen mächtigen Magneteisensteinlagern das Magneteisen vorzugsweise derb, dabei körnig und dicht, aber auch sandig vor. — Auf dem bis 18 m mächtigen, in silurischer Grauwacke aufsetzenden Gange der Grube Louise Christiane[1] bei Lauterberg am Harze ist die Hauptaus-

[1] L. v. Buch, *Neues Jahrb. f. Mineral.* 1842, p. 487.

füllungsmasse sandiger Schwerspath, in welchem Kupfererze in Nestern und Nieren eingeschlossen sind.

Diese sandigen Massen sind entweder ursprünglich gebildet, oder aus derben Massen durch Umbildung hervorgegangen.

Bezeichnet man, was vollständig gerechtfertigt ist, die räumlich gesonderten, grösseren Mineralbestandtheile verwachsener Massen als derb, so hat man allmälige Uebergänge zwischen dem Derben und Verwachsenen.

Aber nur die grösseren Bestandtheile verdienen die Bezeichnung „derb“, denn es widerspricht dem Sprachgebrauch, sehr kleine, nur nach Millimetern messende Mineralpartikelchen verwachsener Massen derb zu nennen.

§ 36. B. Verwachsene Massen. Die Arten des Verwachsenseins sind, was Grösse, Form und Verbindungsweise der einzelnen Bestandtheile anbetrifft, sehr verschieden. Drei Hauptarten lassen sich aber immer unterscheiden, die wir als 1. massige Verwachsung, 2. lagenförmige Verwachsung und 3. Mineraleinschlüsse bezeichnen.

§ 37. 1. Massige Verwachsungen kommen nur bei Mineralien untereinander vor. — Charakteristisch für diese Textur ist das bekannte Gefüge des Granits, in dem die einzelnen körnig ausgebildeten Mineralbestandtheile nach allen Richtungen des Raumes gleichmässig vertheilt liegen.

In solcher Weise, wenn auch nicht immer so regelmässig, finden sich die Erze untereinander, und mit Gang- und Lagerarten verwachsen.

Als Beispiele mögen herangezogen werden die massigen Verwachsungen von Kalkspath, Quarz, Bleiglanz, Zinkblende und Kupferkies in den oberharzer Gängen; die Verwachsung von Spatheisenstein und Quarz auf dem Gange der Grube Louise bei Horhausen im Rheinlande, die Verwachsung von Quarz und geschwefelten Kupfererzen auf den Gängen Tellemarkens etc. etc.

Innerhalb der derben und massigen Aggregate finden sich hin und wieder Hohlräume, die man als Drusen bezeichnet, wenn in denselben Krystalle zur Ausbildung gelangt sind.

Die Krystalle hängen mit ihrer Unterlage eng zusammen und bestehen aus demselben Stoffe wie diese; — sie haben sich also aus ihr heraus entwickelt.

Solche Drusen sind sehr wohl von denjenigen zu unterscheiden, die bei Hohlraumsfüllungen entstehen. (S. oben § 40.)

Die krystallinischen derben, oder massigen Mineralaggregate haben sich aus concentrirten Lösungen so abgeschieden, dass die einzelnen Individuen sich gegenseitig in ihren äusseren Formenentwickelungen hinderten, und sich deshalb nur in Contactflächen, nicht in Krystallflächen, berührten.

Nur da wo Hohlräume blieben, schossen die Massen zu Krystallen im freien Raume an. Es bleibt bei dieser Erklärung übrigens ganz unentschieden, ob die Lösung eine wässerige war, oder ein Schmelzfluss.

§ 38. 2. Lagenförmige Verwachsung. Die lagenförmige Verwachsung kann sein in Schichten oder in Krusten.

Schichten finden sich nur in geschichteten Lagerstätten; Krusten sind, wenn man von den krustenförmigen Ueberrindungen der Gerölle und anderer am Tage befindlicher Gegenstände absieht, immer nur in Hohlräumen, also in Gängen und Höhlen zu finden.

Es setzen die Bezeichnungen „Schicht“ und „Kruste“ eine Beurtheilung der Entstehungsweise des Minerals voraus, und man thut gut, den allgemeinen Ausdruck „Lage“ zu gebrauchen, wenn man sich von jeder Hypothese frei halten will.

Charakteristisch für die Schichten ist eine einseitige Entwickelung derselben in der Richtung vom Liegenden zum Hangenden der Lagerstätten, während bei den Krusten in Hohlräumen eine symmetrische Anordnung der Lagen von den Hohlraumswänden aus gefunden wird, z. B. bei Gängen von den Salbändern aus. Der Ausdruck „Kruste“ erweckt die Vorstellung einer oberflächlichen Bildung, und als solche muss sie auch immer entstanden sein. — Die Kruste ist ein Mineralüberzug über Gesteinsflächen, oder über älteren Mineralbildungen. Liegen viele Krusten übereinander, entsteht erst die lagenförmige Verwachsung.

Die einzelnen Lagen, sowohl in Schichten als auch bei Krusten, können, je nachdem sie nur aus einem Mineral oder aus mehreren bestehen, derb oder massig sein, auch kommen innerhalb der Lagen die später zu schildernden Mineraleinschlüsse vor.

§ 39. a. Schichten. Für Schichtung sind lagenförmige Verwachsungen der Mineralien in den Erzlagern zu halten.

Das Rammelsberger Erzlager bietet ein vortreffliches Beispiel in seinen melirten Erzen, die aus den feinsten, dem Hangenden und Liegenden parallelen, abwechselnden Lagen von Kupferkies, Schwefelkies und Bleiglanz bestehen.

Geschichtet soll der Schwefelkies der Lager von Schmöllnitz in Ungarn und einiger Lager in Huelva und Alemtejo sein.

Die Kieslinsen im Brennthal bei Mühlbach im Pinzgau nehmen dadurch schiefrige Beschaffenheit an, dass sich Talk- und Glimmerblättchen zwischen das Erz einschieben.

Einige Lager von Røraas und Dovre bei Throndhjem in Norwegen zeigen abwechselnde Schichten von Kies und Schiefer.

In allen den angeführten Fällen liegen die Lagen, resp. Schichten, parallel dem Hangenden und Liegenden der Lagerstätte, und muss natürlich die liegenste Lage die älteste, und die hangenste Lage die jüngste sein.

§ 40. b. Krusten.[1] Die Form der Krusten richtet sich immer nach der Form der Wände des Hohlraums, in dem sie sich bildeten. Die unmittelbar über der Hohlraumswand abgelagerte Kruste ist die älteste, sie wird von der nächstjüngeren bedeckt, und so fort.

Füllte sich der Hohlraum ganz aus, so ist seine Mitte von einer Mineralmasse erfüllt, die nicht mehr krustenförmig gestaltet ist, sondern die Form des letzten Hohlraums besitzt.

Die einzelnen Krusten sind sehr verschieden dick, von Millimeter bis ein Meter Stärke und darüber, und dabei mehr oder weniger zusammenhängend ausgebildet; es giebt solche, die in gleichmässiger Stärke, und überall parallel mit den Hohlraumswänden, sich ausbreiten, und wieder andere, die wie durchlöchert erscheinen, und grosse Schwankungen in ihrer Dicke wahrnehmen lassen. Den höchsten Grad der Unregelmässigkeit zeigen isolirt und zerstreut liegende Krystalle und stalactitische Bildungen.

Nach der Form der Hohlräume, in welchen sich die Krusten bildeten, lassen sich unterscheiden:

α. Die eben krustenförmige Textur.

β. Die concentrisch krustenförmige Textur.

Die eben krustenförmige Textur kann sich nur in Trümmern oder Gängen finden, welche von den Salbändern aus allmälig erfüllt wurden. — In jedem Querprofil zeigt sich dann eine symmetrische Anordnung der Krusten, die einfach symmetrisch ist (Fig. 48), wenn dieselbe Mineralbildung nur einmal im Gangraume eintrat (s. Fig. 39), wiederholt symmetrisch (Fig. 49), wenn Krusten derselben Art mehrmals übereinander vorkommen.

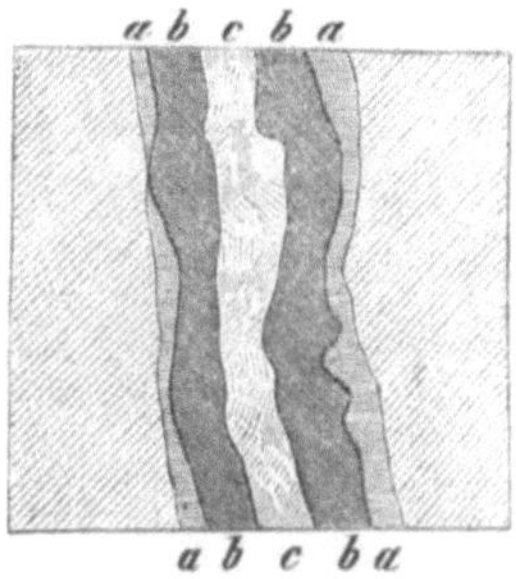

Fig. 48. Einfache Symmetrie. a Quarz. b Bleiglanz. c Kalkspath.

Abweichungen von der Symmetrie, bei sonst ausgesprochen krustenförmiger Textur, lassen sich immer nur durch mehrfaches Aufreissen und Erfülltwerden von Spalten erklären. So ist z. B. neben dem in Fig. 72 abgebildeten, mit Quarz und Antimonglanz einfach symmetrisch ausgefüllten Gange nachträglich eine Spalte neben dem Salbande aufgerissen, die sich mit Braunspath füllte. — Sind solche nachträglich aufgerissenen Spalten

[1] Der Ausdruck „Schaale“ ist nicht gewählt, weil er die Vorstellung der Einhüllung eines Kerns erweckt.

wieder symmetrisch ausgefüllt, hat sich der Vorgang mehrmals wiederholt, sind die neuen Spalten nicht genau im Streichen und Fallen der alten aufgerissen, sind Bewegungen der Gebirgsstücke eingetreten etc. etc., so

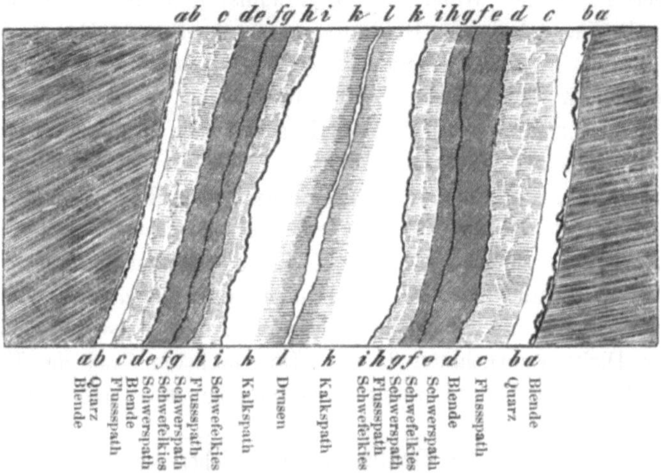

Fig. 49. Sich wiederholende Symmetrie.
Drei Prinzen Spat bei Freiberg nach v. WEISSENBACH.

bilden sich allerhand complicirte Verhältnisse aus, die in jedem einzelnen Falle zu studiren und zu entziffern sind.

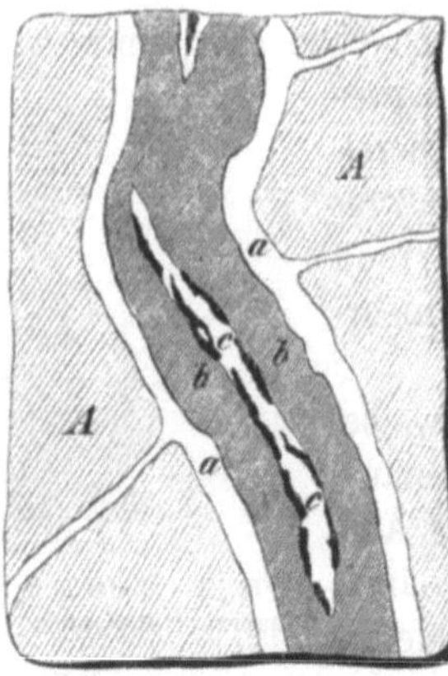

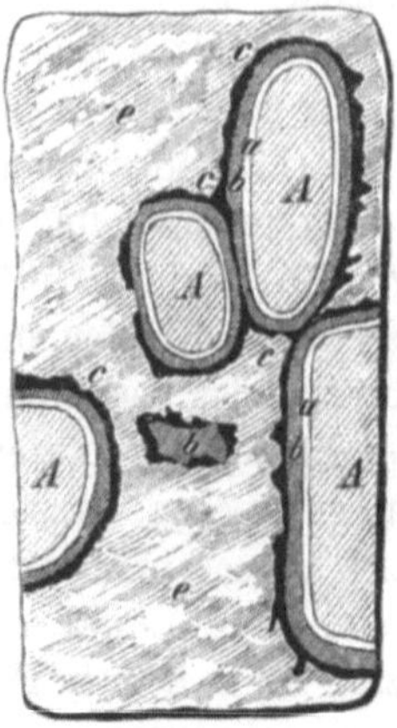

Fig. 50. **Fig. 51.**
Gangstücke von der Grube Bergmannstrost nach v. GRODDECK.
a Quarz. *b* Bleiglanz. *c* Zinkblende. *e* Kalkspath. *A* Ganggestein.

Die concentrisch krustenförmige Textur kann in zwei verschiedenen Modificationen auftreten, nämlich: 1. bei Umhüllung von Bruchstücken, und 2. bei Ausfüllung von Höhlen.

1. Bruchstücke vom Nebengestein, von Ganggesteinen und von älteren Mineralmassen sind in Gangräumen überall verbreitet (Fig. 52 u. 53); sie sind entweder von derben, oder massigen Mineralgemengen umhüllt, oder concentrisch lagenförmig bekrustet. Dabei zeigt sich die höchst beachtenswerthe Thatsache, dass dieselben Mineralsuccessionen, die man bei eben krustenförmiger Erfüllung der Trümmer und Gänge erkennt, sich auch hier wiederholen. — Ein Vergleich der beiden abgebildeten Gangstücke (Fig. 50 und 51) von der Grube Bergmannstrost bei Clausthal zeigt das sehr deutlich.

Sehr regelmässig mit Erzlagen umhüllte Bruchstücke werden **Ringelerze** oder **Cocardenerze** genannt. — In den einzelnen Lagen pflegt besonders oft der Quarz eine radial strahlige Beschaffenheit der Art zu

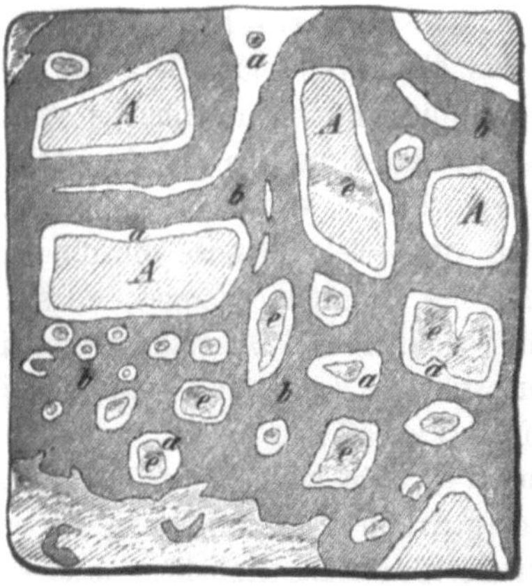

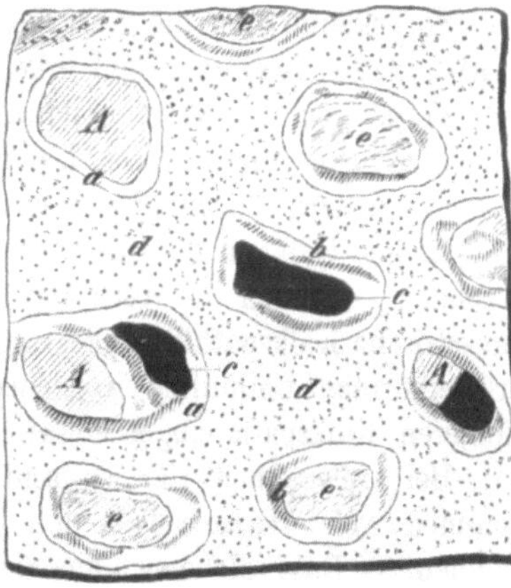

Fig. 52. Grube Neuer Thurm Rosenhof. Fig. 53. Grube Bergmannstrost.
Gangstücke von Clausthal nach v. Groddeck.
a Quarz. *b* Bleiglanz. *c* Zinkblende. *d* Spatheisenstein. *e* Kalkspath. *A* Ganggestein.

haben, dass die einzelnen Strahlen senkrecht zur Oberfläche der Bruchstücke stehen. — Solche Bildungen nennt man **Sphärengesteine**. Höchst interessant ist es, dass die einzelnen Bruchstücke sich in den Ringelerzen, Sphärengesteinen etc. niemals direct berühren, sondern immer in den umgebenden Mineralmassen gleichsam frei schwimmen. — Es lässt sich das dadurch erklären, dass die anfangs sich aufeinander stützenden Bruchstücke durch die Krystallisationskraft auseinander getrieben wurden, ebenso wie nach Reich[1] gefrierendes Wasser die Bruchstücke des alten Manns trennt.

[1] Reich, *Beobachtungen über die Temperatur des Gesteins in den verschiedenen Gruben des sächsischen Erzgebirges.* Freiberg 1834, p. 186.

2. Die concentrisch krustenförmige Ausfüllung von Höhlen hat F. Pošepny innerhalb der Lagerstätten von Raibl beobachtet und ganz vortrefflich beschrieben und abgebildet. (Fig. 81.) Innerhalb unvollständig ausgefüllter Hohlräume sehen wir die jüngsten Absätze meist in Krystallen angeschossen, also als Druse entwickelt. In herrlichster Weise sind Drusenbildungen in den Höhlen der Mandelsteine ausgebildet, die wir als bekannt voraussetzen dürfen. — Die Krystalle einer Druse können, bei erneuerter Zufuhr von Material, durch eine jüngere Kruste bedeckt werden, die wiederum eine neue Druse zu bilden im Stande ist. — So folgen ältere und jüngere Drusenbildungen in demselben Hohlraum aufeinander. Die in einer bestimmten Zeit jüngste Druse, nennen wir offene Druse, und die älteren, durch jüngere Krustenabsätze verhüllten Drusen, geschlossene.

So erklären sich die Ausdrücke „offene und geschlossene drusenförmige Textur", und erhellt, dass die Entwickelung letzterer mit den Vorgängen der Krustenbildung im innigsten Zusammenhange steht. Alle in Krusten eingehüllten Krystalle, die ihre Unterlage auf der nächst älteren Kruste haben, sind Beweise für die geschlossene drusenförmige Textur.

In den Gängen des Oberharzes sind viele solche Beweise aufzufinden, besonders reichlich im östlichen Theile des Burgstädter Zuges, wo skalenoedrische Kalkspathkrystalle, umhüllt von Quarz und Bleiglanz, zwischen krustenförmig umhüllten Gesteinsbruchstücken liegen und von einem jüngeren Kalkspath eingeschlossen sind. (Fig. 52.)

Bei Gelegenheit der Drusenfüllung ist schliesslich noch das Vorkommen von Stalactiten und Stalagmiten in Hohlräumen zu erwähnen. — Dass solche sich aus Sickerwassern in Kalksteinhöhlen absetzen, ist hinreichend bekannt. Weniger allgemein bekannt dürfte es sein, dass sich auch allerhand Erzstalactiten auf Erzlagerstätten finden. — Schwefelkies und Markasit, die sich früher am Oberharze als Seltenheit in Form von Stalactiten vorfanden, wurden als Madenkies bezeichnet. Schöne Schwefelkiesstalactiten werden von einem Gange[1] bei Oláh-Lapós-Banya in Ungarn beschrieben. F. Pošepny hat uns mit prachtvollen Bleiglanz- und Schaalenblendestalactiten bekannt gemacht, die in den Höhlenfüllungen Raibl's gefunden und dort Röhrenerze genannt wurden. Herrliche Bleiglanzstalactiten sind in den cave openings der Bleierzlagerstätten am oberen Mississippi ausgebildet. Galmei (Zinkspath und Zinkblüthe) ist zu Brilon in Westfalen, zu Raibl in Kärnthen, in Nordspanien und noch auf vielen andern Zinkerzlagerstätten in stalactitischer Form recht gewöhnlich, und so liessen sich noch manche andere Beispiele anführen.

[1] *Berg- u. Hüttenm. Zeitung.* 1861, p. 83.

§ 41. Mineraleinschlüsse. Die dritte Art des Verwachsenseins ist der Mineraleinschluss. Unter Mineraleinschluss verstehen wir Mineralien, Krystalle, krystallinische Aggregate der verschiedensten Form und sonstiger Beschaffenheit, — die ringsumher von einer abweichenden Mineralmasse, oder einem Gestein umschlossen sind. Es ist diejenige Erscheinung, welche man bisher ganz allgemein als Einsprengung, oder Imprägnation bezeichnet hat, wenn die eingeschlossenen Mineralpartikelchen klein sind.

Viel besser ist es, das nur den Thatbestand bezeichnende Wort „Einschluss“ zu gebrauchen, falls man nicht die Absicht hat, eine genetische Erklärung zu geben. Der Einschluss kann entweder gleichzeitig mit seiner Umgebung entstanden sein, oder er ist ein späterer Eindringling. Im ersten Falle nennen wir den Einschluss eine Mineralausscheidung, oder kurz Ausscheidung, im letzteren Falle eine Mineraleinsprengung oder kurz Einsprengung, auch wohl Imprägnation, und bekunden mit diesen Bezeichnungen unsere Ansicht über die Zeit der Entstehung des Einschlusses.

Die Ausdrücke Einsprengung und Imprägnation werden von uns also nur ihrer eigentlichen Bedeutung entsprechend, in dem angegebenen beschränkten Sinne gebraucht.

Ob ein Mineraleinschluss ausgeschieden, oder eingesprengt ist, das lässt sich durchaus nicht immer leicht bestimmen, und allein an der Natur des Einschlusses selbst erkennen.

Nach der Form der Mineraleinschlüsse können wir unterscheiden:

a. Krystalle und Krystallaggregate, oder porphyrartige Einschlüsse.

b. Körner und krystallinische Aggregate verschiedenster Art.

c. Concretionen.

d. Oolithe.

e. Primärtrümmer.

§ 42. a. Krystalle und Krystallaggregate, oder porphyrartige Einschlüsse. Wenn sich ein ringsum ausgebildeter Krystall in einem Gestein, oder in einem anderen Mineral eingeschlossen findet, so sind zwei Fälle möglich, entweder war der Krystall bereits fertig gebildet, als die umgebende Masse entstand, das ist z. B. bei von Vulkanen ausgeworfenen, und später in Tuffen eingehüllten Augitkrystallen der Fall, oder es schied sich der Krystall aus, als die umgebende Masse eine weiche, breiartige Beschaffenheit besass, die der äusseren Formenentwickelung keine, oder nur geringe Widerstände entgegensetzte.

Ausscheidung eines ringsum ausgebildeten Krystalls in einer bereits festen, starren Masse, oder gar Einsprengung in eine solche, sind unmöglich.

Den Fall, dass sich Krystalle nach Analogie der Augitkrystalle in vulkanischen Tuffen vorfinden, können wir, da er im Bereiche der Erzlagerstätten kaum vorkommt, hier ganz unberücksichtigt lassen, und darf man demnach, in dieser Einschränkung, behaupten, dass alle porphyrartig eingeschlossenen Krystalle, Krystallausscheidungen sind, das heisst sich aus der umgebenden Masse ausschieden, als diese noch weich war. Nun ist aber noch Folgendes zu berücksichtigen. Die Ausscheidung konnte bei der ursprünglichen Bildung resp. Verfestigung der umgebenden Masse erfolgen, oder während einer späteren, nochmaligen mehr oder weniger starken Erweichung, in Folge von Umwandlungsprozessen. Ob solche Umwandlungsprozesse stattgefunden haben können, ist immer nur nach geognostischen Gründen zu beurtheilen.

Die Porphyre der gemengt krystallinischen, massigen Gesteine, Felsitporphyr, Porphyrit, Diabasporphyr etc. sind durch ausgeschiedene Krystalle von Feldspath und anderen Mineralien characterisirt, die sich dadurch als echte Ausscheidungen aus der umgebenden Grundmasse kennzeichnen, dass Theile letzterer buchtenartig in die Krystalle eingreifen, oder in denselben ringsum eingeschlossen sind.

Auch Sedimentärgesteine, Thone, Thonschiefer, Sandsteine, Kalksteine etc. enthalten ausgeschiedene Krystalle. — In klarer Weise ist das bei den, in tertiären Sandsteinen von Fontainebleau ausgeschiedenen Kalkspathkrystallen zu erkennen, die Sandkörner umschliessen. (Krystallisirte Sandsteine von Fontainebleau). — Gleiche Kalkspathkrystallausscheidungen aus Sedimentärgesteinen sind bei Sievering unweit Wien, bei Mährisch Ostrau, bei Miechowitz in Oberschlesien und an anderen Orten bekannt. — Nicht zweifelhaft kann es sein, dass die bekannten, im Gyps von Lüneburg und Segeberg eingeschlossenen Boracit- und Quarzkrystalle in diese Kategorie gehören. — Ausgeschieden sind auch die allgemein bekannten Schwefelkieskrystalle und Krystallgruppen in Thonen, Thonschiefern, Kalksteinen und Sandsteinen. In gleicher Weise sind auch Bleiglanz- und Zinkblendekrystalle zu betrachten, die sich in Kalksteinen finden; so einzelne isolirte Bleiglanzwürfel in den amerikanischen, silurischen Tretonkalken, Bleiglanzkrystalle im Muschelkalk Oberschlesiens, Krystalle von rother Zinkblende im devonischen Kalkstein von Philippville in Belgien u. s. w. Schliesslich ist noch an die ringsum ausgebildeten Magneteisensteinoktaeder in den Chloritschiefern zu erinnern.

Leicht zu deuten ist das Vorkommen von Krystallen metallischer Mineralien, die in Gangletten eingeschlossen sind; sie sind innerhalb der weichen Massen aus den metallischen Lösungen auskrystallisirt, die in den Gangspalten circulirten und sich hier ihrer Last entledigten. — Oft sind sie auch erst bei späteren Zersetzungs- und Auflösungsprozessen älterer Mineralbildungen entstanden, wie z. B. die niedlichen Rothkupfererzkrystalle in einem lettigen Schiefer am Ausgehenden der Gänge bei Hahnenklee im Oberharze, und die Chlorsilber- und Bromsilberkrystalle im thonigen Bestege des Ganges der Grube Michailowski im Gouvernement Orenburg.

Merkwürdig genug und schwerer deutbar, finden sich auch ringsum ausgebildete Krystalle in anderen Mineralien eingeschlossen, wie Magneteisensteinkrystalle im derben Eisenglanz der Erzlager von Grängesberget und Utö in Schweden, reine Glanzkobaltkrystalle im Kupferkies von Tunaberg,[1] Quarzkrystalle im Bournonit der Erzgänge von Müsen im Siegenschen, und im Bleiglanz des Bleiwerks Madonna bei Engelskirchen im Kreise Wipperfürth etc.

§ 43. b. Krystallinische Körner und sonstige Aggregate. Was über die Bildung der porphyrartig ausgeschiedenen Krystalle und Krystallaggregate gesagt ist, gilt in seiner Allgemeinheit auch ebenso für die Einschlüsse von Krystallkörnern und verschieden gestalteten krystallinischen Aggregaten, die jene sehr gewöhnlich begleiten; nur ist zu bemerken, dass die Bildung vieler derselben auch als wirkliche Einsprengung in der Weise zu denken ist, dass sie sich aus Lösungen in Hohlräumen, z. B. in feinen Poren der umgebenden Massen, absetzten, oder bei metamorphischen Prozessen entstanden. Es wird daher bei diesen Einschlüssen viel schwieriger, ja oft unmöglich zu entscheiden sein, ob sie Ausscheidungen oder Einsprengungen sind. Erzeinschlüsse von ganz kleinen Körnchen, die man mit einem Erzstaub vergleichen kann, sind sowohl in massigen, als auch in geschichteten Gesteinen keine Seltenheit. — Falls mikroskopische Untersuchungen ergeben, dass der Erzstaub aus sehr kleinen Kryställchen besteht, wird man ihn als Erzausscheidung aufzufassen haben.

Neben dem Erzstaube, oder zwischen demselben, finden sich nun auch Erzkörner, Erzklumpen und Erznester, die sich untereinander nur durch ihre Grösse unterscheiden und aus derben oder verwachsenen Erz- resp. Mineralmassen bestehen.

Ein scharfer Unterschied zwischen den Erznestern die man als Einschlüsse aufzufassen hat, und denen, die als besondere Lagerstätten bezeichnet werden, (p. 56) ist gar nicht aufzufinden.

Erzeinschlüsse der erwähnten Art in Gesteinen und Mineralien, so-

---

[1] Die daselbst im Kalkstein eingewachsenen Glanzkobaltkrystalle haben immer einen Kern von Speisskobalt.

wohl Ausscheidungen als auch Einsprengungen, gehören zu den verbreitetsten Vorkommen im Bereiche der Erzlagerstätten.

Magneteisen in Basalten, Olivingesteinen, Melaphyren und Syeniten, Zinnstein im Granit und Quarzporphyr, Kupferkies, Schwefelkies und Magnetkies in Dioriten und gabbroartigen Gesteinen, das Kupferschieferflötz mit seinen staubartigen Einschlüssen von Kiesen und Glanzen, die oxydischen Kupfererze in den Kupfersandsteinen Russlands und anderer Gegenden, Zinnober im Sandstein von Almaden, die Fahlbänder, (das sind krystallinische Schiefer mit staubartigen und körnigen Kieseinschlüssen), u. s. w. geben vortreffliche Beispiele, die als Erzausscheidungen zum Theil mit grosser Sicherheit, zum Theil mit grosser Wahrscheinlichkeit anzusprechen sind.

Die Ganggesteine und das veränderte Nebengestein der Gänge enthalten gewöhnlich Erzeinschlüsse, die sehr oft zweifellose Einsprengungen sind, wofür sich hunderte von Beispielen anführen liessen.

Bei der Umwandlung von Kalksteinen in Brauneisenstein, Manganerz, oder Galmei sind die geschilderten Formen des Erzvorkommens ebenfalls ausgebildet, besonders häufig nesterförmige Massen.

Um die hierher gehörigen Mineraleinschlüsse in anderen Mineralien zu charakterisiren, möge noch auf folgende Beispiele aufmerksam gemacht werden. Sehr verbreitet und bekannt ist Gangquarz, der durch äusserst feinen Bleiglanzstaub blaugrau gefärbt ist; — wohl Erzausscheidung. Kupferkies findet sich in wallnussgrossen, derben Massen auf Gängen in Gangarten eingeschlossen, beispielsweise im Schwerspath der Grube Clara bei Schappach im Schwarzwalde. — Linsenförmig gestaltete Kupfererznester liegen im Quarz der Lagerstätten von Mitterberg in Salzburg, von Kotterbach in Ungarn u. s. w.

§ 44. c. Concretionen. Mineralconcretionen[1] sind, in Betreff ihrer Entstehung, im Wesentlichen ebenso zu beurtheilen, wie die bekannten Gesteinsconcretionen. Es sind rundliche, kugelige, ellypsoidische, oder anders gestaltete Mineralmassen, die sich jedenfalls innerhalb eines weichen Mediums durch Zusammenziehung von Innen nach Aussen gebildet haben. Demnach sind es Ausscheidungen.

Manche Concretionen sind krystallinisch, ja zum Theil wirklich krystallisirt, und schliessen sich dadurch den ausgeschiedenen Krystallaggregaten innigst an.

Bei manchen zeigt sich eine concentrisch schaalige Anordnung um einen Kern, dabei auch wohl eine radial faserige Beschaffenheit.

In allen Arten von Lagerstätten finden sich diese interessanten Ge-

[1] R. Blum, *Neues Jahrb. f. Mineral.* 1868, p. 294 ff.

bilde, die local mit sehr verschiedenen Namen belegt werden, wie Erzhicken, Knotten, Knollen, Nieren, Muggeln etc.

Erzlücken nennt der Mansfelder Bergmann kleine rundliche Kupfererzmassen, die im Flötze, — manchmal auch in Sohle und Dach, wo diese erzführend sind, — neben den feinen staubartigen und sonstigen Erzeinschlüssen vorkommen.

Knotten sind typisch für die dem Buntsandstein angehörenden Bleierzflötze der Eifel. — Diese Flötze sind Schichten eines weissen zerreiblichen Sandsteins, der erbsengrosse, rundliche Sandsteinconcretionen enthält, die krystallinische Bleiglanzkörnchen, seltener Körnchen von Kupfererzen, einschliessen.

Zu den knollenförmigen Concretionen gehören solche von Brauneisenstein, die sehr häufig in tertiären und diluvialen Lehmen eingeschlossen sind, ferner Buntkupfererzknollen, in Form und Grösse von Aprikosen, in den sandigen Mergeln der Kargalinskischen Steppe in Russland, Blendeknollen mit oberflächlichen Krystallbildungen im zähen Thone der Galmeigrube Banco sinnombre bei Andara im nördlichen Spanien etc. Haselnuss- bis wallnussgrosse Arsenikkiesconcretionen liegen in einem zerreiblichen Talkschiefer von Cherokee-County[1] im nordwestlicheen Georgia; dieselben sind in Folge von Zersetzung oberflächlich mit Eisenocher bedeckt und führen auf Sprüngen schöne Krystalle von Skorodit und Pharmakosiderit, ferner gediegen Gold in feder- und moosartigen Gestalten.

Zu den concretionären Bildungen gehören ohne Zweifel die Sphärosideritnieren, die zwischen den Schieferthonen aller Formationen gefunden werden. — Dieselben enthalten sehr häufig als Kern eine Versteinerung. — Etwas ganz ähnliches findet sich in den Rotheisenflötzen der Hlawa-Zeche bei Neřečina in Böhmen. — Dieselben enthalten etwas plattgedrückte, rundliche Concretionen von 1 bis 5 cm Durchmesser, die in ihrer Mitte ein, oder zwei Exemplare von Orthis desiderata (Barr) einschliessen. Die Concretionen haben immer eine der Grösse der Orthis entsprechende Grösse. Höchst interessant sind die eigenthümlichen 5 bis 8 cm grossen, flachgedrückt ellypsoidischen Erznieren, die in Brandschiefern des Rothliegenden von Goldlauter bei Suhl eingeschlossen sind. Krug von Nidda[2] beschreibt dieselben wie folgt: „Ihre Zusammensetzung ist eigenthümlich und verdient daher einer näheren Erwähnung. — Den innersten Kern bildet gewöhnlich ein braunes, erdiges, oder dichtes Mineral, welches wohl Sphärosiderit sein dürfte; an seine Stelle tritt zuweilen schwarzgefärbter, krystallinisch körniger Kalkstein, der auch kleine Drusen

[1] H. Credner, *Neues Jahrb. f. Mineral.* 1867, p. 445.

[2] Karsten's *Archiv*. 1838. Bd. 11, p. 37.

enthält, die mit Kalkspathkrystallen bekleidet sind. Dieser Kern umschliesst vorzugsweise Kupferkies, Fahlerz, gediegenes Silber und wahrscheinlich Arsenikkies. Diesen Kern umschliesst wieder eine Schaale von rothem Braunspath, welcher nur geringe Spuren von metallischen Fossilien enthält. — Hierauf folgen abwechselnd Schaalen von Arsenik- und Schwefelkies und von Schieferthon. Die Schiefersubstanz wird nach aussen immer überwiegender; die einzelnen Schwefel- und Arsenikkiesringe werden immer schwächer und entfernter. Zuweilen bildet die äusserste Umgränzung eine sehr schwache Lamelle von weissem Kalkspath, auf welcher feine Blättchen Rothgiltigerz wie angeflogen erscheinen. Die Ausbildung ist selten so vollständig, dass alle die angeführten Lagen an einer und derselben Niere zusammen vorkommen; bisweilen ist nur der silberreiche Kern vorhanden und die äusseren Ringe fehlen; bisweilen umhüllt nur der eine oder andere Ring den Kern; letzterer fehlt sogar wohl selbst und einer der Ringe vertritt seine Stelle.“

Nicht minder interessant sind die erbsengrossen, bis viele Cubicmeter enthaltenden Kupfererzkugeln und sphäroidischen Massen, die in den Serpentingängen Toscanas eingeschlossen sind. — Diese Concretionen lassen sich immer sehr leicht aus dem Muttergestein herausschälen. — Grössere Kugeln bestehen im Innern aus Kupferkies und darüber folgenden Schaalen von Buntkupfererz und Kupferglanz.

Zu den merkwürdigsten Erzmassen der Welt gehören ohne Zweifel die mit Augit zu sphäroidischen Massen verwachsenen geschwefelten Erze des Monte Calvi bei Campiglia maritima in Toscana. — Dieselben liegen in bis 37 m mächtigen Gängen, welche im schneeweissen Marmor aufsetzen, und als Gangart hauptsächlich Augit enthalten. Die Sphäroide von wenigen Millimetern bis 2,5 m Durchmesser sind excentrisch strahlig und zugleich concentrisch schaalig. G. v. Rath beschreibt ein Sphäroid von 2,5 m Durchmesser aus der Cava del Piombo wie folgt: „Der Kern besteht aus einer unregelmässigen, über 0,3 m grossen Masse brauner Blende, Bleiglanz, Kupferkies und Eisenkies. — Diese centrale Kiesmasse sendet gleichsam zackige Ausläufer in die strahlige Augitmasse hinein. Die dunkelgrünen, etwa über 1 m langen Augitstrahlen stossen sich in dem grossen Sphäroid 3 bis 4 Mal an concentrischen Kugelflächen ab. — Die ganze Augitmasse ist durchschwärmt von grösseren und kleineren Nestern von Schwefelmetallen. Dieselben lagern sich auch in dünnen Schaalen auf jenen concentrisch kugeligen Absonderungsflächen.“ Etwas Aehnliches dürften die in den Erzgängen des Pfundrersberges bei Klausen in Tyrol, wenn auch selten, vorkommenden sogenannten Muggeln sein. — Nach v. Cotta sind es „linsenförmige Concretionen von 5 bis 25 cm Durchmesser, deren innerer Bau ein concentrischer ist. — Manche haben einen unregelmässigen, amphibolischen, oder chloritischen Kern mit Eisenkieshexaedern darin. — Dieser ist dann von concentrischen Schaalen umgeben, die wechselnd aus Kiesen und aus Bleiglanz-Blende bestehen. — Dieselben sind nicht ganz scharf von einander abgegrenzt, sondern fest verwachsen, auch sieht man in den Kieszonen zuweilen ein wenig Bleiglanz, oder Blende und umgekehrt."

§ 45. d. Oolithe. Galmeioolithe, dem Karlsbader Erbsenstein (Pisolith) im Wesentlichen ganz gleich, und ohne Zweifel auch in derselben Weise entstanden, trifft man in den Galmeilagerstätten von Santander in Spanien. — Jedes erbsengrosse Körnchen hat einen kleinen Kern von kieselsaurem Zinkoxyd, um welchen sich dünne Schaalen von kohlensaurem Zinkoxyd legen.

Oolithe sind auch die bis 5 cm grossen Bohnerzkugeln (Brauneisenstein) die, in Lehm eingehüllt, von Tage niedergehende Höhlen und Schlotten in Kalksteinen erfüllen. Auch bei diesen erscheint es unbedenklich eine gleiche Entstehungsweise wie beim Karlsbader Erbsenstein anzunehmen.

Dieselben Schwierigkeiten, die sich einer Erklärung der Bildung oolithischer Kalksteine entgegensetzen, treten ein, wenn man die oolithische Textur der Braun- und Rotheisensteinflötze verschiedener Formationen erklären will.

GÜMBEL[1] unterschied unter den Oolithen die Extoolithe und Entoolithe. — Erstere haben sich um einen gegebenen festen Kern von innen nach aussen gebildet, und gehören demnach zu den Concretionen, letztere sind Ausfüllungen blasenförmiger Hohlräume, haben also den Charakter der Secretionen. Die Möglichkeit der Entstehung oolithischer Gesteine und Erze als Entoolithe wird durch folgende Beobachtungen klar gemacht.

VIRLET D'AOUST bemerkte, wie an den Ufern mexikanischer Seen Milliarden von Insecten ihre Eier ins Wasser legten, und nach dem Ausschlüpfen der Maden die zurückbleibenden Häutchen durch innere Inkrustationen Veranlassung zu Oolithbildung gaben. KNOP beobachtete, dass in den offenen Wasserleitungsröhren von Nauheim in der Wetterau, Algen unter Einwirkung des Sonnenlichtes Sauerstoffblasen ausschieden, die sich mit einer kugelrunden, an Eisenoxyd reichen Kalkschicht umgaben.

Alle nach Art des Karlsbader Erbsensteins gebildeten Oolithe, sind Extoolithe. Welcher Art die Bildung der Oolithe der Eisensteinflötze war, bleibt vorläufig unentschieden.

---

1 *Neues Jahrb. f. Mineral.* 1874, p. 254. Ref.

§ 46. e. Primärtrümmer. Trümmer sind (p. 11) früher kleine Gangspalten genannt. — Hier werden nur die kleinsten berücksichtigt, deren Grenzen oft schon in Handstücken, oder wenigstens in grösseren Blöcken wahrzunehmen sind. Solche Trümmer können in verschiedener Weise entstanden sein.

Einige sind während der Verfestigung des Gesteins resp. der Lagerstätten gebildet, — die Primärtrümmer, — andere sind nachträglich ausgeheilte Spalten, die Secundärtrümmer; — eine Unterscheidung, die zuerst C. Lossen[1] gemacht hat.

Die Primärtrümmer könnte man auch Ausscheidungstrümmer, die Secundärtrümmer Imprägnationstrümmer nennen.

Dass es wirklich Ausscheidungstrümmer giebt, beweisen die schon im Jahre 1830 von Hessel[2] beschriebenen Versuche über das Gefrieren lehmigen Wassers. Dabei bilden sich nämlich innerhalb der gefrorenen, lehmigen Partieen reine gangförmige Eismassen, oft klare, vertikal, oder schief stehende, ebene, sich durchkreuzende, oder strahlig angeordnete Eisplatten.

Findet man also innerhalb eines Gesteins strahlig oder netzförmig angeordnete, mit krystallisirten Mineralien ausgefüllte Spältchen, Trümmchen, so ist das noch gar kein Beweis dafür, dass diese Mineralien nachträglich in das Gestein eingeführt wurden, im Gegentheil ist es, wenn nicht deutliche Anzeichen späterer Infiltration vorliegen, viel wahrscheinlicher, dass dieselben, nach Analogie des angeführten Versuchs, während der Verfestigung des Gesteins gebildete Ausscheidungstrümmer sind.

Die beschriebenen Ausscheidungsformen, Krystalle, Mineralstaub, Mineralkörner, Nester, Concretionen, pflegen nun auch gewöhnlich von Ausscheidungstrümmern begleitet zu sein. (Vergl. Ausscheidungsflötze § 58 und massige Lagerstätten § 78.)

Die Secundärtrümmer, oder Imprägnationstrümmer sind wirkliche kleine Gänge, und Alles, was von diesen gesagt wurde, passt auf sie. — Sehr charakteristisch sind unter denselben die mit Dendritenbildungen versehenen Klüfte, die so häufig in und neben grösseren Gangspalten gefunden werden.

§ 47. II. Trümmertextur (Vorkommen in Bruchstücken). Jede Modification des Vorkommens auf der Bildungsstätte (in situ) kann natürlich bei mehr oder minder weit verschleppten Bruchstücken vertreten sein, die sich eckig in Breccien, abgerundet in Conglomeraten, und zwar ent-

---

1 *Zeitschr. d. d. geol. Gesellsch.* 1875, Bd. XXVII, p. 255.

2 *Neues Jahrb. f. Mineral.* 1830, p. 221.

weder lose, rollig, oder durch neue Mineral- resp. Gesteinsbildungen in situ umhüllt und verkittet vorfinden.

Bruchstücke setzen die Trümmerlagerstätten (s. § 124) zusammen, das sind erzführende Geröllablagerungen wie z. B. die Seifenlager; man trifft sie aber auch innerhalb der Gangspalten an, wo sie, bei erneuerter Spaltenbildung, sich in Hohlräumen ansammelten und dann meist durch Mineralkrusten verkittet wurden. (S. § 40, p. 65.)

Erzmittel.

§ 48. Formen der Erzmittel. Die Erfahrung lehrt, dass die Erze innerhalb der Erzlagerstätten nur sehr selten gleichmässig und continuirlich vertheilt sind. — Der gewöhnliche Fall ist eine Abwechselung von erzreichen, erzarmen und erzleeren Partien.

Der Bergmann nennt, wie schon oben gesagt (p. 57), die erzführenden Theile der Lagerstätten Erzmittel, die erzleeren, taube Mittel, und bezeichnet den Uebergang von einem tauben Mittel zu einem Erzmittel als Veredelung (Adel der Lagerstätten), das Gegentheil als Verunedelung, resp. Vertaubung.

Es giebt nun kaum einen Gegenstand, der in der bergmännischen Praxis grössere Wichtigkeit hätte, als die Ermittelung der Formen und der Verbreitung der Erzmittel, leider aber auch kaum einen Zweig der geologischen Wissenschaft, der weniger entwickelt wäre.

Die Verbreitung der Erze müssen wir als regellos und zufällig bezeichnen, weil wir, bis jetzt wenigstens, gar nicht im Stande sind, auf Grund klar erkannter Gesetze vorher zu bestimmen, wo die Erze liegen, und so lange das nicht möglich ist, wird der Erzbergbau, wie so oft behauptet, den Character eines Lotteriespiels an sich tragen.

Den Verlauf local erzführender Schichten oder Gangspalten am Tage, oder unter Tage kann man recht oft, gestützt auf geognostische Gründe, mit mehr oder weniger Sicherheit angeben; wo aber innerhalb dieser Räume Erze vorkommen, das vermag kein sterbliches Auge zu sehen, ehe nicht durch glücklichen Zufall der Fund gemacht ist.

Es giebt nur einen Weg, auf dem wir hoffen dürfen, zur Erkenntniss der Gesetze der Erzvertheilung — die doch existiren müssen — zu gelangen, und das ist der Weg fortgesetzter, gewissenhaftester und vielseitigster wissenschaftlicher Untersuchung.

Locale Erfahrungen über Form und Verbreitung der Erzmittel giebt es genug. — Eine grosse Anzahl derselben ist in dem folgenden Abschnitte niedergelegt. — Inwieweit diese localen Erfahrungen wissenschaftlich verwerthet sind und ferner verwerthet werden müssen, wird in der Theorie der Erzlagerstätten zu erörtern sein. An dieser Stelle ist nur auf die empirisch ermittelten äusseren Formen der Erzmittel im Allgemeinen einzugehen.

Man hat zu unterscheiden: 1. Nesterförmige Erzmittel, 2. Erzfälle oder Adelsvorschübe und 3. Erzsäulen.

§ 49. Nesterförmige Erzmittel. Nesterförmige, meist unregelmässig gestaltete Erzmittel sind in allen Arten von Lagerstätten entwickelt.

Unter den geschichteten Lagerstätten finden sie sich z. B. in den Kupfersandsteinen Russlands, in den Fahlbändern etc.

Innerhalb der Gangräume ist diese Art der Erzführung sehr gewöhnlich (s. Fig. 54); als Beispiel können die Erzgänge bei St. Andreasberg dienen.

Für massige Lagerstätten — (Magneteisen in Olivingesteinen, Kupferkies in Dioriten etc.) — für Höhlenausfüllungen und metamorphische Lagerstätten — (an Kalkstein gebundene Bleiglanz-Blende, Galmei-Eisen und Manganerzlagerstätten etc.) — und für die Seifenlagerstätten sind nesterförmige Erzvorkommen geradezu charakteristisch.

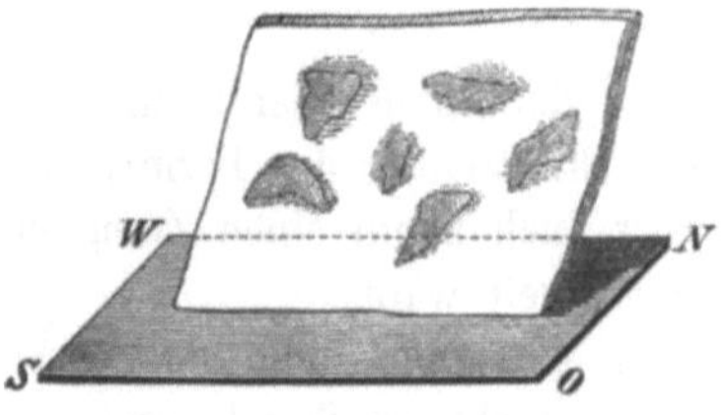

Fig. 54. Nesterförmige Erzmittel.

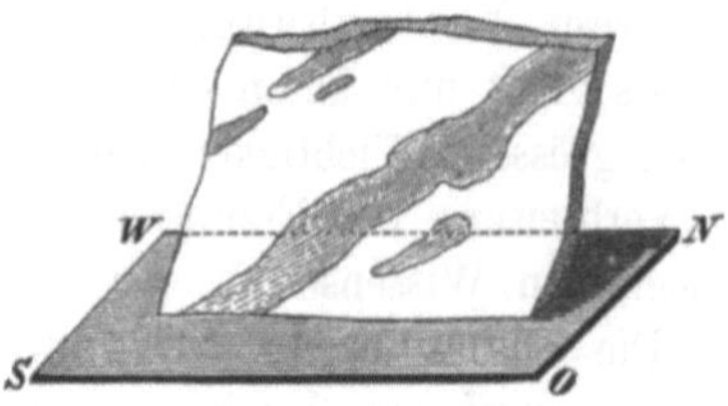

Fig. 55. Erzfälle (Adelsvorschub).

§ 50. Erzfälle oder Adelsvorschübe sind nur in Lagern und in Gängen bekannt; es sind in der Ebene der Lagerstätte diagonal, das heisst zwischen Streichen und Fallen, verlaufende, schmale, aber lang ausgedehnte Erzmittel. (S. Fig. 55.)

In Lagern bemerkte sie zuerst J. Trinker[1] — (der den Begriff „Adelsvorschub“ in die Wissenschaft einführte) — am Heinzenberg bei Zell in Tirol. Die Gruben daselbst bebauen in silurischen Schiefern eingeschlossene Goldquarzlager, die nur innerhalb der durch taube Streifen getrennten Erzfälle bauwürdig sind. Die Erscheinung erinnert an die früher (p. 29) beschriebenen diagonal angeordneten Kieslinsen von Prettau und Mühlbach, und dürfte ebenfalls durch die Annahme hinreichend befriedigend erklärt sein, dass das Erzmaterial, bei der ursprünglich hori-

[1] *Jahrb. d. k. k. geol. Reichsanst. in Wien.* 1. Jahrg. 1850, p. 213.

zontalen Bildung, strichweise zugeführt und abgelagert wurde und dann später bei der Hebung in die diagonale Lage kam.

Solche strichweisen Erzablagerungen sind ja im Allgemeinen nicht ganz selten; z. B. finden sie sich innerhalb der Kupfersandsteine von St. Avold und Wallerfangen bei Saarlouis und bei den Raseneisenerzen (§ 141).

Viel verbreiteter wie in Lagern, sind Erzfälle in Gängen.

Typisch ist das von J. Trinker beschriebene Vorkommen am Kleinkogl bei Brixlegg. Innerhalb der höchst complicirt zusammengesetzten, von Nord nach Süd streichenden und circa 55° nach Ost einfallenden Gänge daselbst schiessen die Adelsvorschübe etwa 36° gegen Nord ein. (S. Fig. 56.)

Die Erzfälle der hintereinander liegenden Gänge sind nun selbst wieder in einer bestimmten Richtung angeordnet (*A B* in Fig. 56), welche J. Trinker den generellen Adelsvorschub genannt hat. Man bestimmt denselben durch Verbindungen der Centra der speciellen Adelsvorschübe *a a*, *b b*, *c c* in Fig. 56.

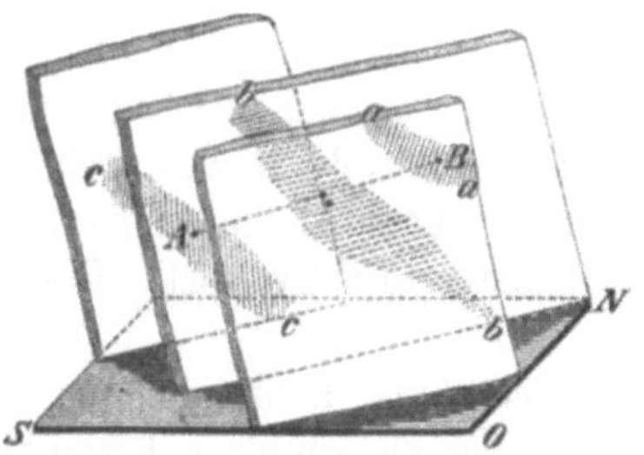

Fig. 56. Genereller Adelsvorschub.

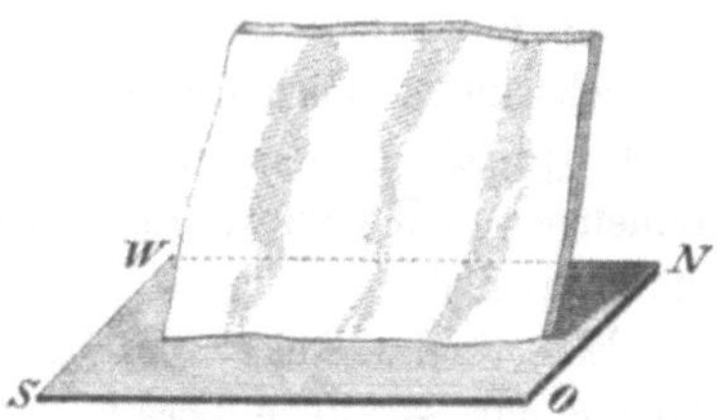

Fig. 57. Erzsäulen.

Sehr deutlich entwickelte specielle Adelsvorschübe, oder Erzfälle sind innerhalb der Gänge des Oberharzes, der Gänge von Holzappel, Poullaouen etc. bekannt geworden.

Erzfälle bilden sich auch dadurch aus, dass sich nesterförmig gestaltete Erzmittel in diagonaler Richtung innerhalb der Gangebenen anordnen. Das ist z. B. im Grünergang bei Schemnitz der Fall, der nach Windakiewicz linsenförmig gestaltete Erzmittel enthält, die sich entlang einer etwa 20° von Süd nach Nord abwärts-geneigten Linie aneinander reihen.

§ 51. Erzsäulen sind schmale Erzmittel, deren Längenerstreckung mit der Falllinie steil stehender Lagerstätten zusammenfällt. (S. Fig. 57.) Sie scheinen in Gängen noch viel verbreiteter als die Erzfälle zu sein.

v. Richthofen giebt an, dass in den Goldquarzgängen Californiens die Erzmittel immer ganz regelmässig säulenförmig sind. Der Comstock Lode in Nevada, die Gänge von Luz bei Guanajuato in Mexico, von

Pontgibaud in Frankreich, von Linares in Spanien etc. haben solche Erzsäulen.

Im vierten Abschnitte wird es versucht werden, eine Erklärung für die Vertheilung der Erze in Nestern, Erzfällen und Erzsäulen zu geben.

Wechsel der Mineralführung.

In den Erzlagerstätten ist nicht allein ein Wechsel von Erzmitteln und tauben Mitteln vorhanden, sondern auch ein Wechsel in der Natur der Mineral- resp. Erzführung und zwar sowohl in der Richtung der Mächtigkeit, als auch in der Streich- und Fallrichtung.

§ 52. Mineralsuccessionen. Der Wechsel in der Richtung der Mächtigkeit tritt am deutlichsten bei lagenförmiger Verwachsung auf, die eine Bestimmung des relativen Alters der Mineralien in den Lagerstätten ermöglicht.

Bei Schichtung ist die liegendste Lage die älteste, die hangendste die jüngste.

Im Rammelsberger Erzlager ist, mit Rücksichtnahme auf die Ueberkippung, die älteste Lage ein Gemenge von Schwefelkies und Kupferkies in wechselnden Verhältnissen; die mittlere Lage wird von den melirten Erzen (p. 62) eingenommen und die jüngste Lage ist ein feinkörniges Gemenge von Bleiglanz, Zinkblende, Schwefelkies und Schwerspath (Braun- und Grauerze).

Eine erstaunliche Mannigfaltigkeit bietet die Krustenbildung in Gängen dar. — Jede Localität, jeder Gang, oft die einzelnen Erzmittel, weisen besondere Eigenthümlichkeiten auf; — es scheint aber, als wenn im grossen Ganzen Quarz für sich, oder gemengt mit geschwefelten Erzen, jede Krustenbildung eröffnet, darüber eine Lage kommt, in welcher die geschwefelten Erze die Hauptrolle spielen und Carbonspäthe und Schwerspath die Bildung abschliessen. Dass diese Succession sich in den verschiedensten Gangräumen wiederholt, kann durch eine grosse Menge von Beispielen erwiesen werden, die aber auch gleichzeitig manche Abweichungen im Einzelnen wahrnehmen lassen.

Nach Fr. Sandberger ist die Altersfolge der Mineralien innerhalb der im Granit aufsetzenden Gänge von Wittichen im Schwarzwalde folgende:

1. Quarz mit Silberglanz und ged. Silber. (Edle Quarzformation.)
2. Schwerspath mit wenig Flussspath, Speisskobalt, Wismuthkupfererz, ged. Wismuth, Kupfernickel, Arsenkobalteisen, Kobaltfahlerz und Kupferkies. (Barytische Kobalt- und Kupferformation.)

3. In Drusenräumen Braunspath, Spatheisenstein, ölgrüner Kalkspath, Kupferkies, Arseneisen und Rothgiltigerz. (Formation der edlen Geschicke.)

Derselbe Forscher beobachtete die Altersfolge im Wenzelgange bei Wolfach im Schwarzwalde, dessen Nebengestein Gneiss ist:

1. Quarz und reiche Silbererze; untergeordnet.

2. Quarz mit Fahlerz, körnigem Kalkspath, Antimonsilber, Bleiglanz, Kupfernickel, Wolfachit und Geyerit.

3. Schwerspath mit reichen Silbererzen.

4. In Drusen Perlspath mit reichen Silbererzen.

In den Bränder Silbererzgängen des Freiberger Reviers, deren Nebengestein ebenfalls Gneiss ist, folgen nach Weissenbach übereinander:

1. Vorwaltender Quarz mit gröberen Partieen von Schwefelkies, schwarzer Blende, Bleiglanz und Arsenkies mit mässigem Silbergehalt.

2. Manganspath und Braunspath. — Hierin die vorher genannten Erze, aber viel silberreicher und zum Theil mit eigentlichen Silbererzgattungen, namentlich Weissgiltigerz, zuweilen auch Fahlerz, gemengt.

3. Eisenspath, Flussspath und Schwerspath, untereinander gleichstehend; zuweilen folgt über ihnen noch eine ungewöhnliche Braunspathgattung; Erze wie in 2., doch viel weniger; der in Schwerspath eingesprengte Bleiglanz gewöhnlich silberarm.

4. Kalkspath, zuweilen mit reichen Silbererzen, jedoch ohne die Erze von No. 1.

G. v. Rath bemerkt, dass in den bekannten Gängen von Kongsberg

1. als älteste Bildung Quarz auftritt,

2. darüber die verschiedenen Schwefelmetalle folgen und

3. als jüngste Bildung Kalkspath und Flussspath entwickelt sind.

Obgleich im Einzelnen sehr complicirt — wie A. E. Reuss[1] gezeigt hat — kann man dieselbe Reihenfolge der Entwickelung doch noch in den, dem Silur angehörenden Gängen bei Přibram in Böhmen erkennen.

1. Bald das eine, bald das andere Mineral älter, nicht selten mehrfach abwechselnd, oder zwei, auch mehrere in eine Zone verschmolzen, erscheinen Blende, Bleiglanz, Quarz und Spatheisenstein.

2. Darüber liegt eine Reihe von Mineralien, die theils in die vorgenannten eingewachsen, theils denselben aufgelagert, also dann später gebildet sind: Kupferglanz, Kupferkies, Buntkupfererz, Jamesonit, Boulangerit, Speisskobalt, Chloanthit, Arsenkies, Bournonit, Fahlerz, Stephanit, Proustit, Freieslebenit, Miargyrit, Antimonit etc.

---

[1] *Neues Jahrb. f. Miner.* etc., 1865, p. 91, Ref.

3. Als jüngste Bildung treten auf: Blende, Baryt, Calcit, Pyrit, Braunspath, Bleiglanz, Quarz, reiche Silbererze etc.

Zersetzungsproducte obiger Mineralien, wie Cerussit, Pyromorphit, Malachit etc., die Reuss anführt, sind in obiger Zusammenstellung fortgelassen; auch sind, wie ein Vergleich mit der oben citirten Quelle sogleich zeigt, einzelne von Reuss getrennte Lagen, insofern sie in der Hauptsache zusammengehörig erscheinen, zusammengefasst, da es hier nicht auf eine detaillirte Darstellung ankommt.

Sehr klar lässt sich innerhalb der die Culmschichten des Härzes durchsetzenden Gänge erkennen, dass 1. Quarz für sich, oder gemengt mit Bleiglanz die Mineralbildung eröffnet; 2. darüber Bleiglanz und Blende folgt, und 3. Kalkspath und Schwerspath, rein, oder mit Quarz gemengt, als jüngste Bildung auftritt. Uebrigens wiederholt sich hier dieselbe Succession in Drusenräumen aufs Neue.

Eine schöne Bestätigung der allgemeinen Bedeutung der angeführten Mineralsuccession ist es, dass nach v. Richthofen in den Goldquarzgängen Ungarns, die im tertiären Grünsteintrachyt aufsetzen,

1. Quarz mit Kiesen die erste,
2. Schwefelmetalle die zweite,
3. Sulphate die dritte und
4. Carbonate die vierte Stelle in der Altersfolge einnehmen.

Auch in den Contactlagerstätten von Rodna in Siebenbürgen, die im körnigen Kalk neben Andesit liegen, bestimmte F. Pošepny eine ähnliche Altersfolge:

1. Eisenkies und Quarz,
2. Bleiglanz, Blende und Arsenkies,
3. Dolomit und Kalkspath.

Alles das deutet darauf hin, dass die Lösungen, aus denen sich die Erze und Gangarten in Hohlräumen absetzten, eine in der Hauptsache gleichartige Zusammensetzung besassen und sich alle Hohlraumsfüllungen demnächst aus einem allgemeinen, gemeinschaftlichen chemischen Gesichtspunkt betrachten lassen werden.

Die innerhalb einer Kruste oder eines Krustencomplexes gleichzeitig abgesetzten Mineralien hat man als eine Erzformation bezeichnet, ein Ausdruck, der, in Erinnerung an den geognostischen Begriff Formation, ganz zweckmässig ist, da er das relative Alter der Mineralbildung innerhalb eines Hohlraumes bezeichnet. — So versteht es sich, wenn Fr. Sandberger (p. 78 u. 79) innerhalb der Gänge von Wittichen eine Edle Quarzformation, eine Barytische Kobalt-Kupferformation und eine Formation der edlen Geschicke unterscheidet.

Der Begriff Formation ist ursprünglich von v. Herder, Freiesleben,

Breithaupt und Anderen etwas weiter gefasst, indem diese Forscher Lagerstätten, besonders Gänge, als zu einer Formation gehörig bezeichnen, wenn sie dieselben Mineralien, in einer durch die Art ihrer Vergesellschaftung ausgezeichneten Weise, enthalten.

Man glaubte auch aus dieser Art der Vergesellschaftung auf das Alter eines Ganges schliessen zu können. — Da das jedoch keineswegs möglich ist, so ist es besser den Begriff Formation in dem zuletzt angegebenen Sinne ganz fallen zu lassen, und mit v. Cotta für die verschiedenen Arten der Mineralvergesellschaftung den Ausdruck Mineralcombination zu gebrauchen.

Nächst dem Wechsel der Mineralführung der Lagerstätten in der Richtung der Mächtigkeit, interessirt der in der Streich- und Fallrichtung.

In diese Kategorie gehört die Erfahrung, dass das Kupferschieferflötz bei seiner grossen Verbreitung zwar fast überall einen 2 bis 3% betragenden Kupfergehalt besitzt, aber nur innerhalb der Mansfelder Mulde einen nennenswerthen Silbergehalt u. s. w.

Sehr viel schroffer und bunter ist der Wechsel in Gangräumen, die einzelne Erze, z. B. reiche Silbererze, nur ganz sporadisch enthalten, während andere, z. B. Bleiglanz, anhaltender auftreten u. s. w.

§ 53. Ursprünglicher und secundärer Teufenunterschied. Bei Untersuchung des Wechsels der Mineralführung in der Fallrichtung der Lagerstätten fällt sofort eine ursprüngliche, oder primäre, und eine nachträgliche, oder secundäre Teufenverschiedenheit auf.

Die erstere besteht in einem Wechsel der Gangarten oder, was häufiger, der für primär zu haltenden geschwefelten Erze, die zweite darin, dass an Stelle der geschwefelten Erze, in Folge der verändernden Einwirkung der Atmosphärilien, oder sonstiger von Tage hinzukommender Stoffe, oxydische Erze, Chlor-, Brom- und Jodverbindungen, oder auch gediegene Metalle getreten sind.

Recht schlagende Beweise für eine ursprüngliche Teufenverschiedenheit giebt es nur recht wenige, was bei der relativ geringen Tiefe, welche die meisten Bergbaue erreicht haben, vielleicht nur in unzulänglichen Beobachtungen seinen Grund hat.

Am Oberharze nimmt nach der Tiefe zu die Zinkblende, den Bleiglanz mehr und mehr verdrängend, überhand. Nach Gätzschmann's Angabe enthalten viele Gänge bei Seiffen im sächsischen Erzgebirge in oberen Teufen Zinnerz, tiefer Zinn- und Kupfererz und noch tiefer nur Kupfererze. Ob die Berichte über das Aermerwerden der Golderzlagerstätten nach der Tiefe zu auf einer ursprünglichen Teufenverschiedenheit beruhen, oder auf einer nachträglichen, ist eine streitige Frage. Thatsache ist, dass der Gehalt an metallischem Gold vielerorts nach der

Tiefe zu abnimmt; da aber in der Tiefe goldhaltige Kiese, oder sonstige Schwefelmetalle anhalten, so wird dadurch die Ansicht gestützt (J. Grimm und v. Richthofen), dass aus diesen, durch Zersetzung in oberen Teufen, das metallische Gold ausgeschieden und so concentrirt worden ist. Es wäre das dann also secundäre Teufenverschiedenheit, die wir an allen Lagerstätten, welcher Art sie auch übrigens sein mögen, so häufig antreffen.

Die Tagesoberfläche hat sich bei vielen Gängen als eine Veredelungszone erwiesen, indem bemerkt ist, dass Erzgänge, die nahe der Tagesoberfläche sehr reich waren, in grösserer Tiefe unbauwürdig wurden. Beispielsweise ist das bei den Silbererzgängen Chilis, bei Chañarcillo, Arqueros und an anderen Orten der Fall gewesen.

Ob hier wirklich ein durchgreifender Teufenunterschied vorliegt, kann man bezweifeln, wenn man sich vergegenwärtigt, dass erstens, ebenso wie in der Streichrichtung, auch in der Fallrichtung Erzmittel und taube Mittel vielfach wechseln, und zweitens eine weitere Untersuchung eines Ganges, wenn er in der Tiefe taube Partieen enthält, gewöhnlich unterbleibt, weil die Tiefbauanlage grosse Kosten verursacht, und ihr Erfolg durchaus zweifelhaft ist. — Die Bergbaulust wird bei Betrieben in der Streichrichtung (Streckenbetrieb), die billiger sind als Schachtabteufen, immer reger bleiben, und ist es demnach sehr begreiflich, dass der Wechsel der Ausfüllungsmassen der Lagerstätten in der Streichrichtung viel genauer bekannt ist, als der nach der Teufe zu.

Letzterer ist nun aber fast ausnahmslos ganz nahe der Tagesoberfläche, in Folge der Umwandlung durch die Atmosphärilien, bei allen Lagerstätten ein sehr auffallender. Er zeigt sich als sogenannter „eiserner Hut“ da, wo in der Tiefe eisenhaltige Kiese, als Schwefelkies, Kupferkies, Magnetkies, Arsenkies etc. oder Spatheisenstein vorkommen.

Die Kieslager, welche später (§ 68, 69, 70) beschrieben werden, haben alle einen eisernen Hut. Bei den Kieslagern von Ducktown ist derselbe bis 19 m tief. — Vom Ausgehenden an bis 15 m Tiefe findet sich ein sandiger, schlackiger, dichter, auch schwammartiger, oder glaskopfförmiger Brauneisenstein, der mit Streifen von eisenschüssigem Quarz und Schiefern abwechselt. Dann folgt, 3 bis 4 m tief, eine Uebergangszone, die hauptsächlich aus erdiger Kupferschwärze besteht, Kupferkies und Schwefelkies, Kupfer- und Eisenvitriol beigemengt enthält, und nesterweise Rothkupfererz, Malachit, Kupferlasur, gediegenes Kupfer, Kupferblüthe und Harrisit einschliesst. Erst darunter folgt das eigentliche Lager, in dem der Kupfergehalt nach der Tiefe zu sich vermehrt.

Wesentliche gleiche Zersetzungs- und Umwandlungserscheinungen, die als eiserner Hut bezeichnet werden, zeigen die Gänge das Typus

Tamaya, Tellemarken, Stahlberg etc. Auch reiche Blei-, Silber- und Golderzlagerstätten, in denen die reichen Erze mit eisenhaltigen Kiesen zusammen vorkommen, haben einen eisernen Hut am Ausgehenden und gründet sich auf diese Erfahrung, die natürlich sehr viele Ausnahmen erleidende, alte, gereimte Bergmannsregel:

„Es thut kein Gang so gut,
Er hat einen eisernen Hut."

Mit den Braun- und Rotheisensteinen des eisernen Hut's mengen sich, geeigneten Fall's, Weissbleierz, Bleivitriol, gediegenes Silber, Chlorsilber, gediegenes Kupfer, Rothkupfererz, Malachit, Kupferlasur etc. und diese ertheilen dem Ausgehenden bunte Färbungen. Die so gemengten Massen nennt der englische Bergmann Gossan, der Südamerikaner Pacos oder Colorados. Local sind auch noch andere Bezeichnungen üblich wie z. B. zu Chañarcillo, metales calidos etc.

Unter Pacoerzen versteht man in Bolivia und Chili die am Ausgehenden der Gänge, oft bis zu 100 m tief liegenden, erdigen bis pulverigen, schwefelfreien, meist sehr silberreichen, manchmal auch zinnoxydhaltigen, oxydischen Erze, die nach der Tiefe zu, zunächst in einfache Schwefelverbindungen, die sogenannten „Mulattos" und dann in mehrfache Schwefelverbindungen „Negrillos" übergehen.

Die hüttenmännische Verarbeitung der Mulattos und Negrillos bot so viel Schwierigkeit dar, dass die Bergbaue, nach Durchteufung der Zone der Pacoerze, meist eingestellt wurden. (Vergleiche Potosi, Oruro, Chañarcillo, Real del Monte.)

Dritter Abschnitt.

System der Erzlagerstätten.

§ 54. Eintheilung. Die Erzlagerstätten lassen sich wie folgt eintheilen (vergl. § 10):

A. Ursprüngliche Lagerstätten (in situ gebildet).

Gleichzeitig mit dem Nebengestein gebildet.

- **I. Geschichtete Lagerstätten.**
  - 1. Derbe Erzflötze.
  - 2. Ausscheidungsflötze.
  - 3. Erzlager.
- **II. Massige Lagerstätten.**

Später wie das Nebengestein gebildet.

- **III. Hohlraumsfüllungen.**
  - 1. Spaltenfüllungen oder Gänge.
    - a. Gänge in massigen Gesteinen.
    - b. Gänge in geschichteten Gesteinen.
  - 2. Höhlenfüllungen.
- **IV. Metamorphische Lagerstätten.**

B. Trümmerlagerstätten.

Unternimmt man es, die Erzlagerstätten systematisch zu schildern, so darf man nicht irgend eine willkürlich herausgerissene Eigenschaft derselben, wie etwa die äussere Form, oder die Mineralführung, zum Haupteintheilungsprincip erheben. — Es ist die Summe aller Eigenschaften ins Auge zu fassen, und diese lässt sich nur ziehen, wenn man die Erzlagerstätten als geologische Gebilde betrachtet. In diesem Sinne ist die gegebene Eintheilung aufzufassen. Zweckmässig ist es aber, die Unterscheidung von ursprünglichen Lagerstätten und Trümmerlagerstätten in den Vordergrund zu drängen, obwohl die letzteren entschieden zu den geschichteten Lagerstätten gehören. Zweckmässig, weil die aus Trümmern älterer Lagerstätten zusammengeschwemmten Massen nicht richtig gewürdigt werden können, ehe nicht die in situ gebildeten bekannt sind.

Theoretisch sind zwischen den vier Hauptgruppen von Erzlagerstätten sehr scharfe Grenzen vorhanden. — Die meisten Lagerstätten lassen sich auch mit grosser Sicherheit der einen, oder anderen Abtheilung zurechnen; bei einigen ist es aber zweifelhaft, wohin sie gehören, doch liegt das meistens nur an mangelhafter Kenntniss, die durch weitergehende Untersuchung gehoben werden könnte.

Eine eigene Bewandniss hat es mit den metamorphischen Lagerstätten, die mit den übrigen Arten von Lagerstätten so vielfach zusammen vorkommen, dass es oft schwierig wird, dieselben abzusondern; sie zeigen sich besonders den Höhlenausfüllungen geologisch nahe verwandt.

Es ist daher zweckmässig in den folgenden Schilderungen — und zwar aus rein praktischen Gründen, um das naturgemäss Zusammengehörige in der Darstellung nicht zu zerreissen, — die metamorphischen Lagerstätten mit den ihnen geologisch verwandten gemeinschaftlich zu behandeln.

Weitere Unterscheidungen, besonders die der später aufzuführenden Typen, gründen sich hauptsächlich auf den vielfach wechselnden, und die mannigfaltigsten Uebergänge bildenden stofflichen Inhalt der Erzlagerstätten. — Scharfe Grenzen sind da weder theoretisch noch praktisch zu ziehen, was wohl zu beherzigen ist.

Ueberhaupt muss man darauf verzichten, die Natur, mit ihren vielen in Wechselbeziehung stehenden Kräften, in ein System hinein zu zwängen. Das gegebene System hat, wie alle, nur den Zweck den Stoff übersichtlich zu ordnen, und so unserem Geist näher zu bringen.

A. **Ursprünglich gebildete Lagerstätten** (in situ gebildete).

I. Geschichtete Lagerstätten.

(Siehe § 10 p. 9 ff.)

§ 55. **1. Derbe Erzflötze.** Es gehören dazu alle Spath-, Braun- und Rotheisensteinflötze, die in den versteinerungsführenden Formationen gefunden werden. Die Flötznatur ist durch Lagerung und Versteinerungsführung unzweifelhaft bewiesen. — Manchmal ist die Flötzmasse zerstückelt, und in einzelne Linsen oder Nester aufgelöst.

Das Material ist derber, reiner, oder durch innige Beimengungungen von Thon, Kalkspath, oder Quarzmineralien verunreinigter Eisenstein.

§ 56. **Typus Spath- und Thoneisensteinflötze.** Charakteristik: Mehr oder weniger zu einzelnen, flachlinsenförmig gestalteten, lagerartigen Massen aufgelöste Flötze in allen versteinerungsführenden Formationen. Das Material ist mit Thon, und häufig kohligen Massen innig gemengter, dichter, seltener fein krystallinischer Spatheisenstein.

Ausnahmsweise ist, wenn Eisensilicat (Chamoisit) vorkommt, die Structur eine oolithische.

Einen vortrefflichen Ausgangspunkt für die Schilderung der Erzflötze bietet das Spatheisensteinflötz des westfälischen, productiven Kohlengebirges, das auf viele Meilen streichende Länge, alle Mulden- und Sattelbildungen, sowie auch die Verwerfungen der Steinkohlenflötze theilend, zwischen Werden und Witten an der Ruhr nachgewiesen ist.[1] Der Spatheisenstein dieses Flötzes hat eine ganz feinkörnige, krystallinische Structur, wie feinkörniger Marmor, besitzt einen schimmernden Bruch und eine graue Farbe, die von geringen Beimengungen kohliger Bestandtheile herrührt. An seinem Liegenden wird das Flötz ganz regelmässig von einem bis 0,43 m mächtigen Kohlenflötzchen (Kohlenpacken) begleitet. — Die Mächtigkeit des Spatheisensteinflötzes beträgt 0,24 bis 0,48 m, und steigt selten bis auf 1,2 m. — Der Mächtigkeitswechsel erfolgt der Art, dass das Flötz aus aneinander schliessenden Nieren und Linsen von sehr verschiedener Grösse zusammengesetzt wird.

Die grösste Verbreitung in allen Formationen besitzen die Thoneisenstein- und Sphärosideritflötze. Die Masse dieser Flötze wird von einem dichten, im ursprünglichen Zustande grau, oder gelblich gefärbten Gemenge von Spatheisenstein und Thon gebildet, das zweckmässig Thoneisenstein genannt wird.

Thoniger Sphärosiderit ist das Vorkommen des Thoneisensteins in rundlichen, eiförmigen, oder linsenförmigen Nieren, die mit ihrer breiten Seite parallel, oder nahezu parallel, mit dem Dache und der Sohle der Flötzablagerungen liegen. Seltener sind kreiselförmige Gestalten mit hohlkehlartigen, oder cannellirten Rändern, deren Oberfläche wie gedrechselt aussieht. — Solche Bildungen sind nichts Anderes, als in dünnen Schichten gewachsene und aneinander haftende Sphärosideritlinsen.[2] Die Dimensionen der Nieren sind sehr verschieden. — Der Durchmesser erreicht 1 m und mehr, und das Gewicht mehrere Centner. — Solche Nieren liegen vereinzelt, und zwar meist zwischen Schieferthonen oder oder Thonschiefern, oder sie schliessen sich aneinander zu mehr oder

---

[1] R. Peters, *Berg- u. Hüttenm. Zeitung.* 1857. p. 296, 323, 329, 337. — Bäumler, *Zeitschr. f. Berg-, Hütten- u. Salinen-Wesen im preuss. Staat.* 1869. Bd. XVII. 1869, p. 426 ff.

[2] Nöggerath, *Verhandl. d. naturh. V. d. pr. Rheinl. u. Westf.* 17. Jahrg. 1860, Correspond. p. 64.

weniger ausgedehnten, lagerartigen Massen, die den Uebergang zu wirklichen Thoneisensteinflötzen bilden. Diese Lagerungsformen wiederholen sich in erstaunlicher Gleichförmigkeit in allen Formationen, vom Silur bis zum Tertiär, beweisend, dass sich die Bedingungen solcher Bildungen immer aufs Neue wiederholten.

Der Thoneisenstein enthält gar nicht selten seinem Lagerungsort entsprechende Versteinerungen; in der productiven Steinkohlenformation an unzähligen Orten Kohlenpflanzen und Süsswassermuscheln (Anthracosien), im Tertiär bei Brambach[1] im Dessauischen Meeresmuscheln, wie Cyprina, Venus, Cardita, Nucula, Lunulites etc. etc.

Besonderes Interesse erregt es, dass Versteinerungen in thonigen Sphärosideriten nicht selten die Mitte der Nieren einnehmen. Sehr bekannt sind die den Schieferthonen des Kohlenrothliegenden (Untere Dyas) angehörigen Thoneisensteinnieren von Lebach bei Saarbrücken, die in ihrer Mitte Archegosaurus, Acanthodes, Amblypterus, Walchia piniformis etc. einschliessen; ferner die thonigen Sphärosiderite mit Ammonites Parkinsoni aus dem mitteljurassischen Thoneisensteingebirge Oberschlesiens. Ohne Zweifel beweisen die Versteinerungen in der Mitte der Nieren, dass letztere Concretionen sind, bei deren Bildung es der organische Körper war, um den sich das kohlensaure Eisenoxydul und der Thonschlamm concentrirten. (S. p. 71.)

Die thonigen Sphärosidorite sind nach Art der Septarien oft im Innern, in Folge von Austrocknung, zerklüftet und zerborsten, und führen dann auf diesen Klüften Kalkspath, Braunspath, Spatheisenstein, Quarz, Schwerspath, Eisenkies, Zinkblende, Bleiglanz, Arsenikkies etc. — Die genannten Erze, mit Ausnahme des Eisenkieses, finden sich jedoch recht selten, ebenso der Schwerspath und der Quarz.

Ein mit dem Thoneisenstein nahe verwandtes Erz ist der Kohleneisenstein oder Blackband, der ebenfalls flötzförmig in der productiven Steinkohlenformation Englands, Westfalens, Nordamerikas und anderer Länder gefunden wird.

Der Kohleneisenstein ist ein Thoneisenstein, der durch viel Kohle schwarz gefärbt ist, und durch zunehmenden Kohlegehalt, wie in Westfalen beobachtet, allmälig in wirkliche Steinkohle übergeht. — Die Kohleneisensteine enthalten ebenfalls viele Versteinerungen, z. B. in Westfalen viel Anthrakosien.

Ein beträchtlicher Phosphorsäuregehalt ist den geschilderten Erzen eigen, und findet sich neben ihnen auch wohl Phosphorit in Knollen, Nieren, oder auch in deutlichen Schichten.

---

[1] Lüders, *Zeitschr. d. d. geol. Gesellsch.* 1854. Bd. VI, p. 510.

Schon innerhalb der silurischen Formation begegnen wir den Spatheisenstein- und Thoneisensteinflötzen.

Besonders gesegnet ist das Silurbecken Böhmens mit denselben. — Die meisten treten innerhalb des untersten Niveaus (*d'*) der Etage *D* Barrande's auf.[1] Die Rokycaner Schichten (S. § 57) sind es vor Allen, welche Sphärosiderit in einzelnen Nestern, Linsen und auch in mächtigen, zusammenhängenden Flötzen enthalten.

Am besten gekannt sind die Thoneisensteine des productiven Kohlengebirges, die gemeinschaftlich mit den Steinkohlenflötzen abgebaut werden, so in Südwales in England, in dem Bassin des Aveyron und von St. Etienne in Frankreich, in Westfalen, bei Zwickau in Sachsen, in Oberschlesien (s. Fig. 58) etc.

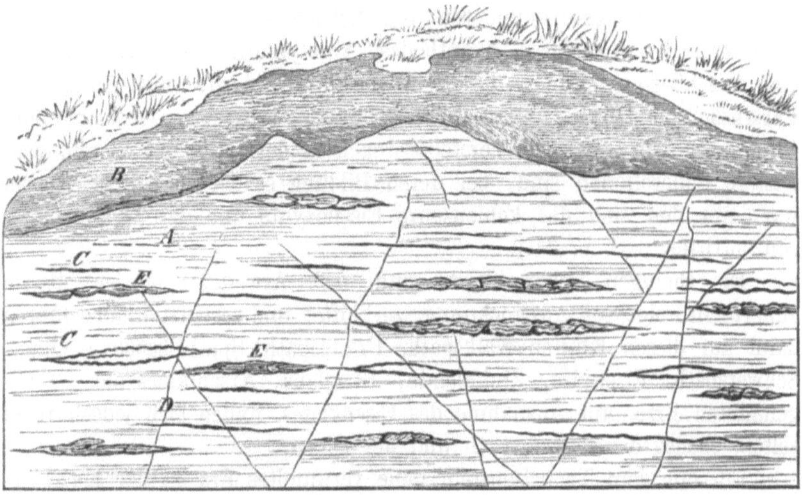

Fig. 58. Sphärosiderit-Lager im Steinkohlengebirge Oberschlesiens nach W. Runge.
A Schieferthon. *B* Sand. *C* Kohlenschmitze (Sigillarienstämme). *D* Klüfte. *E* Sphärosiderite.

Die Sphärosiderite von Lebach bei Saarbrücken gehören dem unteren Rothliegenden an. (S. p. 87.)

Die grauen Letten des oberen Keupers in Oberschlesien[2] enthalten flache Nester und aneinander gereihte Nieren, die sich zuweilen auch flötzartig ausbreiten, 0,05 bis 0,25 m mächtig sind, und in zwei bis drei verschiedenen Lagen übereinander liegen. — Die Eisensteinnieren sind hier öfters hohl, gehen an ihrem Umfange in fast eisenfreien Sand-

---

1 Lipold, *Jahrb. d. k. k. geol. Reichsanst. in Wien.* 1863, p. 339.
2 F. Roemer, *Geologie v. Oberschlesien.* 1870, p. 533 u. 534.

stein über, und enthalten in den Hohlräumen Spatheisensteinkrystalle. Die Erzablagerungen bedecken zuweilen Flächen von 30 bis 60 Morgen.

Einen auffallenden Reichthum an Eisenerzflötzen verschiedener Art, und darunter auch Thoneisensteine, bergen die Schichten der Jura- und Kreideformation.

In den Liasschichten des Teutoburger Waldes, und zwar in den Kreisen Bielefeld, Paderborn und Warburg, trifft man in 50 übereinander liegenden Horizonten Sphaerosideritnieren, und zwei zusammen 2,20 m mächtige Sphaerosideritlager. Auch in den Liasschichten der Weserkette sind Sphaerosiderite häufig. Die Nieren enthalten hier, wie das auch anderwärts vorkommt, häufig einen festen, graublauen, unzersetzten Kern, der von einer, in Folge von Oxydation und Wasseraufnahme, braunen, schaaligen Rinde umgeben ist.

Sehr bedeutend ist das jurassische Thoneisensteinvorkommen Oberschlesiens. Es gehört den Parkinsoni-Schichten des braunen Jura an. — In der Regel liegen 3 bis 6 Erzlager von 0,3 bis 0,7 m Mächtigkeit, durch Lettenmittel getrennt, in fast söhliger Lage, und zwar in 800 bis 900 Fuss Meereshöhe, übereinander.

Nebenher sei hier des Chamoisits[1] Erwähnung gethan, der in Form von grossen Nieren in mitteljurassischen Kalkschiefern der Schweiz lagert. Bei Chamoison im Canton Wallis sind zwei grosse Linsen bekannt, von denen die eine etwa 62 m Länge und 12,4 m Höhe besitzt. Der Chamoisit, oft oolithisch ausgebildet, zeigt keine Schichtung, aber deutlich rhomboidale Zerklüftung. Er enthält Versteinerungen, und auf den Kluftflächen Partieen von Spatheisenstein und Braunspath.

Längs des Nordabhanges der Karpathen,[2] von der Buckowina bis nach Teschen, zieht sich in einer Länge von mindestens 80 Meilen ein Zug von Eisenerzflötzen hin, die, nach der Bestimmung von Hohenegger, den Wernsdorfer Schichten angehören, einem Niveau der unteren Kreideformation. (Urgonien und Aptien.) Diese Eisenerzlagerstätten sind entweder compacte Thoneisensteinflötze, oder Sphärosideritablagerungen. — Die einzelnen Sphärosideritlinsen liegen entweder parallel den Schichten, oder sie sind schräg dagegen gestellt, jedoch so, dass sie nach Art der Dachziegeln übereinander greifen „oder übereinander greifen würden, wenn man sie mit unveränderter Stellung zusammenschieben könnte.“ — Auch hier liegen wieder sehr viele Flötze übereinander, etwa 20 und mehr, die Mächtigkeiten von etwa 0,15 bis 0,90 m erreichen.

---

[1] J. C. Deicke, *Berg- u. Hüttenm. Zeitung*. 1858, p. 337.

[2] v. Cotta, *Erzlagerstätten* II, p. 252.

Das Tertiärgebirge enthält ebenfalls Thoneisensteine, die, wie schon erwähnt, bei Brambach im Dessauischen auch Meeresversteinerungen einschliessen (p. 87).

Bei Friesdorf unweit Bonn begleiten Sphaerosideritablagerungen tertiäre Braunkohlenflötze.[1]

§ 57. **Typus Braun- und Rotheisensteinflötze.** Charakteristik. Meist versteinerungsreiche Flötze, zum Theil auch lagerartige Massen, in allen versteinerungsführenden Formationen. Das Material ist derber, oder erdiger, reiner, auch thoniger, kalkiger, kieseliger Braun- oder Rotheisenstein, sehr häufig mit Oolithstructur.

Einige Rotheisensteinlager sind pseudomorph nach Kalkstein, gehören also eigentlich zu den metamorphischen Lagerstätten.

Die im vorigen Paragraphen beschriebenen, durch Spatheisenstein charakterisirten Flötze finden sich an ihrem Ausgehenden, und von da an oft tief herab, in Brauneisenstein, auch wohl, wenn auch seltener, in Rotheisenstein umgewandelt. Wenn aus dieser Thatsache, und ferner aus den bekannten Pseudomorphosen von Brauneisenstein nach Spatheisenstein geschlossen werden muss, dass Brauneisenstein und Rotheisenstein aus Spatheisenstein hervorgehen können, und auch hervorgegangen sind, so ist es doch auch wiederum eine sicher begründete Thatsache, dass Brauneisenstein und Rotheisenstein auch direct aus dem Wasser niedergeschlagen werden (§ 141).

Flötze dieses Typus, die in keiner direct nachweisbaren genetischen Beziehung zu den Spatheisensteinflötzen stehen, und durch Lagerung und Versteinerungsführung als sedimentäre Bildungen zu erkennen sind, finden sich sehr häufig; Brauneisenstein in allen Formationen, Rotheisenstein vorwiegend in den älteren. Beide Erze erscheinen hier vorwiegend im dichten, oder ockerigem Zustande; besonders häufig ist die oolithische Ausbildung, dagegen treten die krystallisirten und krystallinischen Varietäten, — (Eisenglanz und die Glasköpfe, von denen ersterer im krystallinischen Schiefergebirge, letztere auf Gängen so recht zu Hause sind,) — nur ganz untergeordnet auf.

Von den zahlreichen Beispielen für dieses Vorkommen mögen folgende Platz finden.

In der Clinton-Gruppe der silurischen Formation Nordamerikas tritt mit grosser Regelmässigkeit auf weite Erstreckungen ein, zahlreiche Versteinerungen führendes, oolithisches Eisenerzflötz auf, dessen Eisenstein mit verschiedenen Namen belegt ist, wie Clinton-Fossil

---

[1] Nöggerath, *Neues Jahrb. f. Mineral.* 1815, p. 513.

oder Flaxseed-Erz, auch Dyestone.[1] — Am Ausgehenden ist das Rotheisenerz in Brauneisenstein umgewandelt. — Das Flötz soll sich vom mittleren Theil des Staates New-York durch Pennsylvanien (Danville), bis nach Tennessee (Chatanooga) verfolgen lassen. — Nach Westen zu findet es sich dann in Ohio und am Westrande des Michigan-Sees wieder. Trotz dieser riesigen Verbreitung hat die Ablagerung doch bis jetzt nirgends grössere technische Bedeutung erlangt.

Von ungleich grösserer Wichtigkeit, wenn auch weniger ausgedehnt, erscheinen die Eisensteine des böhmischen Silurbeckens.[2]

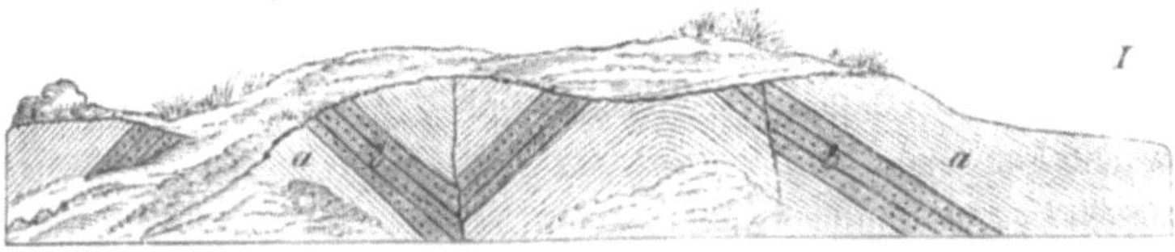

a Untersilurischer Sandstein. *b* Eisensteinflötz.

a Příbramer Grauwacke. *b* Krušnáhora Schichten. *c* Komorauer Sch. *d* Rokycaner Sch. *e* Brda Sch. *f* Eisensteinflötze.

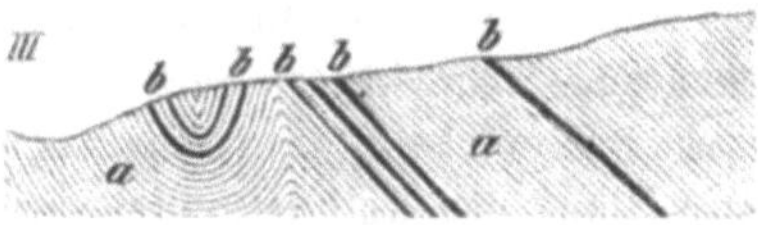

a Komorauer Sch. *b* Eisensteinlager.

Fig. 59. Eisensteinflötze im Silur Böhmens nach M. LIPOLD.

Wie schon oben (p. 88) erwähnt, liegen die Eisenerze Böhmens im untersten Niveau (*d'*) der Etage *D* BARRANDE's. Innerhalb dieser Etage unterscheidet LIPOLD noch 3 Abtheilungen, die, in der Richtung von unten nach oben, als Krušnáhora, Komorauer und Rokycaner Schichten bezeichnet werden. (S. Fig. 59 II.) Unter diesen sind die beiden letzten die Eisenerze führenden. Die 20 bis 40 m mächtigen Komorauer Schichten sind aus verschieden gefärbten Schiefern und aus Schaalsteinen zusammengesetzt; sie enthalten ferner als wesentliche Bestandtheile Eisenerzflötze, die linsenförmigen und oolithischen Rotheisenstein, Spatheisenstein, und nur ausnahmsweise Brauneisenstein führen.

---

[1] WEDDING, *Zeitschr. f. d. Berg-, Hütten- u. Salinenwesen im preuss. Staat.* 1876, B, p. 346.

[2] LIPOLD, *Jahrb. d. k. k. geol. Reichsanst. in Wien.* 1863, p. 339.

In den aus Thonschiefern und Sandsteinen zusammengesetzten, bis 30m mächtigen Rokycaner Schichten, kommen die Sphärosideritablagerungen vor. (S. p. 88.)

Meistens treten mehrere, 2 bis 3, ja selbst manchmal 4 Flötze parallel übereinander auf. (S. Fig. 59.) Die Mächtigkeit derselben ist sehr verschieden und wechselt von 0,75 bis 13, sogar 20 m. Der muldenförmigen Lagerung des böhmischen Silurs entsprechend, zeigen die Eisenerzflötze im Grossen eine solche ebenfalls. Im Einzelnen finden sich viele Specialmulden und Specialsättel, von denen einige in den Figuren 59 I, II und III dargestellt sind, und mannigfache Verwerfungen (p. 35 u. 36). Der Eisenerzreichthum ist sehr gross, da manche Ablagerungen an den Flügeln der $13^1/_2$ Meilen langen Mulde auf $1^1/_2$ Meile streichende Länge aufgeschlossen sind.

Sehr eigenthümlich sind die dem Stringocephalenkalk (Mittel-Devon) des Rheinischen Schiefergebirges und des Harzes angehörenden Rotheisensteinlager. Dieselben enthalten die für dieses geognostische Niveau charakteristischen, aber in Eisenstein umgewandelten Versteinerungen, welche die, durch den Verband des Eisensteins mit dem Kalkstein noch unterstützte Vorstellung erwecken, dass man es hier mit in Erz umgewandelten sedimentären Kalksteinen zu thun hat. Ausnahmslos finden sich in unmittelbarer Nähe der Lager Diabasgesteine; die Lager sind auch ganz in Schaalstein eingebettet, oder liegen zwischen diesem und Thonschiefer. Sehr wahrscheinlich haben die Diabasgesteine, sei es während der Eruption, oder nachträglich, den Eisengehalt zur Umwandlung der Kalksteine geliefert.

Das bedeutendste Vorkommen des Harzes ist das innerhalb der devonischen Mulde von Elbingerode.[1] Am reichhaltigsten sind in dieser Mulde das Büchenberger und Tännichener Lager. — Ersteres ist bei 30 m Mächtigkeit auf 4000 m streichende Länge aufgeschlossen; es liegt zwischen Schaalstein und Thonschiefer, und führt hauptsächlich Rotheisenstein, der regellos abwechselnd kieselig und kalkig auftritt, ferner Sphärosiderit und auch Magneteisen. — Aus dem Rotheisenstein und dem Sphärosiderit ist stellenweise Brauneisenstein entstanden. Das Tännichener Lager, welches eine flache 260 m breite Mulde bildet, ist ganz in Schaalstein eingelagert, und führt hauptsächlich kalkigen, an Versteinerungen sehr reichen Eisenstein.

Unter ganz analogen Verhältnissen finden sich die Rotheisenerzlager

---

[1] Hauchecorne, *Zeitschr. f. d. Berg-, Hütten- u. Salinenwesen im preuss. Staat*. Bd. 16, B, p. 199.

des rheinischen Schiefergebirges bei Brilon,[1] Wetzlar, Weilburg, Dillenburg u. s. w. In Nassau hat man die Erfahrung gemacht, dass die Eisenerzlager am Ausgehenden verkieselt sind, und nach der Tiefe zu bis zur Unbauwürdigkeit kalkig werden.

In der productiven Steinkohlenformation Oberschlesiens ist bei Nieder-Radoschau[2] ein 0,53 mächtiges Rotheisensteinflötz bekannt, das zum Liegenden Kohlensandstein und zum Hangenden Schieferthon hat. — Der hangende Theil des Flötzes besteht aus eisenschüssigem, milden Thon, der liegende Theil aus Schaalen von dichtem Rotheisenstein, welche durch Rotheisenrahm getrennt werden.

Nach Stein[3] finden sich im Buntsandstein bei Aschaffenburg 30 cm bis 2,5 m mächtige Brauneisensteinflötze, die zum grössten Theil ganz aus homogenem, dichtem Eisenstein bestehen und zum Hangenden und Liegenden Buntsandstein haben.

Nirgends finden sich wohl oolithische Brauneisensteine in so grosser Verbreitung und Häufigkeit wie in der Juraformation. — Besonders reich sind Deutschland und Lothringen damit gesegnet. — In der Kreide und im Tertiär sind solche Eisensteinflötze weniger häufig.

Ein sehr schönes Vorkommen der Art ist das am nördlichen Harzrande bei Harzburg,[4] welches dem unteren Lias, speciell der Zone des Ammonites Bucklandi, zugehört. Die 12,1 m mächtigen Schichten dieser Zone sind, wie die Schichten an so vielen Stellen des nördlichen Harzrandes, auch hier übergekippt und umschliessen 4, sehr versteinerungsreiche, mulmige, feinoolithische Brauneisenerzflötze, die, bei einer Gesammtmächtigkeit von 4,1 m, durch Thonschichten getrennt sind. Die ebenfalls dem Lias zugehörigen Flötze von Willershausen, Calefeld und Oldershausen in Hannover liegen in einer etwas höheren, durch Ammonites Jamesoni und ibex bezeichneten Zone.

Bei Wasseralfingen[5] in Würtemberg ist ein grosser Erzreichthum im braunen Jura, in der Zone des Ammonites Murchisoni, niedergelegt. — Zwei zwischen thonigen Sandsteinen liegende, 1,1 m und 1,6 m mächtige, versteinerungsreiche, fein oolithische Brauneisenerzflötze werden hier hauptsächlich abgebaut. Das weitaus bedeutendste Vorkommen des

---

1 B. Stein, *Zeitschr. d. d. geol. Gesellsch.* 1860, Bd. XII, p. 208.

2 F. Roemer, *Geologie Oberschlesiens*, p. 531.

3 Stein, *Berg- u. Hüttenm. Zeitung.* 1861, p. 177.

4 J. Haniel, *Zeitschr. d. d. geol. Gesellsch.* 1874, Bd. XXVI, p. 65. — Klüpfel, *Berg- u. Hüttenm. Zeitung.* 1871, p. 22.

5 J. Haniel, a. a. O., p. 96.

Jura ist das bereits früher (p. 15) erwähnte von Luxemburg und Lothringen.[1] Das fein oolithische Brauneisenerz, mit thonig-kalkigem, grau, roth, braun, gelb, grün oder schwarz gefärbtem Bindemittel, wird Minette genannt, enthält Ammonites opalinus, insignis etc. und gehört demnach dem unteren Niveau des braunen Jura an. — Die Minetteflötze, deren Hauptverbreitung in dem Terrain zwischen der Mosel, der luxemburgischen und der neueren französischen Grenze (1871) liegt, sind über einen Flächenraum von 9000 Hectaren[2] ausgedehnt.

Als Beispiele von der Kreideformation zugehörigen, oolithischen Brauneisenerzen können die im Néocom des Dép. der oberen Marne (Sommevoire, Vassy, Eurville, Narcy) und die des oberen Grünsand's im Dép. der Oise angeführt werden.[3]

Unter den tertiären, oolithischen Brauneisenerzflötzen sind die am Kressenberg und bei Sonthofen im südlichen Bayern sehr berühmt; dieselben gehören dem Eocän an und enthalten Nummuliten.

§ 58. 2. **Ausscheidungsflötze.** Geschichtete Gesteine der verschiedensten Art, krystallinische Schiefer, Sandsteine, Conglomerate, Thonschiefer, Mergel, Kalksteinsteine etc. sind manchmal local in einer Weise mit Erz erfüllt, die auf eine gleichzeitige Bildung des Erzes und des Gesteins schliessen lässt.

Die Erzführung ist also Erzausscheidung, wie das, in kaum bestreitbarer Weise, beim Kupferschieferflötz der Fall ist.

Die Ansichten über die Bildungsweise der Erze innerhalb der Schichtgesteine können aber in vielen Fällen auseinander gehen. Einige Forscher halten dafür, dass die Erze als Imprägnation auftreten, also erst nach Verfestigung des Gesteins in dieselben eingeführt sind und könnte es desshalb zweckmässiger erscheinen den jede Hypothese ausschliessenden Ausdruck „Flötze mit Erzeinschlüssen“ zu gebrauchen. Da hier aber nur solche Lagerstätten aufgenommen sind, in denen die Erzeinschlüsse Niveaubeständigkeit zeigen, (siehe § 142), welche mit Imprägnation kaum vereinbar ist, so ist der Ausdruck „Ausscheidungsflötz“ gewählt. Derbe flötz- oder lagerartige Erzmassen kommen kaum vor, und müssten, falls sie sich finden, in die folgende Abtheilung (Erzlager § 66) gestellt werden, die in sehr naher Beziehung zu den Lagerstätten dieser Abtheilung steht. Die Erze sind hauptsächlich geschwefelte Erze des Kupfers, Bleis, Zinks, Antimons, Quecksilbers, Nickels und Kobalts, stellenweise auch oxydische Kupfererze.

---

[1] Giesler, *Zeitschr. f. Berg-, Hütten- u. Salinenwesen im preuss. Staat.* Bd. 23, B, p. 9.

[2] *Berg- u. Hüttenm. Zeitung.* 1873, p. 49.

[3] Zickel, *Petrographie* I. 1866, p. 341.

§ 59. **Typus Mansfeld.** Charakteristik: Thongesteine, — Schieferthone, Mergel, Letten etc. — die Ausscheidungen von Kiesen und Glanzen, vorzüglich kupferhaltigen, in vorwiegend feiner Staubform, aber auch in allen anderen möglichen Formen, als Concretionen, Nester, Primärtrümmer etc. enthalten.

Das der unteren Zechsteinformation Deutschlands angehörige Kupferschieferflötz ist der Hauptrepräsentant dieses Typus. Es würden, wenn sie überhaupt in den Kreis unserer Betrachtung gehörten, die in allen Formationen vorhandenen Alaunschiefer und ähnliche Bildungen hierher gestellt werden müssen.

Die Zechsteinformation mit dem Kupferschieferflötz liegt an den Abhängen des Harzes und des Thüringer Waldes in discordanter Lagerung, (zwischen Mansfeld und Seesen, bei Camsdorf, Saalfeld, Ilmenan etc.), über den Schichten älterer Formationen. In gleicher Lagerung treffen wir sie an den Grenzen des rheinischen Schiefergebirges bei Stadtberge in Westfalen, und zu Frankenberg in Kurhessen, ferner über dem Gneiss des Spessarts bei Bieber in Hessen. — Unterhalb der Triasschichten, welche den Raum zwischen den genannten Gebirgen erfüllen, müssen wir einen Zusammenhang des zu Tage an seinem Ausgehenden vereinzelt auftretenden Kupferschieferflötzes annehmen, um so mehr, da dasselbe an mehreren Stellen inselartig aus den bedeckenden Schichten auftaucht, wie z. B. bei Riechelsdorf in Hessen.

Ganz charakteristisch ist das Kupferschieferflötz an den Abhängen des Harzes, des Thüringer Waldes und bei Riechelsdorf entwickelt. Es ist hier ein meist sehr feinschiefriger, bituminöser, schwärzlicher, harter, z. Th. klingender Mergelschiefer von im Durchschnitt $^1/_2$ m Mächtigkeit, der überall die für dieses Niveau charakterischen Fische, Palaeoniscus Freieslebeni und Platysomus gibbosus und Algen führt und in seinen verschiedenen Lagen mehr oder weniger reichlich, aber immer in feinster Vertheilung, Kupfererze, stellenweise auch Silbererze, einschliesst.

Der Bergmann unterscheidet in dem an sich wenig mächtigen Flötz noch einzelne Lagen, die aber nicht in allen Revieren genau übereinstimmen. Am deutlichsten und vollständigsten gegliedert ist das Flötz in den Hettstädter und Gerbstedter Revieren der Mansfelder Mulde.[1] Man unterscheidet dort 3 Abtheilungen. — Es enthält die untere Abtheilung von 5 bis 6 cm Mächtigkeit die liegende Schaale, den Lochen und die Lochschaale, die mittlere Abtheilung von 10 cm Mächtigkeit den

---

[1] Schrader, *Zeitschr. f. d. Berg-, Hütten- u. Salinenwesen im preuss. Staat.* Bd. 17. 1869, B, p. 251.

unteren Schieferkopf, den oberen Schieferkopf, die Kopfschaale und die Kammschaale, schliesslich die obere Abtheilung von 22 bis 30 cm Mächtigkeit die Lochberge, die Noberge und die Oberberge.

Durchgängig sind die unteren Lagen des Flötzes die erzreichsten. Die Erzführung in Form sehr feiner staubartiger Erzausscheidungen nennt der Mansfelder Bergmann Speise; sie wird gebildet von Kupferkies, Buntkupfererz, Kupferglanz, Eisenkies, Bleiglanz, Silberglanz, Zinkblende, Kupfernickel und Speisskobalt. In Messerrücken starken Schnüren kommt Buntkupfererz und Kupferglanz parallel den Schichten abgelagert vor, auch finden sich diese Erze in Form von Anflügen auf Querklüften; seltener sind die sogenannten Erzhicken, das sind im Flötze, oder im Dach eingeschlossene, kleine Erzflecken, Körner und Nieren. Der Kupfergehalt des Erzes beträgt etwa 2 bis 3%. — Im Mansfeldischen wird der schwunghafte Bergbau durch einen beträchtlichen Silbergehalt — 1/2 Pfd. Silber auf den Centner Kupfer — unterstützt, der dem Kupferschiefer an anderen Orten nicht in dem Maasse eigen ist, oder ganz fehlt.

Ueberall liegt das Flötz unmittelbar auf sandigen, oder conglomeratischen Schichten, die der Bergmann das Grauliegende oder Weissliegende genannt hat. (Zechsteinconglomerat E. Beyrich's und entfärbtes Rothliegendes.) Diese Schichten sind vereinzelt auch erzführend und werden dann Sanderze genannt. — In denselben finden sich ausser staubartigen Erzeinschlüssen, auch Knoten und Wülste von Kupferkies, die förmliche Knottenerze bilden. — Die Sanderze haben in den Sangerhäuser Revieren Mansfelds besondere Bedeutung. Auch der unmittelbar über dem Flötz liegende Zechsteinkalk, — der Dachklotz — enthält hin und wieder Erz und zwar Kupferglanz in Form kleiner Nieren (Hicken); eine Speise ist in demselben nur selten zu bemerken.

Einen sehr anderen Charakter hat das sogenannte Kupferlettenflötz Frankenbergs[1] in Hessen. Es ist 30 bis 35, stellenweise 44 cm mächtig und besteht aus einem grauen, kalkhaltigen Letten, oder Thon mit Glimmerblättchen, der den Imatrasteinen ähnliche Kalkconcretionen einschliesst.

Der Erzgehalt ist an das Vorkommen von Pflanzenresten, — die Graupen genannt werden, — gebunden. Am häufigsten sind die Reste von Ullmannia Bronni (Göppert) und zwar erstens Stamm- und Aststücke (Stangengraupen), zweitens mit dachziegelförmig übereinander greifenden Blättchen bedeckte Zweige (Korngraupen und Kornähren), drittens einzelne oval lanzettliche Blättchen (Fliegenfittiche) und viertens schildförmige

[1] G. Würtemberger, *Neues Jahrb. f. Mineral.* 1867, p. 10 ff.

Fruchtschuppen der Zapfen (Sterngraupen) etc. — Seltener sind die Reste von Araucarien und Farnen, welche die Blättergraupen bilden. Die Pflanzenreste sind in eine pechkohlenartige Masse verwandelt und zum Theil, oder ganz, durch Kupferglanz, etwas gediegenes Silber, Schwefelkies, Kupferfahlerz, Buntkupfererz, sehr selten Rothgiltigerz vererzt. Wie die Pflanzenführung, ist auch die Erzführung in dem Flötze wechselnd, aber auf dieses in der Hauptsache beschränkt. — Im Dach und in der Sohle eingeschlossene Erze haben nie lange angehalten.

Wieder etwas anders ist das Kupferschieferflötz bei Bieber[1] in Hessen beschaffen, dessen Mächtigkeit von 30 cm bis 1,5 m wechselt. Es ist hier ein dünngeschichteter, bituminöser Mergelschiefer von schwärzlich grauer Farbe, der aber, besonders in oberen Teufen, so stark aufgelöst ist, dass er mit der Lettenhaue gewonnen werden kann. In diesem Flötze treten die Erze nicht als Erzausscheidungen in der Schichtung auf, sondern finden sich auf vielen kleinen Klüftchen (Primärtrümmer?), welche den Schiefer nach allen Richtungen, besonders aber vertikal, durchschneiden. — Die Erze sind: Fahlerz, Kupferkies, Bleiglanz und Schwefelkies; in der Nähe der später zu erwähnenden Gänge (Rücken) auch Kobaltmineralien. — Auf besagten Klüften erscheinen die Erze meist nur angeflogen, zuweilen aber auch in der Dicke eines Messerrückens. — Versteinerungen sind in dem Kupferschieferflötz hier nicht gefunden, womit wohl die Erzarmuth zusammenhängt.

Nicht wie an den vorher geschilderten Localitäten auf das Kupferschieferflötz beschränkt, sondern auch in dem darüber liegenden, 10 bis 12 m mächtigen Zechstein verbreitet, kommen die Kupfererze zu Stadtberge in Westfalen in einer für die Gewinnung wenig vortheilhaften Weise vor. Das Kupferschieferflötz und der Zechstein sind von Gängen, oder Rücken durchsetzt, welche auch in die darunter liegenden Grauwacken und Kieselschiefer kupfererzführend hineinsetzen. — In der Nähe dieser Rücken sind besonders die Kieselschiefer in abbauwürdiger Menge mit Kupfererzen imprägnirt. — Wahrscheinlich ist es, dass der Kupfergehalt des Kieselschiefers aus dem darüber liegenden Kupferschiefer stammt. Nicht unerwähnt darf es aber bleiben, dass Kieselschiefer auch anderenorts Kupfererze führen, so die Culmkieselschiefer an der Edder,[2] die sich ausserdem durch einen Goldgehalt auszeichnen, die Culmkieselschiefer bei Lautenthal am Harz etc.

§ 60. **Typus Perm.** Charakteristik: Sandsteine, seltener

---

[1] SCHMIDT, *Neues Jahrb. f. Mineral.* 1808, p. 45.

[2] S. COTTA, *Erzlagerst.* II, p. 158,

mergelige Gesteine mit Ausscheidungen von oxydischen Kupfererzen. Neben letzteren treten auch geschwefelte Kupfererze und gediegenes Kupfer auf. — Die Erze finden sich als Cement des Sandsteins, in Staubform, als Knotten, in Nestern, auf Klüften etc.

Vorzüglich sind es die Sandsteine der Dyas und Trias in Russland und Deutschland, welche sich durch Kupfererzführung auszeichnen.

In Russland[1] enthält das obere Niveau der dem deutschen Rothliegenden äquivalenten Schichten der permischen Formation die Kupfersandsteine, — das sind meist grau oder, weisslich gefärbte Sandsteine, welche vorwiegend oxydische, weniger geschwefelte Kupfererze enthalten und zwar entweder als Cement des Sandsteins, oder in Staubform, in Nestern und auf Klüften. Die Sandsteine schliessen viele Pflanzenreste ein (Calamiten etc.), um welche sich der Erzgehalt, vor Allem der Kupferglanz, gern concentrirt; lange rundliche, oder ellyptische Stengel von Kupferglanz sind in den Baumstämmen eingeschlossen, und werden von Malachit, Lasur, Kupferpecherz und Ziegelerz umgeben. (S. Fig. 60.) In grösserer Entfernung von den Baumstämmen umschliessen die Sandsteine nur oxydische Kupfererze. Unter den Mineralien der Kupfersandsteine kommen, ausser den bereits genannten, noch vor: Buntkupfererz, Kieselkupfer, Rothkupfererz, Volborthit, Gyps und Kalkspath. Der nicht ganz seltene Volborthit erregt ein besonderes Interesse, weil Kersten in dem deutschen Kupferschiefer auch einen Vanadingehalt nachgewiesen hat, der vermuthlich ebenfalls von Volborthit herrührt.

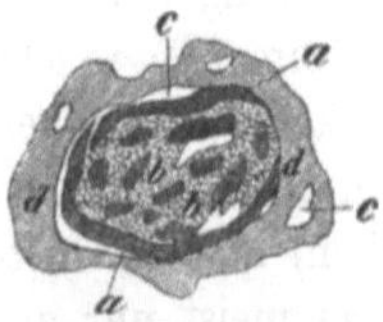

Fig. 60. Durchschnitt eines Baumstamms aus d. Kupfersandstein Russlands nach Förster.
a Kupferglanz. *b* Kupferpecherz. *c* Malachit. *d* Ziegelerz.

Die Schichten der permischen Formation Russlands haben bei sehr wenig gestörter, fast horizontaler Lagerung eine Verbreitung über ein Areal von mehr als 18,000 Quadratmeilen; innerhalb derselben dehnt sich die Kupfererzführung über die Districte Perm, Ekaterinenburg und die uralischen Provinzen Ufa und Orenburg aus.

Ganz analog, wenn auch lange nicht so ausgedehnt und reich, ist das Auftreten von Kupfererzen im Rothliegenden Nordböhmens,[2] denn es sind hier auch wieder gewisse Sandsteinschichten, welche, besonders reichlich in der Nähe von Pflanzenresten, Kupfererze enthalten. Bei Starkenbach und Hohenelbe, bei Eipel bei Radowenz unweit Nachod, zwischen Böh-

---

[1] E. Neubert, *Berg- u. Hüttenm. Zeitung.* 1863, p. 141 u. 169. — C. R. Förster, *Berg- u. Hüttenm. Zeitung.* 1868, p. 193.

[2] Cotta, *Erzlagerst.* II, p. 208 u. 213. — Zippe, *Neues Jahrb. f. Mineral.* 1860, p. 612. Ref.

mischbrod und Kaurim und an anderen Orten hat man immer unter wesentlich gleichen Verhältnissen solche Kupfererzlagerstätten gefunden.

Nicht zu verkennen ist es, dass das berühmte Kupfererzvorkommen von Corocoro[1] in Bolivia im Dép. La Paz, südlich vom Titicaca-See, mit den vorhergehenden verwandt ist. Zwischen Thon- und Sandsteinschichten mit Gyps, die dem deutschen Rothliegenden äquivalent sein sollen, treten Kupfererzflötze auf. Dieselben haben $^1/_2$ bis 12 m Mächtigkeit, bestehen aus aschgrauen, fein- und grobkörnigen Sandsteinen und feinkörnigen Sandsteinconglomeraten mit Kupfererzen. Hier ist es aber hauptsächlich gediegenes Kupfer in Körnern und Klumpen, in massiven, fussdicken, oder auch in dünnen Platten, in haarförmigen, drahtförmigen, moosförmigen, blattförmigen und baumförmigen Gestalten. — Zum Theil sind es schöne Krystalle, welche diese Gebilde zusammensetzen. — Das gediegene Kupfer ist immer von Gyps begleitet; zwischen den Blätterdurchgängen des letzteren findet sich das Kupfer in zarten Moosformen eingeschlossen. Andere Kupfererze, wie Kupferglanz, Lasur, Malachit, Rothkupfererz sind Begleiter, auch werden Kupferglimmer, Kupferschaum, gediegenes Silber etc. angegeben. Bedeutsam ist es, dass sich in den Kupfersandsteinen Corocoro's ebenfalls versteinerte und durch Kupfererze vererzte Hölzer finden.

Ebenso wie gewisse Sandsteinschichten des Rothliegenden, sind auch solche der Trias mehrenorts mit Kupfererzen erfüllt.

Die Gegend zwischen St. Avold und Wallerfangen[2] bei Saarlouis kann als Beispiel dienen. Der Vogesen- oder Hauptbuntsandstein ist bis auf seine oberste, 9 m mächtige Conglomeratbank, die Kupfererze enthält, erzfrei und ohne Versteinerungen; — dagegen sind die darüber liegenden oberen, stets Pflanzenversteinerungen einschliessenden, Buntsandsteinschichten die Träger der Erze. — An ihrer unteren Grenze liegt eine Schicht von rothem Letten, die als Grenzschicht angesehen werden muss. Darüber folgt ein rother, drusiger, eisenreicher Sandstein mit Dolomitknollen und über diesem die 20 bis 27 m mächtige Steinbrecherbank, aus einem feinkörnigen Sandstein gebildet, der durch Thonschichten in parallele Lagen abgesondert ist. — Die sporadisch entwickelten Erze sind in der Nähe von Klüften und Verwerfungsspalten am reichlichsten abgelagert; trotzdem lässt es sich nicht beweisen, dass letztere die Zuführungscanäle der Erzlösungen gewesen sind, von denen aus die Sandsteinschichten imprägnirt wurden. Gegen diese Ansicht spricht der Umstand, dass nur immer gewisse, 6 bis 60 cm mächtige Bänke Kupfererze

[1] H. Reck, *Berg- u. Hüttenm. Zeitung.* 1864, p. 93 u. 113. — Nöggerath, *Verhandl. d. naturh. V. d. p. Rheinl. u. Westf.* 1871, Corresp. p. 88.

[2] C. Simon, *Berg- u. Hüttenm. Zeitung.* 1866, p. 412, 421 u. 430.

enthalten und unmittelbar darüber, oder darunter liegende, ebenso poröse Gesteinsbänke erzleer sind, ferner die Erscheinung, dass die Erze sich in Zonen ausdehnen, die einen von den Klüften ganz unabhängigen Verlauf haben, ja letztere oft rechtwinklig kreuzen. (S. Fig. 61.) Das ist z. B. in den Gruben von Wallerfangen beobachtet, wo mehrere parallele Erzzonen, durch taube Zonen getrennt, auf 4 Kilometer Länge verfolgt sind. — Die Anreicherung der Zone da, wo sie von den Klüften gekreuzt wird, erklärt sich einfach durch Auslaugung der Erze in höheren Schichten und Wiederabsatz derselben in der Kluft, oder nahe derselben in einer tieferen Schicht. Die Erzzonen laufen häufig, aber nicht immer, mit dem Streichen der Schichten parallel.

Die Kupfererze sind ausschliesslich im oxydirten Zustande gefunden, nie im geschwefelten; im oberen Buntsandstein nur Malachit und erdiger Kupferlasur, im Vogesensandstein ausserdem noch Kupferschwärze.

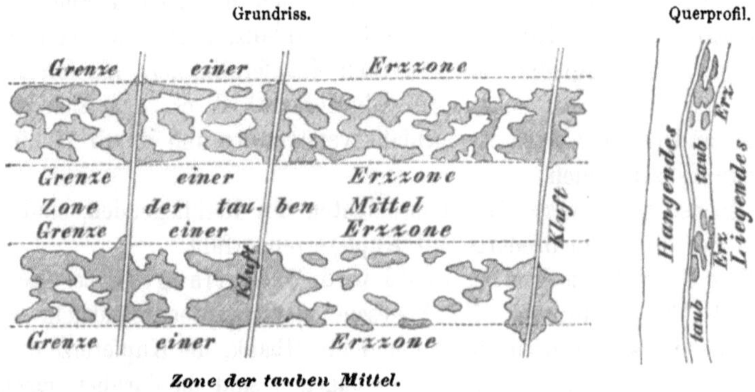

Fig. 61. Zonenartiges Kupfererzvorkommen von Wallerfangen und St. Avold nach C. Simon.

Die Erze finden sich in Form staubförmiger Einschlüsse, in Körnern von Erbsen- bis Wallnussgrösse, auf Klüften als Anflüge und als Versteinerungsmittel der Pflanzen.

Neben den Kupfererzen sind in diesem District auch Bleierze bekannt, deren später gedacht werden wird (§ 61).

Buntsandsteinschichten mit Kupfererzeinschlüssen finden sich ferner bei Twiste[1] unweit Arolsen, bei Bulach[2] im Würtembergischen Schwarzwalde, bei Büdingen[3] im Grossherzogthum Hessen.

Wie sich neben den Kupfererzen von Wallerfangen und St. Avold auch Bleierze finden, so werden die dem Buntsandstein angehörenden,

[1] v. Cotta, *Erzlagerstätten* II, p. 211 u. 165.
[2] Quenstedt, *Epochen d. Natur*, p. 469.
[3] C. Simon, *Berg- u. Hüttenm. Zeitung*. 1866, p. 412.

im folgenden Paragraphen zu beschreibenden Bleierze von Commern auch von Kupfererzen hin und wieder begleitet.

Auf der Grube Friedrich Wilhelm zu Berg bei Commern[1] in der Eifel enthält eine durchschnittlich 3 m mächtige Sandsteinlage vorwiegend Kupfererzknotten, aus Malachit und Lasur, seltener aus Kupferglanz, Kupferpecherz und Rothkupfererz bestehend. — Bleiglanzknotten treten untergeordnet auf. — Der mehr oder weniger eisenschüssige und bis 4 % kohlensauren Kalk enthaltende Sandstein umschliesst ausser den Knotten noch Nieren von Schwerspath, Kupfer- und Schwefelkies; auf seinen Klüften sind Kalkspath, Brauneisenstein, Manganerz und Kupferpecherz abgeschieden.

§ 61. **Typus Commern.** Charakteristik: Sandsteine mit ausgeschiedenen Bleierzknotten.

Die über den rheinischen, devonischen Schichten abgelagerte Buntsandsteinmulde von Commern in der Eifel hat eine Länge von etwa 3 Meilen, und eine durchschnittliche Breite von 1 Meile. — In diesem Buntsandsteingebiet lassen sich zwei Abtheilungen unterscheiden, eine obere, dem Röth entsprechende, durch feinkörnige rothe Sandsteine, und das Vorwiegen von Letten charakterisirte, und eine untere, die in der Hauptsache hell gefärbte, grobkörnige Sandsteine und mächtige Conglomeratbänke führt.

Die unteren Schichten der unteren Abtheilung des bunten Sandsteins enthalten Knottenerzflötze, die auf dem Bleiberg zwischen Call und Mechernich[2] in einer Länge von etwa 1 Meile und einer Breite von 1/4 Meile abgebaut werden, ausserdem aber auch noch an anderen Stellen, so bei Lieversbach, Winden etc., wenn auch nicht abbauwürdig, bekannt sind.

Am Bleiberge haben die h 4 bis h 5 streichenden Schichten ein ganz flaches, 5 bis 12° betragendes Einfallen nach Nordwest. Daselbst liegt zunächst über dem Devon eine Lage rothen Lettens mit Grauwackenbruchstücken, und darüber folgt eine 0,5 bis 6 m mächtige Conglomeratmasse, — das Grundconglomerat, — welches alle Unebenheiten des Grundgebirges ausfüllt. Das Grundconglomerat bildet das Liegende des unteren, 18 m mächtigen Knottenflötzes. Darüber folgt wieder eine Conglomeratbank, und diese wird von dem oberen, 26 m mächtigen Knottenflötz bedeckt.

Stellenweise schieben sich in die Flötze noch Conglomeratbänke ein, so dass 4 Flötze entstehen. (S. p. 14.) Die Conglomerate werden local Wackendeckel genannt.

---

1 W. Jung, *Berg- u. Hüttenm. Zeitung.* 1862, p. 229.

2 Diesterweg, *Zeitschr. f. d. Berg-, Hütten- u. Salinenwesen im preuss. Staat.* 1866, Bd. XIV, p. 159.

Viele kleinere und grössere Verwerfungen sind bekannt, unter denen die Griesbacher Hauptkluft die bedeutendste zu sein scheint. Sie verwirft, nebst 3 parallelen Nebensprüngen, die Flötze um 42 bis 46 m. (S. p. 22.) Die Sonnenberger Hauptkluft bietet dadurch Interesse, dass sie mit weissem Schwerspath ausgefüllt ist.

Der Knottensandstein der Erzflötze ist ein weisser, meist leicht zerreiblicher, aus hirsegrossen krystallinischen Quarzkörnern bestehender Sandstein mit thonigem, manchmal auch etwas kalkigem Bindemittel. — Merkwürdiger Weise treten die Erzknotten nur da auf, wo der Sandstein weiss ist und verschwinden, wo eine Färbung desselben eintritt. — Die Knotten sind bis etwa erbsengrosse, rundliche Sandsteinconcretionen, in welchen, ausser dem gewöhnlichen Bindemittel, Erze, und zwar, Bleiglanz, seltener Weissbleierz und am seltensten gesäuerte Kupfererze, in krystallinischer Form enthalten sind.

Sehr interessant ist es, dass auch Sandsteinconcretionen ohne Erz, sogenannte taube Knotten, vorkommen.

Die Vertheilung der Knotten ist sehr wechselnd, theils liegen sie dicht gedrängt, sind auch wohl zu Gruppen verwachsen, theils liegen sie einzeln und weit voneinander zerstreut.

In den Wackendeckeln pflegen, — wenn dieselben erzführend sind — nicht Knotten vorzukommen, sondern krystallinisch blättrige Bleiglanzmassen, die im Bindemittel fein vertheilt sind, oder sich in Schnüren angesammelt haben.

Ad. Gurlt[1] bemerkt sehr richtig, dass die Ausdehnung des Vorkommens und die gleichmässige Vertheilung des Erzes für eine gleichzeitige Entstehung des letzteren mit dem Sandstein spricht. — Eine spätere Infiltration ist sehr unwahrscheinlich. — Selbst die von Diesterweg beschriebenen Bleiglanz und Kupfererze enthaltenden Klüfte, welche nicht allein das Cement, sondern auch die Geschiebe des Wackendeckels durchsetzen, und an welchen die Theile der Geschiebe kleine Verschiebungen gegen einander zeigen, können spätere Infiltration des Erzes, gegenüber der Niveaubeständigkeit desselben, nicht beweisen. — Solche Klüfte lehren nur, was an so vielen Lagerstätten zu bemerken, dass das Erz nachträglich aufgelöst und dann wieder, nahe seinem Ursprungsort, zum Auskrystallisiren gelangte.

Geschiebe können die Knotten auch nicht sein, denn sie bestehen aus Aggregaten scharf ausgebildeter Kryställchen.

Schon oben (p. 100) ist darauf aufmerksam gemacht, dass auch in dem Buntsandstein der Umgegend von Saarlouis und St. Avold

[1] *Verhandl. d. naturh. Vereins d. pr. Rheinl. u. Westf.* 1861, p. 60.

neben den Kupfererzen Bleierze vorkommen. In nächster Nähe der letzteren sind fast überall Kalkmergel und Dolomite eingelagert, Begleiter, die den Kupfererzen fehlen. — Beim Dorfe Falk ist der grobkörnige Sandstein durch und durch mit kleinen Fünkchen von kohlensaurem Bleioxyd erfüllt, „seltener sind darin dunkel gefärbte, mit Sand verbackene, erbsengrosse Concretionen von Bleiglanztheilchen, — das von der Eifel her bekannte Knottenerz.“ — Dasselbe trifft man am Bleiberge bei St. Avold wieder. Am Liegenden der Bleierze führenden Sandsteinbank findet man hier aber auch neben Kalkmitteln nesterweise, derbe, bis circa 75 cm mächtige Bleiglanzmassen.

Ein an den Knottensandstein von Commern erinnerndes Bleierzvorkommen liegt bei Freyhung[1] in der bayrischen Oberpfalz in Keuperschichten.

§ 62. **Typus Austin.** Charakteristik: Dolomit- und Kalksteine mit Ausscheidungen von Bleiglanz und Zinkblende, sowie deren Oxydationsproducte: Weissbleierz, Galmei etc. Die Erze erscheinen in Krystallen, Knollen, Nestern, Trümmern, z. Th. auch in Schichten.

Dem unteren Niveau der amerikanischen, untersilurischen Trentongruppe gehören weitläufig geschichtete, hellgelblich graue Dolomite an, die an vielen Stellen, z. B. bei Knoxville in Tennessee, bei Austin in Virginia, bei Friedensville in Pennsylvania, bei Rossi in New-York etc. etc. Blei- und Zinkerzlagerstätten in einer Weise einschliessen, dass an ihrer gleichzeitigen Bildung mit dem Nebengestein nicht gut gezweifelt werden kann.[2]

Vortrefflich ist das in den Minen von Austin im südwestlichen Virginien klargelegt. — Die Dolomite umschliessen hier drei unregelmässig gestaltete, 2,5 bis 6 m mächtige Erzflötze, welche mit ihrem Nebengestein sattelförmig gefaltet sind. — Durch Abtragung der Sattelkuppen sind Luftsättel gebildet, so dass die Flötze mit sechs, von Südwest nach Nordost streichenden Ausgehenden zu Tage treten. (S. Fig. 62.)

Fig. 62. Bleiglanzflötze im Tretondolomit von Austin in Virginia nach H. Credner.
a Dolomit b Bleiglanzflötze.

Die Flötze werden von einem zähen Dolomit mit Quarz und Kalkspath gebildet, in welchem Bleiglanz in Form einzelner isolirter Würfel,

---

[1] v. Cotta, *Erzlagerstätten* II, p. 192.

[2] H. Credner, *Zeitschr. f. d. gesammt. Naturwissensch.* 1870, Bd. 35, p. 24.

oder in bis faustgrossen Knollen und Nestern und einzelnen bis 44 cm mächtigen anhaltenden Trümmern und Lagen eingeschlossen ist, so dass er etwa den 16. Theil der ganzen Lagerstätte bildet. — Das Liegende wird stets von einem etwa 1 m mächtigen Lager von Zinkblende eingenommen, welche mit Quarz und Dolomit vermengt ist. — Die Zinkblende findet sich auch in selbständigen Nestern im Dolomit, und zwar stets am Liegenden der Hauptlagerstätte. — Neben Bleiglanz und Zinkblende nimmt auch Schwefelkies an der Zusammensetzung der Flötze Antheil.

Am Ausgehenden und bis zu 18 m Tiefe unter Tage, haben die Atmosphärilien verändernd eingewirkt. „Der zähe Dolomit ist bröcklig, selbst mulmig geworden, der Schwefelkies ist zu ockerigem Brauneisenstein zersetzt, ein Theil des Bleiglanzes zu mulmigem, oder krystallinischem Weissbleierz und Pyromorphit, die sämmtliche Zinkblende zu Galmei und Zinkspath.“

Mit den Kalksteinen und Dolomiten fast aller Formationen sind in den verschiedensten Ländern Blei- und Zinkerzlagerstätten verbunden, deren Schilderung später im Typus Raibl (§ 115—118) gegeben werden soll. Diese Lagerstätten gehören zu den complicirtesten und am schwersten zu deutenden. — Sehr wahrscheinlich sind bei vielen derselben, wie zu Austin, die Erze mit dem Kalkstein gleichzeitig aus dem Wasser niedergeschlagen. Zu solchen Lagerstätten, die natürlich, streng genommen, in diesen Typus zu stellen wären, scheinen die von Philippeville und Welkenrädt in Belgien, die Bleiglanz-, Zinkblendelagerstätten in Oberschlesien und andere zu gehören. Durch tief eingreifende Umwandlungsprocesse der Erze sowohl, wie der Kalksteine und Dolomite, ist aber meist der ursprüngliche Charakter dieser Lagerstätten sehr verändert, so dass sie auch den Höhlenfüllungen, oder den metamorphischen Lagerstätten zugerechnet werden können.

§ 63. **Typus Arnsberg.** Charakteristik: Sedimentärgesteine mit Antimonglanzausscheidungen.

Lagerstätten dieses Typus sind äusserst selten. — Am bekanntesten ist die Lagerstätte von Arnsberg[1] in Westfalen. — Der Antimonglanz ist dort in 5 Flötzchen von 7 bis 20 cm Mächtigkeit abgelagert, die zwischen Culmkieselschiefern liegen, und einem Luftsattel angehören. Der Umstand, dass die Flötze in derselben Beschaffenheit und Reihenfolge an beiden Sattelflügeln angetroffen sind, ist ganz charakteristisch.

Der Antimonglanz ist in den Flötzen nesterweise angehäuft und

---

[1] F. M. Simmersbach, *Berg- u. Hüttenm. Jahrb. d. k. k. östr. Bergacad.* Bd. XIX, 1870, p. 344.

wird ganz constant von einem durch kohlige, bituminöse Bestandtheile schwarz gefärbten, dem Alaunschiefer ähnlichen Gestein begleitet. — Letzteres geht erst in weiterer Entfernung von dem Erz allmälig in den normalen Kieselschiefer über. — In der Flötzmitte liegt das derbste Erz; dasselbe verzweigt sich nach dem Hangenden und Liegenden zu in einzelne Strahlen oder Stengel, welche aber niemals die Grenzen der Schicht überschreiten, niemals die Schichtungsklüfte durchsetzend in Dach und Sohle übertreten., Als seltene Begleiter des Antimonglanzes werden angegeben: Zinkblende, Kalkspath und Flussspath. — Schwefelkies ist häufig.

Auf der Zeche Caspari bei Arnsberg sind diese Flötze auf einem Flächenraum von 200000 Quadratlachtern bekannt.

§ 64. **Typus Almaden.** Charakteristik: Sedimentärgesteine mit Zinnoberausscheidungen.

Im silurischen Thonschiefer am nördlichen Gehänge der Sierra Morena bei Almaden,[1] liegen Schichten eines Sandsteins, die Zinnober in sehr reichlicher Menge enthalten. — Kalksteinbänke mit Zinnober finden sich hin und wieder dem Thonschiefer ebenfalls eingelagert, der seinerseits aber fast nie erzführend ist. — Trotzdem die Lagerung sehr gestört ist, hat sich bei Almaden der Zinnober niemals auf Gängen gefunden, wie A. Nöggerath besonders hervorhebt. Der weisse Sandstein enthält das meiste Erz; oft ist er so vollständig von Zinnober durchdrungen, dass man die Körner des Sandsteins von dem erzhaltigen Bindemittel gar nicht, oder kaum unterscheiden kann. Stellenweise hat sich ganz reiner Zinnober abgeschieden. Der schwarze Sandstein enthält den Zinnober ungleichmässiger vertheilt, sowohl in derben Partieen, als auch als Anflug auf den Schichtungsklüften und Querklüften. — Aehnlich ist das seltene Vorkommen im Kalkstein. — Wenn der Zinnober in den Thonschiefer eindringt, was sehr selten der Fall ist, so findet er sich zwischen den Schieferblättern, oder in Aederchen. —

In den Sandsteinen kommen manchmal Drüsenräume mit Quarz und Zinnoberkryställchen vor. Der Zinnober wird nur von etwas Schwefelkies und Schwerspath begleitet. Hornquecksilber hat sich als Seltenheit gefunden.

Bei Almaden sind nach A. Nöggerath 3, nach J. G. Klemm 5 Lager übereinander vorhanden, die Mächtigkeiten von 8 bis 10 m besitzen und sich auf eine streichende Länge von über einer halbe Meile bauwürdig verfolgen lassen. — Im unbauwürdigen Zustande sind die Lager auf noch grössere Länge, (von über einer Meile), bekannt.

---

[1] A. Nöggerath, *Zeitschr. f. Berg-, Hütten- u. Salinenwesen im preuss. Staat.* Bd. X, p. 361. — J. G. Klemm, *Berg- u. Hüttenm. Zeitung.* 1861, p. 417.

Verwandt mit Almaden scheint das Zinnobervorkommen von Huancavelia[1] in Peru, wo, vielleicht dem Kohlengebirge angehörige Sandstein- und Thonschieferschichten mit Zinnobereinschlüssen vorkommen.

Sedimente mit Zinnober sind noch an vielen anderen Orten bekannt; sie haben aber nur geringe, oder gar keine technische Bedeutung. Bei vielen ist es sehr zweifelhaft wohin sie hingehören, ob in diesen Typus, oder in den Typus Moschellandsberg (§ 113).

Sehr complicirt und verschieden zu deuten sind die Lagerungsverhältnisse der berühmten Quecksilberlagerstätte von Idria[2] in Krain. Das Liegende der erzführenden Schichten ist ein mehr oder weniger dolomitischer Kalkstein mit Kalkspathadern und Hornsteinlagen. Darüber folgt ein durchschnittlich 10 m mächtiges Gebilde, das in Idria Sandstein genannt wird, nach R. Meier aber ein deutlich geschichtetes, tuffartiges Gestein ist, welches aus Quarz, Feldspath, Glimmer und Hornblende besteht. — Ueber diesem Gestein liegt erst der durchschnittlich 20 m mächtige Lagerschiefer, ein bituminöser milder Thonschiefer, — der Träger der Erze. Der Zinnober ist theils als Anflug auf Schichtungs- und anderen Klüften zu finden, anderentheils in inniger Mengung mit Bitumen und erdigen Bestandtheilen als Ziegel-, Stahl-, Leber- und Korallenerz.

Das Ziegelerz ist frei von Bitumen und enthält Dolomitbestandtheile, (67,77 % Quecksilber), ferner immer etwas Kiese und gediegenes Quecksilber. Das Stahlerz, nach der schönen stahlgrauen Farbe seines frischen Bruches genannt, ist ein sehr reiner, mit Bitumen gemengter Zinnober (80,81 % Quecksilber). Mit dem Stahlerz zusammen einbrechend, aber selten, ist das bituminöse und erdige, leberbraune, von Idrialit durchdrungene Quecksilberlebererz. Das Korallenerz ist das vererzte Vorkommen von Korallen und Schaalthieren, die sich im Lagerschiefer finden. Nach Egid. v. Jahn[3] enthält das Korallenerz 56 bis 57 % phosphorsauren Kalk und 4 bis 5 % Fluorcalcium und ist als ein mit Zinnober und Bitumen gemengter Eisenapatit anzusehen.

Im Hangenden des Lagerschiefers findet sich ein durchschnittlich 40 m mächtiger Dolomit, der entweder derb, oder als Conglomerat, auch als Breccie ausgebildet ist und auf Klüften ebenfalls Zinnober führt. Das hangendste Glied der Erzformation ist der 160 m mächtige sogenannte Silberschiefer, das ist ein grauer Thonschiefer, der stellenweise an

---

[1] Nöggerath, *Zeitschr. f. d. Berg-, Hütten- u. Salinenw. im preuss. Staat.* 1862, p. 391, Bd. X.

[2] M. Lipold, *Jahrb. d. k. k. geol. Reichsanst. in Wien.* 1874, p. 425. — R. Meier, *Jahrb. d. k. k. geol. Reichsanst. in Wien.* 1868, p. 122. Verhandl. — A. Tschebull, *Oestr. Zeit. f. d. Berg- u. Hüttenw.* 1867, p. 349 u. 360.

[3] *Jahrb. d. k. k. geol. Reichsanst. in Wien.* 1870, p. 203. Verhandl.

den Bruch- und Schichtflächen gediegenes Quecksilber, und nur selten Spuren von Zinnober enthält. In ihm liegen linsenförmige Einschlüsse eines quecksilberhaltigen Schwefelkieses.

Ausser dem Schwefelkies, der auch in den Dolomiten und den Lagerschiefern vorkommt, begleiten die Quecksilbererze, — aber im untergeordneten Maasse — nur Graphit, Anthracit und Kalkspath. Secundäre Mineralien sind: Bittersalz, Eisenvitriol und Gyps. —

Die erzführenden Schichten sind dem Streichen nach auf 1400 m Länge aufgeschlossen. — Im Ganzen verfolgt das Streichen eine Richtung von Nordwest nach Südost und ist das Fallen ein nordöstliches; im Einzelnen sind aber viel Unregelmässigkeiten in Folge von Biegungen und Auskeilen der Schichten zu bemerken. Nach Lipold gehört der Lagerschiefer, nebst den ihn begleitenden Dolomiten, der oberen Trias an, und sollen die hangendsten Schichten — der Silberschiefer — der Steinkohlenformation zugerechnet werden müssen, die in Folge einer grossartigen Dislocation in ihre abnorme Lagerung gebracht sind.

§ 65. **Typus Fahlband.** Charakteristik: Unter Fahlbändern hat man Schichten des krystallinischen Schiefergebirges, Gneiss, Glimmerschiefer, Hornblendeschiefer, Chloritschiefer, Talkschiefer etc. zu verstehen, die feine staubartige Kiesausscheidungen enthalten. — Nebenbei findet sich das Erz aber auch als Anflug auf Klüften, in Krystallen, krystallinischen Körnern, in Nestern und Linsen.

Ausscheidungen von linsenförmig gestalteten Erzmassen, die zwischen den Schieferschichten liegen, bilden den Uebergang zu den linsenförmig gestalteten Erzlagern, die so charakteristische Bestandtheile des krystallinischen Schiefergebirges sind. (p. 110.)

Böbert[1] der zuerst die Fahlbänder als eine besondere Art von Lagerstätten auffasste, hat diesen Uebergang von Fahlband zu Erzlager bereits constatirt. Der Ausdruck Fahlband stammt aus Kongsberg, wo er von deutschen Bergleuten für durch Verwitterung fahl aussehende, mit Kies erfüllte Schichten gebraucht wurde.

In der Umgebung der durch ihre reichen Silbererzgänge berühmten Bergstadt Kongsberg[2] in Norwegen ist ein dünnschiefriger Gneiss das herrschende Gestein. Dieser Gneiss geht in Gneissgranit über und enthält untergeordnete Lager von körnigen und schiefrigen Hornblende-

---

1 Karstens, *Archiv*. Bd. XXI, 1847, p. 242.

2 A. Gurlt, *Berg- u. Hüttenm. Zeitung*. 1858, p. 101. — Th. Scheerer, *Berg- u. Hüttenm. Zeitung*. 1866, p. 250. — P. Herter, *Zeitschr. d. d. geol. Gesellsch.* 1871. Bd. XXIII, p. 383. — G. v. Rath, *Neues Jahrb. f. Mineral.* 1869, p. 434.

gesteinen, Glimmerschiefer, Chloritschiefer, Talkschiefer und Quarzit. — Alle diese Schichten streichen von Nord nach Süd, und fallen sehr steil nach Osten ein, oder stehen senkrecht. Gewisse, dem Schichtenstreichen parallele Zonen dieser Gesteine enthalten in Form von Einschlüssen: Schwefelkies, Magnetkies, Kupferkies, Zinkblende und Bleiglanz. In einer Länge von 3 Meilen und einer Breite von $1^1/_2$ Meilen lassen sich 8 Fahlbandzonen unterscheiden, die am Tage durch die rothbraune Farbe des Gesteins leicht zu erkennen sind. — Die wichtigsten Zonen sind die des Unterberges von etwa 62 m Mächtigkeit und die des Oberberges, welche die enorme Mächtigkeit von über 300 m besitzen soll. Innerhalb der Fahlbandzonen sind die einzelnen Schichten scheinbar sehr unregelmässig mit Erz erfüllt, so dass erzführende und erzleere Partieen im bunten Wechsel durcheinander liegen.

Das Auskeilen erzerfüllter Schichten findet vielfach statt. Ob Erscheinungen, die als Zertrümmerungen bezeichnet sind, ferner das Ueberspringen der Erze von einer Schicht auf die benachbarte, — die sogenannten Springbänder — als Beweise einer wirklichen Erzimprägnation anzusehen sind, ist mindestens zweifelhaft. — Es hat den Anschein, als wenn hier Gabelungen (S. p. 30) der erzführenden Schichten vorliegen, die noch nicht genügend untersucht sind. Sehr charakteristisch ist es, dass da, wo die Gesteinslagerung verworren wird, und die Regelmässigkeit des nordsüdlichen Streichens verschwindet, die Bänder ebenfalls kurz und verworren werden.

Die Kongsberger Fahlbänder wurden, da sie relativ arm an Erz sind und derbere Erzausscheidungen von etwas grösseren Dimensionen nur ganz untergeordnet enthalten, niemals bauwürdig angetroffen; sie haben aber für den Bergbau dadurch grosse Bedeutung, dass die Silbererzgänge innerhalb derselben allein, oder wenigstens hauptsächlich, erzführend entwickelt sind.

Durch diesen Einfluss der Fahlbänder auf Gänge gewinnen sie auch an anderen Orten Interesse; so hat H. Graff den Kongsberger Verhältnissen ganz gleiche zu Chalanches,[1] 20 Kilom. südöstlich von Grenoble, nachgewiesen, wo im Gneiss der Schichtung parallele, mit Schwefelkies- und Arsenkiesausscheidungen versehene, 2 bis 12 m mächtige Bänder vorkommen, die auf die hindurchsetzenden Silbererzgänge veredelnd wirken.

Nach A. Ossent finden sich auch Fahlbandzonen in den grünen, erzführenden Schiefern der südlichen Walliser Thäler. — Diese Schiefer — Talkschiefer mit Glimmerschiefer, Hornblendeschiefer und Chloritschiefer — legen sich an das aus Granit, Porphyr und Gneiss bestehende Massiv der

[1] *Berg- u. Hüttenm. Zeitung.* 1869, p. 13.

Walliser Centralalpen; sie sind in Anniviersthal[1] bei Siders besonders erzreich. Die Fahlbandzonen werden von Gängen durchsetzt und enthalten neben den Nickel- und Kobalterzgängen hauptsächlich Schwefel- und Magnetkies, neben den Kobalt- und Wismutherzgängen, ausser Schwefel- und Magnetkies noch Arsenikkies und neben den Fahlerzgängen auch noch Zinkblende und Bleiglanz. Uebrigens enthalten die Fahlbänder gar nicht selten derbe Schnüre und Lager von Schwefelkies, Magnetkies, Blende und Bleiglanz, und ist es interessant, dass die chemische Untersuchung derselben nur Spuren von Silber, Gold, Nickel und Kobalt ergab. Immer war der Silbergehalt des Bleiglanzes in den Fahlbändern geringer, als der des Gangbleiglanzes.

Ganz ähnlich sind die Verhältnisse bei Schladming[2] in Steyermark. Einzelne Zonen der Hornblendegneisse und Hornblendeschiefer daselbst sind mit Schwefelkies- und Magnetkieseinschlüssen erfüllt. Da wo diese, den Kongsberger Fahlbändern analogen, 6—16 m mächtigen Zonen, die local „Branden" genannt werden, von Erzgängen (s. § 105) durchsetzt sind, treten Nickelerze auf.

Die Fahlbänder sind aber nicht allein wegen ihres günstigen Einflusses auf durchsetzende Gänge von Interesse, sondern auch wegen ihrer Erzführung selbst, die zu lohnendem Bergbau Anlass gab.

Sehr berühmt sind die Kobalterz-Fahlbänder von Skutterud und Snarum[3] im Kirchspiel Modum in Norwegen. Die Gegend besteht aus Gneiss, Glimmerschiefer und Hornblendeschiefer. Das vorherrschende Gestein der Fahlbänder ist ein quarzreicher Glimmerschiefer. — Die Fahlbänder sind im Streichen bis über eine Meile verfolgt, ihre Mächtigkeit ist sehr variabel und schwankt zwischen 4 und 10 m. — Durch parallel nebeneinander liegende Fahlbänder entstehen Fahlbandzonen, von denen enorme Mächtigkeiten, bis zu 2000 m angegeben werden.

Die Erzführung ist innerhalb eines jeden Fahlbandes sehr unregelmässig und werden, je nach dem Reichthum, Reicherzbänder, Erzbänder und Felsbänder unterschieden. Die Erze, welche den Gegenstand der bergmännischen Gewinnung bilden, sind: Glanzkobalt, Kobaltarsenkies und Tesseralkies. Dieselben werden von Kupferkies, Magnetkies, Schwefelkies, Magneteisen, Molybdänglanz und auch Bleiglanz begleitet. — Merkwürdig ist es, dass kein Nickelerz in nennenswerther Menge darunter ist. Innerhalb der Fahlbandzonen treten nun aber noch viele andere Mine-

---

[1] A. Ossent, *Berg- u. Hüttenm. Zeitung.* 1869, p. 13. — C. Heusler, *Zeitschr. d. d. geol. Gesellsch.* Bd. XXVIII, 1876, p. 243.

[2] H. Aigner, *Berg- u. Hüttenm. Jahrb. d. k. k. östr. Bergacademie.* 1860, Bd. IX, p. 260.

[3] v. Cotta, *Erzlagerstätten* II, p. 516.

ralien auf, wie Strahlstein, Tremolith, Anthophyllit, Salit, Epidot, Turmalin, Granat, Sphen, Rutil, Graphit etc. etc.

Den Snarumer Fahlbändern ganz ähnlich sind die von Vena bei Askersund in Nerike.[1]

Auf Kupferkies werden die Fahlbänder von Åreskuttan[2] in Jämtland in Schweden bebaut. — Dieselben enthalten keine Kobalterze.

Einen fahlbandartigen Charakter besitzen auch mehrere auf Nickelerze bebaute Lagerstätten. Das bedeutendste Nickelerzvorkommen Norwegens ist das von Espedalen im Gusdals-Kirchspiel westlich von der am Nordrande des Mjösen Sees gelegenen Stadt Lillehammer.[3] Die Gegend besteht aus Gabbro und Amphibolit, die beide eine Gneissstructur besitzen, und in fahlbandartigen Zonen nickelhaltigen Magnetkies (2—3 % Nickel), Eisennickelkies (21,07 % Nickel) und etwas Kupferkies enthalten.

Die Grube Loos[4] auf dem Wege von Falun nach Åreskuttan in Schweden bebaut Amphibolitmassen, die in Glimmerschiefern und Quarzbänken eingeschlossen sind. — Der Amphibolit enthält in Form von Einschlüssen: Buntkupfererz, Kupferkies, Schwefelkies, Zinkblende, Speisskobalt, Kobaltkies, Nickelglanz, Quarz, Kalkspath und Amphodelit.

Auch das Vorkommen von Horbach[5] im Amte St. Blasien im Schwarzwalde kann hierher gestellt werden. — In dem dortigen serpentinisirten Gneiss findet sich, besonders in den mit braunem und dunkelgrünem Magnesiaglimmer erfüllten Partieen, Horbachit in unregelmässig gestalteten Knollen; er wird von Kupferkies begleitet, der stellenweise körnige Aggregate von Eisenglanz umschliesst.

Wollte man den Begriff Fahlband auf alle mit staubartigen Erzeinschlüssen erfüllten, geschichteten Silicatgesteine ausdehnen, — was wohl geschieht, — so müssten auch die gediegen Gold, Schwefelkies, Zinnstein, Magneteisen, Eisenglimmer führenden an dieser Stelle abgehandelt werden. Es scheint zweckmässiger diese bei den Erzlagern zu berücksichtigen.

§ 66. **3. Erzlager.** Zu den Erzlagern gehören alle derben, oder mit anderen Mineralien verwachsenen, den geschichteten Gesteinen concordant eingelagerten und meist linsenförmig gestalteten Erzmassen, ferner derartige Mineralmassen, wie Quarzlager, Lager von körnigem Kalk etc., die Erzeinschlüsse enthalten.

Die Erzlager finden sich in grösster Menge in der archäischen Formation, seltener in paläozoischen Schichten, bis zum Kohlengebirge (incl.)

---

[1] *Berg- u. Hüttenm. Zeitung.* 1855, p. 36.

[2] B. Turley, *Berg- u. Hüttenm. Zeitung.* 1867, p. 434.

[3] Th. Scheerer, *Berg- u. Hüttenm. Zeitung.* 1845, p. 801.

[4] *Berg- u. Hüttenm. Zeitung.* 1855, p. 36.

[5] A. Krop, *Neues Jahrb. f. Mineral.* 1873, p. 521.

hinauf und werden in jüngeren Sedimenten, mit ganz vereinzelten Ausnahmen, wie die Spatheisensteinlager in den Triaskalken der Alpen, nicht mehr gefunden. Sehr häufig sind die Erzlager mit fahlbandartigen Zonen verbunden, in diesen eingeschlossen und oft zu meilenlangen Lagerzügen, die den Uebergang zu Flötzablagerungen bilden, angeordnet.

Bei einigen wenigen kann es zweifelhaft sein, ob sie wirkliche Lager, oder vielleicht Lagergänge sind; die meisten tragen aber den Charakter der geschichteten Lagerstätten deutlichst an sich.

Schwefelkies, Kupferkies, Magnetkies, Goldquarz, Spatheisenstein, Magneteisenstein, Eisenglanz und dichter Rotheisenstein sind in den Lagern am häufigsten. Bleiglanz, Zinkblende, Kobalt- und Nickelerze sind entschieden seltener. Andere Erze finden sich nur ganz untergeordnet.

Eine grosse Zahl nicht metallischer Mineralien, unter diesen vorzüglich Silicate, — Glimmer, Talk, Chlorit, Granat, Augit, Hornblende, Vesuvian, Feldspath etc. etc. — kommt innerhalb der Lager mit den Erzen verwachsen vor.

§ 67. **Typus Åmmeberg.** Charakteristik: Lagerartige Massen von Zinkblende und anderen hinzutretenden, geschwefelten Erzen im krystallinischen Schiefergebirge.

Bei Åmmeberg[1], am nördlichen Strande des Wetternsee's in Schweden, treffen wir ein sehr merkwürdiges Zinkblendevorkommen. Im granitischen Gneiss liegt daselbst eine 500 m mächtige, und auf 3000 m im Streichen zu verfolgende Zone von sogenanntem Feldspathschiefer, das ist ein schiefriges Gemenge von grauem Feldspath, Quarz und wenig Glimmer. — In diesem ist das sehr verschieden mächtige, 70 bis 80° einfallende Blendelager eingeschlossen, das aus einzelnen linsenförmigen Erzanhäufungen besteht, die bis zu 25 m Mächtigkeit anschwellen und durch Blendeeinschlüsse im Feldspathschiefer zusammenhängen. — An vielen Stellen ist deutlich zu erkennen, wie die Zinkblende den Glimmer des Gneisses — denn etwas Anderes ist der Feldspathschiefer nicht — ersetzt. — In den Magneteisenerzlagern Schwedens (s. § 76) findet in analoger Weise eine Vertretung des Glimmers im Gneiss durch Magneteisen statt. —

Drusenbildungen sind dem Lager von Åmmeberg ganz fremd. — Die schwarze bis gelbliche Blende wird selten von Bleiglanz, häufiger von Schwefelkies und Magnetkies begleitet. — Von anderen Mineralien des Lagers sind noch zu nennen:. ein grüner Amazonenstein, Hornblende, Talk, Chlorit, Granat, schwarzer Turmalin und Erdpech. — Kalkspath

---

[1] Stapff, *Berg- u. Hüttenm. Zeitung.* 1861, p. 252. — Turley, *Berg- u. Hüttenm. Zeitung.* 1866, p. 405.

ist selten. Kleine Magneteisenstein-, Magnetkies- und Schwefelkieslager begleiten das Blendelager.

Das aus einem compacten Gemenge von Zinkblende und Bleiglanz, mit untergeordnet hinzutretendem Kupferkies, Schwefelkies, Magneteisen, Ankerit, Spatheisenstein, Amianth und zuweilen Granat bestehende, 4 bis 10 m mächtige Lager im Glimmerschiefer von Sterzing[1] in Tyrol kann neben das von Åmmeberg gestellt werden.

§ 68. **Typus Kieslager.** Charakteristik: Linsenförmig gestaltete, mit fahlbandartigen Zonen vielfach verknüpfte Erzlager, die wesentlich aus Schwefelkies, Kupferkies und meist nickelhaltigem Magnetkies bestehen. — Bald herrscht das eine, bald das andere dieser Erze vor; während aber die beiden ersten nie zu fehlen scheinen, vermisst man den Magnetkies öfters. Bleiglanz, Zinkblende und andere Erze sind im Ganzen untergeordnet.

Diese Lager finden sich in der laurentinischen und huronischen Formation, im Silur, Devon und im Kohlengebirge. — In jüngeren Formationen trifft man sie nicht mehr. Je nach der Natur des Nebengesteins wechseln die mit den Erzen verwachsenen Mineralien, unter denen Silicate — Feldspath, Glimmer, Talk, Chlorit, Dichroit etc. — oft eine wichtige Rolle spielen. — Quarz und Schwerspath, seltener Kalkspath, nehmen an der Zusammensetzung der Lager auch stellenweise sehr wesentlichen Antheil. Die Textur der Kieslager ist derb, massig und dabei oft in deutlichster Weise geschichtet; es schieben sich auch wohl Schichten des Nebengesteins in die Kiesmassen.

Zweifelhaft kann es sein, ob man die im Cordieritgneiss von Bodenmais im baierischen Walde eingeschlossene Lagerstätte noch zu den Fahlbändern, oder schon zu den Erzlagern stellen soll, denn sie besteht sowohl aus staubförmigen Erzeinschlüssen, als auch aus grösseren linsenförmigen Einlagerungen von nickelhaltigem Magnetkies, Schwefelkies, Kupferkies, Zinkblende, Bleiglanz etc. — Diese Erze sind mit Silicaten innigst verwachsen, unter denen grüner Oligoklas, Glimmer und Dichroit am meisten interessiren.

Der Bodenmaiser Lagerstätte fast ganz gleich ist die am Mättle[1] bei Todtmoos im Schwarzwald; sie liegt im Gneiss und enthält nickelhaltigen Magnetkies und Kupferkies mit schwarzem Glimmer, grünem Oligoklas, Quarz und Dichroit in derselben Weise gemengt wie zu Bodenmais, nur von feinerem Korn. Sehr grossartig ist das Vorkommen von

---

[1] v. Beust, *Jahrb. d. k. k. geol. Reichsanst. in Wien.* 1870, p. 505.

[2] Fr. Sandberger, *Neues Jahrb. f. Mineral.* 1867, p. 836, u. 1877, p. 167.

nickelhaltigem Magnetkies im Gemenge mit Kupferkies am nördlichen Abhange von St. Anthony's Nose,[1] einem Bergrücken in den Highland's von New-York. — Die syenitischen Gneisse, aus denen jener Bergrücken besteht, enthalten Magnetkies accessorisch und in linsenförmigen Ausscheidungen. — Ein solches Lager, das übrigens ganz allmälig durch Erzausscheidungen in das umgebende Gestein übergeht, hat bis 15,5 m Mächtigkeit. — Die Mitte des Lagers wird in der Hauptsache von reinem Magnetkies mit 3 % Nickel gebildet; der Kupferkies liegt in demselben in verschieden grossen, nesterförmigen Partieen, besonders reichlich am Hangenden und Liegenden. — Der Magnetkies umschliesst krystallinische Massen von schwarzer Hornblende, Apatit und Quarzkrystalle; letztere zeigen ein geflossenes Aussehen.

Unverkennbar ist die Verwandtschaft der Lagerstätte von Pittkaranda[2] am nördlichen Ufer des Ladoga-See's in Finnland mit den vorher beschriebenen. — Sie tritt in krystallinischen Schiefern auf und scheint hauptsächlich an ein aus Hornblendeschiefern bestehendes Band geknüpft zu sein. Bei einer Mächtigkeit von 2 bis 6 m hat sich die Lagerstätte im Streichen auf mehr als 3000 m Länge verfolgen lassen. „Sie besteht aus einer Menge einzelner Lagen, die jedoch nicht scharf von einander geschieden sind. — Böbert bezeichnet sie als Fahlband. — Ihre Hauptmasse scheint aus Malakolith, Pistacit und dichtem Chlorit zu bestehen; ihr vorherrschendes Erz ist Kupferkies, mit welchem aber oft etwas Zinnstein in ungleicher Vertheilung verwachsen ist, der übrigens noch unsichtbar fein vertheilt in der ganzen Lagermasse vorhanden zu sein scheint und hier merkwürdiger Weise nur in einfachen Krystallen gefunden wird. Ausserdem enthält dieselbe noch folgende Erze und Mineralien: Schwefelkies, oft in schönen grossen Hexaedern, Magnetkies, Magneteisen, Bleiglanz, Zinkblende, Wolfram, Schwerspath, etwas Molybdänglanz, schwarzen Granat, Malakolith, Strahlstein, Hornblende, Quarz, Glimmer, Feldspath, Flussspath und Kalkspath".

Bei Gelegenheit der Schilderung Pittkaranda's mag hier erwähnt werden, dass Zinnstein, ein Erz, welches vorwiegend in und neben alten Eruptivgesteinen, Graniten und Felsitporphyren gangartig vorkommt, auch an anderen Orten in Fahlbandzonen erscheint, so zu Voigtsdorf-Querbach[3] unweit Warmbrunn in Schlesien, in den Hornblendeschiefern der Bretagne[4] etc. Uebrigens soll nach Schoultz-Ascheraden (a. a. O.)

---

[1] H. Credner, *Berg u. Hüttenm. Zeitung.* 1866, p. 17.

[2] v. Cotta, *Erzlagerstätten* II, p. 539. — G. v. Schoultz-Ascheraden, *Berg- u. Hüttenm. Zeitung.* 1876, p. 280.

[3] v. Cotta, *Erzlagerstätten* II, p. 223.

[4] v. Cotta, *ibid.* II, p. 426.

der Zinngehalt im Lager von Pittkaranda von jüngeren Granitgängen herrühren, welche in das Lager eingedrungen sind.

Einen äusserst complicirten Bau besitzt die viel genannte Kupfererzlagerstätte von Fahlun[1] in Schweden, die wegen ihrer grossen Dimensionen und ihrer unregelmässigen Form als Stock bezeichnet ist. Wahrscheinlich ist es ein Lagerstock. — Die Erze sind an eine grosse Lagermasse von grauem, splitterigem, zerklüftetem Quarz gebunden, die in einem quarzreichen dünnschiefrigen Glimmerschiefer eingeschlossen ist. — Letzterer bildet eine Einlagerung im Gneiss. In dem Lagerquarz hat man kleine Mengen von Alkalien und Thonerde gefunden und ihn desshalb für eine Art Hälleflinta gehalten, mit welchem Gestein die Lagermasse stellenweise auch entfernte Aehnlichkeit besitzt. —

Nach der Auffassung von Stapff hat man die Fahluner Lagerstätte ebenso zu beurtheilen, wie Concretionen (wohl Lager, d. V.) massiger, krystallinisch körniger, oder auch dichter Silicatgesteine, die in den schwedischen krystallinischen Schiefern so häufig vorkommen. Zu denselben gehören namentlich die sehr verschiedenen Varietäten der Pegmatitgranite, welche nach der einen Seite hin zu Einlagerungen fast reinen Feldspaths und Hälleflinta's, nach der anderen zum Auftreten stock- oder lagerförmiger Massen von Quarz bis Quarzit führen. — Diese Concretionen (?) stellen meist ausgelappte Linsen vor, welche im Allgemeinen parallel der Schichtung eingelagert sind.

Durchaus nicht selten treten in denselben Imprägnationen (?) Schnüre, kleine Lager, und selbst Gänge anderer Mineralien auf, z. B. auch von verschiedenen Kiesen. In dem Lagerquarz, welcher Einschlüsse von Magneteisen und Kiesen enthält, sind Erzlinsen enthalten, welche bis 10 m, und mehr, mächtig werden, und auf 60 m im Streichen aushalten. Die Erzlinsen bestehen vorherrschend aus Schwefelkies, Magnetkies und Kupferkies. — In dem Erz sind dünne gewundene Blättchen von Chlorit eingeschlossen, ferner Quarz in einzelnen Körnern und in zusammenhängenden Schnüren. Zinkblende und Bleiglanz sind in diesen Erzlinsen Seltenheiten. — Sehr charakteristisch ist es, dass die Linsen durch Erzeinschlüsse allmälig in ihr Nebengestein übergehen, also keine scharfen Grenzen haben. Der Lagerquarz wird ferner von vielen höchst unregelmässig verschlungenen und gewundenen, zusammenlaufenden und wieder sich trennenden Blättern talkiger und chloritischer Gesteine durchzogen, die der Fahluner Bergmann Skölar nennt. Diese Skölar sind das Bette vieler schöner porphyrartig ausgeschiedener Krystalle, unter denen

[1] v. Cotta, *Erzlagerstätten* II, p. 525. — F. M. Stapff, *Berg- u. Hüttenm. Zeitung.* 1861, p. 195.

Magneteisen, Gahnit, Granat und Fahlunit am bekanntesten. Unregelmässig vertheilte und von Erzeinschlüssen begleitete Kieslinsen sind in den Skölar ebenfalls eingeschlossen; ihre Hauptmasse besteht wieder aus sehr feinkörnigem Schwefelkies mit Kupferkies, stellenweise Blende und Bleiglanz. Eine tiefe, durch Tagebau entstandene Pinge ist innerhalb einer mächtigen, vom Skölar eingeschlossenen Erzmasse enthalten. Ausser Erz und Skölar umschliesst der Lagerquarz auch ein dem Diabas ähnliches Gestein und Kalkstein.

Die Lagerstätte von Oryärfvi in Finnland, zwischen Helsingfors und Åbo, soll mit der Fahluner grosse Aehnlichkeit haben; sie besteht auch aus einer im Glimmer- und Quarzschiefer eingelagerten Quarzmasse mit Kupfererzen.

§ 69. Fortsetzung des Typus Kieslager. Sehr viel einfacher als die vorher beschriebenen laurentinischen Lager ist eine grosse Zahl von Lagerstätten, die in huronischen Schiefern eingeschlossen sind. Zu diesen gehören Kupfererzlagen, die im südwestlichen Virginia, im östlichen Tennessee und in Georgia auf eine streichende Länge von 60 Meilen nachgewiesen sind.[1] — Drei Punkte zeichnen sich durch Bergbau besonders aus: Carrol County in Virginia, Ducktown in Tennessee und Canton in Georgia.

Unter diesen sind die Lager von Ducktown[2] in Tennessee am besten gekannt; sie kommen in der Umgebung dieser Stadt in drei parallelen, von Nordost nach Südwest streichenden und nach Südost einfallenden Zonen vor, die sich, nur mit wenig Unterbrechungen, auf 5 Miles Länge verfolgen lassen, und durch etwa 1000 m mächtige, taube Gesteinsmittel getrennt sind. — Die Erzmassen werden von Talk- und Glimmerschiefern eingeschlossen, haben Linsenform, dabei einen massiven Erzkern, der nach Aussen durch Erzeinschlüsse in das umgebende Gestein übergeht. — Die einzelnen Erzlager können, bei einer Längenerstreckung von etwa 500 m, eine Mächtigkeit von circa 150 m erreichen.

In der Tiefe bestehen die Lager vorwiegend aus Kupferkies, gemengt mit Schwefelkies, Magnetkies, Strahlstein und Quarz. Höher hinauf verschwindet der Kupferkies mehr, und nimmt der Schwefelkiesgehalt zu. — Am Ausgehenden treten Zersetzungsproducte — der eiserne Hut — auf. (S. p. 82.)

Die Erzmassen von Røraas und Dovre bei Trondhjem[3] in Nor-

---

[1] H. Credner, *Berg- u. Hüttenm. Zeitung.* 1871, p. 370.

[2] H. Credner, *Berg- u. Hüttenm. Zeitung.* 1867, p. 8.

[3] A. Helland, *Layers of Pyrites in certain States in Norway.* Christiania 1873.

wegen, die zwischen huronischen Glimmerschiefern, Chloritschiefern und Thonschiefern eingeschlossen sind, liegen, so unregelmässig ihre äussere Form auch sein mag, immer der Schichtung conform und treten niemals gangartig auf. — Manchmal sind es im Streichen und Fallen weit ausgedehnte, flötzartige Massen mit variabler Mächtigkeit, dann wieder äusserst mächtige Massen, die sich in kurzen Entfernungen, sowohl dem Streichen als auch dem Fallen nach, auskeilen, und dadurch Linsenform annehmen. Gabelungen der Erzmassen werden häufig beobachtet. (S. p. 30 u. 31.) Die Mächtigkeit der Lager ist oft nur 0,1 bis 0,5 m, steigt jedoch bis 10 m und 13 m. — Eine 26 m mächtige Kiesmasse, die mächtigste, welche überhaupt bekannt ist, wurde auf der verlassenen Grube Løkkens abgebaut. Die Ausdehnung dem Streichen nach ist bei wenig mächtigen Erzkörpern nur gering, bei mächtigen dagegen gross, — 300 bis 750 m. Das Fallen ist sehr häufig nur 10 bis 20°.

Mineralogisch lassen sich zwei Arten von Lagern unterscheiden. Die eine enthält vorwiegend Schwefelkies mit mehr oder weniger Kupferkies gemengt, so dass der Kupfergehalt der Masse bis auf 5 % steigt, die andere Art wird von Kupferkies mit wenig Schwefelkies und Magnetkies gebildet (5 bis 7 % Kupfer). Kupferkies und Schwefelkies kommen immer innig gemengt vor, während sich der Magnetkies von denselben scharf getrennt hält. — Der Nickelgehalt der Erze beträgt 0,25 %. — Am Ausgehenden findet sich bisweilen Magneteisenstein. — Zinkblende und Bleiglanz treten untergeordnet auf. — Uebrigens sind die Lager sehr arm an Mineralien. Durocher führt Quarz, Granat, Strahlstein, Tremolith und Asbest an. — Dieselben Erze, welche die Lager zusammensetzen, finden sich auch als Einschlüsse im Nebengestein.

Thatsachen, welche bei Speculationen über die Entstehungsweise der Lager besonders beachtet werden müssen, sind:

1. Die Lager von Undal in Rennebo enthalten Schichten von schwarzem Schiefer, die manchmal als Alaunschiefer ausgebildet sind. Bei Ytterøen wechseln deutlich Schieferschichten mit Kiesschichten.

2. Der Kies ist durch kohlige Bestandtheile hin und wieder schwarz gefärbt. — Der Kohlegehalt beträgt bis 2,6 %.

3. Auf der Mug-Grube findet man da, wo die Erzkörper sich auskeilen, Quarzlinsen zwischen den Schiefern, welche die Stelle der Erze einnehmen.

4. Der Kies auf derselben Grube enthält manchmal Schieferbruchstücke, so dass das Lager eine förmliche Conglomeratstructur annimmt.

Durch Verwerfungsklüfte werden die Lager hin und wieder regelrecht verworfen. — Felsitporphyrgänge und Euritgänge durchsetzen die Kiesmassen, ohne dass sich letztere verändert zeigen.

Die Erzlager von Garpenberg in Dalekarlien in Schweden sollen denen von Røraas sehr ähnlich sein.

Die unterste Etage des krystallinischen Schiefergebirges der Bukowina[1] besteht aus Quarziten, welche eine 4 bis 20 m mächtige Lage von Talk- und Chloritschiefern einschliessen. — Ausschliesslich in dieser, und auf eine streichende Länge von 70 km (vielleicht 190 km) zu verfolgen, treten Kieslinsen auf, die der Hauptsache nach aus Kupferkies und Schwefelkies zusammengesetzt sind. — Die compacten Erzkörper von 3 bis 60 cm Dicke werden von einem mit reichlichen Kieseinschlüssen erfüllten Nebengestein begleitet. Bei Poschorita werden diese Lagerstätten bergmännisch ausgebeutet.

Dem vorigen Vorkommen ähnlich, wenn auch wieder recht eigenthümlich, ist das von Schmöllnitz[2] in Ungarn. Hier ist es eine zwischen Glimmerschiefer eingelagerte Thonschieferzone, welche mit Kieseinschlüssen erfüllte Schichten und linsenförmige, compacte Kieslager führt.

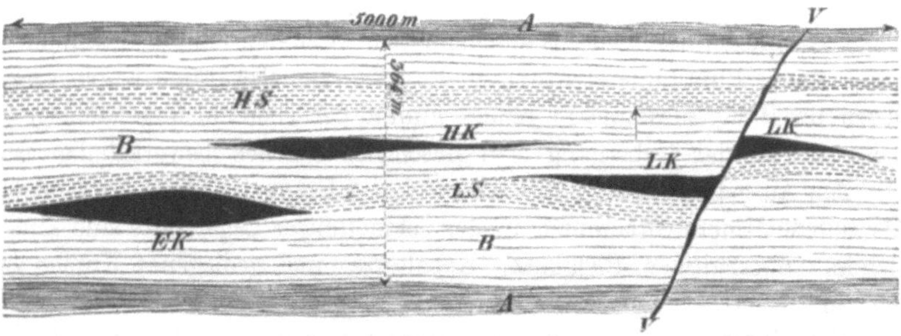

Fig. 63. Die Schmöllnitzer Kupfererzlager nach B. v. Cotta.
A Schwarze Thonschiefer. *B* Graue Thonschiefer. *HS* Hangend Streichen. *LS* Liegend Streichen. *LK* Liegend Kiesstock. *HK* Hangend Kiesstock. *EK* Engelberti Kiesstock. *V* Verwerfungskluft (Absatz).

Die Thonschieferzone (s. Fig. 63) von etwa 364 m Mächtigkeit streicht von Ost nach West, fällt 60 bis 75° gegen Süd ein und ist auf etwa 5000 m streichende Länge bergmännisch aufgeschlossen. Im Hangenden und Liegenden der Thonschieferzone, die wir als die Erzlagerstätte aufzufassen haben, finden sich kohlige, schwarze, mit Quarz durchzogene Thonschiefer (*A*). Die grauen Thonschiefer des Lagers (*B*) enthalten hauptsächlich zwei, 2 bis 20 m mächtige, im Streichen und Fallen weit ausgedehnte,

---

[1] Br. Walter, *Jahrb. d. k. k. geol. Reichsanst.* 1876, p. 344 u. 412.

[2] A. Hauch, *Oestr. Zeitschr. f. Berg- u. Hüttenw.* 1860, p. 269. — v. Cotta, *Berg- u. Hüttenm. Zeitung.* 1861, p. 151. — G. Faller, *Berg- u. Hüttenm. Jahrb. d. k. k. östr. Bergacad.* Bd. XVII, 1868, p. 193.

mit Kieseinschlüssen erfüllte Zonen, die als Hangend-Streichen und Liegend-Streichen bezeichnet werden. (S. Fig. 63.) Dieselben sind gegen die grauen Lagerschiefer durchaus nicht scharf abgegrenzt, da letztere überall mehr oder weniger mit feinen Erzeinschlüssen erfüllt sind. Die Erze sind wesentlich Schwefelkies und Kupferkies, theils in Krystallen im Schiefer ausgeschieden, theils in derben Massen und dann mehr oder weniger mit Quarz verwachsen. — Diese Massen erscheinen vielfach als zwischen den Thonschiefern eingeschlossene, kleine, linsenförmige Körper von wechselnden Dimensionen. Drei grosse Kieslinsen — Liegend-Kiesstock, Hangend-Kiesstock und Engelberti-Kiesstock genannt, — zeichnen sich in dem Lager besonders aus. (S. Fig. 63.)

Die grösste Linse ist der Liegend-Kiesstock, der im Streichen 420 m, im Fallen 142 m ausgedehnt und 42 m mächtig ist.

Der Hangend-Kiesstock lässt sich im Streichen 260, im Fallen 112 m weit verfolgen und ist 14 m mächtig.

Der Engelberti-Kiesstock hat eine streichende Länge von 296 m, ist in der Falllinie gemessen 80 m lang und besitzt 30 m Mächtigkeit.

Diese Linsen bestehen aus geschichtetem Eisenkies, führen in schmalen Lagen reiche Buntkupfererze und in Nestern schmelzwürdige Kupferkiese. Gegen ihr Hangendes und Liegendes nimmt der Thonschiefergehalt lagenweise zu, bis der Uebergang in Thonschiefer gänzlich bewerkstelligt ist.

Am Ausgehenden sind die Kiesstöcke in Brauneisenstein verwandelt. Als seltene Mineralvorkommen in der Schmöllnitzer Lagerstätte sind Zinkblende, silberhaltiger Bleiglanz, Kobalterze, und gediegenes Kupfer zu nennen.

Von Interesse sind mit Schieferbruchstücken und Letten erfüllte Klüfte, welche das Lager durchsetzen und verwerfen. Eine solche Kluft — Absatz genannt — verwirft den Liegend-Kiesstock um 20 m. (S. Fig. 63).

Schon früher (p. 29 u. 30) ist beschrieben, dass die Kieslinsen des Brennthals bei Mühlbach im Pinzgau, und die von Prettau in Tyrol innerhalb der Schichtflächen in diagonaler Richtung angeordnet sind.

Ueber die Lagerstätten von Mühlbach, die F. M. Stapff sehr schön geschildert hat, ist noch Folgendes zu bemerken.

„Die Kieslinsen sind von einem lichtgrauen, weichen, kurz- und krummblättrigen Talkschiefer umgeben (mit wenig, meist in besonderen dünnen Lagen ausgeschiedenem Quarz), der offenbar den Skölar Fahluns (p. 114) und dem weissen Schiefer von Agordo (p. 124) entspricht. Dieser Talkschiefer enthält hexaedrische Schwefelkieskrystalle und oktaedrische Hohlräume, welche mit losen, bräunlichen, eisenreichen Substanzen erfüllt sind. — Der Talkschiefer ist oftmals sehr aufgelöst und der Quarz darin zerbröckelt, lose und zerfressen. Auch der Thonglimmerschiefer ist nahe der Erzlagerstätte nicht selten zu gelbem, oder weissem plastischem Thon verwittert, mit inneliegenden Quarzlinsen, Quarzkörnern und Glimmerblättchen. — Dieser Thon wechselt in völlig concordanter Lage mit dem nicht verwitterten Schiefer."

Die Kieslinsen selbst bestehen aus Schwefelkies mit 1 % Kupfer und Quarz. — In der Nähe des letzteren sammelt sich Kupferkies in solcher Menge an, dass Erze mit 2,5 bis 2,8 % Kupfer hervorgehen. Zinkblende und Bleiglanz sind seltene Bestandtheile.

Die Schwefelkieslinsen nehmen dadurch eine schiefrige Textur an, dass sich Talk- und Glimmerblättchen in sie einschieben. — Durch Ueberhandnehmen der letzteren gehen die Kieslager in mit Erzeinschlüssen erfüllte Schiefer über, die sich eng an die Formen der Lager anschmiegen.

Im Thonglimmerschiefer von Grasslitz[1] im böhmischen Erzgebirge liegen Erzlinsen, die in allen wesentlichen Punkten mit den vorherbeschriebenen übereinstimmen.

§ 70. Fortsetzung des Typus Kieslager. Die Bildung von Kieslagern hat ihren Abschluss in der huronischen Formation noch nicht gefunden, sondern setzt sich im Silur, Devon und Kohlengebirge weiter fort.

Das Vorkommen der Schwefelkieslager in der Grafschaft Wicklow[2] in Irland beschränkt sich auf eine nur schmale, wenige hundert Fuss mächtige Gebirgszone, die sich innerhalb silurischer Schichten auf fast 2 deutsche Meilen streichende Länge verfolgen lässt. — Die Gesteine dieser Zone bestehen aus vielfach wechselnden Thon-, Talk- und Hornblendeschiefern, die nach GURLT die frappanteste Aehnlichkeit mit den Gesteinen der Kupferzone von Trondhjem (s. p. 115 u. 116) haben sollen. Zwischen diesen Schiefern treten in der Grafschaft Wicklow sehr häufig Feldspathbänke auf, die unter dem Namen „bellrock" bekannt sind. „Diese Schichten sind mit Schwefelmetallen innig verwachsen, namentlich mit Schwefelkies und Kupferkies, die sich an einzelnen Stellen zu massenhaften Lagern zusammengezogen haben, die den Gebirgsschichten parallel streichen und fallen, und als grosse linsenförmige Stücke anzusehen sind, die sich nach allen Seiten ausspitzen."

Das bedeutendste Lager ist ein Schwefelkieslager, welches den Localnamen „sulphur-course" bekommen hat; die Mächtigkeit desselben wechselt zwischen 3,5 und 22,5 m; in streichender Richtung lässt es sich auf

[1] v. COTTA, *Berg- u. Hüttenm. Zeitung.* 1869, p. 82.

[2] A. GURLT, *Berg- u. Hüttenm. Zeitung.* 1858, p. 6, 23, 30.

mehr als dreiviertel deutsche Meilen verfolgen, und wird in dieser Erstreckung nur einmal durch eine Verwerfungsspalte um 300 m verworfen.

Der sulphur-course besteht aus körnigem Schwefelkies von sehr heller Farbe mit $^1/_8$ bis $1^1/_2$ % Kupfer; derselbe ist gewöhnlich in der Mitte des Lagers am reinsten, dagegen auf den beiden Seiten allmälig mit mehr und mehr erdigen und hornblendeartigen Bestandtheilen gemengt.

Das Ausgehende besteht entweder aus Brauneisenstein (gossan) oder aus einem aufgelösten Thon (flucan), der nesterweise Erze, wie Kupferglanz, Kupferfahlerz, Kupferschwärze und Gold und Silber enthaltenden Schwefelkies einschliesst.

Der sulphur-course wird im Hangenden und Liegenden von vielen Lagern begleitet, die sehr verschiedene Beschaffenheit haben; theils sind sie derselben Art wie das Hauptlager, theils zeichnen sie sich vor demselben durch einen grösseren Reichthum an Kupferkies aus, oder führen Zinkblende, silberhaltigen Bleiglanz, Magnetkies etc. Wichtig ist es, dass die Lagerstätte der Grube Ballymurtagh Schwefelkies und Kupferkies führt, die mit Blättchen von chloritischen und talkigen Schiefern zu einer Masse von schiefriger Structur verwachsen sind. — Auch Quarzlager mit Erzen — Schwefelkies, Kupferkies, Kupfermalachit, Lasur, Atacamit, Bleiglanz — treten als Begleiter des Sulphur-course auf.

Schliesslich mag noch bemerkt werden, dass sich auf der Grube Connoree Erzlager finden, die zum Hangenden und Liegenden Feldspathbänke (bellrock) besitzen.

Die Schwefelkieslager von Meggen[1] an der Lenne treten in einer 1000 m breiten und etwa 1 Meile langen Zone oberdevonischer, gelblicher, röthlicher, oder grau gefärbter Schiefer auf. — Drei Hauptlager sind bekannt, die Mächtigkeiten von 0,5 bis 4,5 m besitzen, sich auf 2600 m streichende Länge und mehr verfolgen lassen, und aus einem durchaus derben, dichten und durch kohlige und erdige Bestandtheile schwärzlich gefärbten Schwefelkies bestehen, der am Ausgehenden, bis zu 60,80 m Tiefe, in Brauneisenstein umgewandelt ist. — Andere Bestandtheile, wie Bleiglanzschnürchen, Quarztrümmchen mit Zinkblende, späthiger Schwerspath etc. sind sehr selten. Die Lager werden oft von Lettenschichten begleitet.

Nebenher kann bemerkt werden, dass in derselben Gesteinszone, die diese Schwefelkieslager beherbergt, viele Schwerspathlager von 0,3 bis 3 m, selten 10 bis 30 m Mächtigkeit vorkommen, die sich gewöhnlich im Streichen nicht sehr weit verfolgen lassen. Der gewöhnlich ganz

---

[1] v. Hoiningen, genannt Huene, *Verhandl. d. naturh. Ver. d. pr. Rheinl. u. Westf.* 1856, p. 300.

massige, und nur sehr selten geschichtete Schwerspath dieser Lager ist ganz dicht, durch kohlige Bestandtheile dunkel schwärzlich grau gefärbt und meist ganz frei von anderen Beimengungen. — Nur selten enthält er Schwefelkies in Krystallen, oder faustgrossen Knollen.

Das berühmte Erzlager am Rammelsberge[1] bei Goslar liegt ebenfalls in oberdevonischen Schiefern, die als Goslarer Schiefer zu bezeichnen sind. (Früher von F. A. Roemer Wissenbacher Schiefer genannt.) Die Schichten sind übergekippt (p. 17), so dass das jetzige Hangende das ursprüngliche Liegende und das jetzige Liegende das ursprüngliche Hangende ist.

Im Folgenden soll stets, wenn nichts Besonderes bemerkt ist, mit den Ausdrücken Hangendes und Liegendes die ursprüngliche Lage bezeichnet sein.

„Die Lagerstätte besteht aus einer Anhäufung von mehr oder weniger grossen, unregelmässigen Erzlinsen, die in einem Normalabstande von 200 bis 215 m vom Spiriferensandstein, vor-, unter- und nebeneinander abgelagert sind. — Ihre grösste, bis jetzt durch den Bergbau aufgeschlossene streichende Längen-Ausdehnung beträgt rund 1200 m, die grösste Mächtigkeit 15 bis 20 m, ja letztere steigt sogar da, wo sich das Lager gabelt, (p. 30) — das sogenannte hangende Trumm abläuft, — (s. Fig. 64) bis auf 30 m und darüber.“

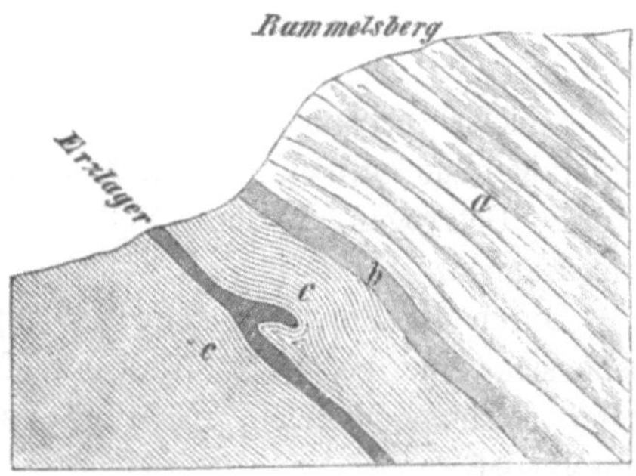

Fig. 64. Profil durch das Rammelsberger Erzlager nach Fr. Wimmer.
a Spiriferensandstein. b Calceolaschiefer. c Goslarer Schiefer.

Das Nebengestein, welches sich, wie schon bemerkt, genau an die Erzmassen anschmiegt und nirgends von letzteren gangartig durchsetzt wird, ist am Hangenden und Liegenden verschieden. Die Erze selbst zeigen deutliche Schichtung (p. 62 und 78).

Das liegende Nebengestein ist ein mit Kiesen durchwachsener Schiefer, der Kupferkniest genannt wird. Darüber folgt ein dichtes Gemenge von Kupferkies und Schwefelkies, dem etwas Arsenikkies beigemengt ist. — In der Mitte des Lagers liegen die sogenannten melirten Erze, das sind äusserst feingeschichtete Massen von Kies und Bleiglanz,

[1] Fr. Wimmer, *Zeitschr. f. Berg-, Hütten- u. Salinenwesen im preuss. Staat.* 1877, Bd. XXV, p. 119.

und im Hangenden herrschen feinkörnige Gemenge von Bleiglanz, Zinkblende, Schwefelkies und Schwerspath vor, — die eigentlichen Bleierze, — welche durch Vorherrschen von Zinkblende in die Braunerze, und durch Vorherrschen von Schwerspath in die Grauerze übergehen. Sehr merkwürdig ist es, dass an den äussersten Enden des aufgeschlossenen Erzfeldes sowohl, als auch der einzelnen Erzkörper, die Kiese, welche in der Mitte besonders mächtig entwickelt sind, verschwinden und nur Bleierze und Grauerze auftreten. Das äusserste Hangende der Schieferzone, in welcher die Erzkörper liegen, wird überall von einer milden Schieferschicht gebildet, welche von zahlreichen Quarz- und Kalkspathschnüren durchzogen ist.

Während die Mineralien, welche die eigentliche Lagermasse bilden, ausnahmslos dicht, oder äusserst feinkörnig sind, finden sich auf Klüften (Steinschneiden), welche das Lager quer durchsetzen ohne es zu verwerfen, grobkrystallinische Mineralien und in Drusen schön ausgebildete Krystalle. Die Kluftmineralien sind: Kupferkies, Fahlerz, Bleiglanz, Zinkblende, Schwerspath, Kalkspath, Spatheisenstein, Quarz und Galmei.

Der „alte Mann“ des Rammelsberges ist dadurch interessant, dass er ausser Vitriolen, Kupfervitriol, Eisenvitriol und Zinkvitriol, die Erz- und Schieferbruchstücke verkitten, eine grosse Menge anderer jüngster Mineralgebilde enthält, die durch die Zersetzung der Kiese gebildet wurden, so Botryogen, Römerit, Voltait, Misy (Copiapit), Vitriolocher, Gyps und Haarsalz.

Durch die Provinzen Huelva[1] (Spanien) und Alemtejo (Portugal) zieht sich eine gegen Nordwest streichende, 183 km lange Zone schiefriger Gesteine, welche grossartige Lager kupferhaltigen Schwefelkieses einschliesst.

In Huelva sind die Lager von Rio Tinto und Tharsis am bekanntesten, in Alemtejo die von S. Domingo unweit Mertola am Guadiana, von Aljustrel südwestlich von Beja und das Lager im Gebirge Caveira südöstlich von Grandola.

Das geognostische Alter der Gesteine ist zweifelhaft. — Einige Geognosten erklärten die Schichten für silurisch. — F. Roemer hat es sehr wahrscheinlich gemacht, dass sie einem unteren Niveau der durch Posidonomya Becheri charakterisirten Culmschichten angehören.

In der Nähe der Erzlager und mit diesen parallel treten oft Lager von Grünstein und Quarzporphyr auf. Spanische Geologen haben zwi-

---

[1] C. Weltz, *Berg- u. Hüttenm. Zeitung.* 1861, p. 286. — F. Schönichen, *Berg- u. Hüttenm. Zeitung.* 1863, p. 200, 229, 233. — F. Roemer, *Neues Jahrb. f. Mineral.* 1873, p. 256. — F. Roemer, *Zeitschr. d. d. geol. Gesellsch.* 1876, p. 354.

schen letzteren und den Erzlagern einen Zusammenhang vermuthet; nach F. Roemer ist eine solche Annahme aber durchaus unhaltbar, da die Lager allseitig gleichförmig von den Schiefern umhüllt sind.

Die Lager sind linsenförmig gestaltete Erzmassen von mehr oder minder regelmässiger Form, die den Schichten eingelagert sind. Die grösste Längenerstreckung im Streichen schwankt zwischen 84 und 672 m und dem proportional variirt die Mächtigkeit von 16 bis 100 m. — Bis jetzt ist noch keins dieser interessanten Lager in grösserer Tiefe untersucht.

Am Ausgehenden markiren sich die Lagerstätten durch 30 bis 40 m tiefe Einsenkungen und einen ausgezeichneten eisernen Hut, der bis zu Tiefen von 100 m hinabsteigt. Derselbe schneidet entweder scharf gegen die tiefer liegenden Kiese ab, oder es zeigen sich dadurch allmälige Uebergänge, dass die Eisensteinsbildung den Klüften folgt, während die Massen im Innern noch Kies sind. —

Der das Nebengestein bildende Thonschiefer ist in der Nähe der Lagerstätten, in Folge der Einwirkung von Vitriolen auf denselben, umgeändert; er ist milde, zerreiblich, hat graulich weisse, gelbe, oder rothe Farben angenommen und ist dabei gewöhnlich stark mit Quarz durchzogen.

Die Zersetzung der Kiese geht in sehr energischer Weise vor sich. — Man hat berechnet, dass der Fluss Rio Tinto, der hauptsächlich aus den alten Grubenbauen gespeist wird, seit dem Untergange des römischen Reichs 70—80000 englische Tonnen metallisches Kupfer im gelösten Zustande in das Meer geführt hat. Diesem Kupfer entspricht eine Menge von 500000 Tonnen metallisches Eisen, das der Lagerstätte entzogen ist. Aus dem dunklen, eisenreichen Wasser des Rio Tinto setzt sich Eisenstein ab, der alle Geröllmassen zu einem festen Conglomerat verkittet.

Der dichte, oder äusserst feinkrystallinische Kies, der manchmal eine schichtenartige Absonderung parallel den Schichten des Nebengesteins zeigen soll, hat im Durchschnitt 2 bis 5 % Kupfer und ist so hart, dass er durch Sprengarbeit gewonnen werden muss.

Der Kupfergehalt ist aber durchaus nicht gleichmässig vertheilt. Es finden sich Zonen, oder linsenförmige Körper von der Form der Hauptmasse, 5 bis 20 m in der Streichungsrichtung lang und 0,5 m und mehr mächtig, die aus einem harten, violetten, stahlblauen bis schwarzen Erz bestehen, in welchem der Kupfergehalt bis zu 12 oder 20 % angereichert ist. Nach Weltz soll es Kupferglanz sein, der die schwarze Farbe dieser reichen Kupfererze bedingt.

In ganz untergeordneter Menge finden sich Quarz, Bleiglanz, Zinkblende und Arsenikkies in den Lagern. Drusenräume sind äusserst selten und sehr klein. —

Auch diese Lager werden an ihren Grenzen von Thonschieferschichten begleitet, die Kieseinschlüsse enthalten.

Ein durchaus zweifelhaftes geognostisches Alter hat die berühmte Kupfererzlagerstätte von Agordo[1] in den venetianischen Alpen. — Sie liegt südlich von Agordo im Imperina-Thal und wird von Thonschiefern umschlossen, die rings umher von alpinen Triasgesteinen umgeben werden. — Wahrscheinlich stehen die letzteren zu der Lagerstätte in gar keiner Beziehung und sind durch gewaltige Dislocationen in die unmittelbare Nähe der wohl sicher älteren Thonschiefer gerückt.

v. Cotta vergleicht die äussere Form der Lagerstätte mit der einer wulstigen, platt gedrückten Wurst. Die Längsaxe derselben liegt ganz flach, etwa 20° gegen Nordost geneigt; sie repräsentirt das Generalstreichen der Lagerstätte, die in dieser Richung auf 254 m Länge genau bekannt ist. Durch Schürfe ist die streichende Länge zu etwa 1750 m nachgewiesen. — Nach den von A. St. Schmidt entworfenen Profilen hat man die Lagerstätte bis auf rund 150 m Tiefe verfolgen können, wo sie sich auskeilt. Die Mächtigkeit schwankt zwischen 4 und 80 m.

Der Erzkörper ist ein äusserst feinkörniges bis dichtes Gemenge von Schwefelkies mit Kupferkies und wenig Quarz mit einem variirenden Kupfergehalt von ½ bis 30%. Untergeordnet finden sich silberhaltiger Bleiglanz, Zinkblende, silberhaltiges Fahlerz, Arsenikkies und Kalkspath.

Die Lagerstätte wird zunächst von einem lichten, weichen, zum Theil auch quarzreichen Schiefer umgeben, der kleinere, dem Haupterzkörper im Wesentlichen gleiche Erzmassen umschliesst und viele staubartige Kieseinschlüsse enthält. — Dieser lichte Schiefer dringt auch allseitig in den Haupterzkörper hinein und verzweigt sich in ihm. v. Cotta vergleicht ihn mit dem Skölar bei Fahlun (p. 114). Die quarzreichen, viele Schwefelkieskrystalle und Nester einschliessenden Varietäten, die stellenweise grosse Partieen des Kiesstocks, besonders an seinen Grenzen, zusammensetzen, heissen Matton. Der lichte Schiefer geht nach Aussen in schwarze Thonschiefer über, die Quarzwülste und Kieseinschlüsse enthalten. — Weiter von der Lagerstätte entfernt nimmt der Thonschiefer eine mehr graugrüne Farbe an.

Die Lagerstätte ist nach den verschiedensten Richtungen von zahl-

---

[1] v. Cotta, *Berg- u. Hüttenm. Zeitung*. 1862, p. 425. — Bauer, *Oestr. Zeitschr. f. d. Berg- u. Hüttenw.* 1863, No. 13. — B. Walter, *Oestr. Zeitschr. f. d. Berg- u. Hüttenw.* 1863, p. 114. — Alois St. Schmidt, *Berg- u. Hüttenm. Zeitung*. 1867, p. 240.

reichen spiegelnden Rutschflächen oder Harnischen durchzogen, die mit den gewaltigen Dislocationen, welche Nebengestein und Lagerstätte erfahren haben, in causalen Zusammenhang gebracht werden müssen.

§ 71. **Typus Goldquarzlager.** Charakteristik: Lenticulare Quarzmassen, welche gediegenes Gold und goldhaltigen Schwefelkies enthalten. — Bleiglanz, Zinkblende und andere Erze sind untergeordnet. — Für einige Localitäten sind Tellurverbindungen ganz charakteristisch.

Die Goldquarzlager haben in der archäischen Formation ihre Hauptverbreitung, und nur ganz vereinzelt werden sie in älteren palaeozoischen Schichten, z. B. im Silur, angetroffen.

Durch den charakteristischen Gehalt an Schwefelkies sind die Goldquarzlager mit den in den vorigen Paragraphen beschriebenen Kieslagern verwandt.

Ein grossartiger Verbreitungsbezirk dieser Lagerstätten ist die Zone huronischer Schiefer, welche sich, in der Mitte zwischen der Ostküste Nordamerikas und dem Alleghany-Gebirge, durch die südlichen atlantischen Staaten[1] bis nach Nova Scotia hinzieht. — Das Gold findet sich in diesen krystallinischen Schiefern entweder „frei für sich allein, oder an Schwefelkies gebunden in feinen Schüppchen und Körnchen, als Einschluss in zahlreichen, durch äussere Merkmale nicht zu unterscheidenden Zonen der huronischen Talk-, Chlorit- und Glimmerschiefer, sowie der schiefrigen Quarzite und Itacolumite, oder in einer Matrix von glasigem, oder körnigem Quarz, welcher die Gestalt flach gedrückt linsenförmiger Nester, oder anhaltender Bänke annimmt."

In Nova Scotia ist das Gold zuerst 1861 bei Halifax in losen Quarzblöcken entdeckt, die aus Quarzlagern der huronischen Schiefer stammen. — In diesen Lagern findet sich das gediegene Gold mit Schwefelkies, Arsenikkies und Bleiglanz zusammen.

Sehr viel ärmer als diese Lager in Nova Scotia sind die analogen im Chaudière-Thal in Canada und die in New-Hampshire und Vermont.

Um von dem Vorkommen im Allgemeinen und speciell dem der südlichen atlantischen Staaten eine Vorstellung zu geben, hat H. Credner[2] einzelne wichtige Vorkommen aus Georgia und Süd-Carolina geschildert, die auch hier angeführt werden mögen. Die Umgegend der Stadt Dah-

[1] H. Credner, *Berg- u. Hüttenm. Zeitung.* 1866, p. 56 u. 44. — *Zeitschr. d. d. geol. Gesellsch.* 1866, p. 77. — *Neues Jahrb. f. Mineral.* 1867, p. 442. — *Zeitschr. f. d. gesammte Naturw.* 1870, H. 1, p. 20. — Petermann's *Mittheil.* 1871, II, p. 41.

[2] *Neues Jahrb. f. Mineral.* 1867, p. 442.

lonega in Georgia besteht vorherrschend aus sandigen, schiefrigen Quarziten, Itacolumiten und glimmerreichen sehr weichen Schiefern. — $2^1/_2$ Miles östlich von dieser Stadt trifft man an den Thalgehängen des Chestatee-Flusses in einer tiefen Schlucht blaugrüne, schuppige Chloritschiefer. „In einer bestimmten, jedoch weder durch Schichtungsflächen noch Klüfte begrenzten Zone dieser Chloritschiefer, welche höchstens 8 cm Mächtigkeit erreicht, und zwar allein in ihr, treten eine Menge, 31 bis 62 cm langer und $1^1/_2$ bis 3 cm mächtiger Schmitzen, sowie einzelne nussgrosse Ausscheidungen von weissem glasigen Quarz auf.“ — In diesem Quarz sowohl als in den Chloritschiefern finden sich rother Granat, Blättchen von silberweissem Glimmer, Schwefelkies und Brauneisenstein und vereinzelte, kleine, schuppige Partieen von lichtbleigrauem Tellurmismuth (Tetradymit). „Durch den Chloritschiefer ziehen sich kleine spaltenförmige Drusenräume“, in denen gediegenes Gold ausgeschieden ist. „Hie und da hängt das Gold in traubenförmigen Büscheln, durchwachsen von kleinen wasserhellen Quarzkrystallen, nur durch einen dünnen Draht am Schiefer fest und besteht in diesem Falle aus verzogenen jedoch glänzenden Krystallen.“

Ausserdem findet sich bei Dahlonega das gediegene Gold in moos-, draht- und blattförmigen Gestalten, zusammen mit Tellurwismuth in linsenförmigen Quarzschmitzen eingewachsen, welche im harten feinkörnigen syenitischen Gneiss liegen. — Dieser Gneiss bildet Einlagerungen in den den Itacolumiten verwandten Schiefern.

Bei Burnt Hickory, 12 Miles südwestlich von Ackworth im nordwestlichen Georgia, liegen die Quarzlager mit Schwefelkies und gediegenem Golde im huronischen Glimmerschiefer. Der Schwefelkies ist am Ausgehenden in Brauneisenstein umgewandelt. Der letztere ist zellig und porös, oder glaskopfartig und mikrostalactitisch und überzieht die Innenwände der würfligen Hohlräume, welche durch die Verwitterung der Schwefelkieskrystalle resultiren. In den Poren des Brauneisensteins findet sich gediegenes Gold und gediegener Schwefel.

10 deutsche Meilen nördlich von der Hauptstadt Süd-Carolinas, Columbia, baut die Haile-mine im Lancaster-District. (S. § 98.) Die Gegend besteht aus Talk und Quarzschiefern, die von Dioritgängen durchsetzt sind. Zwischen den Talkschiefern treten Lager und Bänke von glasigem Quarz mit gediegenem Golde und goldhaltigem Schwefelkies auf. Auch lentikulare Partieen von reinem Schwefelkies finden sich. — Ebenso wie der Quarz enthalten auch die Schiefer selbst goldhaltigen Schwefelkies und gediegenes Gold in Schüppchen und dendritischen Formen.

Wie in Georgia und Südcarolina finden sich in Nordcarolina, z. B. auf der Washington-Grube in Davidson Co, auf den Gruben Phönix und Boger in Cabarras Co, in Virginia, z. B. auf der Whitehall-Grube in Spotsylvania Co, auf der Grube Tellurium in Fluvanna Co und an vielen Orten ähnliche Golderzlagerstätten, in denen auch Tetradymit und andere Mineralien, wie Kupferkies, Eisenglanz etc. gefunden werden.

Den nordamerikanischen Goldlagerstätten in der Hauptsache gleich, scheinen brasilianische zu sein, welche sich westlich von der Sierra Mantiqueira[1] über grosse Flächenräume ausdehnen, denn es sind auch in Gneiss und Talkschiefer eingelagerte Quarzmassen mit goldhaltigem Schwefelkies und gediegenem Gold. In noch grösserer Verbreitung wie in den atlantischen Staaten treten in Brasilien die goldführenden Itacolumite auf.

Gediegenes Gold ist in sehr geringen Mengen in vielen Gesteinen, aber besonders in denen des krystallinischen Schiefergebirges, verbreitet. — Wenn eine directe Wahrnehmung desselben nicht möglich ist, so tritt der Gehalt an Gold wohl in den Sand- und Geröllmassen der Flüsse hervor. (§ 126.) Meistens entdeckt man aber das Gold in Quarzausscheidungen, oder auch in Erzlagern. — So hat man gediegenes Gold in den Alpen als Bestandtheil von Quarzlagern gefunden; bei Fusch in Salzburg, bei Schwaig und Lengholz nordwestlich von Villach nud an anderen Orten. Bergmännische Bedeutung haben diese Goldquarzlager aber niemals erlangt. In den scandinavischen Kies- und Eisenerzlagern, z. B. bei Fahlun, Arendal etc. sind Spuren von gediegenem Golde bekannt.

Eines der besten Beispiele für das Vorkommen lagerartigen Goldquarzes in Schichten der palaeozoischen Gruppe ist das des Heinzenbergs[2] bei Zell in Tyrol. Derselbe besteht aus silurischen, grauen Thonschiefern, welche Quarzlager und Quarzgänge enthalten. — In den Gängen ist das Gold niemals gefunden, dagegen in den Lagern fast überall. — Man kennt 9 parallel liegende, 65 bis 75° einfallende Lager von wenigen cm bis 10 oder 12 m Mächtigkeit, die aus Quarz mit Gold und Schiefern bestehen. Das Gold ist entweder in staubartigen Einschlüssen vorhanden, oder, was seltener, in deutlich erkennbaren Blättchen und Körnchen. — Das bergmännisch wichtigste Lager ist das Friedrichlager, in welchem mehrere, etwa 120 bis 140 m breite edle Lagerstreifen in diagonaler Richtung, durch taube Streifen getrennt, in die Tiefe setzen. (S. p. 76.)

---

1 A. Pissis, *Berg- u. Hüttenm. Zeitung.* 1842, p. 752. Ref.

2 A. R. Schmidt, *Berg- u. Hüttenm. Zeitung.* 1868, p. 11 u. 53.

Interessant ist das Goldvorkommen der Sierra Jadeña[1] im Quadarramagebirge Spaniens. — Das Hauptgestein dieses Gebirges ist ein zum Theil conglomeratischer Quarzit, dessen dicke Bänke mit Thonschieferschichten und eigenthümlichen Sandsteinschichten wechseln. Zwischen diesen Schichten befinden sich sehr viele, bis 0,5 m mächtige Quarzlager. — Der Quarz hat eine milchweisse Farbe und ist da, wo er zerfressen und eisenschüssig auftritt, vorzugsweise goldführend. — Das Gold, welches stets gediegen vorkommt, findet sich in sehr kleinen Partikelchen, in grösseren Körnchen und in Blättchen. Die Quarzlager werden im Hangenden und Liegenden zuweilen von einem goldleeren, gelblich grauen, weichen Schieferthon begleitet, der stellenweise so überhand nimmt, dass er die ganze Lagermächtigkeit allein ausfüllt.

§ 72. **Typus Sala-Tunaberg.** Charakteristik: Im krystallinischen Schiefergebirge auftretende Lager von körnigem Kalkstein, die Blei-, Silber-, Kupfer- und Kobalterze etc. führen.

Das Vorkommen ist, verglichen mit dem der meisten anderen Typen der Erzlager, selten.

In Kärnthen,[2] und an anderen Stellen der Alpen, schliessen die im Gneiss, Glimmerschiefer und chloritischen Thonschiefer eingelagerten körnigen Kalksteine nur selten bauwürdige Massen von Bleiglanz ein, wie z. B. bei Meisselding. Aehnliches ist auch in Scandinavien der Fall, wo z. B. bei Löfas[3] in Dalekarlien und Guldmedshyttan in Westmannland Bleierz führende, dem krystallinischen Schiefer zugehörige körnige Kalksteine bebaut sind.

So complicirt und schwierig verständlich Fahlun unter den Kieslagerstätten ist, so Sala[4] unter den Bleierzlagerstätten. Jedenfalls ist hier aber eine im Gneiss eingelagerte Masse von körnigem Kalk der Sitz der Erze.

Der Kalk geht in Hälleflinta über und wird von eigenthümlichen schiefrigen Lagen, Skölar genannt, durchzogen und von Trappgängen durchsetzt. — Letztere sollen zur Erzführung in gar keiner Beziehung stehen. — Die Skölar dagegen, die, obwohl sie sich im Einzelnen vielfach verzweigen und wieder vereinigen, doch im Allgemeinen dem Hauptstreichen und Fallen folgen, führen selbst Erze und üben auf den erzfüh-

---

1 J. G. Klemm, *Berg- u. Hüttenm. Zeitung.* 1867, p. 125.

2 H. Höfer, *Die Mineralien Kärnthens.* p. 25—28.

3 *Berg- u. Hüttenm. Zeitung.* 1855, p. 37.

4 v. Cotta, *Erzlagerstätten* II, p. 528.

renden Kalkstein einen veredelnden Einfluss aus; sie bestehen aus Talk, Speckstein und Asbest und enthalten mitunter auch Quarz, Kalkspath, dichten Felsit, Malakolith, Strahlstein, Amianth, Serpentin, Bitterspath, Bleiglanz, Zinkblende, Schwefelkies und Arsenkies.

Die meisten Forscher bezeichnen das Vorkommen der Erze, unter denen silberhaltiger Bleiglanz das wichtigste, als ein dem Kalkstein untergeordnetes lagen- oder bandförmiges (Hausmann, Durocher, Hisinger), nur Daubrée stellt die Erzmassen als nicht scharf begrenzte, den Kalkstein schlangenförmig durchziehende Gänge dar. Der Bleiglanz wird begleitet von Grauspiessglanz, Zinkblende, Arsenkies, Schwefelkies, Magnetkies und Fahlerz. Im Kalkstein ist auch gediegenes Antimon eingeschlossen. — Als Seltenheit finden sich gediegenes Silber, Zinnober, Silberamalgam, Antimonsilber etc. — Eine grosse Menge verschiedener Silicate, die auch mit den Erzen verwachsen vorkommen, wie Salit, Granat, Serpentin etc. sind der Lagerstätte eigen.

Das Erzvorkommen von Tunaberg[1] in Schweden ist an Lager von körnigem Kalk im grauen Gneiss geknüpft. Die Kalksteine enthalten vorherrschend Hornblende, Glimmer, Serpentin, Blei-, Silber-, Kupfer- und Kobalterze. Kupferkies und Glanzkobalt (p. 69) sind unter den Erzen entschieden in grösster Menge vorhanden.

Erdmann führt eine grosse Zahl von Mineralien auf, darunter: Bleiglanz, Buntkupfererz, Kupferglanz, Magnetkies, Speisskobalt, Schwefelkies, gediegenes Wismuth, Zinkblende, Molybdänglanz, Anorthit, Apatit, Chlorit, Chondrodit, Dichroit, Epidot, Granat, Graphit, Hedenbergit, Hisingerit, Hornblende, Kalkspath, Kokkolith, Labrador, Malakolith, Oligoklas, Olivin, Orthit, Orthoklas, Pleonast, Polyargit, Pyrargillit, Pyrorthit, Quarz, Serpentin, Skapolith, Sphen, Turmalin.

Diese Mineralien sind in sehr verschiedenen Combinationen und Mengenverhältnissen dem körnigen Kalk beigemengt, und bilden die metallischen Fossilien innerhalb des Kalksteins Lagerstätten von höchst unregelmässiger Form.

Die Gneisse, nebst den ihnen eingelagerten Kalksteinen, werden von Granitgängen durchsetzt, die merkwürdiger Weise innerhalb der Lager nicht continuirlich fortsetzen, sondern zerstückelt erscheinen, aber so, dass die einzelnen Stücke in ihrer Lage noch immer dem Verlauf eines Granitganges entsprechen.

§ 73. **Typus Spatheisensteinlager.** Charakteristik: Mit Kalksteinen verbundene Spatheisensteinlager. — Der Spatheisenstein ist krystallinisch und enthält hin und wieder unter-

[1] v. Cotta, *Erzlagerstätten* II, p. 533.

geordnet, aber recht charakteristisch, geschwefelte Erze, wie Schwefelkies, Kupferkies, Kobalt- und Nickelerze und Bleiglanz.

In grösster Menge finden sich die Lagerstätten dieses Typus im krystallinischen Schiefergebirge und im Silur.

Ersteres enthält in der Umgegend von Friesach, Hüttenberg und Wolfsberg in Kärnthen, und an anderen Stellen der östlichen Alpen, bedeutende Spatheisensteinlager. Dieselben sind im körnigen Kalkstein eingeschlossen, der mächtige Einlagerungen im Gneiss und Glimmerschiefer bildet.

Olsa östlich von Friesach, Hüttenberg und Lölling sind jedenfa ls die bekanntesten Localitäten.

Am Knappenberg[1] bei Hüttenberg enthält ein Kalklager sechs parallel streichende und fallende Spatheisensteinlager, die im Streichen 2465 m lang aufgeschlossen sind und, die Zwischenmittel von körnigem Kalk mit eingerechnet, 758 m Mächtigkeit erreichen. — Die Lager haben im Grossen die Form langgestreckter, unförmiger, im Einzelnen sehr unregelmässiger, ausgelappter Linsen. (S. Fig. 65.)

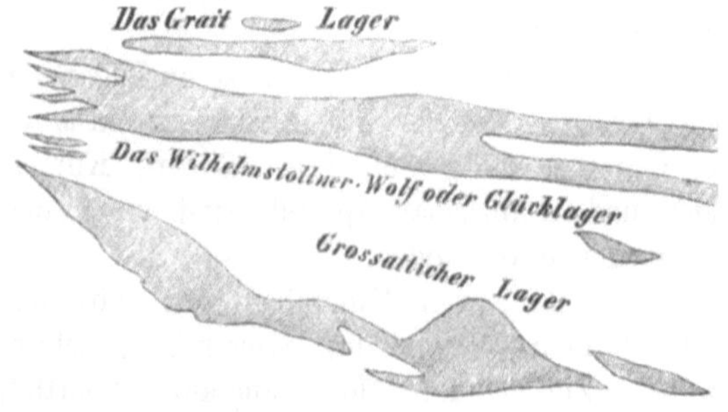

Fig. 65. Spatheisensteinlager d. Hüttenberger Erzberges nach F. Seeland.

Besonders viele Unregelmässigkeiten stellen sich am Liegenden der Lager ein. — Das Aufhören der Lager im Streichen geschieht durch Gabelung, Auskeilen und allmäligen Uebergang der Lagermasse in den körnigen Kalk.

Da sich in ganz gleicher Weise die Kalklinsen zum umgebenden Glimmerschiefer verhalten, ist eine gleichzeitige Entstehung aller dieser Gebirgsglieder sehr wahrscheinlich.

Die in der Hauptsache nur aus manganreichem Spatheisenstein bestehende Lagermasse ist am Ausgehenden in Brauneisenstein verwandelt. — In den Höhlungen des Brauneisensteins finden sich Arragonit, Calcit, Wad, Polianit, Pyrolusit, Quarz, Chalcedon etc. — Bemerkenswerth ist es, dass im Spath- und Brauneisenstein von Olsa, Hüttenberg und Lölling, wenn auch in ganz untergeordneter Weise, Schwerspath, Korynit, Chloanthit, Rammelsbergit und Ullmannit, ferner Bournonit, Bleiglanz und ge-

[1] F. Seeland, *Jahrb. d. k. k. geol. Reichsanst.* 1876, p. 49.

diegenes Wismuth, nebst allerhand daraus gebildeten secundären Mineralien, vorkommen.[1]

Im Silur der Ostalpen wiederholt sich das Vorkommen der in Kalksteinen eingeschlossenen Spatheisensteinlager. — Dieselben bilden zwischen Reichenau, Eisenerz und Schwatz einen 40 Meilen langen, allerdings vielfach unterbrochenen Lagerzug,[2] in welchem Eisenerz in Steyermark der bekannteste Punkt ist.

Die Nordwestseite des Erzberges zwischen Eisenerz und Vordernberg besteht fast ganz aus einem solchen Lager. Der Spatheisenstein ist vielfach mit dem silurischen Kalkstein verwachsen und entsteht dadurch ein Mineralgemenge, das Rohwand genannt wird. — Untergeordnet finden sich im Spatheisenstein, der natürlich auch in Brauneisenstein verwandelt vorkommt, Quarz, Kalkspath, Eisenglanz, Arsenkies, Kupferkies, Antimonglanz und Zinnober. — Berühmt ist die in den Höhlungen des Eisensteins vorkommende Eisenblüthe.

Statt der sonst in der Steinkohlenformation verbreiteten Sphärosideritlager und Thoneisensteinflötze sind in der Steinkohlenformation der Ostalpen bei Turrach[3] südwestlich von Murau in Steyermark, bei Bundschuhthal in Salzburg, bei Radenheim und Laas in Kärnthen, und an anderen Orten, Spatheisensteinlager vorhanden, entsprechend dem Auftreten des Anthracits statt der gewöhnlichen Steinkohle innerhalb dieses sehr gestörten und jedenfalls stark metamorphosirten Gebiets.

Ebenso sind derartige Spatheisensteinlager in den Triasbildungen[4] der östlichen Alpen bekannt.

Alle Brauneisensteinlager der archaeischen und palaeozoischen Schichten scheinen entweder aus Spatheisenstein- oder aus Kieslagern hervorgegangen zu sein; wenigstens hat man überall in der Tiefe solcher Lager die deutlichsten Anzeichen dieser Entstehungsweise. — Es werden demnach die Brauneisensteinlager einem der beiden obigen Typen einzureihen sein.

Das Brauneisensteinlager von Wunsiedel[5] im Fichtelgebirge ist zum Typus Spatheisensteinlager zu stellen, weil der Brauneisenstein in der Tiefe späthige Textur wahrnehmen lässt. — Dieses Lager bildet das Hangende eines Lagers von körnigem Kalk im Glimmerschiefer. —

[1] v. Zepharovich, *Neues Jahrb. f. Miner.* 1865, p. 50; 1867, p. 715 und 1870, p. 355.

[2] v. Cotta, *Erzlagerstätten* II, p. 355.

[3] v. Cotta, *Erzlagerstätten* II, p. 363.

[4] v. Cotta, *Erzlagerstätten* II, p. 364.

[5] v. Cotta, *Erzlagerstätten* II, p. 61.

Der Eisenstein enthält Knollen von jaspisartigem, braunem Eisenkiesel und viel Schmarzmanganerz, die beide aus einem Kieselsäure- und Mangangehalt des ursprünglichen Spatheisensteins herstammen mögen.

Die grossartigen Brauneisensteinlager von Victoria-Furnace,[1] Louisa Co., in Virginia, die in meilenlangen Tagebauen abgebaut werden, sind dagegen dem Typus Kieslager zuzurechnen, denn sie sind der eiserne Hut von in huronischen Schiefern liegenden Kieslagern. (S. p. 115.)

§ 74. **Typus Eisenglimmerschiefer.** Charakteristik: Krystallinische Schiefer, welche fahlbandartig Eisenglimmer und andere Eisenerze enthalten und stellenweise Lager von Eisenglanz und Magneteisen umschliessen.

Erstaunlich reich an Eisenglanz und Magneteisenerzlagern ist die archaeische Formation.

Den Fahlbändern sehr nahe stehend sind die Eisenglimmerschiefer und die damit verwandten Gesteine.

Eisenglimmerschiefer, ein körnig schiefriges Aggregat von Eisenglimmer und Quarz findet sich, mit Itacolumit und Thonschiefer wechselnd, in sehr grosser Verbreitung in Brasilien, namentlich bei Itabira und Antonio Pereira.

Ein zweiter nicht minder bedeutender Bezirk, in dem sich dieses Gestein findet, ist der von Süd-Carolina. O. M. Lieber[2] unterschied dort in der Richtung von oben nach unten: Itacolumit, Kalkstein, Talkschiefer, Itacolumit mit Itabirit, Talkschiefer mit Catawbirit und Glimmerschiefer. — Diese Gesteine finden sich in parallelen, nebeneinander hingehenden Ausbissen vom Spartenburg-District durch die Districte von Union und York, vom Broad River durschschnitten, bis in Nord-Carolina hinein.

Der Itabirit, der auch in Brasilien zu Hause ist, ist ein körniges, schiefriges bis dichtes Gestein, welches aus Eisenglanz, Eisenglimmer, Magneteisen und Quarzkörnern besteht. Der Catawbirit ist ein inniges, schiefriges Gemenge von Talk und Magneteisen.

Alle diese Gesteine, in denen sich stellenweise der Erzgehalt so concentrirt, dass derbe Erzmassen entstehen, sind in Brasilien und Süd-Carolina durch ihre Goldführung und ferner dadurch ausgezeichnet, dass sie das Muttergestein der Diamanten sind.

Sehr charakteristischer Eisenglimmerschiefer ist nach v. Cotta[3] am Berge Görgeleu unweit Borsa in der Marmaros in einem 30 cm mächtigen Lager zwischen Chloritschiefer und körnigem Kalkstein ent-

---

[1] H. Credner, *Zeitschr. d. d. geol. Gesellsch.* 1866, p. 83.

[2] O. M. Lieber, *Berg- u. Hüttenm. Zeitung.* 1857, p. 241 u. 386 und 1860, p. 9.

[3] v. Cotta, *Erzlagerstätten* II, p. 261.

wickelt, die beide dem Glimmerschiefer eingelagert sind. — Die Schichten sind in eigenthümlicher Weise gewunden und mit einander verzahnt, und erinnert die Abbildung, welche v. COTTA davon giebt, an den Schichtenverband des Gneisses, körnigen Kalksteins und Spatheisensteins von Hüttenberg in Kärnthen. (Fig. 65.) Aehnliches bildet O. M. LIEBER (a. a. O.) auch von den Gesteinen Süd-Carolinas ab.

Die erwähnten Fundorte stehen nicht vereinzelt da.

NÖGGERATH beschreibt das Gestein aus dem Hundsrück[1] und J. C. Deicke aus dem Ferrarathal[2] in Graubünden. — Es ist demnach zu erwarten, dass es noch an anderen Stellen gefunden werden wird.

§ 75. **Typus Magneteisenstein- und Eisenglanzlager.** Charakteristik: Im krystallinischen Schiefergebirge auftretende Lager von derbem Magneteisenstein (Franklinit), Eisenglanz und dichtem Rotheisenstein. — Die Lager sind vielfach von fahlbandartigen, Eisenerze führenden Gesteinszonen und von Lagern körnigen Kalksteins begleitet. Der Eisenstein ist mit Silicaten, Feldspath, Granat, Hornblende, Augit etc. und vielen anderen Mineralien verwachsen. Oft findet sich Kupferkies in grösserer Menge und wird dadurch ein Uebergang zu dem Typus Kieslager vermittelt.

Die im vorigen Paragraphen beschriebenen Gesteine geleiten uns zu den im krystallinischen Schiefergebirge so massenhaft vorkommenden Eisenglanz- und Magneteisensteinlagern, unter denen zunächst das berühmte Eisenglanzlager der Insel Elba[3] erwähnt werden mag.

An der östlichen Küste der Insel liegt der bekannte Tagebau von Rio Marino, der seit Jahrhunderten ausgebeutet ist. — Riesige Halden verdecken die Lagerungsverhältnisse. — Neuere Untersuchungen haben aber unzweifelhaft festgestellt, dass die Erzmasse ein stockförmiges Lager ist, das mit unregelmässigen Grenzflächen den huronischen Talkschiefern aufliegt und von körnigem Kalkstein bedeckt wird. „Am Tage nimmt das Lager einen unregelmässigen, ellipsoidischen Raum ein, mit vielfach ausgebuchteten Rändern, dessen grössere Axe von Südsüdost nach Nordnordwest gerichtet 1500 m, während die Breite durchschnittlich 500 m misst, und zieht sich vom Strande bei Rio bis zu einer Höhe von etwa 200 m hinauf.“ Das Erz ist Eisenglanz und dichter Rotheisenstein, der durch Wasseraufnahme vielfach in Brauneisenstein übergegangen ist. — Untermengt, tritt auch Magneteisen auf. — In Drusenräumen finden

---

1 KARSTEN's *Archiv*. Bd. XVI, 1842, p. 515.

2 *Berg- u. Hüttenm. Zeitung*. 1858, p. 339.

3 G. v. RATH, *Verhandl. d. naturh. Vereins d. pr. Rheinl. u. Westf.* 1864, p. 89. — *Zeitschr. d. d. geol. Gesellsch.* 1870, Bd. XXII, p. 702.

sich die schönen Eisenglanzkrystalle. Eisenglimmer durchschwärmt das Erz stellenweise in Trümmern und umschliesst prachtvolle grosse Schwefelkieskrystalle.

Ein interessanter Eisenerzdistrict ist der von El Pedroso[1] in der spanischen Provinz Sevilla.

El Pedroso ist ein Städtchen, das 8 geographische Meilen nordöstlich von Sevilla in der Sierra Morena gelegen ist. In dessen Nähe wird, unter anderen mehr oder weniger guten Aufschlüssen, auf der Grube Juanteniente ein senkrecht stehendes, 4 bis 5 m mächtiges Eisenglanzlager im Glimmerschiefer bebaut, das mit gleichbleibender Mächtigkeit auf 600 m streichende Länge verfolgt ist. Der Eisenstein ist gegen das Nebengestein scharf abgegrenzt; es ist ein feinkörniger, in dichten Rotheisenstein übergehender Eisenglanz, der hin und wieder von kleinen Quarzadern durchzogen und von feinen Schwefelkieseinschlüssen verunreinigt ist. — In der Nähe dieser Grube treten noch mehrere ganz ähnliche Lager auf, z. B. auf den Gruben Rosalina und Monte agudo.

Aehnlich dem Vorkommen von Arendal in Norwegen (p. 137) ist das von Navalazaro, drei Kilometer südlich von El Pedroso. — Das Erz, ein krystallinisch körniges Gemenge von Magneteisen mit braunem Granat und Pistacit, steht in einem 6 bis 8 m mächtigen, steil stehenden Lager im dünngeschichteten Gneiss an.

In der Bukowina[2] sind linsenförmige Magneteisenerzlager auf 46 Kilometer streichende Länge nachgewiesen; dieselben sind an Hornblendegneiss und körnigen Kalkstein gebunden, die das oberste Niveau des krystallinischen Schiefergebirges daselbst einnehmen. Bei Kirlibaba ist der ausgedehnteste Bergbau auf diesen Lagerstätten betrieben.

Bei Schmiedeberg[3] in Schlesien liegen in einer nur etwa 200 m mächtigen Gneisszone, 10 steilfallende Magneteisenerzlager übereinander. — Jedes Lager besteht für sich aus einer Aneinanderreihung kleinerer und grösserer Magneteisenerzmassen, die Mächtigkeiten bis zu 4 m annehmen. Das bald grob- bald feinkörnige, bis dichte Magneteisen ist selten ganz rein, sondern meist, aber in sehr wechselnder Weise, mit Chlorit, Hornblende, Granat, Pistait, Kalkspath, Schwefelkies etc. verwachsen.

Ebenfalls in mehreren, parallel übereinander liegenden Lagern von wenigen cm. bis 5 m Mächtigkeit kommt Magneteisen zu Berggies-

---

1 F. Roemer, *Zeitschr. d. d. geolog. Gesellsch.* 1875, Bd. XXVII, p. 63.

2 B. Walter, *Jahrb. d. k. k. geol. Reichsanst.* 1876, p. 391 u. 415. — v. Cotta, *Erzlagerstätten* II, p. 260.

3 Wedding, *Zeitschr. d. d. geol. Gesellsch.* Bd. XI, 1859, p. 399.

hübel[1] im sächsischen Erzgebirge vor. — Schwarze, milde Thonschiefer mit Hornblendeschiefern schliessen die Lager ein. — Das Magneteisen, in oberen Teufen in Braun- und Rotheisenstein umgewandelt und hier mit Schwerspath gemengt, ist mit Granat, Salit, Pistacit, Allochroit, Quarz, Feldspath etc. verwachsen. — In grösserer Tiefe stellen sich neben dem Magneteisen ein: Buntkupfererz, Kupferkies, Kupferglanz, Fahlerz, Schwefelkies, schwarze Zinkblende, Bleiglanz, Chlorit, Tremolith, Kalkspath, Braunspath, Flussspath etc.

Da Kupfererze führende Gänge die Lagerstätte durchsetzen, ist die Möglichkeit nicht ausgeschlossen, dass die Kupfererze in das ältere Eisensteinslager durch Infiltration eingedrungen sind.

§ 76. Fortsetzung des Typus Magneteisenstein- und Eisenglanzlager. Am grossartigsten sind Magneteisen-, Eisenglanz- und Rotheisensteinlager in Scandinavien und in den Vereinigten Staaten entwickelt.

In Scandinavien[2] und dem benachbarten Finnland sind im Gneiss eingeschlossene Eisenerze sehr verbreitet. — An einigen Stellen schwellen dieselben zu gigantischen Massen an, die man als Lagerstöcke bezeichnet. — So unregelmässig ihre Formen im Einzelnen auch sein mögen, so durchsetzen sie doch niemals die benachbarten Schichten gangartig; immer schmiegen sich die Blätterlagen des Gneisses, oder anderer krystallinischer Schiefer, an die Erzlagen an, die sich im Streichen der Schichten manchmal meilenweit verfolgen lassen. — Ein allmäliger Uebergang der Lagermassen in das Nebengestein, dadurch, dass letzteres Erz aufnimmt, oder umgekehrt das Erz Bestandtheile des Nebengesteins einschliesst, wird oft beobachtet. In der Nähe der Erze nimmt das Gestein gern Hornblende auf; auch begleiten körniger Kalkstein und Hälleflinta die Lager an einer, oder auch an beiden Seiten. — Im Einzelnen herrscht in dieser Beziehung grosse Mannigfaltigkeit.

Das Erz ist hauptsächlich Magneteisen, seltener Eisenglanz; beide finden sich häufiger im innigen Gemenge, als scharf geschieden. Fast immer ist das Erz mit Silicaten verwachsen, unter denen Granat, Hornblende, Augit, Epidot, Glimmer, Chlorit, und Talk am verbreitesten sind. Quarz ist ein gewöhnlicher Bestandtheil, Feldspath ist seltener. Unter den metallischen Mineralien, welche das Erz begleiten, trifft man viel Schwefelkies, Kupferkies und Zinkblende, seltener Bleiglanz, Arsenkies, Kobalt-, Nickel- und Wismutherze und Molybdänglanz. — Sehr selten ist gediegenes Gold (Arendal S. p. 127). Kalk-

---

1 v. Cotta, *Erzlagerstätten* II, p. 21.

2 v. Cotta, *Erzlagerstätten* II, p. 506.

spath findet sich fast überall, nicht so häufig, und zum Theil sehr selten, Bitterspath. Manganspath, Spatheisenstein und Schwerspath.

Ein grosser Reichthum von allerhand Mineralien. die theils dem Magneteisenstein und seinen Begleitern eingewachsen sind, theils als secundäre Bildungen auf Klüften und in Gängen vorkommen, zeichnet diese Lagerstätten aus. — Wir nennen: Apatit, Spinell. Korund, Flussspath, Beryll, Turmalin, Axinit, Titanit, Zirkon. Serpentin, Anthracit. Datolith, Apophyllit, Laumontit.

Dadurch, dass von den gewöhnlichen Bestandtheilen der Lager bald der eine, bald der andere vorherrscht, ferner mehr oder weniger seltene Mineralbestandtheile hinzutreten, entsteht eine erstaunliche Mannigfaltigkeit in der Zusammensetzung, die sich sogar bei ganz nahe aneinander liegenden und zusammenhängenden Lagern bemerkbar macht.

Granitische Gänge, zum Theil auch sehr reich an vielen und seltenen Mineralien, wie Gadolinit, Cerit etc., welche die Eisenerzlager sowohl, wie ihr Nebengestein durchsetzen, machen das geschilderte Bild noch bunter.

Nur einige der bedeutendsten und bekanntesten Lager sollen hier noch specieller berücksichtigt werden.

Zu diesen gehört vor Allen das von Dannemora in Upland nördlich von Upsala in Schweden.

Grobflaseriger Gneiss umschliesst daselbst eine breite Zone von Hälleflinta mit untergeordneten Einlagerungen von Chloritschiefern, körnigem Kalkstein und Magneteisenerzlagern. — Letztere besitzen die charakteristische Linsenform und bilden in ihrer Gesammtheit eine grosse. stockförmige Lagerstätte, die am Ausgehenden auf $^1/_4$ Meile Länge aufgeschlossen ist, in ihrer Mitte eine grösste Mächtigkeit von 55 m erreicht und sich nach beiden Seiten hin allmälig verschmälert. Das Erz ist ein manganhaltiger, sehr feinkörniger Magneteisenstein, dem nur Chlorittheilchen und etwas Kalkspath und Braunspath innig beigemengt sind. Chloritschieferlagen (Skölar), von bis 4 m Mächtigkeit, durchziehen das Erz. Dasselbe ist in der Mitte des Lagers am reinsten, an den Grenzen gesellen sich zu dem Magneteisenstein Schwefelkies, Kupferkies, Zinkblende, Bleiglanz, Arsenkies, Quarz, Granat. Strahlstein, Asbest, Schwerspath, Anthracit etc.

Wohl ebenso reich, wenngleich wegen der geographischen Lage technisch weniger wichtig, sind die Eisenerzlagerstätten des Berges Gellivara[1] in Luleå Lappmark unter $67\,^1/_3{}^0$ nördlicher Breite. Die Lager, welche Mächtigkeiten von 31 bis 62 m erreichen und auf über 6000 m Länge im Streichen anhalten, liegen im rothen Gneiss,

---

[1] B. Turley, *Berg- u. Hüttenm. Zeitung.* 1863, p. 348.

bestehen aus einem Gemenge von Eisenglanz und Magneteisen, enthalten etwas Amphibol und Quarz und als seltenere Beimengungen Apatit, Kalkspath und Korund.

Viel Aehnlichkeit mit diesen Erzen sollen die von Grängesberget[1] in der schwedischen Provinz Dalarne besitzen. Es sind derbe, körnige (s. p. 60), auch dichte Magneteisensteine, ferner derber Eisenglanz mit massenhaft eingeschlossenen Magneteisensteinkrystallen. In den Erzen findet sich häufig Apatit und Grängesbergit, ein ebenfalls Phosphorsäure enthaltendes Mineral. Die durch grosse Mächtigkeit ausgezeichneten Lagerstöcke, welche in Hornblendegesteinen eingeschlossen sind, sollen nur geringe Ausdehnung dem Streichen nach besitzen.

Complicirter wie die vorher beschriebenen sind die meisten anderen scandinavischen Eisenerzlagerstätten zusammengesetzt, so z. B. die der Insel Utö südlich von Stockholm. — Die Insel besteht aus einem feldspathreichem Gneiss, der von vielen Granitgängen durchsetzt ist. Die im Gneiss und den dazu gehörigen Glimmerschiefern, Hornblendeschiefern, Hälleflinta und körnigen Kalken eingebetteten, bis 40 m mächtigen Eisenerzlager bestehen aus einem Gemenge von Eisenglanz, Magneteisen und Quarz oder Eisenkiesel. — Diese Bestandtheile wechseln in sehr dünnen, vielfach gewundenen Lagen. Schwefelkies, Magnetkies, Arsenikkies, Bleiglanz und Kupferglanz (in letzterem gediegenes Silber) sind Begleiter. Granitische Gänge, die Zinnerz enthalten, (vergleiche Pittkaranda p. 114) mit Turmalin, Lepidolith, Petalit etc. durchsetzen das Lager, auf dessen Klüften Krystalle von Kalkspath, Apophyllit und Quarz gefunden werden.

Die in Wärmeland in der Umgebung von Philippstadt bebauten Lager, so die von Nordmark, Langbanshytta Pajsberg etc. sind ebenfalls sehr reich an Mineralien. Die Lager von Pajsberg[2] sind in 40 bis 200 m mächtigen krystallinisch körnigen Dolomiten eingeschlossen, die Körner und körnige Concretionen von Hausmannit enthalten. Die Lagermassen selbst, 2 bis 6 m mächtig und circa 60 m im Streichen aushaltend, bestehen aus Magneteisen, Eisenglanz und Hausmannit, die mit Pyrochroit, Tephroit, Chondroarsenit, Schwerspath, Manganspath, Rhodonit, Erdpech, Granat, Chlorit, Serpentin etc. verwachsen sind. — Auf Klüften findet sich merkwürdiger Weise gediegenes Blei.

Den höchsten Grad complicirter Verhältnisse erreichen die berühmten Lager von Arendal in Norwegen. — Dieselben ziehen sich entlang der südöstlichen norwegischen Küste in einer etwa 25 Kilometer langen Zone hin. Das Nebengestein ist Gneiss, der oft in Glimmerschiefer und Hornblendeschiefer übergeht und Kalklager enthält.

[1] H. Stähler, *Berg- u. Hüttenm. Zeitung.* 1867, p. 17.

[2] L. J. Igelström, *Berg- u. Hüttenm. Zeitung.* 1866, p. 21.

Die im Grossen wieder linsenförmig gestalteten und in den Schichten liegenden Erzmassen, von 2 bis 20 m Mächtigkeit und etwa 90 bis 200 m streichender Länge, werden von eigenthümlichen Hüllen umgeben, in denen sich die Bestandtheile des Lagers und des Nebengesteins mischen. Glimmer, Hornblende, Epidot, Granat, Kalkspath und Magneteisen sind die Hauptbestandtheile derselben. Sehr merkwürdig ist es, dass aus dem aus Magneteisen bestehenden Kern des Lagers eigenthümliche, aderartige Ausläufer in die Lagerhüllen hineinsetzen. — Der zuweilen grosskörnige Magneteisenstein wird stets begleitet von Augit oder Kokkolith, Hornblende, Granat, Kalkspath und einzelnen Gemengtheilen des Gneisses, ausserdem noch von sehr vielen anderen Mineralien. — Die letzteren zeigen, wenn sie in Krystallen ausgebildet sind, abgerundete Kanten, eine Eigenschaft, die bei im körnigem Kalkstein eingewachsenen Krystallen so häufig ist.

Eine etwas schiefrige Textur, parallel der des einschliessenden Gesteins, und entsprechend der Längenausdehnung der Linsen, ist innerhalb der Lagermassen öfters zu bemerken.

Die Klüfte, welche die Lager durchsetzen, sind ebenfalls der Sammelplatz mannigfacher Mineralbildungen, wie Stilbit, Datolith, Prehnit, Flussspath etc.

Granitische Gänge mit vielen zum Theil seltenen Mineralien durchsetzen die Lager und das Nebengestein.

Die verschiedenen Lager haben sehr wechselnde Formen und wechselnde Mineralführung, so dass fast jedes derselben individuelle Eigenthümlichkeiten aufweisen kann. Th. Kjerulf und Tellef Dahl,[1] die sehr genaue Beschreibungen der Lagerstätten gegeben haben, halten dieselben für Gänge.

Von den Lagerstätten Finnlands genügt es die von Helsingfors zu nennen, die grosse Aehnlichkeit mit denen von Phillipstadt und Arendal besitzen. Die Lager werden von Hornblendegesteinen eingeschlossen; mit dem Magneteisen brechen Granat, Augit, Epidot, Glimmer, Chlorit, Talk etc. zusammen; granitische Gänge durchsetzen die Lagermassen.

§ 77. Fortsetzung des Typus Magneteisenstein- und Eisenglanzlager. In Nordamerika treten Eisenerzmassen von enormen Dimensionen in der laurentinischen und huronischen Formation auf.[2]

Die wichtigsten laurentinischen Erzmassen enthalten die Staaten New York, New Jersey und Pennsylvania und zwar in folgenden

---

[1] *Neues Jahrb. f. Mineral.* 1862, p. 557.

[2] H. Credner, *Zeitschr. d. d. geol. Gesellsch.* 1869, Bd. XXI, p. 516, und *Berg- u. Hüttenm. Zeitung.* 1871, p. 369. — Wedding, *Zeitschr. f. d. Berg-, Hütten- u. Salinenw. im preuss. Staat.* Bd. XXIV, 1876, p. 330.

drei gesonderten Gebieten: 1. Gebiet des Lake Champlain, 2. Gebiet der Highlands von New York und New Jersey, 3. Gebiet von Cornwall in Lebanon Co. in Pennsylvania.

1. Gebiet des Lake Champlain. Zwischen dem Lake Champlain und dem Lake Ontario liegt der Gebirgsstock der Adirondack Mountains. Dieselben werden von laurentinischem Gneiss gebildet, der zuweilen seine deutliche Schichtung verliert, und granitartig wird. — Sehr grosskrystallinischer Magneteisenstein, der zum Theil durch Apatit sehr stark verunreinigt ist, findet sich in linsenförmigen, stellenweise sich stockartig erweiternden Lagern zwischen den Gesteinsschichten. Innerhalb der Lager liegen Bänder von Feldspathgesteinen, welche eine mit dem Streichen und Fallen übereinstimmende Lage einnehmen. Die Lager haben Mächtigkeiten von 0,75 bis 14 m.

Die Formation setzt nördlich nach Canada fort, und hier steigt die Mächtigkeit der Lager bedeutend; so beträgt diese bei Marmora 31, bei Newborough 62 m.

2. Gebiet der Highlands von New York und New Jersey. Syenitischer Gneiss ist hier das Muttergestein der Eisenerze, die in Lagern auftreten, welche allen Biegungen und Knickungen der Gneissschichten folgen und sich dabei meilenweit verfolgen lassen. — Manche Zonen sind fahlbandartig von Magneteisen erfüllt, das sich stellenweise zu bauwürdigen Lagern und Lagerstöcken concentrirt. — Aber auch scharf gegen das Nebengestein begrenzte reine Magneteisenmassen, die durchaus flötzartigen Charakter annehmen, liegen zwischen dem Gneiss, z. B. in der King Mine New Jersey's.

Scharf abgegrenzt gegen das Nebengestein ist das bis 25 m mächtige Lager von Peekshill, 50 miles nördlich von New-York. Dasselbe besteht aus feinkörnigem Magneteisen mit Hornblende und Magnetkies. Quarz durchsetzt in breiten Schnüren die Lagermasse. — Nach der Tiefe zu nimmt der Gehalt an Magnetkies zu, und mengen sich noch Schwefelkies und Kupferkies bei.

Stockartig ist die circa 20 m mächtige Erzmasse von Forest of Dean, am rechten Ufer des Hudson River, in deren Nähe der Syenit seinen typischen Charakter verliert und vorherrschend aus reinem Feldspath besteht, der Pistacit und Magneteisenerzschnüre enthält.

Nach Wedding erreichen die Magneteisenerzlager nördlich von Ringwood und namentlich bei Dovre ihre grösste Entwickelung. Sie finden sich hier ausser dem Gneiss, auch Schichten von körnigem Kalk eingelagert. Das Erz, im Allgemeinen feinkörniger als das des Lake Champlain, enthält Quarz, Hornblende, Feldspath, Phosphorit (?) und nicht selten Eisenkies; es ist theils hart und fest, theils körnig und bröcklig (Schrot-Erz).

Im syenitischen Gneiss, und zwar an Kalklager gebunden, finden sich auch die bekannten Franklinit und Rothzinkerz enthaltenden Lager von Franklin und Sterling in New-Jersey[1], in deren Nähe der Gneiss auch Magneteisenerzlager beherbergt. — Der Franklinit kommt in bis 3 m mächtigen Lagern fast rein vor und besteht dann aus lose verbundenen, graupen- bis nussgrossen, manchmal oktaedrischen Körnern, oder er ist in einer Grundmasse von Kalkspath mit vielen Mineralien zusammen, wie Rothzinkerz, Willemit, Troostit, Rhodonit, Hornblende, Granat etc. eingeschlossen.

3. Gebiet von Cornwall in Lebanon Co. in Pennnsylvania.

Die erzführenden laurentinischen Gesteine setzen von New-Jersey aus noch in Pennsylvania hinein, wo sie bei Cornwall ausgebeutet werden. — Das Magneteisen ist in horizontalen Schichten, mit Serpentin und chloritischen Gesteinen wechselnd, abgelagert; es ist mit Kupferkies und seinen Zersetzungsproducten so stark gemengt, dass diese bei der Erzgewinnung besonders ausgehalten werden können. Das Erz ist frei von Phosphor, enthält aber ausser Kupferkies noch Schwefelkies und Kobalterze.

Die huronischen Gesteine Nordamerikas enthalten hauptsächlich in zwei Gebieten Eisenerze: 1. in den südlichen atlantischen Staaten; 2. am Südufer des oberen Sees.

1. In den südlichen atlantischen Staaten enthalten dieselben Gesteine, welche die oben geschilderten Kieslager (p. 115) beherbergen, auch Magneteisenerzlager, die aber bis jetzt noch keine grosse technische Wichtigkeit erlangt haben.

2. Gegentheils wird auf den huronischen Lagerstätten am Südufer des oberen Sees, in den Staaten Michigan und Wisconsin, gegenwärtig der bedeutendste Eisenerzbergbau Nordamerikas betrieben.

Die huronischen Schichten, wesentlich aus Quarziten, Kalksteinen, Rotheisenstein und krystallinischen Schiefern, Chloritschiefer, Talkschiefer etc., bestehend, liegen, zu Mulden und Sätteln zusammen gefaltet, discordant über der steil aufgerichteten laurentinischen Formation.

In dem Bergwerksdistrict Negaunee, nahe Marquette, bilden die eisenerzführenden, huronischen Schichten eine steile Mulde (s. Fig. 66), deren nördlicher Flügel einen sehr einfachen Verlauf besitzt, während der südliche Flügel zu vielen Specialmulden und Specialsätteln zusammen gefaltet ist.

Das Liegende der Mulde wird von Quarziten und Chloritschiefern ge-

---

[1] H. Credner, *Berg- u. Hüttenm. Zeitung*. 1866, p. 29, und 1871, p. 369.

bildet. — In ersteren sind stellenweise Streifen eines kieseligen Dolomits eingebettet. — Der Chloritschiefer wird dadurch interessant, dass er lenticulare Massen von glasigem Quarz mit Einschlüssen von Kupferkies, goldhaltigem Schwefelkies und Bleiglanz besitzt.

Darüber liegt eine mächtige Zone von eisenschüssigen Quarziten mit Eisenkieseln, in welche Dioritdecken eingeschaltet sind.

Eng an diese Zone sich anschliessend, treten in der oberen Region der Mulde die Rotheisensteinlager auf, die in grossartigen Tagebauen ausgebeutet werden.

Der Rotheisenstein ist theils körnig, und dabei manchmal aus einem Aggregat lauter kleiner Martitoktaeder gebildet, theils dicht und schiefrig. — Auch die dichten und schiefrigen Erze umschliessen Martitoktaeder, oder Eisenglanzschuppen und in Hohlräumen traubigen Glaskopf.

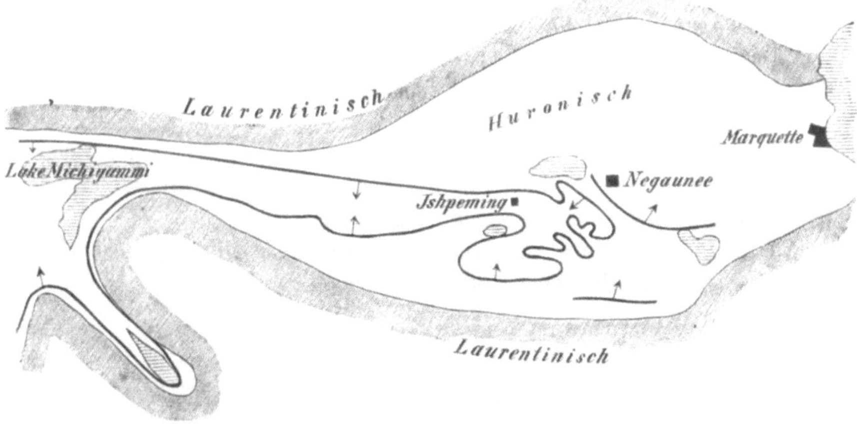

Fig. 66. Bergwerksdistrict von Negaunee nach H. Wedding.
Ausgehendes des Erzflötzes.

Besonders interessant ist es, dass die schiefrigen Varietäten auf ihren Schichtflächen Wellenfurchen zeigen.

Local ist das Erz in Brauneisenstein umgewandelt und von Manganerzen, Psilomelan und Hausmannit begleitet. Ebenso local ist das Auftreten von Talkschiefern, Chloritschiefern, Granatgestein und Magneteisensteinlagern mit Schwefelkies-, Kupferkies- und Chloriteinschlüssen.

Nach Wedding haben die Lager 5 bis 7, manchmal auch 30 m Mächtigkeit, und sind gegen die umgebenden Quarzite nicht scharf abgegrenzt.

Im Hangenden dieser Zone treten dunkle Thonschiefer auf, die stellenweise Schwefelkies, Anthophyllit und Aktinolith umschliessen, und in Glimmerschiefer mit Staurolith und Andalusit übergehen.

In der westlichen Fortsetzung dieser Mulde liegen unter wesentlich gleichen geognostischen Umständen die Rotheisenerzlager der Iron Ridge, von Smith's Eisenberg und des Michigammi Eisenberg.

Gar nicht zu verkennen ist es, dass diese Lagerstätten in naher Beziehung zu den Rotheisensteinflötzen der jüngeren Formationen stehen.

Räumlich getrennt von dem Negaunee-District, aber auch im Huron, wenngleich in einem höheren Niveau, erscheinen bis 10 m mächtige, reine Rotheisensteine zwischen Quarziten in der Menomonee Eisenregion südlich vom Oberen See. Bemerkenswerth ist es, dass der Eisenstein am Sturgeonfluss daselbst von einem etwa 2,5 m mächtigen Granitgange durchsetzt wird, und neben demselben Eisenglanzkrystalle auf Klüften enthält, eine Erscheinung, die sich sonst nirgends wiederholt und mit dem Granitgange jedenfalls im causalen Zusammenhange steht.

Ein Rotheisensteinlager im krystallinischen Schiefergebirge scheint das des Pilot Knob[1] in Missouri zu sein.

Das 12 m mächtige Lager hat eine geschichtete Structur, so dass sich das Erz leicht in flache Stücke spalten lässt; eine Schieferlage theilt dasselbe in zwei, etwa gleiche Hälften.

Das Erz hat eine perlgraue Farbe mit starkem Schein ins Blaue, und zeigt einen sehr dunklen Strich; es ist matt, hat einen stahlartigen feinkörnigen Bruch, und ist wenig magnetisch.

Das Liegende wird von einem eigenthümlichen porphyrischen Gestein gebildet, das Hangende von einem Conglomerat.

II. Massige Lagerstätten.

(S. § 10 p. 10.)

§ 78. **Typus Taberg.** Charakteristik: Einschlüsse von Magneteisen (z. Th. titanhaltiges) in verschiedenen massigen Gesteinen, am häufigsten im Basalt, Diabas, Olivingestein, Augitporphyr, Diorit und Syenit.

Bekanntlich enthalten die Laven, Basalte, Melaphyre, Diorite, Syenite und andere massige Gesteine, Magneteisen und Titaneisen so zwischen den wesentlichen Mineralbestandtheilen eingeschlossen, dass an einer gleichzeitigen Entstehung mit denselben — also an Ausscheidung — nicht gezweifelt werden kann (s. § 41. p. 67).

Es sind einzelne Kryställchen, Krystallskelette, Körnchen, Klumpen und

[1] Wedding, *Zeitschr. f. d. Berg-, Hütten- u. Salinenw. im preuss. Staat.* 1876, Bd. XXIV. p. 345.

Primärtrümmer (s. § 46. p. 74), in denen das Magneteisen erscheint. Die Menge desselben ist oft so gross, dass das ganze Gestein magnetische Eigenschaften bekommt und bei Verwitterung und mechanischer Zerstörung desselben ein an Magneteisen sehr reicher Gruss oder Sand zurückbleibt. LASPEYRES beschreibt das, — um nur eines von den vielen Beispielen anzuführen — von den Melaphyren[1] (Palatiniten) der Pfalz.

Jeder Mineraloge kennt die Klumpen von titanhaltigem Magneteisen, welche sich in dem Basalt von Unkel am Rhein ausgeschieden finden. Derartige Ausscheidungen gewinnen auch, wenn sie gross und häufig sind, technische Wichtigkeit. Ausgebeutet werden kuchenförmige Einschlüsse von tianhaltigem Magneteisen im sogenannten Åsby-Diabas[2] Törnebohms im nördlichen Schweden, welches Gestein Gänge im Gebiet der Gneiss-, Granit- und Porphyr-Territorien, ferner mächtige Decken in den Sandsteinen Darlekarliens bildet.

Grossartig ist diese Art der Erzentwickelung am Taberg[3] bei Jönköping in Schweden. Der Berg erhebt sich etwa 125 m über den ihn umgebenden Gneiss; er besteht nach den Untersuchungen von A. SJÖGREN aus einem Olivingestein (Trapp), welches aus Olivin, Magnetit, etwas Plagioklas und accessorisch darin auftretendem Glimmer und Apatit zusammengesetzt ist. — Der schroffe Abfall des Berges gegen den Mansarpa-Fluss besteht fast ganz aus Magneteisen, das heisst es findet sich hier das Erz im Gestein in sehr grosser Menge ganz feinkörnig, oder auch in einzelnen derben Adern ausgeschieden.

Schon DAUBRÉE hat den Taberg als den Repräsentanten der in massigen Gesteinen eingeschlossenen Eisenerze hingestellt, und diesen auch das Vorkommen an den uralischen Eisenerzbergen Gora Blagodat, Katschkanar und Wissokaja Gora zugerechnet.

Der Berg Gora Blagodat[4] erhebt sich, 26 Meilen nördlich von Katharinenburg und 3 Meilen östlich vom Kamm des Ural, zu einer Höhe von etwa 156 m über den Spiegel der benachbarten Seen. Er besteht aus Augitporphyr, der nach der Höhe zu in Uralitporphyr, und in der Nähe des Gipfels in ein dichtes basaltähnliches Gestein übergeht. Das Magneteisen ist in dem Gestein in Trümmern und in stockförmigen Massen abgeschieden. — Auf der Höhe des Berges ragt das Erz als Felsen empor. Das Magneteisen ist sehr dicht, und enthält Schwefelkies, Kalkspath, Apatit, Glimmer und Analcim (auf Klüften?).

55 Werst nordwestlich von Blagodat liegt der Magneteisenberg

---

[1] *Neues Jahrb. f. Mineral.* 1869, p. 512.

[2] *Neues Jahrb. f. Mineral.* 1877, p. 269.

[3] A. SJÖGREN, *Neues Jahrb. f. Mineral.* 1876, p. 434.

[4] H. MÜLLER, *Berg- u. Hüttenm. Zeitung.* 1866, p. 54.

Katschkanar,[1] der ebenfalls aus einem Augitfels besteht, welcher von Talk-, Chlorit- und Hornblendeschiefern umgeben wird.

Das Gestein ist mit Magneteisenkörnern erfüllt und von Magneteisenerzadern durchzogen (Fig. 67). Das Erz, welches sehr rein ist, wurde nie in Krystallen gefunden, und ist niemals durch Quarz verunreinigt.

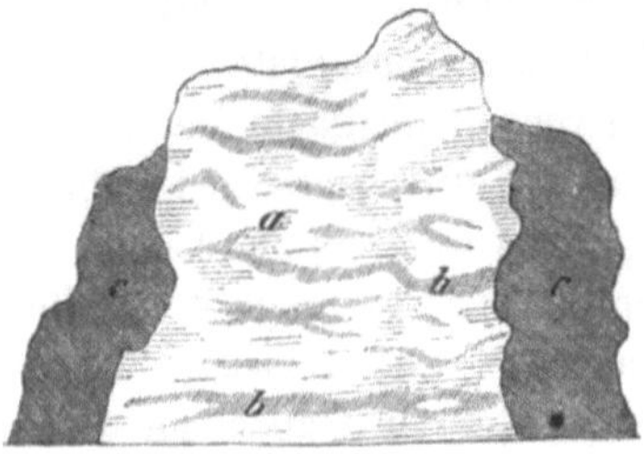

Fig. 67. Erzfelsen am Katschkanar nach Zerrenner.
a Augitfels. b Magneteisen. c Serpentin.

Ein sehr stark zersetzter Grünstein (Diorit?), „der von nahe neben einander liegenden, und zum Theil untereinder zusammenhängenden, unregelmässigen, grossen Massen, oder kleineren Butzen, Nestern und selbst gangförmigen Magneteisenerzpartieen“ durchzogen ist, bildet den Berg Wissokaja-Gora[2] dicht neben dem Berg- und Hüttenort Nischne-Tagilsk am Ural, der 20 Meilen nördlich von Katharinenburg liegt. — Das sehr reine, dichte, oder kleinkörnige Magneteisen zeigt häufig Uebergänge in Roth- und Brauneisenstein und wird nur selten durch braunen Glimmer, Chlorit, Talk, Eisenkies, Kupferkies, Kupfergrün, Malachit, Kupferlasur und Kupferpecherz verunreinigt.

Das Auftreten der Kupfererze ist mit der in der Nähe befindlichen Kupfererzlagerstätte der Grube Mednorudjansk (s. § 81) in Zusammenhang zu bringen.

Zu diesem Typus sind auch die im Syenit und Syenitgranit eingeschlossenen stockförmigen Magneteisenerzmassen der Zechen schwarzer und gelber Krux[3] bei Schmiedefeld in Thüringen zu stellen, wie aus den Schilderungen, die Krug von Nidda giebt, deutlich hervorgeht. „Der Magneteisenstein ist ein sehr verbreiteter Gemengtheil des Syenits im Thüringer Wald; er findet sich aber grösstentheils in so feinen Körnern, dass er mit blossem Auge nicht leicht bemerkt wird. — Die Lagerstätte des schwarzen Krux scheint nur ein Syenit mit vorwaltendem Gehalt von Magneteisen zu sein, bei dem die übrigen gewöhnlichen Bestandtheile zurücktreten, und selbst verschwinden, so dass kaum noch eine Vermengung mit Quarz, Feldspath und Hornblende zu bemerken ist.“ — Die Lagerstätte des gelben Krux, die in der Hauptsache gleicher Art wie die vorhergehende ist, hat ihren Namen davon erhalten, dass dem

---

1 Zerrenner, *Zeitschr. d. d. geol. Gesellsch.* Bd. I, 1849, p. 475.
2 H. Müller, *Berg- u. Hüttenm. Zeitung.* 1866, p. 185.
3 Krug v. Nidda, *Karsten's Archiv.* Bd. 11, 1838, p. 14.

Magneteisenstein viel Schwefelkies beigemengt ist, wodurch natürlich der Werth des Erzes sehr beeinträchtigt wird.

§ 79. **Typus Iron Mountain.** Charakteristik: Einschlüsse von Eisenglanz in massigen Gesteinen.

(Es kann zweifelhaft sein, ob es nicht richtiger ist das Vorkommen des Iron Mountain zu den Gängen des Typus Zorge zu stellen. Vergl. § 84 u. 128.)

Südlich von St. Louis in Missouri tritt das krystallinische Schiefergebirge inselartig aus silurischen Schichten hervor.

Am Iron Mountain,[1] der 80 m über die Thalsohle hervorragt, bildet ein porphyrartiger Melaphyr das Muttergestein des Eisenerzes.

Vor Beginn des Bergbaues war der ganze Berg von, in Thon eingebetteten, losen Erzstücken umgeben. Der Bergbau hat später nachgewiesen, dass der darunter liegende Melaphyr nach allen Richtungen von mehr oder weniger mächtigen Eisenerztrümmern durchsetzt ist. (S. Fig. 68.) — Eine 10 bis 20 m mächtige, reine Erzmasse soll den Berg in zwei Hälften theilen, und zu beiden Seiten derselben ist das Gestein mit Erz allseitig durchtrümmert. Das Erz ist ein dichter Eisenglanz von stahlgrauer Farbe mit schwachem Schein ins Blaue; in ihm treten viele Apatitkrystalle auf. Wo letztere herausgelöst sind, hat der Eisenstein eine löcherige Beschaffenheit bekommen.

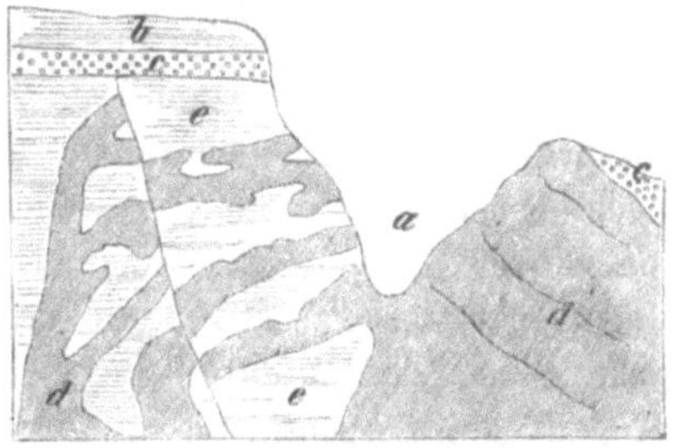

Fig. 68. Iron Mountain nach H. Wedding.
a Tagebau. *b* Erdkrume. *c* Gerölle. *d* Eisenerz. *e* Porphyr (Melaphyr?).

Augenscheinlich hat das geognostische Vorkommen am Iron Mountain mit dem an den uralischen Eisenerzbergen Gora-Blagodat, Katschkanar und Wissokaja-Gora die grösste Aehnlichkeit, denn an allen diesen Bergen finden sich Eruptivgesteine, die von unregelmässig verlaufenden, aderartigen Eisenerzmassen durchschwärmt sind.

§ 80. **Typus Wooded Peak.** Charakteristik: Einschlüsse von Chromeisenstein in Olivingesteinen und Serpentin.

Die meisten dieser Lagerstätten gehören zu den metamorphischen. Chromeisenstein und Magneteisenstein finden sich in Serpentin eingewachsen, und zwar so, dass eine gleichzeitige Entstehung beider angenommen werden muss.

[1] Kleinschmidt, *Berg- u. Hüttenm. Zeitung.* 1869, p. 357 u. 373. — Wedding, *Zeitschr. f. Berg-, Hütten- u. Salinenw. im preuss. Staat.* 1876, Bd. XXIV, p. 343.

Den Untersuchungen Fr. Sandberger's, Tschermak's und Anderer verdanken wir die Erkenntniss, dass Olivin niemals ein primitives Mineral ist, sondern immer durch Umwandlung eines Magnesiasilicats, Olivin, Augit, Enstatit etc. entstand. — Die Umwandlung geschah durch Sickerwasser von Sprüngen und Klüften aus, und zwar dadurch, dass die wasserfreien Magnesiasilicate Wasser aufnahmen; bei dieser Umwandlung schied sich der Eisengehalt der Silicate als Magneteisen, oder, wenn in dem ursprünglichen Gestein chromhaltige Mineralien enthalten waren, wie Picotit, Chromdiopsid, als Chromeisenstein ab.[1] Mit der Serpentinisirung der Gesteine geht daher auch die Ausscheidung von Chromeisenstein, oder Magneteisen Hand in Hand. Vorzüglich sind es Olivingesteine, aus denen Serpentine hervorgegangen sind. Enthalten diese, wie das Gestein des Taberg's (§ 78) schon ursprünglich Magneteisenerz, so wird der Erzgehalt durch die Ueberführung des Olivins in Serpentin nur noch vermehrt.

Das erste Olivingestein das bekannt wurde, ist der von Fr. v. Hochstetter beschriebene Dunit von Neuseeland. Derselbe gehört einem grossartigen Serpentingebirge an, das sich nach v. Hochstetter als mächtige Gangmasse von eruptivem Charakter auf eine Längenerstreckung von 80 englischen Meilen und in einer Breite von 1 bis 2 englischen Meilen nachweisen lässt.[2] Mit dem Dun-Mountain, der aus Dunit besteht, hängt der Wooded Peak unmittelbar zusammen. Dieser Berg ist ganz aus Serpentin zusammengesetzt und enthält zahlreiche Chromeisensteinmassen, die zum Theil ganze Felsen zusammensetzen und bergmännisch gewonnen werden.

Zu Kraubath in Obersteiermark[3] ist eine Serpentinzone von $1^1/_2$ Meilen Länge, und $^1/_4$ Meile Breite bekannt, die im Gneiss, parallel den Schichten desselben, eingelagert ist. Der gewöhnlich unregelmässig zerklüftete, selten parallel den angrenzenden Gneissschichten geplattete Serpentin enthält den Chromeisenstein in körnigen, oder trummförmigen Ausscheidungen. Accessorisch sind im Serpentin Talk und Bronzit vorhanden und auf Klüften finden sich Pikrolith und Magnesit.

Unter Verhältnissen, die den eben geschilderten wesentlich gleich sind, kommt Chromeisenerz enthaltender Serpentin an sehr vielen Orten vor, z. B. zu Plavischevitza[4] in der Banater Militärgrenze, bei

---

1 *Neues Jahrb. f. Mineral.* 1867, p. 175.

2 Fr. v. Hochstetter, *Zeitschr. d. d. geol. Gesellsch.* 1864, Bd. XVI, p. 342.

3 Hauenfels, *Berg- u. Hüttenm. Jahrb. d. k. k. östr. Bergacad.* 1864, Bd. XIII, p. 214.

4 *Oestr. Zeitschr. f. d. Berg- u. Hüttenw.* 1872, p. 342.

Tromsoe[1] und Rohhammer[2] in Norwegen, in untergeordneten Nestern und unregelmässigen Lagern der laurentinischen Gesteine der Alleghanies,[3] — am Ural, in Kleinasien, etc.

Die Untersuchungen E. Dathe's[4] haben gelehrt, dass die früher als Trappgranulite bezeichneten Gesteine des sächsischen Granulitgebirges Olivingesteine sind, unter denen man Granat-Olivinfelse und Enstatit-Olivinfelse zu unterscheiden hat. Diese Gesteine finden sich in flötzartigen und lagerartigen Massen zwischen den Granulitschichten; sie sind die Muttergesteine der Serpentine, die sich ebenfalls in mehr oder minder mächtigen Lagen, oder linsenförmigen Massen zwischen den Schichten des Granulits vorfinden. — Der Gehalt an Chromeisenstein steht in diesen Serpentinen, die Art seiner Entstehung bezeichnend, im umgekehrten Verhältniss zum Olivin- und im directen Verhältniss zum Serpentin-Gehalt. — In den Klüften sind secundäre Produkte massenhaft ausgeschieden, wie: Talk, Chlorit, Magnesiaglimmer, Strahlstein, Waldheimit, Asbest, Speckstein, edler Serpentin, Pikrolith, Dermantit, Limbachit, Pyknotrop, Kalkspath, Braunspath, Schwerspath, Chalcedon, Opal, Eisenkiesel, Chromeisen, Magneteisen, Eisenglanz, Brauneisenstein.

Die Lagerungsverhältnisse der Serpentine des sächsischen Granulitgebirges, der Alleghanies etc. machen es wahrscheinlich, dass nicht alle Olivingesteine Eruptivgesteine sind, einige vielmehr als Bestandtheile des krystallinischen Schiefergebirges eine gleiche Entstehungsweise wie Gneiss, Granulit, Glimmerschiefer etc. gehabt haben können. Sollte das wirklich der Fall sein, müssten die aus solchen Olivingesteinen entstandenen Chromeisenstein enthaltenden Serpentine, in einen besonderen Typus vereinigt, neben die Fahlbänder gestellt werden, wovon jedoch vorläufig noch Abstand genommen werden soll.

§ 81. **Typus Mednorudjansk.** Charakteristik: Einschlüsse von Kiesen, — Schwefelkies, Magnetkies, Kupferkies, Buntkupfererz etc. —, seltener von anderen geschwefelten Erzen, — Bleiglanz, Blende, Fahlerz etc. — in massigen Gesteinen, am häufigsten im Diorit, Gabbro und Olivingestein (Serpentin).

Im Vergleich zu der grossen Menge und Verbreitung von Magneteisen in massigen Gesteinen kommen Kiese darin selten vor. — Schwefelkies, der zu den verbreitetsten Mineralien gehört, fehlt selten ganz und kommt unter Umständen vor, die auf eine gleichzeitige Entstehung mit

---

1 *Neues Jahrb. f. Mineral.* 1877, p. 784.
2 *Berg- u. Hüttenm. Zeitung.* 1855, p. 29.
3 Petermann's *Mitth.* 1871, H. II, p. 46.
4 *Neues Jahrb. f. Mineral.* 1876, p. 226.

den wesentlichen Bestandtheilen der massigen Gesteine schliessen lassen, so z. B. in Diabasen und Dioriten.

Letztere Gesteine, wie überhaupt vorzugsweise die Augit und Hornblende führenden, enthalten besonders häufig Kupferkies in krystallinischen Körnern und Nestern — z. B. die dem Silur des Ostharzes untergeordneten Diabase. — J. STRÜVER[1] giebt an, dass in den Laven des Capo di Bove, im Albaner Gebirge, wenn auch selten, kleine Körnchen von Kupferkies vorkommen.

Nächst Kupferkies ist Magnetkies zu nennen, der nach G. ULRICH[2] im Basalt Australiens in kleinen Krystallen und nesterweise gefunden ist. — Recht häufig ist das Mineral im Gabbra, z. B. dem des Harzes u. s. w.

Man sieht also, dass Kiese selbst den jüngeren vulkanischen Gesteinen nicht fremd sind. — Diese Thatsache kann ungezwungen damit in Zusammenhang gebracht werden, dass bei den Eruptionen der posttertiären Vulkane Eisen- und Kupferverbindungen, so wie der Schwefel, eine wichtige Rolle spielen.

Nach den Erfahrungen über lokale Concentration des, im Grossen fein vertheilten Magneteisens in massigen Gesteinen, ist eine solche auch zur Erklärung grösserer Anhäufungen von Kiesen anzunehmen.

Ein vortreffliches Beispiel dafür bietet die Lagerstätte der Grube Mednorudjansk[3] bei Nischne-Tagilsk im Ural, die innerhalb der Häuser dieses Ortes am südlichen Abhange der Wissokaja Gora (s. § 78, p. 144) abgebaut wird. Es ist ein bis 60 m mächtiger Dioritgang, der an der Grenze von silurischem Kalkstein und grünem metamorphischem Schiefer aufsetzt. Der Diorit enthält Schwefelkies und Kupferkies, theils in feinkörnigen Einschlüssen und in einzelnen Nestern, theils in compacten, nach dem Streichen und Fallen des Ganges lang ausgedehnten Streifen. — Der Kupfergehalt des Erzes beträgt $1^1/_2$ bis 2 %. In oberen Teufen sind die Kiese und der Diorit stark zersetzt. Die Lagerstätte ist der Fundort vieler interessanter Mineralien, unter denen, ausser Buntkupfererz, Kupferglanz und den bekannten oxydischen Kupfererzen, Brochantit, Libethenit, Tagilit und Ehlit zu nennen sind.

Ganz ähnliche Verhältnisse finden sich auf den Gruben von Gumeschewsk[4] am Ural, $7^1/_2$ Meile südwestlich von Katharinenburg. Die Gegend besteht aus krystallinischen Schiefern, Serpentin und körnigem bis dichtem Kalkstein. In letzteren tritt ein erzführender Dioritgang auf.

---

1 *Zeitschr. f. Krystallogr.* von P. GROTH. Bd. I, p. 229.
2 *Berg- u. Hüttenm. Zeitung.* 1859, p. 64.
3 H. MÜLLER, *Berg- u. Hüttenm. Zeitung.* 1866, p. 186.
4 H. MÜLLER, *Berg- u. Hüttenm. Zeitung.* 1866, p. 252.

In grösserer Tiefe enthält der noch frische Diorit Nester eines kupferarmen Gemenges von Eisen- und Kupferkies. — In oberen Teufen finden sich oxydische Erze und zwar hauptsächlich in den mächtigen lettigen Salbändern des Dioritganges. Diese Erze sind Malachit, der oft in centnerschweren reinen Massen gefunden wird, Kupfergrün, Rothkupfererz, seltener Kupferlasur, Kupferpecherz, Brochantit, Brauneisenerz, ferner ebenso wie auf der Grube Mednorudjansk Quarz und Hornstein.

Sehr wahrscheinlich gehört der Kiesstock, welcher auf der Mine jaune bei Chessy[1] unweit Lyon abgebaut ist, hierher. — Derselbe ist rings umher von Aphanit umschlossen und besteht aus einem Gemenge von Kupferkies, Eisenkies und Zinkblende.

Ist TH. SCHEERER's Auffassung der Kupferglanz führenden Granitgänge von Strömsheien in Norwegen (s. § 102) die richtige, so müssen dieselben auch in diesen Typus gestellt werden.

Als Beispiel einer bedeutenden Magnetkiesausscheidung in einem massigen Gestein ist der Trümmerstock von la Balma bei Locarno im Val Sesia[2] anzuführen. — Die Hauptmasse des Stocks ist birnförmig gestaltet, etwa 30 m lang und 5 bis 10 m breit (s. p. 55); von ihr laufen sehr viele unregelmässige Erzadern in das Nebengestein. Nickelhaltiger Magnetkies, mit etwas Millerit und Kupferkies, setzt die Lagerstätte zusammen. Das Nebengestein ist nach LEVI ein sehr hornblendereicher Diorit mit Chlorit, Talk, Granat und anderen accessorischen Bestandtheilen. STELZNER untersuchte diese Gesteine und fand unter denselben reine Hornblendegesteine, Bronzit-Gabbro, den Enstatitfelsen des Harzes ähnlich zusammengesetzte Gesteine und ein der Erzführung besonders günstiges Gestein, das unter dem Mikroskop aus Hornblende, Bronzit und Olivin zusammengesetzt erscheint.

Dass Olivin enthaltende Gesteine ziemlich häufig auch anderenorts Träger von Nickelerz sind, wird später zur Sprache kommen. (S. § 87.)

Nicht unwichtig scheint auch ein Kupfergehalt derselben, da wir einen solchen in Serpentinen finden, die aus Olivinfels unzweifelhaft hervorgegangen sind, so z. B. am Wooded Peak[3] in Neuseeland. (S. p. 146.) Spuren von Kupfererzen, besonders von grünem und blauem Kieselkupfer, welche bröckeligen Serpentin inkrustiren, werden dort häufig gefunden. Wo solche Anzeichen von Kupfererzen an der Tagesoberfläche

---

[1] v. COTTA, *Erzlagerstätten* II, p. 421.

[2] M. LEVI, *Neues Jahrb. f. Mineral.* 1867, p. 718. Ref. — STELZNER, *Zeitschr. d. d. geol. Gesellsch.* 1876, p. 623.

[3] *Berg- u. Hüttenm. Zeitung.* 1865, p. 91.

vorhanden waren, sind in der Tiefe nur Nester von Rothkupfererz, Kupferpecherz, gediegenem Kupfer, auch von Kupferkies, Buntkupfererz und Kupferglanz gefunden, niemals wirkliche Kupfererzgänge.

Sehr eigenartig ist das Kupfererzvorkommen in den Serpentinen Toscanas.[1] Zu beiden Seiten des Appennin, zwischen Genua und den Quellgebieten des Tiber und Metauro, durchbrechen zahlreiche Eruptivgesteinskuppen die Kreide- und Tertiärschichten. — Letztere liegen concordant übereinander, lassen sich petrographisch schwer unterscheiden und sind nur durch den zuerst von MURCHISON aufgefundenen Nummulitenhorizont zu trennen.

Zu den Eruptivgesteinen gehören Gabbro, ein feinkörniger Diorit, ein dem Melaphyr ähnliches, zuweilen als Mandelstein ausgebildetes Gestein und Serpentin. — An den Grenzen dieser Gesteine gegen die Sedimente tritt der sogenannte Gabbro rosso auf, ein meist sphäroidisch abgesondertes, durch ausgeschiedenes Eisenoxyd roth verwittertes, dem Melaphyr ähnliches Gestein.

J. COCCHI unterscheidet ausser den genannten älteren Eruptivgesteinen mit den zu ihnen gehörigen Serpentinen, die sich immer durch Diallag auszeichnen sollen, einen Serpentin von jüngerer Bildung, der keinen Diallag einschliesst und die älteren Gesteine in Gängen durchsetzt. „Dieser jüngere Serpentin, welchem sich verschiedene andere Gesteine der Grünsteinfamilie zugesellen, birgt häufig Lagerstätten verschiedener Schwefelmetalle, namentlich des Kupfers, doch auch des Bleies, Eisens und Zinkes. Diese Vorkommnisse sind meist sehr arm und regellos, nur ausnahmsweise reich.“

Zu den wichtigsten gehört der Serpentingang am Monte Catini, welcher im Gabbro rosso (Melaphyr nach G. v. RATH) auftritt. (S. Fig. 69.) Der Gang hat sehr unregelmässige Formen, zum Theil riesige Dimensionen, so dass er als Gangstock bezeichnet werden kann. Das Ganggestein ist theils Serpentin und Steatit, theils ein Conglomerat von gerundeten und zersetzten Melaphyr- und Serpentinstücken, die durch ein talkiges Bindemittel verbunden sind. Vom Nebengestein ist die Gangmasse durch Rutschflächen und Gesteinsablösungen geschieden. — Die Erze treten durchaus regellos im Ganggestein auf; sie finden sich entweder im Serpentin eingeschlossen, oder an den Grenzen dieses gegen das Conglomerat und den Melaphyr. — Die Erzmassen sind ellypsoidisch oder kugelig gestaltet, oder auch unregelmässig geformt und liegen entweder isolirt, oder sind durch Erzadern miteinander verbunden. Die Grösse der kugeligen Erzmassen schwankt von äusserster Kleinheit bis zu vielen

---

[1] G. v. RATH, *Zeitschr. d. d. geol. Gesellsch.* 1865, Bd. 17, p. 282.

Cubikmetern. — Das häufigste Erz ist Kupferkies, dann folgt Buntkupfererz und endlich Kupferglanz.

„Der Kupferkies findet sich in reinen Massen von 6 bis 10 Cubikmetern, reiner Kupferglanz in Kugeln von Kopfgrösse. — Die grossen Erzkugeln bestehen sehr gewöhnlich im Innern aus Kupferkies, an der Oberfläche aus Buntkupfererz. Darüber folgt dann wohl an der Oberfläche noch Kupferglanz und gediegenes Kupfer.“ Aehnliche Kupfererzkugeln, die sich immer leicht aus dem umgebenden Serpentin herauslösen lassen, sind noch in vielen anderen Serpentingängen Toscanas bekannt.

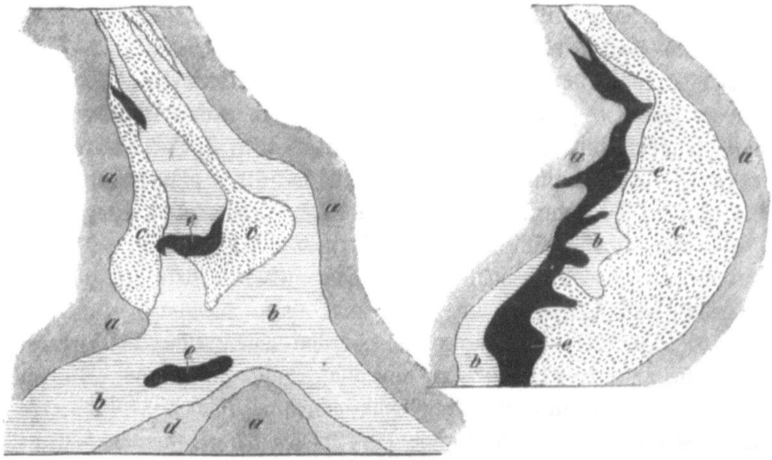

Fig. 69. Vertical-Durchschnitte durch die Kupfergrube des Monte Catini nach A. Schneider. *a* Melaphyr. *b* Serpentin. *c* Conglomerat von Serpentin u. Melaphyr. *d* Kalk u. Kalkmergel. *e* Abgebaute erzführende Massen (schwarz).

Die Ansicht G. v. Rath's, dass der Serpentin ursprünglich ein kupfererzhaltiger Olivin war, hat die grösste Wahrscheinlichkeit für sich. „Bei der Umänderung in Serpentin mussten Störungen in der Lagerung der Masse, Reibungen und Zerstörungen stattfinden, und bei diesem allmälig fortschreitenden Prozesse konnten sich die Erztheilchen zu grösseren Sphäroiden verbunden haben.“

§ 82. **Typus Monte Calvi.** Charakteristik: Erzführende, von Eruptivgesteinen begleitete Augitgänge.

Einzig in ihrer Art stehen die Gänge vom Monte Calvi[1] bei Campiglia maritima in der toscanischen Maremme da. — Der weisse Marmor, der von den toscanischen Geologen zum unteren Lias gerechnet

[1] G. v. Rath, *Zeitschr. d. d. geol. Gesellsch.* 1868, Bd. XX, p. 307.

wird, ist hier von zwei parallelen Gangzügen durchsetzt, die sich auf eine streichende Länge von $1^1/_2$ Miglien verfolgen lassen. Diese höchst eigenthümlichen, und durchaus nicht im continuirlichen Zusammenhange erzführend aufgeschlossenen Gänge werden nach G. v. RATH von Quarzporphyr und Augitporphyrgängen in einer Weise durchsetzt und begleitet, dass auf eine gleichzeitige Entstehung der Erzmassen und der Eruptivgesteinsgänge geschlossen werden muss. — Das ist auch der Grund, warum die Gänge an dieser Stelle angeführt werden.

Total abweichend von allen übrigen Gangausfüllungen besteht dieselbe hier vorzugsweise aus Augit und zwar dunkelgrünem Eisenkalkmanganaugit und grünlich grauem, pfirsichblüthrothem, oder licht bräunlich grauem Mangankalkaugit.

Der Augit ist strahlig und erscheint theils in einzelnen Zonen und Bändern, theils — und so am häufigsten — in excentrisch strahlig gebauten Kugeln von einigen Millimeter, bis etwa 2,5 m Durchmesser. Nesterweise, oder trümmerartig durchzieht den Augit glänzend schwarzer Ilvait, der in Drusenräumen auch zu schönen Krystallen angeschossen ist. — Mit diesen Silicaten sind verwachsen, als Kerne der Augitsphäroide, in concentrischen Lagen, oder zwischen den Augitstrahlen, Kupferkies und Eisenkies am häufigsten, dann Bleiglanz und braune Blende. (S. p. 72.) Von Gangarten werden Quarz und Kalkspath gefunden, die ähnlich wie die Erze mit dem Augit vorkommen, dann aber auch die Zwischenräume der Augitsphäroide und Bänder erfüllen. Diese Gangmassen erreichen am Temperino 28 bis 37 m, in der Cava del Piombo 22 m Mächtigkeit und sind mit dem schneeweissen Marmor, der ihr Nebengestein bildet, fest verwachsen.

III. Hohlraumsfüllungen.

(Siehe § 10 p. 10.)

1. Spaltenfüllungen oder Gänge.

(Siehe p. 10 u. 11.)

Mit Rücksicht auf theoretische Anschauungen, die im vierten Abschnitt zur Sprache kommen, ist es zweckmässig, die Gänge in massigen Gesteinen, von den in geschichteten Gesteinen zu trennen.

§ 83. **a. Gänge in massigen Gesteinen.** Sehr mannigfach sind die Erzbildungen in Klüften und auf Gängen, welche massige Gesteine durchsetzen. Oft hat sich der Metallgehalt der Silicate, welche die massigen Gesteine zusammensetzen, in Folge eines Zersetzungsprocesses, als Erz abgeschieden und auf Klüften und in Gängen angesiedelt. —

In anderen Fällen müssen es dagegen metallische Solutionen gewesen sein, welche entweder während, oder nach der Eruption die Erze zuführten.

§ 84. **Typus Zorge.** Charakteristik: Rotheisenstein, als rother Glaskopf, dichter Rotheisenstein, Eisenrahm etc. begleitet von Quarz, Carbonaten und anderen untergeordnet auftretenden Mineralien, in Gängen, welche entweder massige Gesteine, Diabas, Felsitporphyr, Porphyrit, Granit etc. durchsetzen, oder an der Grenze letzterer gegen Sedimentärgesteine liegen, auch in die Sedimente übertreten, in diesen aber nicht weit von der bezeichneten Grenze vertauben.

Innerhalb der Diabase des Harzes sind mit Rotheisenstein erfüllte Klüfte und Gänge eine sehr gewöhnliche Erscheinung. — Von den vielen bekannten Fundpunkten mag hier nur die Umgegend von Zorge[1] erwähnt werden. — In den dichten Diabasen setzen nach den verschiedensten Himmelsrichtungen streichende, $^1/_2$ bis 1 m, selten mächtigere Gänge auf, die mit kieseligem, dichtem Rotheisenstein, rothem Glaskopf und Braunspath in sehr wechselnden Mengenverhältnissen erfüllt sind. Die Gänge haben entweder scharf ausgeprägte Salbänder mit schönen Harnischen und Spiegeln, oder sind mit dem Nebengestein in der Weise verwachsen, dass der Gang allmälig in einen eisenschüssigen Grünstein mit 16 bis 20 % Eisen übergeht. — In Drusenräumen finden sich Krystalle von Braunspath, Kalkspath, Quarz und Eisenglanz.

Die Gänge setzen nur selten in die an den Diabas angrenzenden Kieselschiefer und Grauwacken hinein und vertauben dann.

Sehr bezeichnend für die Entstehungsweise solcher Eisenerzgänge in massigen Gesteinen ist es, dass man in der Region des Oberharzer Diabaszuges die Zwischenräume zwischen den Kugeln des kugelig abgesonderten Diabases vielfach mit Rotheisenstein erfüllt gefunden hat.[2]

Denselben Charakter wie die geschilderten Harzer Gänge, haben die Eisenerzgänge im Diabas des Voigtlandes.

Zwischen Stenn bei Zwickau und Christgrün[3] liegen die Eisenerze vielfach an der Grenze der Diabase und der Grauwackenbildungen, dann aber auch mitten im Diabas selbst, oder in geringer Entfernung von letzterem in Thon- und Grauwackenschiefern.

Sehr unregelmässigen Verlauf nach Streichen und Fallen, häufiger Mangel deutlicher Salbänder, dagegen vielfache Uebergänge in eisen-

---

1 *Erläuter. zur geol. Specialkarte v. Preussen.* Blatt Zorge. 1870, p. 11.
2 Zimmermann, *Das Harzgebirge.* 1834, p. 98.
3 v. Cotta, *Erzlagerstätten* II, p. 56.

schüssigen Grünstein, charakterisiren die Entstehungsweise dieser Gänge. — Der Rotheisenstein ist nahe der Tagesoberfläche in dichten und erdigen Brauneisenstein und in Eisenpecherz umgewandelt.

Die porphyrischen Gesteine von Ilfeld am Harz und Elgersburg etc. im Thüringer Wald, welche sich durch Manganerztrümmer und Gänge auszeichnen (s. § 85), führen Eisenerze in derselben Weise wie Manganerze.

Aus Felsitporphyr entstanden ist die Lagerstätte von Oberneisen[1] bei Diez in Nassau. Der Porphyr hebt sich in Form einer Kuppe aus der umgebenden devonischen Grauwacke heraus. Am Contact beider liegt die Rotheisensteinlagerstätte, in deren Liegendem der Porphyr in einem stark zersetztem und gebleichtem Zustande erscheint. Das Hangende ist ein Porphyrthon mit vielen Porphyrbruchstücken; — Thatsachen, welche die Entstehungsart der Lagerstätte klar documentiren.

„Die Lagerstätte besteht vorwaltend aus rothem, thonigem Eisenrahm mit wechselndem Eisengehalt (51,5 bis 62,2 %); als liegendes Glied des gesammten Eisenstein-Vorkommens erscheinen grössere, meist von Eisenrahm umkleidete Partieen von faserigem und dichtem Rotheisenstein. Im Eisenrahm treten nicht selten Knollen und kleine Nester auf, welche eine vollkommene Rogensteintextur besitzen und aus Concretionen von Eisenkiesel und rothem Thon bestehen, in welchem sich zuweilen Bruchstücke von Porphyr eingeschlossen finden.“

Das vorzugsweise die hangenden Partieen charakterisirende Brauneisenerzvorkommen zeigt dichten Brauneisenstein, von gelbem, ockrigem Thoneisenstein, seltener von faserigem Grüneisenstein begleitet. Der Brauneisenstein ist manganhaltig und führt in Drusen Manganspath.

An der Grenze von Granit und Felsitporphyr gegen krystallinische Schiefer, und sich nach beiden Seiten hin verzweigend, finden sich sehr viele Rotheisensteingänge im sächsischen Erzgebirge,[2] deren Mächtigkeit bis zu 30 m steigt. Die Ausfüllungsmassen, in der Hauptsache dem Granit entnommen, bestehen wesentlich aus Hornstein, der in Eisenkiesel übergeht, Quarz, Amethyst, Chalcedon oder Opal, eisenschüssigem Letten und Steinmark, dichtem Rotheisenstein und rothem Glaskopf mit Braun- und Gelbeisenstein, seltener Eisenglanz. Als untergeordnete Bestandtheile treten auf: Polianit, Psilomelan, Kupfer-, Kobalt- und Wismutherze. Die Textur der Gänge ist gewöhnlich massig, selten lagenförmig; sehr häufig sind Gangbreccien, aus Bruchstücken des Nebengesteins bestehend, vorhanden.

---

[1] C. A. Stein, *Neues Jahrb. f. Mineral.* 1864, p. 490. Ref.

[2] v. Cotta, *Erzlagerstätten* II, p. 20, 29, 42, 44, 45 u. 49.

Im Granit und Quarzporphyr setzen die Gänge des Altenberger Gebiets auf.

Das Stockwerk von Geyer (s. § 94), nebst den angrenzenden Gneissen und Glimmerschiefern, wird von einem Rotheisensteingange — „der rothe Fall“ genannt — durchsetzt.

Ein ausgezeichneter Contactgang — zwischen Granit und Gneiss, sich in beide aber auch hinein verzweigend, — ist der des Rothen Berges bei Schwarzenberg, und unter wesentlich gleichen Verhältnissen treten viele Gänge bei Johanngeorgenstadt und Eibenstock auf.

Zu den erwähnten Rotheisensteingängen, denen sich eine Unzahl ähnlicher Lagerstätten aus allen Ländern anreiht, gehören auch die eisenschüssigen Mineralmassen, die sich auf Klüften so vieler massiger Gesteine absondern, und, wenn sie auch die Aufmerksamkeit des practischen Bergmannes kaum zu erregen im Stande sind, jedenfalls hohes geognostisches Interesse haben.

§ 85. **Typus Ilfeld.** Charakteristik: Manganerze, hauptsächlich von Kalkspath und Schwerspath begleitet, in Gängen massiger Gesteine, Trachyt, Granit, Felsitporphyr, Porphyrit, Melaphyr etc.

Ebenso wie sich aus eisenhaltigen Gesteinen Eisenerze, scheiden sich aus manganhaltigen Gesteinen Manganerze auf Klüften und in Gängen ab.

Recht interessant ist es, Psilomelan in mit Eisenocher gefüllten Trachytklüften des Siebengebirges bei Bonn,[1] und am Stellberg[2] in der Rhön anzutreffen.

Bei Wittichen[3] im Schwarzwald werden Kluftflächen eines grobkörnigen Granits stellenweise von einer dünnen Braunitschicht bedeckt, über welcher schöne strahlige Pyrolusitmassen liegen. — Diese Manganerze sind sicher Auslaugungsproducte des Granits, dessen Glimmer sich durch einen bedeutenden Mangangehalt auszeichnet. —

Zu den bedeutendsten Manganerzvorkommen dieser Art gehören die in den Porphyren des Harzes und des Thüringer Waldes.

Bei Ilfeld[4] am Harz setzen Manganerzgänge im Porphyrit auf, der eine Decke im mittleren Rothliegenden bildet. — Die Gänge, wenige Centimeter bis 60 cm mächtig, fallen steil ein (60 bis 80°), und streichen zwischen den Stunden 6,5 bis 10.

---

[1] *Zeitschr. d. d. geol. Gesellsch.* 1852, Bd. IV, p. 576, und *Berg- u. Hüttenm. Zeitung.* 1853, p. 741.

[2] *Berg- u. Hüttenm. Zeitung.* 1854, p. 62.

[3] F. Sandberger, *Neues Jahrb. f. Mineral.* 1869, p. 208.

[4] *Erläuter. z. geol. Specialkarte v. Preussen.* Blatt Nordhausen. 1870, p. 10.

Die Erze sind theils dicht, theils — besonders in oberen Teufen — krystallisirt; es finden sich: Manganit, Pyrolusit, Varvicit, Braunit, Hausmannit, Psilomelan und Wad. — Die Gangarten sind: Schwerspath, Kalkspath, Braunspath und Braunsteinkalk (das ist durch Manganoxyde schwarz gefärbter Kalkspath), selten Manganspath.

Die Gänge sind immer von Trümmern begleitet, in denen sich das Manganerz ohne Gangart dicht an das Nebengestein anlegt. „Am Möncheberg ist die ganze Porphyritmasse mit Braunstein durchtrümmert; sämmtliche Trümmer setzen zu Tage aus und werden durch einen steinbruchsähnlichen Tagebau abgebaut.“ Die Gänge haben sich meist nur 10 bis 12 m, selten 60 m tief, verfolgen lassen, da sie in grösserer Tiefe arm, oder ganz taub werden.

Ausser von Manganerzen wird der Porphyrit Ilfelds auch von Eisenerzgängen durchsetzt (p. 154), die mit Schwerspath gemengten Rotheisenstein führen, aber ebenfalls in einer Tiefe von 40 m unbauwürdig werden. Dichte Rotheisensteine mit gelbem Eisenkiesel und rothem Jaspis setzen auch in Gängen des Melaphyrmandelstein's bei Ilfeld auf, der aber niemals Manganerze führt.

Anders ist es am Thüringer Wald,[1] wo Manganerze sowohl wie Eisenerze auf Gängen im Felsitporphyr, Melaphyr, Melaphyrconglomerat, und, — wenn auch seltener, — im Granit vorkommen. Pyrolusit und Psilomelan sind die wichtigsten Erze, während bei Ilfeld Manganit, oft in herrlichen Krystallen, die Hauptrolle spielt.

Das bedeutendste Manganerzvorkommen des Thüringer Waldes ist das am Rumpelsberg und Mittelberg bei Elgersburg. Pyrolusit und Psilomelan, daneben Wad, Hausmannit und Braunit, am seltensten Manganit, finden sich meist ohne Gangarten im Porphyr. „Nur ausnahmsweise zeigen sich geringe Mengen von blättrigem Schwerspath und Kalkspath. — Häufig liegen grössere und kleinere Fragmente des Porphyrs, in welchem die Gänge aufsetzen, in der Gangmasse. Kommt der Pyrolusit rein vor, dann sieht man denselben parallele Schaalen mit den Salbändern der Gänge bilden, oder die Nadeln strahlig von diesen gegen die Mitte hin auslaufen. Gewöhnlich findet jedoch eine solche regelmässige Verbreitung nicht statt. Pyrolusit und Psilomelan liegen in regellosen Massen zwischen Porphyrfragmenten, Letten und lettigem Wad, in den Gangspalten.“ — Die Mächtigkeit und der Verlauf der Gänge ist sehr wechselnd. Bald sind es regelmässige, von Südost nach Nordwest streichende Gangspalten mit steilem Einfallen, die sich zu Gangzügen gruppiren und von ganz dünnen, tauben Klüften bis zu stock-

---

[1] H. Credner, *Geol. Verh. d. Thüring. Waldes u. des Harzes.* 1843, p. 130.

artigen, 3 bis 5 m mächtigen Erzmassen anschwellen, — bald zarte, netzartig sich durchkreuzende Braunsteintrümmer, die die ganze Porphyrmasse wie ein Stockwerk durchschwärmen. — Ein Endigen der Gangspalten nach der Tiefe zu, ist noch nirgends beobachtet.

Viel unbedeutender ist das Vorkommen am Oerenstocker Felde bei Ilmenau und am Gottlob bei Friedrichsrode.

Bei Oerenstock setzen die Gänge sowohl im Porphyr, als auch in einem tuffartigen Melaphyr auf; sie führen ausser Pyrolusit stets Schwerspath und braun gefärbten Kalkspath als Gangart. Sehr schöne Hausmannit- und Braunitkrystalle sind von hier bekannt.

Bei Friedrichsrode ist Melaphyrconglomerat das Nebengestein der Gänge. „Dichter Psilomelan und meist kleinkörniger Hausmannit sind vorherrschend, Pyrolusit findet sich nur in geringen Spuren. — Schwerspath bildet die beständige Gangart; dass auch Kalkspath ursprünglich zu dieser gehörte, das beweisen die zellenartigen Hohleindrücke der Krystalle desselben in der den Salbändern zugekehrten Seite der Braunsteinlagen.“

§ 86. **Typus Tamaya.** Charakteristik: Geschwefelte Kupfererze, — Kupferkies, Buntkupfererz, Kupferglanz und Kupferfahlerz etc., — nebst den aus ihnen entstandenen Kupfermineralien, — Malachit, Lasur, Atacamit, Rothkupfererz, gediegenes Kupfer etc., — begleitet von nur wenigen Gangarten, — Kalkspath, Quarz, — und Erzen — Schwefelkies, Bleiglanz, Zinkblende — in Gängen, die massige Gesteine durchsetzen, am häufigsten Augit und Hornblende enthaltende, wie Diabas, Melaphyr, Diorit, Syenit etc.

Zu den wichtigsten Resultaten, welche Fr. Sandberger über den Metallgehalt der Silicatgesteine und ihrer einzelnen Bestandtheile erlangt hat (§ 152), gehört auch, dass Augite jüngerer (Basalt) und älterer (Diabas) Eruptivgesteine entweder Spuren, oder nachweisbare Mengen von Kupfer enthalten.

Es wird dadurch, sowie durch das specielle Verhalten des Erzvorkommens, sehr wahrscheinlich, dass Kupfererzgänge in Diabasen ihren Erzgehalt direct aus dem Nebengestein bezogen haben.

Nach Fr. Sandberger[1] tritt Kupferkies in den Diabasen und den damit verbundenen Schaalsteinen Nassau's um so reichhaltiger auf, je zersetzter sie sind, wie die zahlreichen, etwa 30 Gänge in der Gegend von Dillenburg, und etwa 10 in dem Lahn- und Weilthal bei Weilburg beweisen. Die Gänge sind reich in den zersetzten Diabasen, am

[1] *Berg- u. Hüttenm. Zeitung.* 1877, p. 390.

reichsten, wenn sie Rotheisensteinlager durchsetzen, und werden erzleer beim Uebersetzen in Cypridinenschiefer und Sandstein. — Wo aber die Diabase, — die Träger der Erze, — in der Tiefe compact und frisch wurden, da zeigten sich die Gänge auf einen blossen Besteg zusammengedrückt und erzleer.

Selten finden sich in den nassauischen Diabasen Bleiglanz und Zinkblende neben Kupferkies auf Kalkspathklüften, oder Kupferkiesgängen wie z. B. auf den Gruben Fortunatus, Gnade Gottes und Goldgrube.

Auch selbständig hat sich Bleiglanz für sich, oder mit Arsenikfahlerz auf kleinen Gangtrümmchen im Diabasgebiet gefunden. — Auch diese Erze können aus dem Nebengestein abgeleitet werden, da SENFTER in den nassauischen Diabasen Blei, Zink und Arsen nachgewiesen hat.

Aehnliche, wenn auch gewöhnlich sehr wenig ausgiebige Kupfererzgänge sind in vielen anderen Diabasen, z. B. denen des Harzes, des Fichtelgebirges etc. bekannt.

Kupfererzgänge in Eruptivgesteinen sind im Ganzen nicht selten, ob dieselben aber immer durch Auslaugungsproducte aus dem Nebengestein erfüllt wurden, ist zweifelhaft; wahrscheinlich ist es, dass bei der Bildung vieler derselben der Stoff durch Quellenthätigkeit aus grösserer Ferne zugeführt wurde.

Grossartig sind die Kupfererzgänge in den Dioriten und Syeniten Chilis. — Diese Gesteine bilden, im Verein mit anderen krystallinischen Gesteinen, die Höhenzüge an der Küste, in einer Breite von etwa 2 bis 3 deutschen Meilen. — In zahlreichen Gruben werden die reichhaltigen Gänge bebaut; zu den bedeutendsten derselben gehört die vom Cerro de Tamaya[1] unweit Tongoy, dem ersten grösseren Hafen nördlich von Valparaiso. Der Cerro de Tamaya besteht aus Diorit, in welchem Epidot und Magneteisen accessorisch sind. — Der Hauptgang von 2 bis 3 m Mächtigkeit, vielfach von kleineren Gängen und Trümmern begleitet, hat ein glattes, regelmässiges Liegendes, das durch einen Besteg von zerriebenem Nebengestein gekennzeichnet ist; — am Hangenden ist er mit dem Nebengestein verwachsen. (S. p. 37.) Die Erze sind Buntkupfererz und Kupferkies („bronces") die, — sehr rein, — ausgedehnte Erzmittel im Gange bilden. — Das Buntkupfererz enthält gediegenes Gold in feinen Häckchen mechanisch beigemengt. Schwefelkies kommt gar nicht, oder nur selten vor. — In der Nähe der Erzmittel pflegt eine aschenförmige, sehr eisenhaltige, mulmige, dunkle Mineralmasse (polvorilla) mit kleinen inneliegenden Partikelchen von Buntkupfererz den Gang auszufüllen. — Es sind das sicher Zersetzungsproducte der ursprünglichen Gangmasse.

---

[1] L. LIPKEN, *Berg- u. Hüttenm. Zeitung.* 1877, p. 129 ff.

Am Ausgehenden, bis zu 59 m tief, finden sich oxydische Kupfererze („metal de color").

Die ebenfalls im Diorit und Syenit aufsetzenden Gänge an der Algodon-Bai[1] in Bolivia, im Küstenlande der Wüste Atacama, welche bei 1 bis 2 m Mächtigkeit Kupferglanz, Kupferkies, Eisenkies etc. enthalten, sind dadurch ausgezeichnet, dass in ihnen Atacamit, und merkwürdiger Weise niemals Kupferlasur oder Kupfermalachit, gefunden wird. Besonders reich an Atacamit ist der 2 m mächtige Gang Atakamita, in dem das Mineral mit Rothkupfererz gemengt ist. — Ohne Zweifel ist der Atakamit durch Einwirkung des Meerwassers auf die Kupfererze entstanden.

Ein mächtiger, meilenweit zu verfolgender, aus Nord nach Süd streichender Dioritgang, der krystallinische Schiefer und darüber liegende Grauwackenbildungen durchsetzt, enthält bei Kaafjord[2] im nördlichen Norwegen, unter 69° nördlicher Breite, von Südwest nach Nordost streichende, 0,3 bis 4,5 m mächtige Kupfererzgänge, die sehr merkwürdige Ausfüllungsmassen haben. Es sind Breccien von Quarz, Kalkspath, Schwefelkies und Kupferkies, die durch fein zerriebene und aufgelöste Dioritmasse verbunden sind.

Ausschliesslich im Melaphyr, der eine sehr mächtige Decke zwischen untersilurischen Sandsteinen und Conglomeraten bildet, treten die Kupfererze, und zwar hauptsächlich gediegenes Kupfer, selten oxydische und geschwefelte Erze, am Oberen See[3] in Nordamerika auf. — Der Bergbau ist dort auf zwei Bezirke beschränkt, erstens den Bezirk von Keweenaw Point und zweitens den der Umgegend von Ontonagon. — Der bedeutendste ist jedenfalls der der Halbinsel Keweenaw, die, von der Südseite aus, sich in Form eines Hornes in nordöstlicher Richtung, 16 Meilen lang, in den See erstreckt.

Nach H. Credner hat man 4 Arten des Kupfererzvorkommens zu unterscheiden:

1. Echte Spaltengänge. Die Gänge, welche die Melaphyre und Melaphyrmandelsteine durchsetzen, sind nur in diesen erzführend und mächtig; sie verdrücken sich, wenn sie in feste Diorite, die mit dem Melaphyr zusammen vorkommen, hinein treten und vertauben vollständig, oft bei grosser Mächtigkeit, sobald sie in die angrenzenden Conglomerate und Sandsteine übersetzen. — Die Mächtigkeit ist sehr verschieden; sie beträgt bei dem Cliff-Gange 0,3 bis 1 m; bei dem Owl Creek Vein

---

[1] v. Bibra, *Neues Jahrb.* 1866, p. 227. Ref.

[2] v. Cotta, *Erzlagerstätten* II, p. 523.

[3] H. Credner, *Neues Jahrb. f. Mineral.* 1869, p. 1. — Chr. Mosler, *Zeitschr. f. Berg-, Hütten- u. Salinenw. im preuss. Staat.* XXV, 1877, p. 212 ff.

der Copper-Falls-Mine steigt sie bis auf etwa 8,5 m. Das Verhalten der Gänge, die manchmal grosse Bruchstücke von Melaphyr einschliessen, ist ziemlich regelmässig, wenn in ihnen Kalkspath vorherrscht und wird unregelmässig, wenn sich grosse Massen von gediegenem Kupfer einstellen. — Es wechseln taube und edle Mittel (Adelsvorschübe); in letzteren sind neben viele tausend Centner schweren Massen von gediegenem Kupfer zu finden: gediegenes Silber, Quarz, Kalkspath, Laumontit, Prehnit, Apophyllit, Natrolith, Desmin, Flussspath, Epidot und Chlorit.

2. Vollständige, oder theilweise Ausfüllung der Mandeln in den gebetteten Melaphyr-Mandelsteinen. — So wohl in der Nähe der Gänge, als auch weit davon entfernt ist diese Art des Vorkommens zu finden.

Auf der Copper-Falls-Mine sind die Mandeln oft ganz mit gediegenem Kupfer erfüllt. — Das aus rundlichen, nadelkopf- bis erbsengrossen Hohlräumen gewonnene Kupfer wird von den Bergleuten als Schrotkupfer bezeichnet. Diese Kupferschroten liegen entweder isolirt in der Melaphyrgrundmasse, oder hängen traubenförmig durch kleine verbindende Drähte zusammen. Auf derselben Grube sind auch 5 bis 8 cm. lange, wurmförmig gekrümmte, ganz mit Kupfer gefüllte Hohlräume bekannt, aus denen die sogenannten Kupfernägel gewonnen werden. — Da wo die Mandeln nicht ganz mit gediegenem Kupfer erfüllt sind, wird dasselbe begleitet von: gediegenem Silber, Kalkspath, Quarz, Chlorit, rothem Laumontit und Leonhardtit, Prehnit, Analcim, Epidot, Datolith, Eisenglanz etc.

3. Accessorischer Bestandtheil des in unregelmässigen Betten zwischen dem Melaphyr liegenden Epidotfelses. Ein ausgezeichnetes Beispiel dafür bietet die Concord-Lagerstätte. Dieselbe ist eine Schicht von Melaphyrmandelstein, die angefüllt ist mit Mandeln und Schnüren von Pistazit, Quarz, Kalkspath, Laumontit. Meistens verdrängt ein Gemenge von Epidot und Quarz (Epidotfels) den Melaphyr-Mandelstein. — Dieses Gemenge ist mit Mandeln und Schnüren von Quarz, Kalkspath und kleinkrystallinischem Pistazit durchzogen. — In dem Melaphyrmandelstein, vorzüglich aber im Epidotfels, liegt das gediegene Kupfer in Form von Schuppen, Körnern, Blättern, sich vielfach verzweigenden zackigen Drähten und auch in Centner schweren Massen. — Gediegenes Silber begleitet das Kupfer.

Die Mächtigkeit der Concord-Lagerstätte schwankt zwischen 0,3 bis 9,3 m.

4. Cement, oder accessorischer Bestandtheil des körnigen Cements einer zwischen den Melaphyren auftretenden Felsitporphyrbreccie. Die Calumet-Hekla-Lagerstätte wird von einer

solchen 1 bis 5 m mächtigen Felsitporphyrbreccie gebildet, die, soweit die Aufschlüsse ein Urtheil gestatten, eine Decke zwischen Melaphyrmandelsteinbänken bildet. Die Breccie enthält grössere Bruchstücke von Felsitporphyr, die durch klein bis feinkörnige Bruchstücke desselben Gesteins verbunden sind. Dieses Bindemittel nimmt oft den Charakter eines scharfkörnigen Sandsteins an, am Liegenden der Lagerstätte auch wohl den eines fetten Lettens. Bestandtheile des Cements, die stellenweise vorherrschend werden, sind: Eisenoxyd, Chlorit, ein talkartiges Mineral, Epidot, Kalkspath und gediegenes Kupfer. — Letzteres erscheint in kleinen, zackigen Drähtchen und moosförmig verzweigten Dendriten. Credner hält die Lagerstätte für eine zwischen die Betten des Melaphyrmandelsteins eingedrungene Felsitporphyr-Injection, die zum Theil erstarrte und von nachdringenden flüssigen Massen wieder zertrümmert wurde. — Da das gediegene Kupfer niemals in den grösseren Bruchstücken, sondern nur in dem Bindemittel gefunden wird, ist es jüngerer Entstehung.

Einen von dem vorigen durchaus abweichenden Habitus hat der 6 bis 8 m mächtige, im Quarzporphyr aufsetzende Kupfererzgang der Tschudack[1]-Grube im Altai. — Er ist in der Hauptsache ein Quarzgang, der die Kupfererze in Schnüren und Trümmern einschliesst. — Die Mitte des Ganges wird von, bis zu 2 m mächtigem Erz, mit nur sehr wenig Quarz, gebildet. — In unteren Teufen sind die Erze Kupferkies, Schwefelkies und Kupferglanz, in oberen Teufen die bekannten, aus jenen hervorgegangenen oxydischen Erze. — Der Gang ist von mehreren Nebentrümmern begleitet und wird von drei Lettenklüften, die Wapp-Streifen genannt werden, durchsetzt.

Ueber Kupfererze enthaltende Granitgänge in Tellemarken in Norwegen, die hierher gehören, werden demnächst Angaben gemacht werden. (Siehe § 102.)

Der tertiäre Grünsteintrachyt, der Träger mineralienreicher Goldquarzgänge (siehe § 88) enthält bei Parad[2], nördlich von Gyöngyos in der Matra im nördlichen Ungarn, Kupfererzgänge. — Nach v. Cotta macht die dortige Lagerstätte den Eindruck einer zerrütteten Gesteinsmasse, in welche die Erze durch heisse Quellen eingeführt sind. Der Trachyt ist stark verändert, zersetzt, oder durch Verkieselung hornsteinartig geworden und führt auf Klüften, in Nestern und in unregelmässigen Imprägnationen silberhaltiges Fahlerz, (32 % Kupfer und 24 Loth Silber im Centner) etwas Schwefelkies, Kupferkies, Zinkblende,

---

[1] v. Cotta, *Berg- u. Hüttenm. Zeitung.* 1870, p. 29.

[2] v. Cotta, *Berg- u. Hüttenm. Zeitung.* 1866, p. 1.

Bleiglanz und Enargit. Auch werden Kupferschwärze und gediegenes Kupfer gefunden. Bemerkenswerth ist es, dass das Gestein stellenweise petroleumhaltig ist.

Verwandt mit dieser Lagerstätte ist die von Totos[1] bei Sigeth in der Marmaros. Wahrscheinlich ist hier ein im Grünsteintrachyt eingeschlossener, mächtiger Gang vorhanden, der von einer groben Breccie des Nebengesteins erfüllt ist. Thon, Quarz und Erze bilden das Bindemittel der Breccie. — Unter den Erzen herrscht der Kupferkies vor. „Er durchzieht, oder bildet das Bindemittel der Breccie. Im ersteren Fall liegen zahlreiche Körner desselben in einer Art Thon, der aus der Zersetzung des Nebengesteins hervorgegangen ist, oder im Quarz; in letzterem Fall bildet er derbe Linsen, Wülste oder Adern von mehreren cm Mächtigkeit.“ Ausserdem erscheint Bleiglanz, nesterweise für sich, oder mit Kies gemengt, Zinkblende und Schwefelkies. — Andere Mineralien sind nicht beobachtet worden.

§ 87. **Typus Dobschau-Nanzenbach.** Charakteristik: Nickel- und Kobalterze verschiedener Art, begleitet von Kupfererzen und vielen Mineralien in Gängen, die massige Gesteine, hauptsächlich Olivingesteine und Gabbro, durchsetzen.

Die Olivinfelse[2], und die aus ihnen entstandenen Serpentine, enthalten neben Kupfer stets mehr oder weniger Nickel und Kobalt. Dasselbe gilt auch von den älteren eruptiven Kalkolivin-Gesteinen, den Palaeopikriten; in einem solchen von Dillenburg in Nassau ist 0,162 % bis 0,666 % Nickel, begleitet von Kupfer, Kobalt und Wismuth, gefunden. — Das erklärt das Auftreten von Nickelerzlagerstätten in den Palaeopikriten, die aber nur in stark umgewandelten Gesteinspartieen, nie in ganz frischen gefunden werden. —

In dem grösstentheils serpentinisirten Palaeopikrit der Grube Hülfe Gottes bei Nanzenbach[3] unweit Dillenburg in Nassau ist eine Lagerstätte während einer langen Reihe von Jahren abgebaut, die aus einem Gemenge von Bitterspath, Eisenspath, Kupferkies, Nickelkies, Wismuthglanz, Eisenkies, Rotheisenstein und Quarz bestand. — Die Grube hatte in früheren Zeiten verschiedene, vorzüglich Kupferkies führende Gänge bearbeitet und schloss im Jahre 1841 einen Nickelerzgang auf. — Derselbe war nur innerhalb des Palaeopikrits erzführend und vertaubte beim Uebergang in den Schaalstein gänzlich. Eine ganz ähnliche Lagerstätte ist die von Bellnhausen im Grossherzogthum Hessen, 3 Stunden von Marburg entfernt.

---

[1] v. Cotta, *Berg- u. Hüttenm. Zeitung.* 1862, p. 9.
[2] Fr. Sandberger, *Berg- u. Hüttenm. Zeitung.* 1877, p. 380.
[3] v. Koenen, *Zeitschr. d. d. geol. Gesellsch.* 1863, Bd. XV, p. 14.

In nächster Verwandtschaft stehen die im Gabbro bei Dobschau[1] in Ungarn aufsetzenden Gänge. — Der Gabbro, z. Th. serpentinisirt, wird von eigenthümlichen grünen quarzreichen Thonschiefern umgeben, die über Gneiss und Granit liegen. An der Grenze des Gabbro gegen die grünen Schiefer treten die Gänge auf, die sich nach oben zu fächerförmig verzweigen; dieselben tragen den Charakter zusammengesetzter Gänge an sich, haben keine scharfen Grenzen gegen das Nebengestein und erreichen bis 8 m Mächtigkeit. — Die Hauptausfüllungsmasse ist von Erzadern durchzogenes Nebengestein. Ein dichtes Gemenge von Kobalt- und Nickelerzen mit 17 bis 22 % Nickel, und 4 bis 10 % Kupfer ist der Gegenstand des Bergbaus. Derbe Fahlerze, Kupferkies, Buntkupfererz, Rothnickelkiese etc. sind selten. Spatheisenstein, Kalkspath und Ankerit begleiten als Gangarten die Erze.

§ 88. **Typus Nagyag.** Charakteristik: In massigen Gesteinen, — hauptsächlich im tertiären Grünsteintrachyt (Propylit), aber auch im Granit, Felsitporphyr, Diorit etc. — aufsetzende Goldquarzgänge, (Quarz, Schwefelkies und gediegenes Gold enthaltend) welche stellenweise einen grossen Mineralienreichthum besitzen. — Unter den Mineralien sind Tellurverbindungen besonders charakteristisch. (Vergl. § 71.) Durch einen Gehalt an Silbererzen entsteht ein Uebergang zum folgenden Typus. (§ 90.)

Am südlichen Abfall der Karpathen[2] hat zur Zeit der Tertiärperiode eine so heftige und ausgedehnte eruptive Thätigkeit stattgefunden, wie in keinem anderen Theile Europas. — Auf diese Thätigkeit ist die Aufmerksamkeit zu lenken, weil durch sie und mit ihr eine grosse Zahl wichtiger Erzlagerstätten entstanden ist. — Es gehören zu diesen die oben (p. 161 u. 162) beschriebenen Kupfererzlagerstätten von Parad und Totos, sehr viele reiche Gold- und Silbererzgänge, und einige eigenthümliche Contactlagerstätten. (Rodna, Offenbanya. Siehe § 123.)

Das Interesse an dieser Erscheinung erhöht sich dadurch, dass unter wesentlich gleichen geologischen Verhältnissen die reichen Gold- und Silbererzgänge in Washoe, Esmeralda, Silvermountain, Mexico, wahrscheinlich auch in Bolivia[3] und in anderen Gegenden auftreten.

Fr. v. Richthofen unterscheidet unter den tertiären Eruptivgesteinen dem Alter nach in aufsteigender Linie:

---

[1] G. Faller, *Berg- u. Hüttenm. Jahrb. d. k. k. östr. Bergacad.* 1868, Bd. XVII, p. 165.

[2] Fr. v. Richthoeen, *Jahrb. d. k. k. geol. Reichsanst.* 1860, Bd. XI, p. 153.

[3] Fr. v. Richthofen, *Zeitschr. d. d. geol. Gesellsch.* 1868, Bd. XX, p. 688.

1. Propylit (Grünsteintrachyt z. Th.), 2. Andesit, 3. Trachyt, 4. Rhyolith, 5. Basalt.

Die ältesten Gesteine, Propylit und Andesit, sind hauptsächlich in Massenausbrüchen hervorgedrungen, während die jüngeren, speciell der Rhyolith, mehr die specifisch vulkanisch eruptive Thätigkeit entwickelt haben.

Der Propylit, welcher die Erzgänge fast ausschliesslich enthält, bedeckt in ausgedehnten Massen die tertiären Schichten und bildet so die Basis der Berge; er wird von Andesit und Trachyt bedeckt, die gewöhnlich die Spitzen der Berge zusammensetzen. — An den Flanken der Berge brechen die Rhyolithe, oder auch Trachyte, mit den deutlichsten Anzeichen jüngerer vulkanischer Bildung hervor; — bei der Eruption derselben sind die Erzgänge im Propylit, zum kleinen Theil im Andesit, gebildet, denn man findet — besonders deutlich in Ungarn — die Gänge nur da, wo die an und für sich erzfreien Rhyolithe die Propylite durchbrochen haben.

Am südlichen Abhange der Karpathen sind mehrere Eruptionsgebiete bekannt, in denen die Berge aus Propylit und Andesit bestehen und die reichlich vorkommenden Rhyolith an denjenigen Bergabhängen besonders verbreitet sind, „welche gegen das Miocänmeer gerichtet waren, das damals die ungarische Ebene bedeckte und sich langsam zurückzog“. An den Küsten dieses Meeres wurden während der Rhyolitheruptionen die älteren Propylit- und Andesitmassen erschüttert und zerspalten, und in die Spalten, durch Quellenthätigkeit, vielleicht durch Sublimation, oder beide zugleich, die Erze und Gangarten eingeführt. Folgende 6 Erzgebiete sind besonders wichtig:

1. Die Gegend von Schemnitz und Kremnitz.
2. Das Matragebirge. (Parad.)
3. Die Gegend von Gran und Visegrad.
4. Das Eperies-Tokayer Trachytgebirge. (Telkibánya.)
5. Das Vihorlat-Gutingebirge und seine Umgebungen (Nagybánya, Felsőbánya, Turcz, Kapnik-, Oláh-Lápos-Bánya, Borsabánya, Iloba).
6. Die Umgegend von Abrudbánya (Offenbánya, Vöröspatak, Nagyág, Rezbánya, Zalathna, Facžebaja).

Unter den Goldlagerstätten dieser Gebiete hat die von Vöröspatak,[1] nordöstlich von Abrudbánya, entschieden den Charakter eines Stockwerks, ähnlich der Kupfererzlagerstätte von Parad (p. 161). Inselartig erhebt sich mitten aus eocänen Schichten eine mehr oder weniger unterbrochene, ringförmige Masse von Trachytgesteinen, deren Inneres von

[1] B. v. Cotta, *Berg- u. Hüttenm. Zeitung.* 1861, p. 173. — F. Pošepny, *Jahrb. d. k. k. geol. Reichsanst.* 1867, p. 99. Verhandl. — C. Doelter, *Jahrb. d. k. k. geol. Reichsanst.* 1874, p. 7.

vorwiegend horizontal gelagerten, tertiären Sedimenten und einzelnen Eruptivgesteinsmassen erfüllt wird. — Das Ganze macht den Eindruck eines ringförmigen Vulkans. Am Berge Csétatje, der im südlichen Theil des Trachytringes liegt, ist das stark veränderte, aufgelöste oder verkieselte, und reichlich mit Schwefelkies imprägnirte Gestein (Propylit?) von unzähligen, unregelmässig verlaufenden Erzklüften durchzogen, die Quarz, gediegenes Gold, Schwefelkies, Zinkblende, Fahlerz, Magnetkies, Bleiglanz, Berthierit, Manganspath, Kalkspath, Spatheisenstein, als Seltenheit Adular etc. enthalten. Schwarze thonige Massen, — sogenannter Glamm — mit Bruchstücken von Glimmerschiefer und Sandstein (s. § 151) hin und wieder auch von tertiären Pflanzen, — durchziehen in Form von Gängen und Trümmern das erzführende Gestein. Die Erzführung setzt aus dem massigen Gestein auch in die angrenzenden eocänen Sandsteine hinein, die von unzähligen, bis 0,3 mächtigen Klüften mit Quarz, goldhaltigem Schwefelkies, Fahlerz, Kupferkies, Kalkspath etc. durchzogen sind. Selten hat man solche Klüfte auf mehr als etwa 200 m im Streichen und 60 m im Fallen verfolgen können.

In den übrigen Erzgebieten Ungarns und Siebenbürgens enthalten ausgesprochene Gangspalten die Erze; so bei Nagyág[1] im südwestlichen Theil des siebenbürgischen Erzgebirges zwischen den Flüssen Maros und Aranyos. — Die Gänge, durchschnittlich 7 cm mächtig, aber im Einzelnen in der Mächtigkeit von Messerrückenstärke bis 2 m schwankend, streichen vorherrschend von Süd nach Nord, oder von Südost nach Nordwest, fallen steil ein, und bilden ein complicirtes System von Netzgängen (s. p. 44). Grünsteintrachyt (Propylit) ist der Träger der Erze; er durchbricht miocäne Tertiärschichten, die aus rothen Thonen, Sandsteinen, Conglomeraten und Kalksteinen bestehen und umschliesst viele 100 Cubikmeter grosse Schollen der tertiären Sandsteine und Conglomerate. — Dieselben sind merkwürdiger Weise nicht metamorphosirt, aber wohl ist der Grünsteintrachyt an den Grenzen durch Vorwalten des weissen Feldspaths und eine stärkere Zerklüftung ausgezeichnet.

Sowohl der Grünsteintrachyt, als auch die in ihm eingeschlossenen Sandstein- und Conglomeratschollen werden von den sogenannten Glauchgängen durchsetzt. — Unter Glauch versteht der Bergmann nach H. Höfer's Angaben Eruptivgesteinsmassen mit eckigen Fragmenten des Nebengesteins und eines eigenthümlichen Schiefers, selten mit nussgrossen Quarzkugeln. — Der Glauch Nagyág's soll ein grünsteinartiger Dacit sein. — Die Glauchgänge sind wenige mm bis 1 m mächtig und strei-

[1] B. v. Cotta, *Berg- u. Hüttenm. Zeitung.* 1861, p. 190. — H. Höfer, *Jahrb. d. k. k. geol. Reichsanst.* 1866, p. 1.

chen vorwiegend wie die Erzgänge, auf deren Metallgehalt sie einen günstigen Einfluss haben. — Die Erzgänge sind im festen Grünsteintrachyt wenig mächtig und erzarm, im mittelfesten mächtig und erzreich, im milden stark zertrümmert; sie durchsetzen als jüngste Bildung den Grünsteintrachyt mit seinen Einschlüssen und den Glauch. — An den Gesteinsgrenzen zeigen sich Zertrümmerungen und Schleppungen der Gänge. — In einen benachbarten Breccienstock, der Bruchstücke des Grünsteintrachyts, durch Rhyolith verbunden, enthält, — den sogenannten Rudolfstock — setzen die Gänge aber nicht hinein. Die wichtigsten Mineralien der Gänge sind: Quarz und Hornstein, Manganspath, Braunspath, Kalkspath, gediegenes Gold, Nagyagit, Sylvanit, Tellursilber, gediegenes Tellur, Manganblende und Schwefelkies; — seltener sind: Gyps mit eingeschlossenen Goldblättchen, Baryt, gediegenes Arsen, Magnetkies, Kupferkies, Fahlerz, Bournonit, Bleiglanz, Antimonglanz, Federerz, Zinkblende, Realgar, Auripigment, gediegener Schwefel etc.

Sehr interessant ist der Einfluss des Nebengesteins auf die Erzführung. — Im Grünsteintrachyt findet man: Nagyagit, Manganblende, Manganspath und untergeordnet: Bleiglanz, Zinkblende, Silberfahlerz und Quarz; — in den Conglomeratschollen dagegen: Sylvanit, Quarz und Kupferfahlerz.

In einer Tiefe von 400 m hat sich bis jetzt nirgends eine Abnahme des Erzadels, im grossen Ganzen, wahrnehmen lassen.

Bei Offenbánya (vergl. § 123) am Aranyos, nordöstlich von Abrudbánya, findet man nur 2,5 cm mächtige Klüfte, welche den sehr verwitterten Grünsteintrachyt durchsetzen und Freigold nebst Tellurerzen (Sylvanit), neben Quarz, Kalkspath, Braunspath, Manganspath, Schwefelkies, Zinkblende, Manganblende, Fahlerz, Bleiglanz, gediegenem Silber, und Rothgiltigerz führen. — Diese sogenannten Tellurklüfte werden von kieseligen und kiesigen Klüften schräg durchsetzt, die eine Veredelung zur Folge haben.

Besonders lehrreich für das Verständniss der Bildung der Gangmassen sind die Gruben von Nagybánya.[1] Die h 2—3 streichenden Gänge setzen im Grünsteintrachyt auf, nur selten im grauen Trachyt, der ersteren mannigfach durchbrochen und überlagert hat. Der wichtigste Gang ist der 1 bis 4 m mächtige Kreuzberger Gang, der den gleichnamigen Berg vom Scheitel bis zur Sohle durchsetzt. „Die Gänge sind nicht bestimmt abgegrenzt und haben keine Salbänder; man denke sich eine Grünsteintrachytmasse, in welcher nach einer Durchschnittsfläche hin von beiden Seiten her der Grad der Zersetzung allmälig

[1] B. v. Cotta, *Berg- u. Hüttenm. Zeitung.* 1861, p. 81. — Fr. v. Richthofen, *Jahrb. d. k. k. geol. Reichsanst.* 1860, p. 238.

zunimmt, bis er längs dieser Durchsetzungsfläche seinen Höhepunkt erreicht. Zugleich stelle sich gegen dieselbe Fläche hin eine allmälige Verkieselung der zersetzten Gebirgsmasse ein und erreiche ihren Abschluss in einem unreinen Quarz, welcher jener folgt. — Dies ist das Bild der Gänge, in denen die Erze am Kreuzberg aufsetzen, das Bild aber auch einer grossen Anzahl anderer Gangsysteme von den verschiedensten Arten. — Es ist klar, dass die Durchschnittsfläche eine ehemalige Spalte anzeigt, von der aus nach beiden Seiten hin die Zersetzung im stärksten Maasse stattfand und zugleich eine Verkieselung, durch welche die Spalte selbst sich wieder füllte.“ (v. Richthofen a. a. O.)

In dem Quarz liegen goldhaltige Kiese mit etwas Kupferkies fein eingesprengt, ferner Nester von Silbererzen, besonders Rothgiltigerz und Silberfahlerz. — Merkwürdiger Weise fehlen am Kreuzberg alle Carbonate, Schwerspath, Bleiglanz, Zinkblende, Antimonglanz, Realgar, die sonst in den Gängen dieses Typus so häufig sind.

In der Nähe von Nagybánya liegen auch die Bergbaue von Felsőbánya, Kapnik und Oláh-Lápos-Banýa.

Neben dem Ort Felsőbánya liegt der Grossgrubener Berg, der allseitig von den weiteren Bergen getrennt ist. — Er besteht hauptsächlich aus Grünsteintrachyt und wird an seinem Fuss von tertiären Schichten umgeben. In ihm treten die Gänge auf, die in ihrer Gesammtheit h 6 streichen und dem Fallen nach sich fächerförmig gestalten, so zwar, dass das Gangsystem am Tage eine Breite von 480 m hat, und sich nach der Tiefe zu allmälig verengert. Die Gänge, welche Mächtigkeiten von 2 bis 24 m besitzen und 45° bis 70° fallen, setzen an der Grenze des Grünsteintrachyts gegen den jüngeren grauen Trachyt auf, der am Südabhange des Berges ersteren durchsetzt. – Das Nebengestein ist ein an dieser Grenze auftretendes Reibungsconglomerat, das aus Bruchstücken des Grünsteintrachyts, seltener aus Bruchstücken der tertiären Gesteine besteht, welche durch grauen Trachyt, als Bindemittel, verbunden sind. Die Bildung dieses Reibungsconglomerates, welches im Grossen einen sehr zersetzten und veränderten Zustand zeigt, steht mit der der Erzgänge im augenscheinlichsten Zusammenhang. Die Erzgänge bilden nur zum Theil fortlaufende, klaffende Spalten; in den meisten Fällen füllen die Gangmassen die Räume zwischen den Bruchstücken des Conglomerats aus, das Bindemittel ersetzend. — Unreiner Quarz mit Kiesen ist das älteste und wichtigste Mineral; derselbe legt sich um die Bruchstücke, an die Spaltenwände und hat das Gestein meist verkieselt.

Nur selten fehlt der Quarz, und finden sich dann andere Mineralien, so Realgar, und Antimonglanz in schönen Krystallen zwischen den oft bis zur Unkenntlichkeit veränderten Gesteinen. Ueber dem Quarz folgen die Schwefelmetalle, und zwar goldhaltiger Eisenkies, silberhaltiger Bleiglanz, Zinkblende, Kupferkies (selten), Antimonglanz, Realgar, und Silberglanz (selten). Darüber folgen Schwerspath und Gyps. (Schwerspathkrystalle über Antimonglanznadeln s. § 136.) Die jüngsten Bildungen sind die seltenen Kalkspäthe und Braunspäthe.

Ganz ähnliche Verhältnisse trifft man bei Kapnik. — Hier sind aber zwei Gangsysteme zu unterscheiden. — Das ältere streicht wie das von Felsöbánya in h 6 und tritt in einem Reibungsconglomerat auf, das an der Grenze von Grünsteintrachyt und grauem Trachyt liegt. Die Ausfüllungsmassen erinnern an die quarzarmen Partieen der Gänge von Felsöbánya. Wenn der Quarz ganz verschwindet, sitzen die Erze, unter ihnen schöne Realgarkrystalle, direct auf dem veränderten Gestein. — Das jüngere System streicht wie die Gänge von Nagybánya h 2—3. Die Mächtigkeit ist gering, 0,3 bis 1,25 m, selten 1,5 bis 2,5 m. Quarz und Kies haben wie zu Nagybánya das Nebengestein imprägnirt. In Trümmern findet sich Zinkblende und Bleiglanz. Die Gänge thun sich oft zu grösseren Hohlräumen auf, in denen die schönen Krystalle, die Kapnik berühmt gemacht haben, sitzen.

Bei Oláh-Lápos-Banya hat der Grünsteintrachyt eine metamorphosische Wirkung auf die tertiären Schichten ausgeübt. — Die Gänge sind, soweit sie im Grünsteintrachyt aufsetzen, denen von Kapnik ganz ähnlich; sie führen aber nur Quarz mit Kieseinsprengungen wo sie in die tertiären Schichten hineinsetzen.

§ 89. Fortsetzung. Typus Nagyag.

Es ist oben schon darauf aufmerksam gemacht, dass in Amerika den ungarischen und siebenbürgischen ganz analoge Goldquarzgänge gefunden werden.

Der durch seine enormen Reichthümer berühmte Comstock-Lode[1] bei Virginia City in Nevada, am Ostabhange der Sierra nevada, gehört vor Allem zu diesen. Die Gesteine der Umgegend von Virginia City sind meist jung vulkanischer Natur; Basalt, Trachyt, Andesit, Propylit. Von älteren Gesteinen sind kleine Granit- und Syenitpartieen und der Triasformation angehörende Kalksteine vorhanden.

Der Comstock-Lode tritt theils ganz im Propylit auf, theils, und zwar in seiner mittleren erzreichen Partie, ist nur das Hangende Propylit, das Liegende Syenit. (S. Fig. 70.)

Nach v. Richthofen muss der Gang jünger sein wie die Propylite,

---

[1] Fr. v. Richthofen, *The Comstocklode.* San Francisco, 1865. — B. v. Cotta, *Berg- u. Hüttenm. Zeitung.* 1867, p. 413. — Fr. v. Richthofen, *Zeitschr. d. d. geol. Gesellsch.* 1869, p. 729. — H. Koch, *Zeitschr. f. Berg-, Hütten- u. Salinenw. im preuss. Staat.* 1878, Bd. XXVI, p. 43.

in denen er aufsetzt und verdankt er wahrscheinlich seine Entstehung den Eruptionen der miocänen und pliocänen Andesite und Trachyte, die den Propylit durchbrechen.

Kaum 1 km nördlich von Virginia City beginnt der Gang und lässt sich von hier aus auf 4 km streichende Länge in nordost-südwestlicher Richtung verfolgen. Er zeigt an seinem Ausgehenden bedeutende Zertrümmerungen, so dass er einen stockartigen Charakter bei 150 bis 190 m Mächtigkeit annimmt; erst in 50 m Teufe fängt das Fallen an regelmässig (35 bis 50°) zu werden und die Mächtigkeit von wenigen m bis 30 m zu schwanken. Die Ausfüllungsmassen bestehen in der Hauptsache aus Nebengestein, körnigem Quarz und Thon, letzterer an den Salbändern bis 6 m mächtig. Die sehr fein eingesprengten, äusserst selten krystallisirten, am Ausgehenden zersetzten und einen eisernen Hut bildenden Erze sind: Stephanit, Silberglanz, gediegenes Silber, silberreicher Bleiglanz, Rothgiltigerz, Polybasit, Silberhornerz, gediegenes Gold, Schwefelkies, Kupferkies, Zinkblende, Kalkspath, Gyps, Zeolithe etc. Die Erze sind in säulenförmigen Erzmitteln concentrirt.

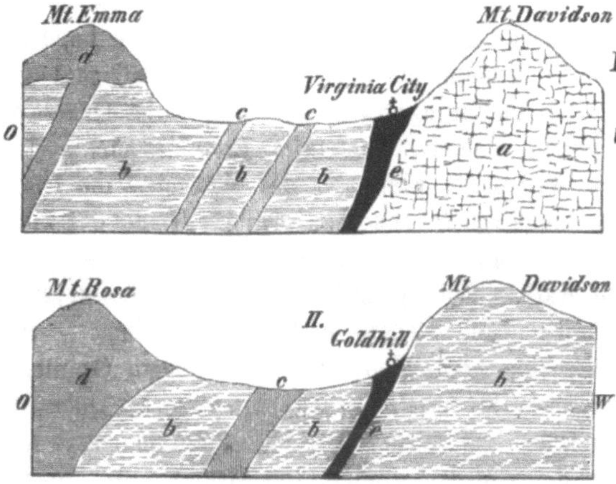

Fig. 70. Querprofile durch den Comstock-Lode.
a Syenit. *b* Propylit. *c* Andesit. *d* Trachyt. *e* Comstock-Lode.

Gänge dieses Typus, ebenfalls im Propylit aufsetzend, finden sich in Esmeralda, 12 Meilen südlich vom Comstock-Lode, in Escuador[1] im District Zaruma und an anderen Orten.

In den Rhyolithen selbst, bei deren Eruption, nach der Theorie von Fr. v. Richthofen, die Erzgänge in den Propyliten gebildet wurden, finden sich nur sehr selten Erzgänge. Zu diesen gehören z. B. einige Goldquarzgänge in Bodie in der Nähe von Esmeralda.[2]

Auch in den alten Vertretern dieser sauren Gesteine, in den Graniten, sind hin und wieder Goldquarzgänge zu finden, so z. B. in den gra-

---

[1] Th. Wolf, *Zeitschr. d. d. geol. Gesellsch.* 1876, p. 393.

[2] Fr. v. Rihhthofen, *Zeitschr. d. d. geol. Gesellsch.* 1869, Bd. XXI, p. 729.

nitischen Gesteinen der Küste Chili's, in dem Protogin von la Gardette[1] unfern Bourg-d'Oisans, im Isere-Departement etc.

Der Gang der zuletzt genannten Localität, den GRAFF sehr genau beschreibt, ist in seiner Structur äusserst merkwürdig. Er besteht aus 10 einzelnen Lagen ohne Symmetrie, die alle durch deutliche Reibungsflächen, oder Gangspiegel von einander getrennt sind, die horizontal verlaufende Streifen zeigen. Wahrscheinlich haben die Streifen ursprünglich eine der Fallrichtung des Ganges parallele Lage gehabt und sind durch eine Umkippung der Schichten in ihre jetzige Lage erst später gebracht. — Die Ausfüllungsmasse des Ganges ist Quarz mit gediegenem Golde, Bleiglanz, Fahlerz, Kupferkies, Eisenkies etc.

Wegen des Einflusses des Nebengesteins besonders interessant sind die Gänge von Beresowks[2] am Ural, die das wichtigste Goldvorkommen dieses Gebirges auf anstehender Lagerstätte enthalten. Zwei Meilen von Katharinenburg zieht sich durch die krystallinischen Schiefer, — Chlorit-, Talk-, Thon- und Quarzschiefer, — in nordwestlicher Richtung, eine breite Zone von feinkörnigem Granit, die sich nördlich von Beresowks in einzelne Gänge zersplittert. Quer über diesen Granitgangzug setzen zahlreiche, $2^1/_2$ bis 29 cm mächtige Quarzgänge, die nur im Granit erzführend sind. „Der Granit selbst ist in der Nähe der Gänge mit in Brauneisenstein umgewandeltem Schwefelkies imprägnirt und diese besondere Granitvarietät hat den Namen Beresit bekommen. — Ausser Gold und Schwefelkies führen die Quarzgänge noch sehr viele andere Mineralien in kleinen Nestern und unregelmässigen Partieen, nämlich: Kupferkies, silberhaltigen Bleiglanz, Fahlerz, Nadelerz, Skorodit, Phönicit, Jossait, Vauquelinit, Weiss- und Grünbleierz, Wismuthocher, Turmalin, Talk, Pyrophyllit, Bitterspath.

Der Felsitporphyrgang des Goldfeldes Kilkiwan[3] in Australien, der alte Schiefer und Sandsteine durchsetzt, enthält auf vielen feinen, bis 2 mm mächtigen Spalten Quarz, Gold und Schwefelkies. Ebenso sind die neben dem Porphyrgange auftretenden Serpentine stellenweise von einem Netzwerk weniger Millimeter bis 5 cm starker Goldquarz führender Gänge durchzogen.

Zu Wood'spoint in Victoria[4] ist ein Grünsteingang neben einem Goldquarzgange emporgedrungen und letzterer dabei zum Theil ganz zertrümmert. Der Grünsteingang enthält goldhaltigen Pyrit und ist von

---

[1] v. COTTA, *Erzlagerstätten* II, p. 327.
[2] H. MÜLLER, *Berg- u. Hüttenm. Zeitung*. 1866, p. 108.
[3] G. WOLFF, *Zeitschr. d. d. geol. Gesellsch.* 1877, Bd. XXIX, p. 82.
[4] G. WOLFF a. a. O. p. 139 u. 155.

schwebenden Quarztrümmern durchsetzt. — Es liegt auf der Hand anzunehmen, dass Quarz, Gold und Schwefelkies secundäre Producte im Grünstein sind, und aus dem benachbarten Goldquarzgange stammen.

§ 90. **Typus Schemnitz.** Charakteristik: Erzgänge mit Quarz und Silbererzen, zum Theil auch gediegenem Golde und stellenweise grossem Mineralienreichthum, in massigen Gesteinen, — Grünsteintrachyt, Porphyren verschiedenster Art, Diorit, Granit etc.

Auf einigen der vorher beschriebenen, im Propylit entwickelten Erzgänge sind reiche Silbererze, Rothgilitigerz, Silberglanz etc. in mehr oder minder grosser Menge neben und in dem Goldquarz vorhanden; auf dem Comstock-Lode (s. p. 168) in solcher Menge, dass es zweifelhaft sein muss, ob es nicht zweckmässiger ist, ihn in diesen Typus zu stellen. Jedenfalls ist keine scharfe Grenze zwischen den Gold- und Silbererzgängen zu ziehen, da auch in den sogleich zu beschreibenden, vorwiegend Silbererze führenden Gängen des Propylits Gold in nicht unwesentlicher Menge gefunden wird.

Charakteristisch sind die Gänge von Schemnitz und Kremnitz in Ungarn.

Bei Hodritsch unweit Schemnitz[1] tritt am Tage eine kleine Syenitmasse auf, die rings umher von Grünsteintrachyten (Propylit) umgeben ist. — Ob das Gestein wirklich Syenit ist, ist neuerdings von W. Judd und G. v. Rath angezweifelt. — Die Frage ist eine offene und soll hier noch der älteren, von Pettko, Andrian und Lipold vertretenen Ansicht gefolgt werden.

Nach Lipold hat der Syenit von Hodritsch in der Tiefe eine viel grössere Ausdehnung als an der Tagesoberfläche. — Er wird von metamorphosirten devonischen Schichten und Triasgesteinen mantelförmig umgeben. — Die tertiären Eruptivgesteine durchbrechen den Syenit und die Sedimente gangartig, und breiten sich über beiden in grossen Massen aus. Der Grünsteintrachyt (Propylit) ist das älteste tertiäre Eruptivgestein, das sich in riesigen Massen ergoss; er wird, ebenso wie in den übrigen ungarischen und amerikanischen Erzdistricten gleicher Art, von Rhyolithgängen durchbrochen, die bei Schemnitz zum Theil selbst als erzführende Gänge auftreten. — So sollen nach Lipold der Grüner-, der Johann- und der Biber-Gang nichts Anderes als Rhyolithgänge sein, die

[1] B. v. Cotta, *Berg- u. Hüttenm. Zeitung.* 1861, p. 9. — Windakiewicz, *Jahrb. d. k. k. geol. Reichsanst.* 1864, p. 504. — Fessl, *Jahrb. d. k. k. geol. Reichsanst.* 1866, p. 508. — G. Faller, *Berg- u. Hüttenm. Jahrb. d. k. k. östr. Bergacad.* 1867, p. 107. — M. Lipold, *Jahrb. d. k. k. geol. Reichsanst.* 1867, p. 317.

auf Klüften und in Schnüren Silbererze führen. — Die Art der Erzvertheilung lässt aber nur die Annahme einer späteren Erzinfiltration in die Rhyolithgänge zu, — also Erzgangbildung im Rhyolithgange. In dem Syenit finden sich Dacitgänge, welche, da sie die Erzgänge begleiten, möglicher Weise der Erzgangbildung in den Syeniten die Wege geöffnet haben. In welchem Altersverhältniss die Rhyolithgänge in dem Propylit, und die Dacitgänge in dem Syenit zu einander stehen, lässt sich nicht ermitteln.

Eine sehr grosse Anzahl von Gängen ist innerhalb der Eruptivgesteine bekannt. Die Gänge in den Syeniten haben ein sehr viel unregelmässigeres Streichen, nämlich von Südwest nach Nordost, von Süd nach Nord und stellenweise auch von Ost nach West, als die Gänge im Propylit, die vorwiegend von Südwest nach Nordost streichen. — Das Fallen ist steil, meist 75° nach Südost, seltener gegen Nordwest. Im Streichen lassen sich einige Gänge auf sehr grosse Längen verfolgen, so z. B. der Grünergang auf 2000 m, der Spitalergang sogar auf 8000 m, so dass dieser Gang, bei der ihm eigenen grossen Mächtigkeit von bis 40 m, jedenfalls zu den grössten Gängen der Erde gehört.

Die Schemnitzer Gänge setzen nach Südwest hin aus dem Propylit in tertiäre, miocäne Schichten hinein, zum Beweise, dass auch hier die Erzgangbildung ein sehr jugendliches Alter hat. Grosse Mächtigkeit, bis 40 m, und Ausfüllung der Spalten mit zersetztem und verändertem Gestein, in welchem die Erze und Gangarten als Imprägnation, in Trümmern und als Brecciencement auftreten, ist für die Gänge recht charakteristisch; scharfe Salbänder sind nicht vorhanden und so erscheinen die Gänge mehr als mit Erz imprägnirte Gesteinszonen, als einfache Spaltenausfüllungen.

Die Gangmassen zeigen im Einzelnen auf den verschiedenen Gängen sehr grosse Abwechselung. Zu thonigen Massen aufgelöste, oder verkieselte Ganggesteine, Hornstein, Quarz und Amethyst sind besonders häufig. — Sehr eigenthümlich ist eine vielleicht durch Eisenoxyd braunroth gefärbte, goldreiche, mit Bleiglanz, Blende, Kupfer- und Schwefelkies imprägnirte Quarzmasse, die local Sinopel genannt wird. — Ausser den bezeichneten, im Sinopel eingeschlossenen Erzen, die auf den Gängen, in den verschiedensten Formen, eine grosse Rolle spielen, finden sich viele reiche Silbererze, wie gediegenes Silber, Glaserz, Melanglanz, Polybasit und Rothgiltigerz. Letzteres tritt hauptsächlich in den Gängen des Syenits bei Hodritsch auf, seltener bei Schemnitz selbst.

Unter den jüngeren Mineralien sind Kalkspath, Braunspath, Manganspath, auch Spatheisenstein, Schwerspath und Gyps zu nennen.

In den Erzgängen concentriren sich die Erze zu säulenförmig, oder unregelmässig gestalteten Erzmitteln, die nicht allein auf den verschiedenen Gängen, sondern auch oft innerhalb derselben Gangspalte abweichende Beschaffenheit haben, so führt der Spitalergang, um nur ein Beispiel anzuführen, in seinen nordnordöstlichen Theilen nur Gold, Bleiglanz, Zinkblende und Kupferkies, wobei Bleiglanz die Hauptrolle spielt, während in den südsüdwestlichen Gangaufschlüssen fast ausschliesslich Silbererze vorkommen. Die bergmännisch wichtigsten Gänge von Schemnitz treten im Propylit auf; es sind das der Grünergang, Stefangang, Johanngang, Spitalergang, Bibergang und Theresiagang.

Bei Kremnitz[1] wird ein rings umher von grauem Trachyt umgebener Propylitstock, von etwa 8000 m Länge und 2000 bis 4000 m Breite, von vielen Gängen und Erzadern durchzogen, die mit dem Nebengestein innig verwachsen sind und sich theilweise, sowohl dem Streichen als auch dem Fallen nach, spurlos verlieren.

Salbänder, mit Ausnahme des Georg- oder Lettenganges, sind neben den Gängen nicht vorhanden. — Der Propylit enthält goldhaltige Kiese

Fig. 71. Durchschnitt durch das Ganggebiet von Kremnitz nach E. WINDAKIEWICZ.

fein eingesprengt, die in der Nähe der Gänge und Klüfte besonders concentrirt auftreten.

Obwohl das Ganze mehr den Eindruck eines Stockwerks macht als den einer regulären Gangbildung, so ist das doch im strengsten Sinne des Wortes nicht ganz richtig, denn es treten innerhalb des Propylits zwei sehr deutliche, parallele, von Nord nach Süd streichende Gangzüge auf, der Hauptgangzug und der Georg-Sigmundgangzug.

Ersterer umfasst den Hauptgang, Schrämergang, Kirchberggang, Schindlergang und Katharinengang, welche Gänge aber durch zahlreiche und mächtige Klüfte und Trümmer miteinander verbunden sind. Die Gänge dieses Zuges fallen 45 bis 55° gegen Ost ein, die hangenden aber immer steiler als die liegenden, so dass das ganze Gangsystem gegen die Tiefe convergirt und einem nach oben geöffneten Fächer gleicht. (S. Fig. 71.) Die Mächtigkeit ist sehr bedeutend, beträgt 19

[1] WINDAKIEWICZ, *Jahrb. d. k. k. geol. Reichsanst.* 1866, Bd. 16, p. 217.

bis 30 m und erreicht an den Schaarungspunkten sogar 95 m. — Die Ausfüllungsmassen sind hauptsächlich Quarz resp. Hornstein und zersetztes, oder auch zu thonigen Massen ganz aufgelöstes Nebengestein. — Dem Quarz sind silber- und goldhaltige Kiese oft in so feiner Vertheilung beigemengt, dass er dadurch grau gefärbt erscheint.

Der Georg-Sigmundgangzug besteht aus dem 65° gegen West einfallendem Lettengang und dem im Hangenden des letzteren aufsetzenden 70° gegen Ost einfallenden Georg-Sigmundgang. Beide Gänge schaaren sich in der Tiefe und ist das Gestein zwischen beiden von vielen Kluftsystemen durchzogen. Die Ausfüllungsmassen sind wesentlich dieselben wie bei dem vorigen Gangzug, nur ist das Auftreten von goldhaltigem Antimonglanz und metallischem Golde hier charakteristisch. Von Mineralien, die häufig in den Gängen gefunden werden, sind zu nennen: Quarz in den verschiedensten Varietäten, Kalkspath, Braunspath, Schwerspath, goldhaltiger und silberhaltiger Eisenkies, Antimonglanz, Fahlerz, Melanglanz, Rothgiltigerz, Silberglanz. Selten sind Arsenkies, Zinkblende, Bleiglanz, Kupferkies und Zinnober. Wie auf den Gängen von Schemnitz finden sich auch auf denen von Kremnitz häufig Breccienbildungen und prachtvolle Sphärengesteine. Das Ausgehende der Gänge soll in Folge der Zersetzung besonders goldreich gewesen sein.

In der Nähe von Nagybánya bei Turcz[1] wird zersetzter Grünsteintrachyt (Propylit) von vielen netzartig verlaufenden, $^1/_2$ bis 1 m mächtigen Gängen durchzogen, die Quarz, Hornstein, Speerkies, silberhaltige Zinkblende, Bleiglanz, Rothgiltigerz und Silberschwärze enthalten. — Kalkspath findet sich nur manchmal auf Klüften im Nebengestein. — Schwerspath und Kupferkies werden gar nicht gefunden. — Die Gänge setzen aus dem Grünsteintrachyt auch in die tertiären Sandsteine und Schieferthone über.

§ 91. Fortsetzung; Typus Schemnitz. In porphyrischen Gesteinen die, soviel dem Verfasser bekannt ist, noch nicht genau genug untersucht sind, um sie mit bekannten Gesteinen vergleichen und ihr Alter bestimmen zu können, treten in Bolivia und Mexico Erzgänge auf, die mit denen von Kremnitz und Schemnitz sehr nahe verwandt sind.

Bei Oruro[2], in Bolivia zwischen la Paz und Potosi gelegen, ist ein Porphyr, der graulichweisse milde Thonschiefer durchbrochen hat, von einer Unzahl vorherrschend Ostnordost nach Westsüdwest streichender und 45 bis 85° nach Nord einfallender Gänge durchzogen, deren Mäch-

---

1 v. Cotta, *Berg- u. Hüttenm. Zeitung.* 1866, p. 69.
2 H. Reck, *Berg- u. Hüttenm. Zeitung.* 1868, p. 77.

tigkeit 0,1 bis mehrere m beträgt. — Dieselben besitzen selten deutliche Salbänder, nur manchmal am Hangenden Lettenschmitze. Die Gangmassen, welche merkwürdiger Weise hin und wieder scharfkantige Bruchstücke eines schwarzgrauen Thonschiefers eingebacken enthalten, bestehen vorherrschend aus einem mit Schwefelkies imprägnirtem Porphyr. — In besonderen Trümmern finden sich: Rothgiltigerz, Sprödglaserz, Federerz, Antimonglanz, Silberfahlerz und Zinnstein. — In oberen Teufen sind Pacoerze, tiefer Mulattos und Negrillos vorhanden. (S. p. 83.)

Der berühmte Berg von Potosi[1] in Bolivia erhebt sich in Form eines Kegels etwa 1000 m über die Hochebene der Cordillere. — Er besteht vom Gipfel bis zu einer Tiefe von 405 m unter demselben, ganz aus Quarzporphyr und von da an bildet ein silurischer (?) Thonschiefer den Fuss des Berges, — gleichsam ein Mantel um einen Porphyrkern. — Der obere Theil des Berges ist der Hauptsitz des alten Bergbau's. — Etwa 60 von Nordnordost nach Südsüdwest streichende, und 65 bis 90° nach Ost einfallende Gänge, und ausserdem noch viele kleine zum Theil bauwürdige Erzadern durchziehen den Porphyr. Die Gänge setzen auch in den tieferen Theil des Berges nieder, und treten hier aus dem Porphyr in den Thonschiefer hinein, in welchem sie jedoch erzärmer werden. Die Gangmineralien sind: Quarz, Schwefelkies, Rothgiltigerz, Fahlerz, Zinnstein, Chlorsilber und gediegenes Silber. Wie zu Oruro sind in den oberen Gangregionen Pacoerze, tiefer Negrillo- und Mulattoerze vorhanden. — Letztere beginnen aber erst da, wo der Thonschiefermantel den Porphyr umgiebt.

Bei Pachuca, 22 leguas nordöstlich von der Stadt Mexico, liegt der Bergwerksort Real del Monte.[2] — Die bei diesem Orte sich erhebende Sierra de Pachuca besteht aus einem verschieden gefärbten Porphyr, der das Muttergestein der Erze ist. Diese setzen in ein jüngeres Eruptivgestein, welches den Porphyr durchbricht, nicht hinein, ein Verhalten, das an analoge Erscheinungen in Ungarn etc. erinnert. — Geschichtete Gesteine, mit Ausnahme der Trümmerbildungen des Porphyrs, kommen in den Umgebungen von Pachuca und Real del Monte nicht vor.

Die Anzahl der Gänge ist sehr gross; das Streichen ist im Grossen parallel, von Ost nach West, das Fallen 70° nach Süd, selten nach Nord; Quergänge von Nord nach Süd streichend sind selten und wenig mächtig.

---

1 H. Reck, *Berg- u. Hüttenm. Zeitung.* 1858, p. 275 u. 289. — L. Lemuhot, *Berg- u. Hüttenm. Zeitung.* 1859, p. 6, 14, 20. Ref. — H. Reck, *Berg- u. Hüttenm. Zeitung.* 1866, p. 389.

2 Richter u. Hübner, *Zeitschr. f. d. Berg-, Hütten- u. Salinenw. im preuss. Staat.* 1873, Bd. XXI, p. 103.

Die Hauptausfüllungsmasse der Gänge ist Quarz und zersetzter, nahe den wenig scharf ausgebildeten Salbändern besonders reichlich mit Schwefelkies imprägnirter Porphyr. Kalkspath ist selten, noch seltener Schwerspath. Von Erzen finden sich gediegenes Silber und Glaserz, beide am häufigsten fein eingesprengt. — Rothgiltigerz, Blende und Kupferkies sind Seltenheiten. — Der Durchschnittsgehalt der Erze beträgt nur etwa 0,15 bis 0,18 % Silber; das gewonnene Silber enthält aber 0,2 % Gold.

Der mächtigste Gang ist der von Arevalo bei el Chico, der 16,7 bis 25 m mächtig wird, aber viele taube Mittel enthält. — Der ausgedehnteste Gang ist die 3,3 m mächtige veta Viscayna, welche im Streichen auf 10000 m verfolgt ist und vielleicht noch mit der veta madre in Guanajuato (s. § 109) zusammenhängt.

Das Ausgehende der Gänge ragt in Form von Kämmen über den leicht verwitterten Porphyr hervor.

Der Erzführung nach unterscheidet man von oben nach unten drei Zonen: 1. Quemazon; das ist ein Mineralgemenge, in welchem Manganerze, — Psilomelan und Pyrolusit — vorherrschen. 2. Colorados; Erzmassen und Gesteine, die durch Eisenoxyd eine auffallende rothe Farbe bekommen haben. 3. Pinto azul; grau und bläulich gefärbte, quarzreiche Ganggesteine, die ihre Farbe fein eingesprengten Silbererzen verdanken.

Neben dem bedeutendsten Gange Mexico's, der veta madre bei Guanajuato, die ihren Erzreichthum zwischen sedimentären Gesteinen entwickelt, treten silbererzführende Gänge auch in massigen Gesteinen auf; bei Santa Rosa und Villapando Quarzgänge mit Silbererzen und gediegenem Golde im Porphyr, bei Luz Gänge im Diorit (?). Letztere Gänge sind 3 bis 5 m, selten 15 m mächtig, enthalten Quarz und Kalkspath und ein zerreibliches, mit Silbererzen imprägnirtes, talkartiges Gestein, — Jabones (Seifen) genannt. — Unter den Silbererzen erscheinen lichtes und dunkles Rothgiltigerz und Sprödglaserz; in Drusenräumen prächtige Krystalle. Die Erzmittel haben die Form von 50 bis 60 m breiten Erzsäulen, die auf 400 m Tiefe verfolgt sind.

Im Granit, zum Theil auch im Dioritporphyr und Glimmerschiefer, treten in Niedercalifornien[1] Silbererzgänge auf, die Silberglanz, Rothgiltigerz, Fahlerz, Bleiglanz, Kupferglanz, Eisenkies, Arsenikkies, Zinkblende, Quarz, Schwerspath, Kalkspath etc. und in oberen Teufen gediegenes Silber, Chlorsilber, Brauneisenstein, oxydische Kupfererze etc. enthalten.

---

[1] A. DEL CASTILLO, *Zeitschr. f. Berg-, Hütten- u. Salinenw. im preuss. Staat.* Uebersetzt v. BURKART, Bd. XIV, p. 105.

Unter den nicht häufigen im Granit aufsetzenden Silbererzgängen beanspruchen die von Wittichen[1] im Schwarzwald in sehr vielen Beziehungen ein ganz besonderes Interesse. (S. § 152.) Sie setzen im pinitoidreichen Granit auf und werden unedler oder verschwinden, sobald sie in den festen, unverwitterten Granit hineinsetzen; sie streichen zwischen den Stunden 9 und 12, fallen steil (75 bis 80°) ein und sind wenig mächtig, 7 bis 25 cm, selten mächtiger. — Die Erz- und Mineralführung dieser Gänge ist bereits p. 78 angegeben. — Die Erzführung ist durchaus nesterweise und nimmt nach der Tiefe zu ab. — Der wichtigste Gang ist der der Grube Sophie, neben welchem sich der Granit stellenweise ganz mit gediegenem Silber durchwachsen fand.

Das Erscheinen von Kobalt-, Nickel- und Wismutherzen in grösserer Menge ist den übrigen Lagerstätten dieses Typus ganz fremd, und könnte man desshalb die Gänge von Wittichen auch zu Repräsentanten eines besonderen Typus erheben.

§ 92. **Typus Pontgibaud.** Charakteristik: In massigen Gesteinen — Granit, Diorit, Syenit etc. — aufsetzende Gänge mit silberreichem Bleiglanz, Zinkblende, Kupferkies, Schwefelkies und anderen untergeordneter auftretenden Erzen, Quarz, Kalkspath, Flussspath, Schwerspath etc.

Im südlichen Frankreich sind Granite, im Gebiet von Forez[2] und bei Pontgibaud unweit Clermont, Träger von Bleierzgängen, in denen als charakteristische Gangart Schwerspath auftritt.

Die Gänge von Pontgibaud liegen in der Nähe der erloschenen Vulkane der Auvergne, treten in die jungvulkanischen Gesteine aber nirgends hinein. — Die Hauptmasse der Erzgänge ist, mit Ausnahme eines Ganges, der wesentlich aus Quarz mit Bleiglanzeinsprengungen besteht, eine sehr stark zersetzte granitische. Wahrscheinlich sind es jüngere Granitgänge im alten Granit, in welche die Erze erst später eingedrungen sind, denn diese treten als Imprägnationen, oder in einzelnen Adern ausgeschieden auf. (Vergl. Schemnitz p. 171 u. 172.) Gangarten sind Quarz, Schwerspath und Flussspath, die aber durchaus nicht gleichmässig vertheilt sind, denn bald herrscht die eine, bald die andere vor.

Das Haupterz ist silberhaltiger Bleiglanz, begleitet von Blende, Schwefelkies und Fahlerz.

Säulenförmige Erzmittel von 50 bis 60, höchstens 150 m Breite, wechseln mit tauben Mitteln.

In der Luganure[3]-Grube bei Wicklow in Irland begleiten eben-

---

1 Fr. Sandberger, *Neues Jahrb. f. Mineral.* 1868, p. 385.

2 v. Cotta, *Erzlagerstätten* II, p. 409 u. p. 418.

3 v. Cotta, *Erzlagerstätten* II, p. 504.

falls jüngere Granitgänge Bleierzgänge, welche alte Granite durchsetzen. — Die Erzgänge enthalten neben Bleiglanz, Zinkblende, zuweilen Kupferkies, Quarz, Kalkspath und Flussspath.

Bei Linares,[1] im oberen Gebiet des Guadalquivir, durchsetzen viele Bleiglanzgänge mit Zinkblende, Eisenkies, Kupferkies, vorherrschend quarziger Gangart, Schwerspath, Kalkspath und Spatheisenstein den Granit. — Die Gänge treten auch in die über dem Granit liegenden, 8 bis 10 m mächtigen, wahrscheinlich zur Trias gehörigen Sandsteine hinein; an ihrem Ausgehenden ragen sie als Quarzkämme über die Erdoberfläche hervor. Zersetzungsproducte, vorzüglich Weissbleierz und Linarit, sind bis 80 m unter dem Ausgehenden zu finden. Die Erze sind in Erzsäulen angehäuft; die derbsten Bleiglanzmassen liegen an den Schaarungspunkten und da, wo die Gänge 2 bis 3 m mächtig sind, während die gering mächtigen Stellen sich immer als erzarm erwiesen haben.

Durch Grünsteinporphyr, Glimmer- und Thonschiefer, setzen 10 bis 88 cm mächtige Bleiglanzgänge am Berge Pareu Dracului[2] bei Sinka, unweit Kronstadt in Siebenbürgen. — Diese Gänge enthalten sehr eigenthümliche Ganggesteine; theils sind es hauptsächlich an den Salbändern abgelagerte, quarzig schiefrige Massen, theils ganz milde, faule Schiefer, die „wilde Schiefer" genannt werden.

Die Hauptausfüllungsmasse besteht vorherrschend aus „zu blauem Letten zersetzten Thonschiefern mit Quarzstücken und Eisenkieskrystallen, worin der Bleiglanz mit anderen Erzen nesterweise inne liegt. — Bleiglanznester hat man in den Gängen, aber nur innerhalb einer etwa 40 m breiten Zone gefunden, welche flach gegen Süden einschliesst" und zwar da, wo der Porphyr zersetzt und zerklüftet ist und der wilde Schiefer entweder ganz fehlt, oder nur sehr wenig mächtig ist.

Der Pfundrersberg[3] bei Klausen in Südtyrol besteht aus Thonglimmerschiefer, in welchem eine mächtige Dioritmasse liegt. — Ausserdem tritt an den Grenzen des Diorits gegen den Thonglimmerschiefer ein eigenthümliches Gestein auf, welches die Bergleute als Feldstein bezeichnen. — Diese Gesteine sind nach A. R. Schmidt nicht scharf gegeneinander abgegrenzt, sondern berühren sich in mehrere Meter breiten Trümmerzonen, die Bruchstücke der aneinander grenzenden Gesteine enthalten.

Drei Gänge durchsetzen sämmtliche Gesteine; sie streichen etwa h 5, convergiren jedoch gegen Westen, fallen steil, 60—80° nach Norden ein,

---

[1] v. Cotta, *Erzlagerstätten* II, p. 451.

[2] v. Cotta, *Erzlagerstätten* II, p. 270.

[3] v. Cotta, *Berg- u. Hüttenm. Zeitung.* 1862, p. 378. — A. R. Schmidt, *Berg- u. Hüttenm. Zeitung.* 1867, p. 267.

sind von Nebentrümmern begleitet und tragen den Charakter bis 8 m mächtiger, zusammengesetzter Gänge an sich.

Bemerkenswerth ist der Einfluss des Nebengesteins. — Im Diorit sind die Gänge am reichsten und enthalten silberhaltigen Bleiglanz, Zinkblende, Kupferkies und Schwefelkies; im Feldstein und im Schiefer fehlt Bleiglanz ganz, und finden sich nur Kupferkies und Schwefelkies. — Sobald die Gänge in den Schiefer hineinsetzen, tritt eine entschiedene Verarmung ein. Ueber die Erzmuggeln dieser Gänge siehe p. 72.

§ 93. **Typus Magurka.** Charakteristik: Wesentlich Antimonglanz führende Gänge in massigen Gesteinen.

„Magurka[1] in Ungarn liegt am nördlichen Abhange der 1200 bis 1800 m hohen Granitkette, welche sich vom Djumbir aus in westlicher Richtung erstreckt und das Sohler Comitat von der Liptau trennt, als eine hohe Wasserscheide zwischen der Gran und der Waag".

Im Granit treten mehrere Antimonglanz, Quarz und gediegenes Gold enthaltende Gänge auf, von denen der nördlichste bebaut ist.

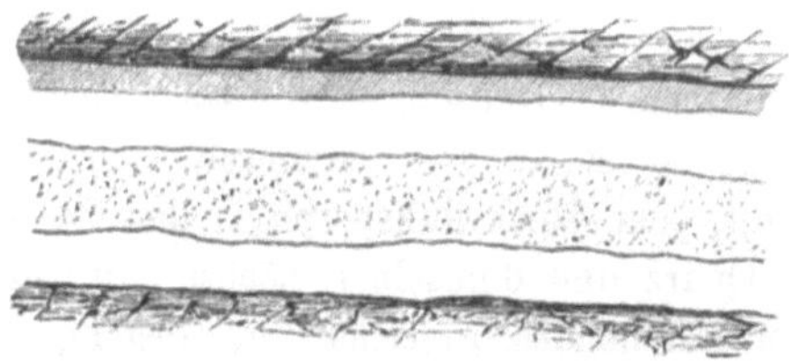

Fig. 72. Antimonglanzgang von Magurka nach v. COTTA.

Der Gang hat wenige cm bis 4 m Mächtigkeit, sehr wechselndes zum Theil recht flaches, 25 bis 35° betragendes Fallen und ist durch mehrere Kreuzklüfte stark verworfen.

Der Granit ist in der Nähe des Ganges stark verändert. — Der Feldspath ist in ein grünlich gelbliches, wachsähnliches Mineral verwandelt, und der ursprünglich dunkle Glimmer ist silberweiss geworden. — Die Ausfüllungsmassen sind vorherrschend Quarz, Antimonglanz und Granit. — Silberhaltiges Gold ist im Quarz meist fein eingesprengt enthalten, seltener in zackigen und körnigen Partieen deutlich ausgesondert. — Untergeordnet finden sich: Bleiglanz, Zinkblende, Schwefelkies, Kupferkies, Braunspath und Kalkspath. — An den reichsten Stellen steht der Antimonglanz über 2 m mächtig an, nimmt aber im Streichen sehr schnell an Mächtigkeit ab. — Das Erz enthält viele Granitbrocken verschiedenster

[1] v. COTTA, *Berg- u. Hüttenm. Zeitung.* 1861, p. 123. — R. MEIER, *Jahrb. d. k. k. geol. Reichsanst.* 1868, p. 257.

Grösse eingeschlossen, legt sich entweder direct an den Granit an, oder ist durch Quarzlagen von ihm geschieden. — An einer Stelle wird der einfach symmetrisch ausgefüllte Gang, mit Antimonglanz in der Mitte, und Quarz zu beiden Seiten, an dem einen Salbande von einem Braunspathtrumm jüngerer Bildung begleitet. (S. Fig. 72 u. p. 63.)

§ 94. **Typus Altenberg.** Charakteristik: Zinnerzgänge mit den für dieselben charakteristischen Mineralien im Granit, Greisen und Felsitporphyr.

Die Lagerstätten dieses Typus sind zum grössten Theil charakteristische Stockwerke, (s. p. 55) und finden sich hauptsächlich im sächsischen Erzgebirge, in der Bretagne, in Cornwall, auf den ostindischen Inseln, und in Australien.

Diejenigen Mineralien, welche den Zinnstein gewöhnlich zu begleiten pflegen sind: Quarz, Lithionglimmer, Feldspath, Turmalin, Topas, Apatit, Wolfram, Arsenikkies, Molybdänglanz, Flussspath.

Das Altenberger Zinnstockwerk[1] im sächsischen Erzgebirge ist eine eigenthümliche, stockartige, in unbekannte Tiefen niedersetzende, granitische Gesteinsmasse von etwa 900 m Länge und Breite, welche rings umher, — aber ohne scharfe Grenzen, — von Quarzporphyr, Granitporphyr und Granit umgeben ist. — Der technisch wichtige Theil der Lagerstätte ist der Zwitter, oder Stockwerksporphyr, das ist ein dunkel gefärbtes, wesentlich aus Quarz und demselben höchst fein beigemengtem chloritähnlichem Glimmer bestehendes, greisenartiges Gestein, das stets in feinster Staubform Zinnstein enthält, ausserdem aber noch mehr oder weniger reichlich Arsenkies, Kupferkies, Schwefelkies, Eisenglanz, Wolfram, gediegenes Wismuth, Flussspath und andere seltenere Mineralien. Da weder eine felsitische dichte Grundmasse, noch grössere ausgeschiedene Krystalle vorkommen, ist der Name Stockwerksporphyr, der von den Bergleuten gebraucht wird, nach den Grundsätzen petrographischer Nomenclatur durchaus unpassend, und hat man den ebenfalls bergmännischen Namen „Zwitter" jedenfalls vorzuziehen. Der Zwitter, dessen Zinngehalt etwa $^1/_2$ bis $^1/_3$ % beträgt, ist nach allen Richtungen hin von Quarzadern durchzogen, die mit ihm fest verwachsen sind und ausser den Mineralien des Zwitters noch Molybdänglanz, Wismuthglanz, Nakrit etc. führen. Demnächst finden sich aber regelmässige, theils von Nordost nach Südwest, theils von Nordwest gegen Südost streichende, mit zersetztem eisenschüssigem Nebengestein, rothem Letten, etwas Quarz und wenig Zinnerz erfüllte Gänge, deren nächstes Nebengestein dafür be-

---

[1] v. Cotta, *Erzlagerstätten* II, p. 14. — H. Müller, *Berg- u. Hüttenm. Zeitung.* 1865, p. 178.

sonders zinnhaltig ist. — Diese Gänge, von bis 10 cm Mächtigkeit und steilem Fallen, meist nahe nebeneinander auftretend, und so Gangzüge bildend, setzen auch über die Stockwerksmasse hinaus in die benachbarten Porphyre und Granite hinein, wo sie als isolirte Zinnerzgänge bebaut worden sind.

Der Zwitter, der in einer horizontalen Ausdehnung von 400 m Länge und Breite ansteht und so niedersetzt, ist keineswegs von dem feinkörnigen Stockwerksgranit scharf geschieden, sondern geht ganz allmälig in diesen über. — Dieser Granit ist wie der Zwitter nach allen Richtungen von Quarzadern durchzogen, welche wesentlich dieselben Mineralien, wie oben angeführt, enthalten. Bemerkenswerth ist nun, dass diese Quarzadern zu beiden Seiten von dunklen Streifen begleitet werden, die mit dem Zwittergestein identisch sind und wie dieses, ohne scharfe Grenze, in den Granit verlaufen. Nach v. COTTA ist das ganze Stockwerk ursprünglich Granit gewesen, der von Klüften aus mehr oder weniger weit in zinnhaltigen Zwitter umgewandelt wurde. (S. § 156.)

In vielen Beziehungen ähnelt das Stockwerk zu Geyer[1] im sächsischen Erzgebirge dem des Altenberges. — Es ist eine unregelmässig abgestumpft kegelförmig gestaltete, in Gneiss und Glimmerschiefer eingeschlossene Granitmasse mit unregelmässig ellypsoidischer Basis. — Der Granit hat nicht wie sonst wohl sinen metamorphischen Einfluss ausgeübt, vielmehr ist umgekehrt der Granit in der Nähe seines Nebengesteins modificirt; er ist äusserst grobkörnig, sogenannter Riesengranit geworden, der in einer Breite von bis 3 m das Stockwerk als Stockscheider umgiebt. — Sehr merkwürdig ist es, dass die Ausbildung als Riesengranit sogar auch neben Bruchstücken des Nebengesteins stattfindet, die in dem gewöhnlichen Granit eingeschlossen sind. Im Stockwerksgranit sind unzählige Gänge von 6 mm bis 10 cm Mächtigkeit vorhanden, die sich zu etwa 19, h 3—4 streichenden und 70 bis 80° in Nordwest einfallenden Gangzügen gruppiren, die mit demselben Streichen und Fallen auch in die angrenzenden Gneisse und Glimmerschiefer hineinsetzen. — Die Gänge enthalten hauptsächlich Quarz und dem Alter nach gruppirt: Zinnstein, Arsenikkies, Beryll, Ferrowolframit, Topas, Phengit, Molybdänglanz, Herderit, Apatit, Flussspath. — Neben den Gängen hat der Granit seine Natur eingebüsst, herrscht der Quarz vor, der einerseits in die reinen Gangmassen, andererseits in den typischen Granit ganz allmälige Uebergänge bildet. — Das ganze Stockwerk, sammt seinen Gängen und

---

[1] v. COTTA, *Erzlagerstätten* II, p. 28. — A. STELZNER, *Beiträge zur geognostischen Kenntniss d. Erzgebirges.* — H. CREDNER, *Zeitschr. d. d. geol. Gesellsch.* Bd. XXX, 1878, p. 538.

den angrenzenden Gneissen und Glimmerschiefern, wird von einem Eisensteingange, „der rothe Fall“ genannt, durchsetzt (s. p. 155).

Das Zinnwalder[1] Stockwerk, ebenfalls im sächsischen Erzgebirge, findet in seiner Eigenartigkeit seines Gleichen nicht wieder. Es ist eine ringsumher von Felsitporphyr umgebene, flach kuppelförmige Granitpartie, die in ihrem Scheitel durch die Tagesoberfläche abgestumpft ist. Ein horizontaler Durchschnitt ist länglich ellyptisch und besitzt am Ausgehenden beziehungsweise 1360 und 480 m Durchmesser. — Das Gestein des Stockwerks ist ein klein bis mittelkörniger, meist sehr zersetzter Granit, in welchem kleine und grosse, bis 100 m im Durchmesser haltende Nester und Butzen von Greisen liegen, der entweder allmälige Uebergänge in den Granit bildet, oder auch gegen ihn scharf abgegrenzt ist. —

Mit einer concentrischen Absonderung der unterirdischen, glockenförmig gestalteten Granitmasse hängt es zusammen, dass dieselbe von vielen untereinander liegenden, parallel der Oberfläche des Stockwerks verlaufenden Klüften oder Gängen (fälschlich von den Bergleuten Lager genannt) durchzogen ist, die die ganze Stockwerksmasse in glockenförmig übereinander liegende Schaalen theilen.

Diese eigenthümlichen, unter dem Scheitel der Granitmasse horizontal liegenden, und nach allen Seiten hin flach abfallenden Gänge sind 10 bis 73 cm mächtig, liegen in oberen Teufen 4 bis 12, in unteren Teufen 20 bis 40 m untereinander und sind symmetrisch mit Quarz, Lithionglimmer, Flussspath, Zinnstein, Wolfram, Zinnkies, Bleiglanz, Kupferglanz, Fahlerz, Zinkblende, Scheelit, Uranglimmer, Apatit, Topas etc. erfüllt, welche Mineralien in Drusenräumen prächtig krystallisirt vorkommen. Die Gänge sind gegen ihr Nebengestein nicht scharf begrenzt, sondern damit in der Art verwachsen, „dass ihre äusseren Theile eigentlich nur eine deutlicher auskrystallisirte Fortsetzung des Nebengesteins bilden.“

Ausser diesen ganz flach liegenden Gängen wird das Stockwerk noch von ganz steil fallenden, meist Nordost nach Südwest streichenden Gängen durchsetzt, welche sehr geringe Mächtigkeit haben, vorwiegend mit sandartigem, zersetztem Granit oder Greisen, seltener mit Quarz, Glimmer, Flussspath, Zinnerz, Wolfram etc. erfüllt sind, und die flachen Gänge um 1 bis mehrere Meter verwerfen. — Neben diesen Gängen ist das Gestein besonders stark mit Zinnerz und Wolfram imprägnirt.

H. Müller macht darauf aufmerksam, dass Anzeichen für wiederholtes Aufreissen dieser letzteren Gänge vorhanden sind, und dass die Ausfüllungsmassen, obwohl die Verwerfung nach vollendeter Ausfüllung

[1] H. Müller, *Berg- u. Hüttenm. Zeitung*. 1865, p. 179.

der flachen Gänge eintrat, doch nicht jünger als die der letzteren zu sein brauchen.

Bei Johanngeorgenstadt und Eibenstock im sächsischen Erzgebirge sind Zinnerzgänge, ähnlich den vorher beschriebenen, im Granit bekannt. Bei Graupen in Böhmen kommt am Mückenthürmchen im Granitporphyr Zwittergestein vor. Bei Schlaggenwald in Böhmen finden sich mehrere Stockwerke mit sogenanntem Zinngranit. (S. p. 184.)

Cornwall, die Bretagne, die ostindischen Inseln und Australien sind ebenfalls durch ihre zinnführenden Granite und Porphyre berühmt.

Die meisten dieser Localitäten werden später noch erwähnt werden (§ 96), hier nur eine kurze Bemerkung über Australien, wo im Bereich der grossen Cordilleren in Victoria, New Süd-Wales und Queensland[1] seit etwa 1870 die reichsten Zinnerzfelder der Erde, — wie es scheint — aufgeschlossen wurden. Die Zinnerze treten theils gangartig im Granit auf, theils bilden sie Imprägnationszonen im Granit. Am Mt. Bischoff ist es eine stockförmige Quarzporphyrmasse, welche an den Grenzen gegen versteinerungsleere Schiefer Zinnerz als Imprägnation, oder in butzenartigen Massen ausgeschieden enthält.

§ 95. **b. Gänge in geschichteten Gesteinen.** In den vorigen Paragraphen sind viele Beispiele angeführt, welche zeigen, dass Erzgänge aus den gemengt krystallinischen, massigen Gesteinen in die benachbarten Schichtgesteine übersetzen und in diesen entweder sofort, oder gar nicht weit von der Grenze vertauben. (Eisenerzgänge des Harzes und Sachsens, Vöröspatak, Potosi, Altenberg etc.) Der Hauptsitz der Erze lag immer in den massigen Gesteinen.

Im Folgenden sind nun diejenigen Erzgänge zu berücksichtigen, welche ihre bedeutendsten Erzmittel in geschichteten Gesteinen haben.

Halten sich die Erzgänge an den Grenzen der Eruptivgesteine, so sind wir berechtigt letztere als Erzbringer anzusehen. — Eine solche Beziehung zwischen Eruptivgesteinen und Erzgängen ist aber durchaus nicht immer aufzufinden, denn viele Erzgänge verbreiten sich räumlich ganz anders als die benachbarten eruptiven Massen, oder treten so weit entfernt von den letzteren auf, dass an einen genetischen Zusammenhang nicht gedacht werden kann.

§ 96. **Typus Schlaggenwald.** Charakteristik: Zinnerzgänge, welche krystallinische Schiefer durchsetzen, im Uebrigen

[1] G. H. F. Ullrich, *Quart. Journal of the geol. Society* f. February 1873. — G. Wolff, *Berg- und Hüttenm. Zeitung.* 1875, p. 2. — G. H. F. Ullrich, *Neues Jahrb. f. Mineral.* 1877, p. 494.

aber in den wesentlichsten Punkten mit den Gängen des Typus Altenberg übereinstimmen.

Bei der nahen Verwandtschaft der Lagerstätten der Typen Altenberg und Schlaggenwald ist es zu rechtfertigen, dass in den folgenden Schilderungen einzelner Localitäten noch Lagerstätten des vorigen Typus (s. § 94) Platz finden.

Bei Schlaggenwald[1] in Böhmen ist von dem gewöhnlichen, grobkörnigen, leicht verwitternden Massengranit, der arm an accessorischen Bestandtheilen ist, der Zinngranit zu unterscheiden, der sehr feinkörnig ist, vorherrschend aus Quarz besteht und accessorisch Schörl, Zinnerz, Flussspath, Eisen- und Kupferkies enthält.

Dieser Zinngranit bildet mehrere Zinnstockwerke, unter denen drei technisch besonders wichtig sind; dieselben liegen in südwestlicher Richtung linear angeordnet, sind ringsumher, am Tage, von Gneiss umgeben und getrennt, hängen in der Tiefe aber wahrscheinlich zusammen. Der bedeutendste ist der Huberstock, der in einer Tiefe von 120 m einen Umfang von 600 m besitzt. — Die Hauptmasse ist Zinngranit mit eingeschlossenen sehr erzreichen Butzen von Greisen, die durch Zurücktreten des Glimmers in eine feinkörnige Quarzmasse mit Zinnstein, Wolfram, Flussspath etc. übergehen. Der Zinnstein ist im Zinngranit in feinster Staubform, in Schnüren, Nestern und Butzen, derb und krystallisirt eingeschlossen. — Ausserdem durchschwärmen den Zinngranit eine grosse Menge armer Quarzgänge. — Eine gleiche Beschaffenheit wie der Huberstock haben die beiden anderen Stockwerke, die Schnödenstock und Klingenstock genannt werden.

Der den Zinnstockwerken benachbarte Gneiss wird nun von vielen, reichen Erzgängen von 5 bis 12 cm, selten 37 cm Mächtigkeit und 10 bis 55° Fallen durchsetzt, die im Wesentlichen dieselben Mineralien, wie die Stockwerke führen. Die Gänge sind zum Theil scharf gegen den Gneiss abschneidende Greisengänge, theils wesentlich Quarzgänge, die an den Salbändern in Nestern und in Drusen Zinnstein enthalten. — Ein grosser Reichthum schön krystallisirter Mineralien zeichnet diese Gänge aus.

Bei Graupen[2], am Südabfall des sächsischen Erzgebirges gegen Böhmen, in der Nähe von Teplitz, wird der graue Gneiss von Zinnerz enthaltenden porphyrischen Gesteinen, Felsitporphyr, Granitporphyr etc. durchsetzt, die aber wenig reich sind. — Der Hauptreichthum liegt in Gängen, welche in der Nähe der Eruptivgesteine den Gneiss durch-

---

[1] *Zeitschr. f. d. Berg-, Hütten- u. Salinenw. im preuss. Staat.* 1862, Bd. X, p. 164. — Anton Rücker, *Jahrb. d. k. k. geol. Reichsanst.* 1864, Bd. 14, p. 311.

[2] v. Cotta, *Berg- u. Hüttenm. Zeitung.* 1864, p. 117. — Laube, *Jahrb. d. k. k. geol. Reichsanst.* 1864, p. 159.

schwärmen. — Die zahlreichen Gänge lassen sich in drei Gruppen bringen.

1. Hauptgänge von durchschnittlich 5 bis 12 cm Mächtigkeit und 15 bis 35° Fallen. — Die Ausfüllungsmassen bestehen aus Zinnstein mit Quarz, Flussspath, Eisenglanz und sehr wenig Kiesen. — Merkwürdig ist, dass das liegende Nebengestein auf eine Mächtigkeit von 5 bis 7 cm mit Zinnerz imprägnirt ist, während das Haugende sich erzfrei zeigt.

2. Gefährtel, die nur 1 bis $2^1/_2$ cm mächtig sind, steileres Fallen 29 bis 41°, haben, und einförmig mit Quarz, Steinmark und Zinnstein ausgefüllt sind. Auch neben ihnen ist das Liegende bis auf 7 cm mit Erz imprägnirt.

3. Stehende Gänge, $2^1/_2$ bis 7 cm mächtig, mit 69 bis 79° Fallen, sie werden von einer Quarz-Breccie mit kieseligem und steinmarkartigem Bindemittel erfüllt, das Zinnstein und häufig Kiese in einzelnen Nestern enthält. Häufigere Begleiter des Zinnerzes sind: Arsenkies, Braunspath, Nakrit, Muscovit, Rotheisenstein, Schwefelkies, Kupferkies, gediegenes Wismuth. Sehr selten sind: Kalkspath, Apatit, Wolfram und Bleiglanz.

Mit Silbererzgängen zusammen finden sich Zinnerzgänge im Gneiss bei Ehrenfriedersdorf und Marienberg im sächsischen Erzgebirge.

Am Sauberge bei Ehrenfriedersdorf sind es typische Zinnerzgänge, denen von Schlaggenwald und Graupen ganz ähnlich, die den Gneiss da durchsetzen, wo er von Granit durchbrochen ist. — Die schmalen Gänge liegen hier oft so nahe aneinander, dass sie gemeinschaftlich abzubauende Gangzüge, sogenannte „Risse“ bilden.

Bei Marienberg liegt der Zinngehalt hauptsächlich im imprägnirten Nebengestein. Die Gänge selbst werden von Quarz, Letten und eingemengtem Zinnerz erfüllt. Höchst interessant ist die Beschreibung, welche v. Charpentier von dem 30 bis 60 cm mächtigen, und mit Schwerspath, Flussspath, Wismuth und Silbererzen erfüllten Gange der Grube Einhorn am Martersberge gegeben hat, da aus derselben hervorgeht, dass das Nebengestein mit Zinnerz imprägnirt war, während im Gange selbst kein Zinnerz gefunden ist. Es hat danach ganz den Anschein, als wenn eine von Klüften aus erfolgte Zinnerzimprägnation der Bildung des Silbererzganges vorausging. Das Marienberger Ganggebiet wird von sogenannten Wackengängen, das sind Gänge mit zersetzten Eruptivgesteinen, durchsetzt, auf deren Eruption die Gangbildung zurückgeführt werden kann.

Die Gänge von Schmiedeberg, Niederpöbel, Naundorf und Sadisdorf[1] im sächsischen Erzgebirge sind den später (§ 102) zu er-

---

[1] H. Müller, *Neues Jahrb. f. Mineral.* 1867, p. 616. Ref.

wähnenden Gängen von Cornwall insofern ähnlich, als sie neben dem Zinnerz viele Kupfererze führen, die in einigen Gängen sogar ganz überwiegen. Die Gänge setzen im vom Diorit und Felsitporphyr durchbrochenen rothen Gneiss auf, sind 5 bis 37 cm, selten 2 bis 6 m mächtig und enthalten krystallinischen oder hornsteinartigen Quarz, blauen Flussspath, Chlorit und Glimmer. — Das Zinnerz ist im Quarz eingeschlossen. — Als Begleiter finden sich Kupfer-, Arsen- und Schwefelkies, Bleiglanz und Zinkblende.

Den böhmischen Zinnerzgängen ganz analoge sind in Spanien und der Bretagne bekannt.

§ 97. **Typus Rio Albano.** Charakteristik: Magneteisenstein- und Eisenglanz-Gänge in krystallinischen Schiefern und in metamorphosirten Sedimenten.

Bei Rio Albano und Terra nera[1] durchbrechen Eisenglanzgänge mit zahlreichen Ramificationen Talkschiefer, welche letzteren auch, scheinbar ohne Zusammenhang mit den Gängen, zuweilen über 1 m grosse Knauern und Nester von Eisenglanz umschliessen. — Die Gangmassen hüllen viele Bruchstücke des Nebengesteins ein, und breiten sich, — was besonders merkwürdig ist — „in der Höhe zu Lagen aus, welche, 10 bis 33 m mächtig, die Oberfläche der Berge bedecken".

Das sind Erscheinungen die an Eruptivgesteinsgänge erinnern, welche mit Kuppen und Decken zusammenhängen, und in der That haben auch manche Forscher, wie Hoffmann, an eruptive Entstehung des Eisenglanzes gedacht. Vom chemischen Standpunkt aus ist eine solche Hypothese aber nicht zu rechtfertigen, und ist es viel wahrscheinlicher, dass wir es hier mit ursprünglichen Spatheisensteingängen zu thun haben, die später umgewandelt sind.

Eine kuppenartige Masse am Ausgehenden zeigt ein viel verzweigter Magneteisenerzgang, der am Capo Calamita körnigen Kalkstein durchzieht.

Magneteisenstein in Gängen ist, gegenüber dem massenhaften Vorkommen in Lagern des krystallinischen Schiefergebirges, eine sehr seltene Erscheinung.

In der sehr unregelmässigen, trümmerstockartigen Lagerstätte von Traversella[2] in Piemont ist Magneteisenstein das Haupterz. — Das Nebengestein ist Glimmerschiefer, Granatfels und Syenit. Der Granat-

---

[1] G. v. Rath, *Verhandl. d. naturhist. Vereins d. preuss. Rheinl. u. Westf.* 1864, 21. Jahrg., p. 92. — G. v. Rath, *Zeitschr. d. d. geol. Gesellsch.* 1870, Bd. XXII, p. 708.

[2] G. Burci, *Berg- u. Hüttenm. Zeitung.* 1862, p. 101.

fels in der Nähe des Syenits erregt den Gedanken, dass hier auch metamorphische Wirkungen im Spiele sind, die die Entstehung der Magneteisenerzlagerstätte bedingt haben mögen.

Die vielfach zertrümmerte und verzweigte Lagerstätte ist bei einem Generalstreichen von Südost nach Nordwest auf 360 m Länge, und bei einem Fallen von 50 bis 60° auf 150 m Tiefe bekannt. — Die einzelnen Abzweigungen werden Gänge genannt und erreichen 30 m Mächtigkeit. In den Gängen hat man parallel den Salbändern angeordnete Minerallagen und viele Drusenräume mit schönen Krystallen, also deutliche Anzeigen wirklicher Hohlraumausfüllungen.

Nächst dem Magneteisen sind am häufigsten: Kupferkies und Schwefelkies, weniger häufig sind Eisenglanz, Bleiglanz, Zinkblende, Magnetkies, Arsenkies; selten sind Grauspiessglanz und Molybdänglanz. Die Gangarten sind: Kalkspath, Dolomitspath, Mesitinspath, Quarz, Chlorit, Granat, Pyroxen, Amphibol, Traversellit, Flussspath und Scheelit. Einzelne Gangpartieen enthalten den Kupferkies fast ohne Spuren von Magneteisen in linsenförmigen Massen im Kalkspath eingeschlossen, die viele 1000 Centner Erz geliefert haben.

§ 98. **Typus Bergzabern.** Charakteristik: Braun- und Rotheisenstein, selten ganz rein, sondern meist mit Quarz und Kalkspath, auch wohl mit Schwerspath gemengt, in Gängen, welche geschichtete Gesteine aller Formationen durchsetzen. Es gehören dazu auch viele lagergangartige Massen zwischen Schichtungsklüften. Anhangsweise sind die analogen Manganerzlagerstätten angereiht.

Die Eisenerzgänge des Typus Zorge (§ 84) setzen, wie wir gesehen haben, öfters aus den massigen Gesteinen in die angrenzenden Sedimente über, ohne in letzteren andauernd erzführend zu bleiben.

Geschichtete Gesteine der verschiedensten Formationen führen nun aber auch, sowohl in der Nähe von Eruptivgesteinen, als auch weit entfernt von denselben, ergiebige Roth- und Brauneisenerzgänge, deren Ausfüllungsmassen meist nur Auslaugungsproducte des Nebengesteins sind. In einer so klaren und anschaulichen Weise wie selten zeigt sich diese Entstehungsweise bei einem Vorkommen in Süd-Carolina, das H. Credner beschreibt. In der Haile Goldmine[1] (s. p. 126) beobachtete H. Credner innerhalb eines Tagebau's, der zur Gewinnung von goldhaltigem Quarzschiefer hergestellt war, einen, letzteren durchsetzenden Dioritgang von etwa $1^1/_4$ m Mächtigkeit und kugeliger Structur.

Dieser Gang wird von zwei, etwa 10 cm mächtigen Brauneisenstein-

---

[1] H. Credner, *Zeitschr. f. d. gesammt. Naturwissensch.* 1870, Bd. 35, p. 20.

gängen begleitet, die gewissermaassen die Salbänder des Dioritganges bilden. (S. Fig. 73.) — Der Brauneisenstein ist theils dicht, theils glaskopfförmig. — Nach H. CREDNER haben sich die jetzt von dem Eisenstein eingenommenen Gangräume zwischen dem Quarzitschiefer und dem Diorit, durch Volumverringerung des letzteren bei seinem Uebergang aus dem flüssigen in den festen Zustand gebildet, und stammt der Brauneisenstein aus dem sehr stark mit Schwefelkies durchwachsenen Quarzschiefer, der in unmittelbarer Nähe des Ganges seinen Schwefelkiesgehalt verloren, und ein poröses schwammiges Ansehen erhalten hat. In dem geschilderten Falle hat das Eruptivgestein nur auf die Bildung des Gangraums, nicht auf dessen Erfüllung einen Einfluss ausgeübt.

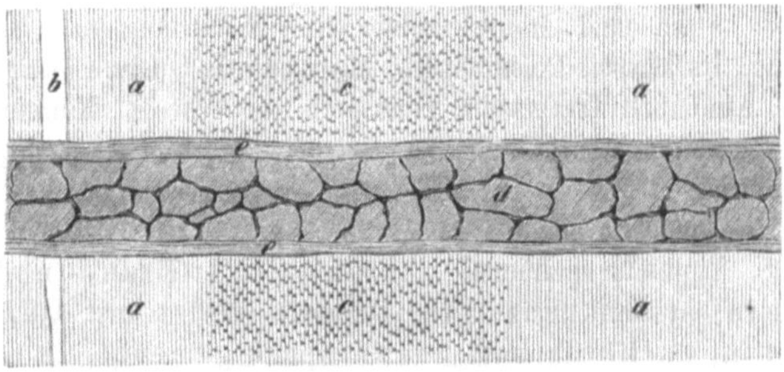

Fig. 73. Eisensteingänge d. Haile Goldmine in Süd-Carolina nach H. CREDNER.
a Quarzschiefer. *b* Quarz. *c* Quarzschiefer mit goldhaltigem Schwefelkies. *d* Dioritgang. *e* Brauneisensteincontactgänge.

Einer Auslaugung des Nebengesteins, zum Theil aber auch wohl unter Mitwirkung des benachbarten Granits, verdanken schöne Gänge mit Rotheisenstein und rothem Glaskopf ihre Entstehung, welche bei St. Andreasberg[1] im Harz silurische Grauwacken und Thonschiefer durchsetzen.

Im Buntsandstein der Vogesen, der Haardt und des Schwarzwaldes setzen viele Brauneisensteingänge auf, die in ganz analoger Weise entstanden sein müssen. In den Vogesen sind Gangzüge auf 12,000 m streichende Länge verfolgt, die sich an die Nähe von Granit oder anderen Eruptivgesteinen halten. —

Ein sehr bedeutender Gang ist der von Bergzabern[2] in der Haardt. Er durchsetzt ziemlich senkrecht den Buntsandstein; seine Mächtigkeit schwankt von etwa 1 m bis 22 m und seine Ausfüllung besteht oft ganz vorherrschend aus einer groben Breccie des Nebengesteins, deren

---

1 H. CREDNER, *Zeitschr. d. d. geol. Gesellsch.* 1865, Bd. XVII, p. 208 u. 228.
2 v. COTTA, *Erzlagerstätten* II, p. 170 u. 397.

Stücke durch einen sandigen Brauneisenstein verkittet sind. Aehnliche Brauneisensteingänge, aber sehr reich an Schwerspath, durchsetzen den Buntsandstein von Pforzheim[1] und Neuenburg[2] im Schwarzwald.

Die Jurasandsteine bei Lübbeke,[3] 5 Stunden westlich von Minden, sind sehr eisenschüssig, so dass Eisenoxydhydrat oft das alleinige Bindemittel ist. — Der Eisengehalt concentrirt sich aber auch in einzelnen derben Trümmern, die den Sandstein bis zur Bauwürdigkeit netzförmig durchziehen.

Ganz ähnliche Durchtrümmerungen, — hier aber im Thonschiefer — beschreibt Nöggerath[4] vom Hundsrück. Der Brauneisenstein hat sich nicht allein in den Querklüften, sondern auch in den Schichtungsklüften abgelagert. Von den Klüften aus durchdringt er den Thonschiefer so, dass dieser in einen unreinen, oft noch schiefrigen Brauneisenstein umgewandelt erscheint. Ueberall wo Hohlräume sind, hat sich brauner Glaskopf in stalactitischen Formen abgesetzt. Quarzgänge, die vor Absatz des Eisensteins gebildet zu sein scheinen, durchziehen den Thonschiefer. In diese Quarzgänge ist Brauneisenstein eingedrungen, der unzählige Klüfte des Quarzes erfüllt und sich am reichlichsten an den Salbändern angehäuft hat.

Lagergangartige Brauneisensteinmassen kommen zwischen sehr vielen Schichtgesteinen vor. Ihne schildert solche aus den unterdevonischen Sandsteinen Westfalens, der Rheinlande und Nassaus.[5] Die Eisensteinmassen, wenige cm bis 1 m und mehr mächtig, im Streichen und Fallen 20 bis 30 m aushaltend und dabei unregelmässig geformt und sich allseitig auskeilend, sind als Nester und Butzen und fälschlich auch als Lager bezeichnet. — Ihre Gangnatur wird dadurch recht deutlich gekennzeichnet, dass sie von wirklichen Brauneisensteingängen und Trümmern begleitet sind. Als besonders reiche Lagerstätten der bezeichneten Art werden genannt die der Grube Gustav Adolph bei Dürscheidt unweit Gladbach, ferner die zwischen Altenkirchen und Siegburg in der Nähe von Kircheip und Uckerath.

Manganerze, die gewöhnlichen Begleiter der Brauneisensteine, nehmen local so überhand, dass sie letztere ganz verdrängen. Wie sich die Eisenerze zwischen den Schichtflächen der unterdevonischen Sandsteine des rheinischen Schiefergebirges finden, kommen im gleichen geognostischen Niveau,

---

1 v. Cotta, *Erzlagerstätten* II, p. 178.

2 M. Bauer, *Jahrb. d. k. k. geol. Reichsanst.* 1870, p. 163. (Verhandl.) Ref.

3 Castendyck, *Neues Jahrb. f. Mineral.* 1853, p. 326.

4 Nöggerath, *Karst. Archiv.* 1842, p. 491.

5 Ihne, *Berg- u. Hüttenm. Zeitung.* 1862, p. 215 u. 226.

im Harzer Spiriferensandstein, am Rammelsberge und Gingelsberge, Manganerze vor.

Solche lagergangartigen, aus dem Nebengestein ausgelaugten Manganerze sind auch zwischen Kieselschiefern, zum Beispiel denen des Harzes, sehr häufig, so bei Altenau, Lerbach, Elbingerode etc. Mit diesen vergleicht B. Walter ein ausgedehntes Manganerzvorkommen bei Jacobeni[1] in der Bukowina, das in der mittleren Etage der dortigen krystallinischen Schiefer liegt. — Diese Etage besteht aus Glimmerschiefer; in dem oberen Niveau derselben findet sich die an Kieselschiefer gebundene Manganerzbank.

Wenn das ursprüngliche Mineral ein mit dem Kieselschiefer gleichzeitig abgelagerter Mangankiesel sein sollte, — was recht gut möglich ist, — aus dem später Hausmannit, Braunit und Pyrolusit entstanden sind, so würden diese Lagerstätten auch zu den Lagern gestellt, und in einen besonderen Typus vereinigt werden können. Es muss diese Frage vorläufig unentschieden bleiben.

§ 99. **Typus Stahlberg.** Charakteristik: Spatheisenstein, rein, oder mit Quarz, auch wohl Kalkspath verwachsen, bildet die Hauptausfüllung von Gängen in geschichteten Gesteinen. — Gar nicht selten finden sich geschwefelte Erze, wie Schwefelkies, Kupferkies, Bleiglanz etc., auch Nickel- und Kobalterze untergeordnet, wodurch nicht nur eine Verwandtschaft mit dem Typus Spatheisensteinlager (§ 73) hervorleuchtet, sondern auch, bei reichlichem Auftreten, ein Uebergang in den folgenden Typus bewerkstelligt wird (§ 100). Viele Lagerstätten dieses Typus sind als Lagergänge beschrieben und ist es bei einigen sogar sehr zweifelhaft, ob sie nicht zu den Lagern gehören. Wie es scheint, ist das Vorkommen auf die palaeozoische Formation beschränkt.

Schwer zu erklären ist die Thatsache, dass in den massigen Gesteinen und in dem krystallinischen Schiefergebirge charakteristische Spatheisensteingänge kaum vorhanden sind.

Ausgezeichnete Gänge dieses Typus sind in dem Devon des rheinischen Schiefergebirges bekannt, so bei Horhausen,[2] einem kleinen Ort des Kreises Altenkirchen im Regierungsbezirk Coblenz. Der 4 bis 6, selten 10 m mächtige, auf eine streichende Länge von 460 m bauwürdige

---

[1] v. Cotta, *Erzlagerstätten* II, p. 262. — B. Walter, *Jahrb. d. k. k. geol. Reichsanst.* 1876, p. 372 u. 414.

[2] Hilt, *Zeitschr. f. d. Berg-, Hütten- u. Salinenw. im preuss. Staat.* Bd. XIII, 1865, p. 13.

Gang, ist eine deutliche Verwerfungsspalte. — Das Liegende, durch ein ausgeprägtes Salband bezeichnet, ist Grauwacke; das Hangende, von Thonschiefer gebildet, ist so mit Gangtrümmern durchwachsen, dass man keine scharfe Grenze zwischen Gang und Nebengestein anzugeben vermag. Zu beiden Seiten des Ganges ist das Nebengestein, in einer Mächtigkeit von 20 bis 32 m, gebleicht, in weissen Schiefer und zähen weissen Thon übergegangen, welche veränderten Gesteine den Namen „Ganggebirge“ führen. — Wieder findet sich am Liegenden eine ziemlich scharfe Grenze des Ganggebirges gegen das normale Nebengestein, und am Hangenden ein sehr allmäliger Uebergang.

Die ursprüngliche, in der Tiefe auftretende Gangausfüllung ist ein massiges Gemenge von Spatheisenstein und Quarz, in welchem sich hin und wieder, in Schnüren und kleinen Trümmern, Eisenkies, Kupferkies, Bournonit, Fahlerz, Zinkblende, Grauspiessglanz, Speisskobalt und Weissarseniknickel eingewachsen finden. In oberen Teufen ist der übrigens immer manganhaltige Spatheisenstein in Brauneisenstein umgewandelt. Der im Spatheisenstein eingewachsene Quarz ist dabei als ein Gerippe (zerhackter Quarz) stehen geblieben, an welches sich der Brauneisenstein in Form von Glaskopf angesetzt hat. — Es haben sich dabei Drusenräume gebildet, in welchen viele Bruchstücke von zerhacktem Quarz lose umherliegen. An secundären Mineralien finden sich in den Drusenräumen: Nadeleisenerz, Rubinglimmer, Eisenglanz, Pyrolusit, Manganit, Psilomelan, Wad, Malachit, Bleivitriol, Beudantit, Kobaltblüthe, Nickelblüthe.

Hoch interessant ist es, dass sich im südlichen Felde ein Basaltgang mit dem Eisensteinsgange schleppt und diesen mehrmals durchsetzt. — Am Contact ist der Spatheisenstein in Magneteisenstein, der Brauneisenstein in einen jaspisähnlichen Thoneisenstein mit rothem Strich umgewandelt. — Diese Umwandlung erreicht aber schon in wenigen cm Entfernung vom Contact ihr Ende.

Der Stahlberg[1] bei Müsen bebaut einen in unterdevonischen Schichten, — vorherrschend Thonschiefer, — aufsetzenden Gangtrümmerstock, der, bei steilem Fallen, 16 bis 24, ja sogar 30 m Mächtigkeit besitzt. — Mit dieser grossen Mächtigkeit hält die Lagerstätte auf 60 m streichende Länge an.

Einerseits wird sie von dem sogenannten Stuff begrenzt, — (das ist ein System von Lettenklüften, welche den Schichtungsflächen des Nebengesteins nahezu parallel laufen,) — neben dem der Stock mit voller Mächtigkeit aufhört, ohne dass eine Verwerfung nachgewiesen werden

---

[1] Ad. Nöggerath, *Zeitschr. f. d. Berg-, Hütten- u. Salinenw. im preuss. Staate.* 1863, Bd. XI, p. 63.

konnte, andererseits zerschlägt sie sich in 3 Gangtrümmer von 2 bis 6 m Mächtigkeit, zwischen denen noch viele kleinere Trümmer hindurchsetzen. (S. Fig. 74.) Die Trümmer, nebst den von ihnen eingeschlossenen Gebirgskeilen, nehmen eine Mächtigkeit von 60 m ein, setzen 120 m im Streichen bauwürdig fort, und verlaufen dann als unbedeutende Quarzadern, oder taube Bestege. Die Ausfüllungsmasse besteht aus derbem, manganhaltigem Spatheisenstein von gelblich-weisser Farbe und massiger Structur. — An Klüften nimmt derselbe eine dunkle Farbe an, hat aber im Allgemeinen wenig Neigung zur Umwandlung in Brauneisenstein. In Drusenräumen beobachtet man sattelförmig gekrümmte Spatheisensteinrhomboeder von bis 4 cm Grösse, die von Quarzkrystallen begleitet werden.

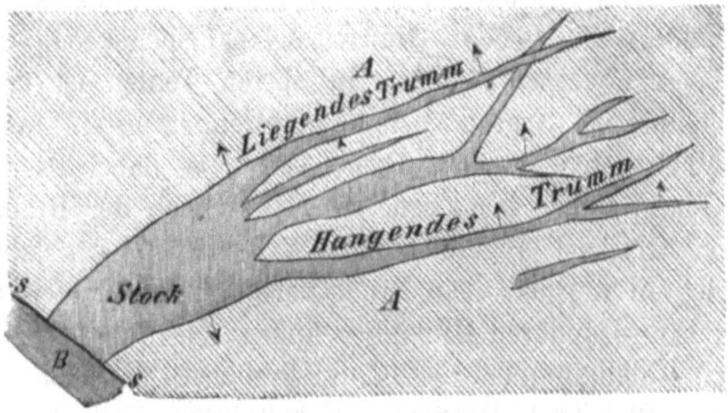

Fig. 74. Der Stahlberg bei Müsen nach Ad. Nöggerath.
A Thonschiefer. B Grauwacke. ss Stuff.

Nesterweise finden sich im Spatheistenstein Schwefelkies, Kupferkies, Fahlerz und Bleiglanz. Auf dem hangendsten Trumm hat man sogar ein vom Spatheisenstein umschlossenes Fahlerztrumm abgebaut.

Bei einer grösseren Anzahl von Lagerstätten, die mineralogisch den vorigen gleichen, ist es zweifelhaft, ob sie Lagergänge oder Lager sind. — Zu diesen gehören manche Spatheisensteinlagerstätten in dem grossen 40 Meilen langen Lagerzuge des Silurs der Ostalpen. (S. p. 131.) A. R. Schmidt[1] beschreibt einige derselben aus der Umgegend von Schwatz mit Bestimmheit als Gänge.

Nach G. v. Rath schliessen Thon und Glimmerschiefer der Bindt-Alp,[2] 1 Meile südlich von Iglo, im Gömör-Zipser Schiefergebirge Ungarns, Lagergänge ein, die aus Spatheisenstein bestehen und stellenweise Kupferkies und Fahlerz enthalten. — Als Grund für die Gang-

[1] *Berg- u. Hüttenm. Zeitung.* 1866, p. 69 u. 97.
[2] G. v. Rath, *Geol. Reise nach Ungarn.* 1877, p. 9, 11 u. 13.

natur wird angegeben, dass dieselben von einem Schichtencomplex in den anderen übersetzen, und ferner Schaarungen zweier Gänge beobachtet sein sollen.

Die zwischen dunklen, Pflanzen führenden Grauwacken der Steinkohlenformation liegenden, aus Spatheisenstein, etwas Quarz, zuweilen Kalkspath oder Ankerit bestehenden und stellenweise Kupferkies, silberhaltigen Bleiglanz und Schwefelkies enthaltenden Erzlinsen von Tergove[1] in der croatischen Militairgrenze fasst v. Cotta auch als Lagergänge auf.

Unter vielen weniger stichhaltigen Gründen giebt v. Cotta als Beweise für die Gangnatur an, dass einzelne Linsen eine symmetrische, lagenförmige Anordnung ihrer Bestandtheile zeigen, oder die angrenzenden Gesteine schräg durchschneiden.

§ 100. **Typus Mitterberg.** Charakteristik: Gänge und Lagergänge (Lager?) mit Spatheisenstein, Kalkspath, sogenannter Rohwand,[2] Quarz, auch Schwerspath und Gyps, alle in sehr verschiedenen Mengenverhältnissen, geschwefelten Kupfererzen, besonders Kupferkies, Fahlerz, seltener Schwefelkies, Zinkblende und Zinnober.

Die Lagerstätten scheinen hauptsächlich im krystallinischen Schiefergebirge und in den Schichten der palaeozoischen Formation vorzukommen.

Ein Uebergang der Spatheisensteinlagerstätten des vorigen Typus in die Kupfererzlagerstätten dieses Typus ist bei den Erzgängen des Siegerlandes und denen von Schwatz, der Bindt-Alp und Tergove sehr deutlich zu bemerken. (§ 99.)

Tyrol und Ungarn sind besonders reich an Lagergängen, die zum Typus Mitterberg gehören.

Unweit Kitzbüchl in Tyrol, bei Kupferplatten, Kelchalp, Röröbüchl, und an anderen Stellen, liegen sie in silurischen Thonschiefern und Grauwacken. F. M. Stapff[3] beschreibt diese Lagerstätten als Lagergänge, weil sie mit gangartigen, die Schichten quer durchsetzenden Ausläufern verbunden sein sollen. — A. R. Schmidt[4] erklärt dieselben dagegen für Lager.

Bei Kupferplatten sind 8 parallele, übereinanliegende, 1,5 bis 2, selten 4 bis 12 m mächtige Lagergänge bekannt, die aus mit Rohwand gemengtem Quarz und einem schwarz gefärbten, glänzenden Thonschiefer bestehen. Der Quarz liegt in Form von Linsen im Schiefer und umgekehrt, sind auch Schieferlinsen im Quarz eingeschlossen. In diesen Gang-

[1] B. v. Cotta, *Berg- u. Hüttenm. Zeitung.* 1869, p. 29.

[2] Rohwand ist ein Gemenge von Quarz mit einem Magnesia haltigen Kalkeisencarbonat.

[3] *Berg- u. Hüttenm. Zeitung.* 1865, p. 18 u. 29.

[4] *ibid.* 1867, p. 401 u. 1870, p. 174.

massen ist Kupferkies, seltener Schwefelkies, ebenfalls in Form von Linsen, oder in Körnern ausgeschieden.

Neben den reichen Erzen bildet ein harter, lichter Schiefer, der Lager- oder Falgenschiefer genannt wird, das Nebengestein. Da, wo die Erze sparsamer auftreten, wird der Schiefer mürber und geht so in den sogenannten „wilden Schiefer“ über, der dunkler, kurzklüftiger und unregelmässig schiefrig ist und nur das Nebengestein armer Erze bildet. Nach F. M. Stapff finden sich die, die Erzmassen umschliessenden Lagerschiefer und wilden Schiefer in einer 900 m langen und 280 bis 300 m breiten, im Grossen linsenförmig gestalteten Masse in dem normalen silurischen Thonschiefer eingeschlossen.

Ganz ähnliche Lagerstätten sind bei Kelchalpe bebaut, in denen aber Rohwand mit Adern, Trümmern und Nestern von Kupferkies (Spuren von Schwefelkies und Zinkblende) vorherrscht und Quarz untergeordnet ist, — ferner bei Röröbüchl, wo die Linsen aus Quarz, Schwerspath, Gyps, Fahlerz und Kupferkies bestehen.

Bei Mitterberg,[1] 1 Meile westlich von Bischofshofen, unweit Werfen, wird ein Lagergang im silurischen Thonschiefer abgebaut. — Derselbe lässt sich an seinem Ausgehenden, durch Pingenzüge, fast 1 Meile weit verfolgen, und scheint es, als wenn an manchen Stellen 2 oder 3 Trümmer ausbeissen. — Der gegenwärtige Bau nimmt eine streichende Länge von 1200 m ein und geht auf dem Hauptgange und einem liegenden Trumm um. — Die Mächtigkeit des Ganges beträgt im Mittel etwa 2 bis 3 m; seine Hauptausfüllungsmasse ist sogenannter Lagerschiefer mit darin eingeschlossenem Quarz, Eisenspath, Rohwand, Kupferkies und Schwefelkies.

Dieser Lagerschiefer, dem von Kupferplatten (p. 193) und damit verwandten Lagerstätten ähnlich, tritt nur da auf, wo Erze sind; er hat eine lichtgelbgraue Farbe, ist sehr hart und erscheint als ein in der Nähe der Erzführung metamorphosirter silurischer Schiefer. — Als solcher begleitet er beiderseits den Gang, in einer Mächtigkeit von 4 bis 30 m, und geht allmälig in den normalen Schiefer über. — Merkwürdiger Weise ist die Mächtigkeit des Lagerschiefers nahe am Tage am grössten und nimmt nach der Tiefe zu ab. Der normale silurische Thonschiefer wird „blauer Schiefer“ genannt.

„Wilder Schiefer“ heissen alle Schiefervarietäten, neben welchen die Erzlagerstätte verdrückt, unhaltig, oder arm ist, — also die blauen Schiefer, wenn sie in mehr oder weniger verwittertem Zustande, ohne in Lagerschiefer verwandelt zu sein, direct an den Gang herantreten, oder auch an seiner Ausfüllung theilnehmen.

[1] F. M. Stapff, *Berg- u. Hüttenm. Zeitung.* 1865, p. 6.

In dem Lagerschiefer liegen die oben angegebenen Mineralien regellos vertheilt. Kies imprägnirt die Schiefer; in derben Massen ist er aber auch da angehäuft, wo Quarz überwiegend ist, der in linsenförmigen Massen vom Lagerschiefer umschlossen wird. — Entweder liegen die Erze und Gangarten chaotisch durcheinander, oder es liegt der Kupferkies und der Spatheisenstein in linsenförmigen Massen im Quarz, wobei es merkwürdig ist, dass die Längsaxe der Linsen nicht immer parallel mit den Salbändern des Ganges verläuft, sondern schiefwinkelig zu denselben liegt.

Ausnahmsweise wechseln Quarz und Kupferkies (aber nicht Kupferkies und Spatheisenstein) in concentrischen Lagen. — Als Seltenheit kommen vor: Arsenikfahlerz und Zinnober. Beim Verhütten der Erze zeigt sich ein Nickelgehalt.

Sehr unregelmässig gestaltete Lagerstätten liegen bei Herrengrund[1] unweit Neusohl in Ungarn in der Nähe des Granits im Gneiss, Glimmerschiefer und im Grauwackenschiefer, vorzüglich häufig im letzteren.

Ebenso unregelmässig wie die Gestalt, ist auch die mineralogische Natur der Massen; es enthält z. B. ein deutlicher, die Grauwackenschiefer schräg durchschneidender Gang, — der Pfeifergang, — vorherrschend Spatheisenstein mit eingesprengtem, oder in Trümmern abgeschiedenem Fahlerz, während im mittleren Felde des Obergestäng die Grauwackenschiefer Gypslinsen lagerartig enthalten, die in ihrem Innern, oder auch an den Grenzen gegen die Schiefer, Fahlerz, Kupferkies und Eisenkies führen, welche Erze aber auch ohne Gyps den Schiefer durchweben. Im Neufelder Lauf des südlichen Feldes sind, wieder von dem Vorigen abweichend, Fahlerz und Kupferkies mit Quarz linsenförmig im Gneiss enthalten.

Aus den Schilderungen, die G. Faller von den Lagerstätten bei Kotterbach, Szlovinka und Göllnitz[2] im Gömör-Zipser Schiefergebirge Ungarns giebt, geht deutlich hervor, dass sie Lagergänge und zum Theil echte Quergänge sind. — Dieselben setzen in einem grünen, talkigen Schiefer in der Nähe des Gabbro auf und bekunden ihre Gangnatur dadurch, dass sie die Erscheinung des Schaarens und Kreuzens zeigen.

Bei Kotterbach werden zwei Gänge, der Grobe Gang und der Drozdziakower Gang bebaut, die im grobkörnigen Spatheisenstein Quarz und weissen Schwerspath, Quecksilberfahlerz, Kupferkies, Zinnober und

[1] v. Cotta, *Berg- u. Hüttenm. Zeitung*. 1861, p. 58.

[2] G. Faller, *Berg- u. Hüttenm. Jahrb. d. k. k. östr. Bergacadem.* 1867, Bd. XVII, p. 132.

gediegenes Quecksilber enthalten. — Die Erze treten linsenförmig in den Gangarten auf, die auch viele Bruchstücke des Nebengesteins umschliessen. Die Structur ist durchaus massig, und gehören Drusenräume zu den seltensten Erscheinungen. — Die Mächtigkeit steigt durch in den Gang eingeschaltete Nebengesteinsmassen auf 40 bis 48 m.

Bei Szlovinka sind ausser mehreren unbedeutenderen Gängen zwei sich kreuzende Gänge, der Grobe Gang und der Kahlehöhgang, besonders wichtig.

Der Grobe Gang verläuft, vielfach zertrümmert, parallel den Gebirgsschichten und enthält Kupferkieslinsen im Spatheisenstein mit wenig Quarz und Kalkspath. — Selten sind Silberfahlerz, Kupferglanz und Zinnober.

Der Kahlehöhgang ist dagegen vorwiegend quarzig und enthält wenig Spatheisenstein. — Kupferkies ist in Linsen vorhanden. In oberen Teufen enthielt der Quarz gediegenes Gold.

Auch diese Gänge besitzen massige Structur und nur ganz selten Andeutungen symmetrisch lagenförmiger Ausfüllung.

Ihrer mineralogischen Natur nach gehören in diesen Typus die Kupfererzgänge Venezuela's,[1] von L'Alp[2] an der Romanche in der Dauphiné, die im Gneiss aufsetzen, viele der Lagergänge, welche bei Siders[3] im Canton Wallis zwischen grünen Schiefern Fahlerz und Kupferkies führen (s. p. 109), Gänge von Baigorry[4] unweit St. Etienne in Navarra, welche in der Nähe von Granit im quarzigen Thonschiefer eingeschlossen sind; ferner ebenfalls in Thonschiefer eingeschlossene Gänge bei Elvas[5] im östlichen Alemtejo (Portugal) etc.; — auch können dazu die silurischen Thonschiefern angehörende Gänge von Steinfeld bei Braunlage[6] im Harz gerechnet werden und andere mehr.

Da die Gänge an der Mürtschenalp[7] im Canton Glarus mit Kupfererzen und Carbonspäthen erfüllt sind, gehören sie auch in diesen Typus. — Dieselben setzen in dem, vielleicht zum Rothliegenden gehörenden, Sernfgestein auf und folgen zwei verschiedenen Streichrichtungen, h 6 und h 12.

Die h 6 streichenden und 35 bis 50° nach Süd einfallenden Gänge

---

1 Klemm, *Berg- u. Hüttenm. Zeitung.* 1859, p. 281 u. 289.

2 M. Graff, *Berg- u. Hüttenm. Zeitung.* 1866, p. 346.

3 A. Ossent, *Berg- u. Hüttenm. Zeitung.* 1868, p. 245.

4 v. Cotta, *Erzlagerstätten* II, p. 439.

5 M. Braun, *Neues Jahrb. f. Mineral.* 1876, p. 538.

6 Buchrucker, *Berg- u. Hüttenm. Zeitung.* 1871, p. 73.

7 G. Tröger, *Berg- u. Hüttenm. Zeitung.* 1860, p. 308. — Emil Stöhr, *Neues Jahrb. f. Mineral.* 1865, p. 351. Ref.

sind die wichtigeren, und unter diesen ist besonders ein Gang wegen seines Erzreichthums bergmännisch aufgeschlossen, der typisch für alle anderen zu sein scheint.

Die Gänge besitzen keine Salbänder und sind durch Verwachsung und Trümmerbildung mit dem Nebengestein innig verbunden. Solche Trümmerbildung findet besonders im milden Nebengestein statt, während der Gang im festen Gestein mehr die Natur einer einfachen Spalte annimmt. — Dem entsprechend wechselt auch die Mächtigkeit in weiten Grenzen, von 0,3 bis 4 m.

Als Gangmasse findet sich theils das sogenannte graue Gebirge, theils ein krystallinischer, röthlicher, oder gelblicher Dolomit, welcher letztere sich nicht in das graue Gebirge verästelt, sondern ziemlich scharf von demselben gesondert auftritt. — Das graue Gebirge ist ein krystallinisch körniges, oder dichtes, auch porphyrartiges Gemenge von Talk, Chlorit, Felsit (?), Quarz und Dolomit. (Nach E. Stöhr ein Conglomerat aus Brocken dieser Mineralien.)

Das Haupterz ist Buntkupfererz, das, verwachsen mit Kupferglanz, die Gangarten, besonders den Dolomit, in Schnüren und Trümmern durchzieht; den Dolomit oft so reichlich, dass das Erz das Ansehen einer Dolomitbreccie mit Kupfererzbindemittel erhält. — Untergeordnet kommen Kupferkies, Schwefelkies, Fahlerz, gediegenes Silber, Molybdänglanz, Eisenglanz und Eisenrahm vor; am Ausgehenden natürlich die entsprechenden secundären Mineralien.

Die Gänge sind im zerklüfteten Gestein immer reicher als im festen. Im hohen Grade beachtenswerth ist es, dass dieselben Erze, welche in den Gängen vorkommen, sich auch lagerartig, mit Quarz und Dolomit gemengt, im Sernfconglomerat vorfinden und in Form von allerhand Einschlüssen in den über dem Sernfconglomerat liegenden Vausschichten (Kalksteine und Quarzite) in ziemlicher Verbreitung erscheinen.

§ 101. **Typus Kleinkogl.** Charakteristik: Lagerstätten, die sich in Allem an die des vorigen Typus ganz eng anschliessen und sich nur durch das Vorherrschen des Schwerspaths neben den Kupfererzen auszeichnen.

Der Kleinkogl[1] liegt am südlichen Gehänge des Unterinnthales etwa $^1/_2$ Meile südwestlich von Brixlegg und $^1/_8$ Meile nordöstlich vom Ausfluss des Zillerbaches in den Inn.

Der Guttensteiner Kalkstein des Berges wird von vielen, unregelmässig verlaufenden, zersplitterten Gangspalten durchzogen, neben denen der Kalkstein Erzbutzen führt. Grobspäthiger, weisser Schwerspath

[1] F. M. Stapff, *Berg- u. Hüttenm. Zeitung.* 1862, p. 134.

ist die Hauptgangart; er ist verwachsen mit Rohwand, Kalkspath, Ankerit und Quarz. Ein antimonisches, Quecksilber, Nickel und Kobalt enthaltendes Fahlerz durchzieht in unregelmässigen Trümmern den Schwerspath.

Der Bergbau am Kleinkogl ist durch den von TRINKER in die Wissenschaft eingeführten Begriff „Adelsvorschub" (s. p. 77) berühmt geworden. — F. M. STAPFF sucht den Adelsvorschub am Kleinkogl durch einen Einfluss des Nebengesteins zu erklären. (Vergl. § 153.)

Im Gneiss aufsetzende Gänge des Schappacher Reviers[1] im badischen Schwarzwalde, die Schwerspathgänge in grünen Schiefern bei Kupferberg in Schlesien (s. p. 200 u. 201), die Gänge im Silur des Harzes bei Lauterberg und andere, können auch in diesen Typus gestellt werden.

§ 102. **Typus Tellemarken-Cornwall.** Charakteristik: Gänge in sedimentären Gesteinen, welche vorwiegend Quarz mit Kupfererzen, — Kupferkies, Buntkupfererz, Kupferglanz, Fahlerz etc. in wechselnden Verhältnissen — einschliessen. Seltener sind Schwerspath, Carbonate und Silicate, Zinnstein, Molybdänglanz, Zinkblende, Bleiglanz, Magneteisen, gediegenes Gold etc.

Theils sind es Quergänge, theils Lagergänge, die hauptsächlich in den Schichten des krystallinischen Schiefergebirges und der palaeozoischen Formation gefunden werden.

Zwei geographische Meilen westlich von Kongsberg in Norwegen beginnt der Erzdistrict von Tellemarken,[2] der sich von hier aus 16 Meilen in West und Südwest und 12 Meilen nach Norden zu verbreitet. — Der District wird aus Quarzit, Quarzitschiefer, Hornblendeschiefer etc. gebildet, die von Granit und Granitgängen durchbrochen werden, — letztere lassen sich zum Theil als directe Ausläufer der Granitmassivs verfolgen. Die Granitgänge enthalten stellenweise Kupfererze, jedoch in sehr verschiedener Weise.

TH. SCHEERER beschreibt Granitgänge von Strömsheien, einem etwa 1000 m hohen Gebirgsplateau zwischen Moland in Tellemarken und Valle in Sädersdalen, Christiansand-Stift, die, obgleich im Gneiss aufsetzend, mit den Gängen in den Schiefern Tellemarkens die grösste Aehnlichkeit haben sollen. — Diese Granitgänge, von sehr verschiedener Mächtigkeit, 5 cm bis 8 m, bestehen aus einem sehr quarzreichen und glimmerarmen Granit mit accessorischem Magneteisen, Granat, Apatit, Beryll etc.; sie enthalten Kupferglanz in nesterförmigen, massigen Ausscheidungen und eigenthüm-

---

[1] FR. SANDBERGER, *Neues Jahrb. f. Mineral.* 1875, p. 382.

[2] TH. SCHEERER, *Berg- u. Hüttenm. Zeitung.* 1845, p. 854, u. 1863, p. 157. — HERTER, *Zeitschr. d. d. geol. Gesellsch.* 1871, Bd. XXIII, p. 377.

lichen Ramificationen und zwar der Art, dass SCHEERER eine gleichzeitige Entstehung des Erzes und des Granits (aus feurigem Fluss) annimmt. (S. p. 149.)

Innerhalb der Granitgänge des eigentlichen Tellemarken sind die Kupfererze mit Quarz gemengt und mit diesem, nach HERTER, sehr wahrscheinlich erst spätere Eindringlinge. Zwei charakteristische Fälle beschreibt SCHEERER.

Ein 1 bis 4 m mächtiger, fast vertikaler Gang auf der Moberg-Grube besteht zur einen Hälfte aus Granit, zur anderen Hälfte aus Quarz mit Kupfererzen. (In diesem Gange ist auch Tellurwismuth gefunden.)

Durch den mächtigen Granitgang der Näsmarkgrube setzen, in regelmässigen Abständen, beinahe querschlägig verlaufende Gangklüfte, die mit Quarz, Kupferglanz und Buntkupfererz erfüllt sind. (S. Fig. 75.)

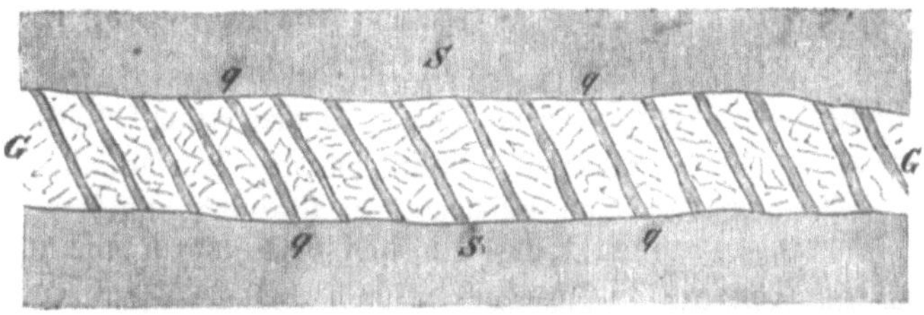

Fig. 75. Kupfererz führender Granitgang in Tellemarken nach TH. SCHEERER. S Glimmerschiefer. G Granitgang. qq Quarztrümmer mit Kupfererzen.

Dass in diesem und in ähnlichen Fällen der Quarz mit den Kupfererzen erst später in die Klüfte der Granitgänge eingedrungen ist, wird dadurch fast zur Gewissheit, dass sich das Gangvorkommen innerhalb des Granits von dem innerhalb der Quarzschiefer gar nicht unterscheidet. Es enthalten nämlich die Quarzite und Quarzschiefer, in der Nähe der Granite, Lagergänge und Gänge von sehr unregelmässigem Verlauf, die Fettquarz, Kupferglanz und Buntkupfererz, seltener Molybdänglanz, Kupferkies, Magneteisen, Eisenglanz, gediegenes Gold und Silber führen. Die Erze sind mit dem Quarz massig verwachsen, oder in ihm nesterförmig eingeschlossen. Eigenthümlich ist es, dass sich nirgends Spuren einer lagenförmigen Anordnung der Mineralien finden.

Nach der Tiefe zu sind alle kupfererzführenden Gänge Tellemarkens unbauwürdig geworden.

Recht zweifelhaft scheint es, ob die Lagerstätten von Singhbhum[1] an der Südwestgrenze von Bengalen, westlich von Calcutta, zu den

[1] E. STÖHR, *Neues Jahrb. f. Mineral.* 1864, p. 129.

Lagergängen, oder zu den Lagern gehören. E. Stöhr beschreibt sie als Lagergänge. Zwischen sehr regelmässig gelagerten, h 4 bis 6 streichenden und 15 bis 50° nach Nord einfallenden Schichten der archaeischen Formation, — Glimmerschiefer, Chloritschiefer, Thonschiefer etc. — liegen die Lagerstätten in einer streichenden Länge von 60 Meilen; — sie haben gleiches Streichen und Fallen mit dem Nebengestein, sollen aber stellenweise von einer Schicht auf die andere überspringen und Zertrümmerungen zeigen, was als Beweis für die Gangnatur angesehen werden muss. Die Hauptbestandtheile sind Quarz und Kupferglanz, seltener Kupferkies oder Magneteisen. Sehr selten ist Anthracit. Interessant ist es, dass innerhalb der Lagerstätte die Kupfererze scharfkantige Quarzbrocken verkitten. — Die Erzvertheilung ist ganz regellos und sporadisch; die Mächtigkeit beträgt im Durchschnitt $^1/_2$ m, steigt aber auch auf 1 m und darüber. — Sehr häufig sind Verdrückungen.

Ebenso zweifelhaft ist das Vorkommen von Alt Väter Erbstolln sammt Eschig Fundgrube bei Seyda[1] in Sachsen, das zwischen den Schichten des steilfallenden Gneisses liegt. Quarz, oft mit Rotheisenstein verwachsen, enthält als Einschluss Buntkupfererz, Kupferglanz, Kupferkies, die bekannten Zersetzungsproducte der letzteren, Fahlerz, Kupferglimmer, Würfelerz, selten Flussspath und Schwerspath und in Spuren Bleiglanz und schwarze Zinkblende.

Im Gneiss von Würbenthal und Zuckmantel[2] in Oberschlesien ist ein echter, 3,75 m mächtiger Quarzgang bekannt, der bei den Kupferschächten ein nur 5 cm mächtiges Kupferkiestrumm beherbergt. — Der Kupferkies erscheint ausserdem in bis faustgrossen Knollen und kleinen Schnüren im Quarz; er ist gewöhnlich von einer Kupferpecherzrinde umgeben.

Die Gänge der sogenannten Kupferformation des sächsischen Erzgebirges bei Freiberg, Schneeberg und an anderen Orten, die wesentlich Quarz und geschwefelte Erze enthalten, sind hier zu nennen.

Ein sehr merkwürdiges, kleines Ganggebiet ist das von Kupferberg[3] in Schlesien, dessen Gänge zum grössten Theil, durch Quarz und Kupfererze, als zu diesem Typus gehörig gekennzeichnet sind.

Zwischen Granit und der Grauwacke von Landshut liegt eine schmale Zone krystallinischer Schiefer, Gneiss, Glimmerschiefer, Quarzschiefer, Dioritschiefer etc., deren Gesteine von Porphyrgängen durchbrochen werden.

---

1 J. C. Freiesleben, *Berg- u. Hüttenm. Zeitung.* 1846, p. 145.

2 F. Roemer, *Geologie v. Oberschl.* 1870, p. 3.

3 Websky, *Zeitschr. d. d. geol. Gesellsch.* Bd. V, 1853, p. 373.

— Die Erzgänge finden sich in der Nähe der Porphyre, hauptsächlich im Dioritschiefer, setzen nur wenig in die anderen krystallinischen Schiefer hinein, nie aber in den Granit und in die Grauwacke; ihre Mächtigkeit beträgt durchschnittlich 5 bis 7,5 cm und steigt selten auf 35 bis 50 cm.

Man muss unterscheiden: 1. Kupfererzgänge, 2. Bleierzgänge, 3. Schwerspathgänge. Unter den Kupfererzgängen sind wieder nach dem Streichen und der Natur der Ausfüllungsmassen vier Gruppen zu bilden.

a. Die entwickeltste Gruppe ist die der h 5 bis $6^1/_2$ streichenden Kupfererzgänge; sie enthalten Quarz und Hornstein mit nesterartig darin eingeschlossenem Kupferglanz, Buntkupfererz, Kupferkies und Zinkblende. — In Drusenräumen erscheinen als jüngere Erze Fahlerz und Kupferkies, manchmal in Krystallen.

b. Nur vereinzelt treten die h 10 bis 11 streichenden Kupfererzgänge auf, in denen Quarz, Kupferkies und Arsenikkies als älteste Bildung auftritt; darüber folgt eine Lage von weissem, oder fleischrothem Feldspath und als jüngste Bildung erscheinen Kalkspath, Flussspath und Braunspath.

c. Ebenso wenig entwickelt ist die Gruppe der h 12 bis 2 streichenden Kupfererzgänge, die wenig Kupfererze und etwas Kobalt- und Nickelerze führen.

d. Das älteste System ist das der h 8 bis 9 streichenden Kupfererzgänge, die mit Quarz, Bestandtheilen des Nebengesteins, Kupferkies, Schwefelkies, Magnetkies, Arsenkies, Buntkupfererz, Fahlerz und Kupferglanz und allerlei Zersetzungsproducten erfüllt sind. Unter diesen Gängen, welche dasselbe Streichen wie das Nebengestein, aber ein entgegengesetztes Fallen haben, ist der Einigkeitgang dadurch ganz besonders merkwürdig, dass er Strahlstein, Tremolith oder Hedenbergit, Lievrit und Prasem, neben den oben genannten Erzen, und ausserdem Magneteisen führt.

Bleierzgänge mit Quarz, Bleiglanz und Kupferkies treten nur in den grünen Schiefern des Bleibergs auf. (S. Typus Clausthal § 111.)

Unter den Gängen dieses Gebiets sind die Schwerspathgänge die jüngsten; sie enthalten neben Schwerspath noch Flussspath, Quarz, Bleiglanz und Kupferkies. Der zu den Schwerspathgängen gehörige Adler-Gang zeichnet sich durch einen grossen Reichthum schöner Mineralien aus, unter denen sich Kalkspath, Zeolithe, reiche Silbererze, Nickel- und Kobalterze befinden (s. Typus Schneeberg § 106).

Die durch ihren erstaunlichen Kupfererzreichthum berühmten Gänge der Burra-Burra-Gruben[1] in Südaustralien gehören älteren metamor-

[1] Gurlt, *Verhandl. d. naturh. Ver. d. preuss. Rheinl. u. Westf.* 1875, p. 60.

phischen Sodimentgesteinen an. Die Gruben bebauen 4 von Nord nach Süd und 3 von Ost nach West streichende Gänge, die viele Kreuze bilden. Auffallend ist es, dass an den Salbändern der 10 bis 14 m mächtigen Gänge öfters Serpentin erscheint. In oberen Teufen bilden stark mit gesäuerten Kupfererzen imprägnirte Eisenoxyde (Eiserner Hut; Gossan) die Ausfüllungsmassen. Mit zunehmender Tiefe wird das Eisenerz dichter und enthält Nester von Rothkupfererz, ferner Quarz, Malachit, Lasur, Atakamit und gediegenes Kupfer. Noch tiefer, z. B. auf dem Allens-Gang, stellt sich Buntkupfererz und Kupferkies ein.

Die erst in der Tiefe erscheinenden ursprünglichen Ausfüllungsmassen des in devonischer Grauwacke aufsetzenden Ganges von Rheinbreitenbach am Rheine sind: Quarz, Hornstein, mit Kupferglanz, Buntkupfererz, wenig Kupferkies, Schwefelkies, Bleiglanz, Zinkblende, und Eisenspath. — In den oberen Teufen sind die von dieser Localität jedem Mineralogen bekannten oxydischen Kupfererze, Kupferblüthe, Phosphorkupfererz etc. gefunden. Der Gang liegt ziemlich genau parallel mit der Schichtung des Gesteins; er tritt mehrfach mit einem Basaltgang in Berührung, der in der Nähe des Erzganges stark zersetzt ist und auf Klüften dünne Blättchen gediegenen Kupfers führt.

Die devonischen Gesteine der Halbinsel Cornwall,[1] welche vorherrschend aus Thonschiefern bestehen, die Killas genannt werden, finden sich von vier grösseren, und mehreren kleineren rundlichen Granitpartieen durchbrochen. Letztere sowohl als auch die Killas werden von zahlreichen, bis 120 m mächtigen, Felsitporphyrgängen, Elvans genannt, durchsetzt, welche zum Theil erzführend sind, Schwefelkies, Kupferkies und Zinnstein in Einschlüssen aller Art enthalten. Die Elvans sind theilweise nichts Anderes als gangförmige Ausläufer der Granitmassivs, mit der Porphyrfacies des Granits (?), wie überhaupt der Granit sehr viele Apophysen in die Schiefergesteine sendet. Neben den Graniten und Elvans sind die devonischen Schichten mehr oder weniger stark metamorphosirt. Besonders intensiven verändernden Einfluss hat der Granit ausgeübt, in dessen Nähe die Gesteine von Quarzwülsten und Quarzadern durchzogen sind, und die für die Contactmetamorphose so charakteristischen Mineralien: Feldspath, Glimmer, Chlorit, Strahlstein, Granat, Axinit, Prehnit etc. enthalten. —

Die Erzgänge Cornwalls, deren Mächtigkeit im Durchschnitt etwa 1 m beträgt, aber im Einzelnen von Kluftstärke bis zu etwa 13 m wächst, durchsetzen den Granit, die Elvans und die Killas mit sehr verschiedenem, meist steilem Fallen, zeigen sich aber immer nur an den

[1] v. Cotta, *Erzlagerstätten* II, p. 458.

Granitgrenzen, von denen sie sich nicht weiter als 2 bis 3 englische Meilen entfernen. Durch die so bezeichneten Verbreitungsgebiete der Erzgänge wird deren genetischer Zusammenhang mit den Graniteruptionen in ein sehr klares Licht gestellt.

Verwickelte Gangverhältnisse aller Art, Gangkreuze, Schaarungen, Schleppungen, Verwerfungen, Auslenkungen sind überall verbreitet, und hat man sich bemüht aus diesen Erscheinungen und sehr genauen Studien über die Ausfüllungsmassen der Gänge das relative Alter der letzteren zu bestimmen, und ein Gesetz der Erzvertheilung aufzufinden. Zu allgemein gültigen einfachen Resultaten ist man nicht gelangt.

Die Gänge enthalten vorwiegend Quarz mit Zinnstein und Kupfererzen, — Kupferglanz, Buntkupfererz, Kupferkies, Rothkupfererz, gediegenes Kupfer etc. — denen sich Silicate, wie Feldspath, Chlorit, Schörl, Glimmer etc., ferner Flussspath, Zinnkies, Wolfram, Arsenikkies, Fahlerz, Zinkblende, Bleiglanz und viele andere, zum Theil auch seltene Mineralien, in wechselvollen Mischungen zugesellen. Nach den Haupterzen sind Zinnerzgänge und Kupfererzgänge unterschieden, welche Unterscheidung sich aber nicht scharf durchführen lässt, da sowohl die Zinnerzgänge Kupfererze und die Kupfererzgänge Zinnerze aufnehmen. Im grossen Ganzen sind die Zinnerzgänge die älteren, und mehr an den Granit gebunden, die Kupfererzgänge die jüngeren, und in den Killas vorherrschend, doch giebt es sehr viele Ausnahmen und kann, da eine scharfe Grenze zwischen Zinn- und Kupfererzgängen nicht existirt, auch in Beziehung auf Alter und Nebengestein eine solche nicht gezogen werden. Die Granite, und auch die Elvans, sind local mit Zinnerzgängen durchzogen, so dass im Granit wirkliche Zinnstockwerke z. B. bei St. Austle entstehen; aber auch gewisse Regionen der geschichteten Gesteine sind mit zinnerzhaltigen Adern durchwebt (tin-floors). Ausserdem finden sich die Zinnerze nun aber auch in selbständigen Gängen (tin-lodes) die Granit, Killas und Elvans durchsetzen und in den Grenzregionen der Granitgebiete bei Truro, St. Austle und Tavistock (in Devonshire) am häufigsten sind. Kupfererze sind untergeordnet in Netzgängen innerhalb der Elvans, sonst nur in selbständigen Gängen, und hier hauptsächlich bauwürdig gefunden.

In den von den Granitmassivs entferntesten Regionen der Erzganggebiete finden sich auch Bleierze.

Die jüngsten Gänge sind mit Quarz, Thon und Letten erfüllte Spalten, die die englischen Bergleute cross-courses, — cross-flucans und slides nennen.

Die Natur der Ausfüllungsmassen, die Verwerfungen, die Auslenkungen etc. zeigen, dass der Gangbildungsprozess sehr lange gedauert hat, dass bereits erfüllte Gangspalten von Neuem aufrissen, dass neben älteren, jüngere Spalten entstanden u. s. w. — ohne dass aber, — wie schon angedeutet — eine Beziehung dieser Ereignisse zu der Erzführung im Speciellen nachweisbar ist. Wie in anderen Gängen, wechseln auch in denen von Cornwall taube Mittel und Erzmittel in einer Weise, die eine Gesetzmässigkeit nicht erkennen lässt.

Ebenfalls in metamorphischen devonischen Schiefern und im Granit liegen die Kupfererzlagerstätten von Klein Namaqualand und Damaraland[1] an der Westküste von Südafrika. — In den Schiefern sind es Lagergänge, die sehr regelmässig von Nordnordwest nach Südsüdost streichen (1 bis 2 m und darüber mächtig sind und 85 bis 90° fallen); im Granit Gänge, die merkwürdiger Weise ein senkrecht dagegen gerichtetes Streichen haben.

Nach A. Thies kommen auch umgekehrt konisch gestaltete Erzstöcke innerhalb der Schiefer vor, welche sich an manchen Orten innerhalb des in geringer Tiefe die Schiefer unterteufenden Granits zerschlagen, und dabei verschwinden, so z. B. bei Springbockfontain ein Stock von 100 m oberem Durchmesser und 21 bis 25 m Achsenteufe, ferner am Fusse des Specktakelberges in Buffelothal ein Stock von 94 m Mächtigkeit, der bis zu etwa 28 m Tiefe verfolgt ist.

Die Gänge werden bisweilen von jüngeren Pegmatitgängen durchsetzt.

Die vorwiegende Gangart ist Quarz, der eine Neigung zu lentikularer Absonderung in der Weise zeigt, dass die Linsen mit ihren grössten Dimensionen parallel den Salbändern liegen. Hin und wieder umschliesst der Quarz Bruchstücke von Nebengestein und Blättchen von schwarzem, oder braunrothem Glimmer. — Kalkspath, Chalcedon und Hyalith sind selten. — Schwerspath ist nur in den Gängen von Damaraland zu finden. — Spatheisenstein, Braunspath und Flussspath fehlen überall. — Ein sanft anzufühlendes, bräunlich gelbes Steinmark füllt häufig Zwischenräume im Gange aus und umschliesst auch nicht selten Erze. — Letztere sind hauptsächlich: Kupferkies, Buntkupfererz, Kupferglanz nebst ihren Umwandlungsproducten. — Die Erze sind goldhaltig. Gediegenes Gold findet sich im Kieselmalachit und im Ziegelerz eingeschlossen. — Unter den begleitenden Mineralien sind Markasit, der überall Trümmer in den Erzen bildet, sodann Schwefelkies, Fahlerz und Molybdänglanz zu nennen.

Ausgezeichnet ist bei allen diesen Lagerstätten der eiserne Hut, aus Brauneisenstein mit Einschlüssen von oxydischen Kupfererzen und gediegenem Kupfer bestehend. „Wo die Kiese in den eisernen Hut übergehen,

[1] A. Knop, *Neues Jahrb. f. Mineral.* 1861, p. 513.

lassen die Erzmassen eine Zerstörung wahrnehmen, welche an Wildheit und Verworrenheit alle Vorstellung übertrifft".

Der zur Trias gehörige New red sandstone Nordamerika's[1] wird von vielen dioritischen und melaphyrischen Eruptivgesteinen durchbrochen, in deren Nähe die Sandsteine metamorphosirt sind und in diesem Zustande Kupfererzlagerstätten und Schwerspathgänge umschliessen. Die Metamorphose der im normalen Zustande rothbraunen Sandsteine zeigt sich darin, dass dieselben in der Nähe der Eruptivgesteine eine bedeutende Härte und eine grünlich schwarze, oder schwärzlich braune Färbung angenommen haben.

Kupfererze kommen in diesen Gesteinen hauptsächlich in New-Jersey vor, und zwar entweder in netzförmig verlaufenden Spalten, die mit Buntkupfererz erfüllt sind, oder in Form von im Gestein eingeschlossenen rundlichen Massen (Concretionen), deren Kern aus gediegenem Kupfer besteht, welcher zunächst von einer Schicht Rothkupfererz, und dann einer solchen von nierenförmigem Kieselmalachit überzogen ist.

§ 103. **Typus Australien-Californien.** Charakteristik: Goldquarzgänge in geschichteten Gesteinen, zum Theil sehr reich an allerhand untergeordnet auftretenden Mineralien, unter welchen Tellurverbindungen besonders charakteristisch sind.

Gänge die durch Quarz, gediegenes Gold und Schwefelkies ausgezeichnet sind, finden sich in sedimentären Gesteinen recht häufig und besonders reich in durch Eruptivgesteine metamorphosirten.

Theils gang-, theils lagerartige, eisenschüssige Quarzadern mit Schwefelkies, Kupferkies, Rotheisenstein, zuweilen Eisenglanz und Fahlerz, die gediegenes Gold in Blättchen und moosförmigen Gestalten eingesprengt enthalten, sind bei Eidsvold,[2] 9 bis 10 Meilen nördlich von Christiania im Gneiss abgebaut.

Ein ganz ähnliches Vorkommen, das wie das vorige an die Goldquarzlager erinnert, ist das der Skara Grube im Egerskirchspiel, 3 Meilen von Drammen.

J. G. Klemm beschreibt Quarz, Schwefelkies, Brauneisenstein und gediegenes Gold führende Gänge, welche die krystallinischen Schiefer Venezuelas[3] durchsetzen, R. Wendeborn solche von Montes Aureos[4] in Nordbrasilien etc.

Als Kluftsysteme oder Blätter, (s. p. 45) neben denen das Gestein mit Quarz, gediegenem Gold und Schwefelmetallen imprägnirt ist, —

---

[1] H. Credner, *Berg- u. Hüttenm. Zeitung.* 1866, p. 4 u. 143.
[2] Th. Scheerer, *Berg- u. Hüttenm. Zeitung.* 1845, p. 858.
[3] J. G. Klemm, *Berg- u. Hüttenm. Zeitung.* 1859, p. 280.
[4] R. Wendeborn, *Berg- u. Hüttenm. Zeitung.* 1868, p. 181, 203, 219 u. 226.

die sogenannten Gangstreichen nach Reissacher — sind die Gänge der Salzburger Tauernkette, und die von Brandholz unweit Berneck im Fichtelgebirge aufzufassen.

Unter den Gängen der Salzburger Tauernkette sind die des Rathhausberges[1] bei Gastein typisch. — Sie setzen im Gneiss-Glimmerschiefergebiet auf. — Ausser gediegenem Gold imprägniren das verkieselte Nebengestein der Blätter, und die zwischen letzteren ausgeschiedenen reinen Quarzmassen, noch Kupferkies, Buntkupfererz, Schwefelkies, Arsenkies, Bleiglanz, Zinkblende etc. Sehr chloritreiche Lagen schieben sich, mit wechselnder Mächtigkeit, aber dem Fallen und Streichen der Klüfte folgend, zwischen dieselben. — Neben dem Hauptblatt liegen, oft in ansehnlichem Abstande von demselben entfernt, Nebenblätter, und ist dann das Gestein zwischen beiden von Querklüften, sogenannten Mächtigkeitsblättern durchzogen, die einen günstigen Einfluss auf die Erzführung ausüben, was leicht begreiflich ist, wenn man annimmt, dass jede Kluft den metallischen Lösungen einen Weg darbot.

Die den vorigen ganz ähnlichen Gänge von Brandholz bei Berneck, am Südwestrande des Fichtelgebirges, setzen in einem Urthonschiefer auf. — Die Gänge bestehen hier aus einzelnen, im Streichen und Fallen verschiedentlich angeordneten, bis 1 m mächtigen, flachen Quarzlinsen, die gediegenes Gold, goldhaltigen Arsen- und Schwefelkies, Antimonglanz, ferner als Seltenheit Antimonblende und Nadelerz eingesprengt enthalten; wo eine Linse aufhört, ist bis zum Einsetzen einer neuen Linse der Gang durch eine einfache Kluft (Blatt) vertreten, neben der das Gestein bis einige Centimeter tief verkieselt und mit Schwefel- und Arsenikkies getränkt ist.

In den silurischen Schichten und in den darin eingelagerten Diabasmassen setzen in Marionetshire[2] in Nordwales viele Erzgänge auf, unter ihnen auch Goldquarzgänge mit Eisenkies, Kupferkies, Tetradymit, Bleiglanz, Kalkspath und Schwerspath.

Die Grauwacken bei Culera[3] in Catalonien, im östlichen Theil der Pyrenäen, zwischen dem Städtchen Llanza und der französischen Grenze, beherbergen wenige cm bis 4 m mächtige Goldquarzgänge, die durch ihren sehr unregelmässigen Verlauf und den Zusammenhang mit zwischen den Schichten liegenden lenticularen Quarzmassen Interesse erregen. — Der weisse bis dunkelgraue Fettquarz enthält Arsenikkies, Schwefelkies, Kupferkies, Bleiglanz, Zinkblende und gediegenes Gold fein eingemengt, ausserdem zuweilen Bruchstücke des Nebengesteins und Kalkspathadern.

---

[1] v. Cotta, *Erzlagerstätten* II, p. 318.

[2] v. Cotta, *Erzlagerstätten* II, p. 492. — Breithaupt, *Berg- u. Hüttenm. Zeitung*. 1865, p. 91. — D. Forbes, *Neues Jahrb. f. Mineral.* 1868, p. 748. Ref.

[3] v. Cotta, *Erzlagerstätten* II, p. 438.

Zu den grössten Goldfeldern der Erde gehören die Australiens.[1] Die primären Lagerstätten daselbst sind Lagergänge, Netzgänge und Imprägnationen, die ausschliesslich „von silurischen, oder devonischen Gesteinen, (oder auch älteren, wahrscheinlich cambrischen krystallinischen Schiefern) oder von eruptiven Gesteinen gleichen Alters umschlossen werden“. Dass die Gänge vor Ablagerung der Schichten des Kohlengebirges entstanden sind, wird dadurch sehr bestimmt nachgewiesen, dass sie aus den alten, zu Mulden und Sätteln zusammengefalteten Schichten niemals in die discordant darüber liegenden Gesteine der Kohlenformation hineinsetzen. „Selbst am Schoalhaven River in Neu-Süd-Wales, wo gewaltige Erosionsthäler Durchschnitte der Uebergangsgesteine und der Kohlengesteine von mehr als 469 m Höhe darbieten, wo die Lagerstätten oft bis zum Contact mit den Conglomeraten und Sandsteinen der Kohlenformation entblösst und sichtbar sind, stossen sie scharf an diesen ab.“ „Die Lagerstätten und die Schichtenköpfe ihrer Nebengesteine bilden, je nach der Natur der letzteren, Grate, Kuppen und Thäler, auf und zwischen welche die Gesteine der Kohlenformation sich discordant abgelagert haben. — Sie sind demnach bestimmt schon ausgebildet gewesen, als die tiefsten Schichten der Kohlenformation sich aus dem Ocean absetzten“.

Sehr wahrscheinlich ist es, dass mit der Faltung der alten Schichten gleichzeitig Granite, Syenite, Diorite und andere Grünsteine empordrangen, und dass in derselben Periode auch die Goldquarzgänge entstanden. Unter den Eruptivgesteinen scheinen die Grünsteine zu den jüngsten zu gehören, und wie der Gang zu Wood'spoint in Victoria lehrt, (s. p. 170) auch nach der vollendeten Ausbildung der Goldquarzgänge emporgedrungen zu sein.

Auf Neuseeland treten die Golderzlagerstätten theils im Schiefer, theils in mächtigen Sandsteinschichten auf. Im Schiefer sind es wenig mächtige (bis 1,5 m) Lagergänge mit weissem Quarz, gediegenem Gold, Schwefelkies (zuweilen Kupfer enthaltend) und selten Wasserkies; im Sandstein durchschnittlich 1,25 m, selten 5 bis 18 m mächtige Gänge mit stark zerklüftetem Quarz und vielen Kiesen, vorzüglich Antimon und Arsen enthaltenden Wasserkiesen, Schwefelkies und Kupferkies, ferner Fahlerz und Zinkblende. — Das gediegene Gold ist meist krystallinisch blättrig und silberhaltiger als in den Lagergängen der Schiefer.

Auf dem australischen Festlande streichen alle vorcarbonischen Sedimente fast ausnahmslos von Nord nach Süd, und auch die Massen älterer

[1] G. Wolff, *Zeitschr. d. d. geol. Gesellsch.* Bd. XXIX, 1877, p. 82.

Eruptivgesteine, Granit, Syenit, Porphyr, Grünstein etc., sind in dieser Richtung angeordnet, während die jüngeren Eruptivgesteine, die tertiären Basalte und Trachyte, anderen Richtungen folgen. Die Lagerstätten, meist Lagergänge, haben ebenfalls nordsüdliches Streichen, selbst wenn sie aus den Sedimenten in die massigen Gesteine übertreten. — Beispiele dafür geben die Goldfelder von Gympie und Ravenswood in Queensland und von Cargo in Neu-Süd-Wales. In den 0,1 bis 15,5 m mächtigen Gängen sind die Erze in Erzfällen concentrirt.

Grossartig und hochinteressant wegen ihrer Beziehungen zu den Graniteruptionen sind die Goldquarzgänge Californiens.[1] Der Kamm der Sierra Nevada wird zum Theil von Granit eingenommen, der langgestreckte, vielfach sich verzweigende Züge und einzelne ellypsoidische Massen bildet, deren Längsaxen dem Streichen des Gebirges parallel liegen. An beide Seiten dieser granitischen Centralmassen legen sich metamorphische Schiefer an, Glimmerschiefer, Thonschiefer, Chlorit-, Talk- und Hornblendeschiefer, Quarzite, Kalksteine etc.; — Gesteine, von denen J. D. Whitney zuerst nachgewiesen hat, dass sie das Alter vom Kohlenkalk bis zum Jura besitzen. — In metamorphischen Kalksteinen sind Productus semireticulatus, Spirifer lineatus und andere Kohlenkalkversteinerungen gefunden. Schichten mit Orthoceratiten, Ceratiten, Ammoniten, Monotis, Avicula etc., an der Ostseite des Gebirges, entsprechen den Triaskalksteinen von Hallstadt, Aussee und St. Cassian. — Ebenso sind jurassische Schichten durch Belemniten, Pholadomyen etc. nachgewiesen. Discordant sind unveränderte Kreide- und Tertiärschichten am Fusse des Gebirges abgelagert, die aber in der californischen Küstenkette ebenfalls metamorphosirt (und Goldquarzgänge einschliessend) vorkommen. Zwischen den metamorphosirten Gesteinen liegen Diorite und Porphyre unter Verhältnissen, die das gleichzeitige Empordringen derselben mit der Ablagerung der Schichten des Kohlengebirges bis zur Juraformation sehr wahrscheinlich machen.

Die Goldquarzgänge haben zu diesen älteren Eruptivgesteinen ebensowenig Beziehungen, wie zu jung vulkanischen Gesteinen, dagegen sind unverkennbare Anzeichen vorhanden, dass die Entstehung der Gänge „eine Folge des ausserordentlich intensiven und weitgreifenden Metamorphismus ist, welcher die Ausbrüche des Granits begleitet hat“. — Die Zeit, in welcher diese Ereignisse ihren Anfang nahmen, war mit grosser Wahr-

---

[1] D. Burkart, *Neues Jahrb. f. Mineral.* 1870, p. 21. — v. Richthofen, *Zeitschr. d. d. geol. Gesellsch.* 1869, p. 727. — v. Richthofen, *Zeitschr. f. d. Berg-, Hütten- u. Salinenw. im preuss. Staat.* 1867, Bd. 15, p. 1.

scheinlichkeit die Juraperiode, und fanden dieselben während der oberen Kreide ihren Abschluss.

Man wird zu diesen Anschauungen durch die Thatsache geführt, dass sich die Goldquarzgänge immer nur an den Grenzen des Granits gegen die metamorphischen Schiefer finden; in letzteren sind sie vorzüglich entwickelt und nur selten setzen sie in den Granit hinein.

Die Gänge bilden eine fast ganz Californien von Süd nach Nord durchziehende, oft 20 englische Meilen breite Gangzone; das Streichen derselben ist im Allgemeinen parallel der Längsaxe dieser Zone und des Gebirges, h 12, das Fallen 15 bis 90°, meist nach Ost.

Die Gänge durchsetzen, ohne wesentliche Aenderung ihres Verhaltens, die verschiedensten Gesteine, sind von Lettenbestegen und Rutschflächen begleitet und erreichen meist nur Mächtigkeiten von 5 cm bis 1 m.

Gänge, welche 6, 24 ja sogar 47 m Mächtigkeit besitzen, sind immer durch Bergemittel in mehrere Trümmer getheilt, stellen sich als von Goldquarztrümmern durchzogene Gesteinszonen dar und besitzen demnach die Eigenthümlichkeiten zusammengesetzter Gänge.

Die Gangmasse ist Quarz von sehr verschiedenem Aussehen mit gewöhnlich so feinen Einschlüssen von gediegenem Golde, dass es mit blossem Auge gar nicht wahrzunehmen ist. — Selten ist das Gold in Blättchen, in Körnern, in baumförmig verästelten Massen und in Krystallen gefunden. — Es sind wahre Goldgänge, denn das Gold ist das einzige abbauwürdige Metall in ihnen. Eine grosse Menge von Erzen, die aber immer nur untergeordnet auftreten, begleiten das Gold, so Schwefelkies, Bleiglanz, Zinkblende, Magnetkies, Arsenikkies, Kupferkies, Zinnober und Tellurerze (Petzit, Hessit, Melonit, Calaverit etc.).

Nach v. Richthofen ist das Gold immer in säulenförmigen Erzmitteln concentrirt, die, ohne Abnahme des Gehalts, in die Tiefe setzen.

Der bedeutendste Gang Californiens ist der Muttergang (Mother lode), der auf eine streichende Länge von 70 englischen Meilen verfolgt worden ist. (S. p. 43.)

Die metamorphischen Gesteine sind, ausser von ausgesprochenen Gängen, auch noch von unregelmässig verlaufenden, schmalen Quarztrümmchen durchzogen, die aber niemals Gold in abbauwürdiger Menge enthalten. Merkwürdig sind linsenförmige Kupfererzmassen, aus Kupferkies, Eisenkies mit Blende, Bleiglanz, gediegenem Silber und gediegenem Golde bestehend, die sich nur in der Nähe der Goldquarzgänge finden.

Es lassen sich noch mehr Beispiele dafür anführen, dass Goldquarzgänge in verhältnissmässig jungen Sedimentärgesteinen aufsetzen, so im

Humboldgebirge[1] im Staate Nevada, wo eine Anzahl Silber und Gold enthaltender Gänge in, petrographisch innerhalb weiter Grenzen schwankenden Sedimenten der Triasformation auftreten, die sich durch einen grossen Reichthum der für den alpinen Keuper charakteristischen Versteinerungen auszeichnen. — In diesen Gesteinen setzen Quarzporphyre, Porphyrite und Melaphyre auf, mit denen vermuthungsweise die Erzgänge im genetischen Zusammenhang stehen.

Es hat ganz den Anschein, als wenn die von Richter und Hübner beschriebenen Lagerstätten des Minenbezirks Tatatila[2] und Zomelahuacan in Mexico ganz an das Auftreten von Eruptivgesteinen innerhalb eines muthmaasslich sehr jugendlichen Kalksteins gebunden sind.

Der Minenbezirk liegt 7 geographische Meilen von Jalapa entfernt; es nehmen an der geognostischen Zusammensetzung desselben Theil: Kalkstein, Grünstein (?), Porphyr und Trachyt. Die Erzgänge treten am häufigsten im Kalkstein auf, selten im Grünstein und Porphyr und setzen niemals in den Trachyt hinein, an dem sie abschneiden. (Vergl. p. 175.) Die Zahl der steil fallenden, durchschnittlich 1 bis 2 m mächtigen Gänge mit vorherrschend nordsüdlichem, seltener ostwestlichem Streichen ist sehr gross; — 20 solcher Gänge sind bis jetzt bekannt.

Ihrer Ausfüllung nach kann man 4 Gruppen unterscheiden:

1. Gold führende Gänge, welche das gediegene Gold in einem dichten, durch Eisenoxyd gefärbten Quarz einschliessen.

2. Silbererzgänge (zum Typus Brand gehörig, § 109), die in einer vorherrschend aus Kalkspath, weniger aus Quarz bestehenden Gangmasse, gediegenes Silber, Glaserz, Fahlerz etc. in feinen Einschlüssen enthalten.

3. Gänge mit silberhaltigem Bleiglanz, Quarz und Kalkspath (zum Typus Clausthal gehörig, s. § 111).

4. Kupfererzgänge. Dieselben haben im Gegensatz zu den vorigen Gängen einen sehr unregelmässigen Verlauf, so dass sie mehr den Charakter der Erzablagerung in unregelmässig gestalteten Hohlräumen an sich tragen und demnach in den Typus Rio Cares (s. § 114) gestellt werden müssen. Die Erze dieser Gänge sind goldhaltiger Kupferkies und Buntkupfererz.

Am mächtigsten sind die Gänge, wenn sie im Kalkstein auftreten, vor Allen die goldführenden Gänge der Gruppen 1 und 4; weniger mächtig sind die im Grünstein eingeschlossenen Silber- und Bleierz führenden Gänge der Gruppen 2 und 3.

---

[1] v. Richthofen, *Zeitschr. d. d. geol. Gesellsch.* 1869, p. 729.

[2] Richter u. Hübner, *Zeitschr. f. d. Berg-, Hütten- u. Salinenw. im preuss. Staat.* Bd. 21, 1873, p. 26.

Die Erzmassen der Grube Mine la Conception, die keiner der obigen Gruppen zugezählt werden können, weil sie goldhaltigen Quarz, Blei-, Silber- und Kupfererze zugleich enthalten, sind die bedeutendsten. — Im Ganzen noch unzulängliche Beobachtungen sollen ergeben haben, dass die güldischen Gänge ärmer werden, je weiter sie sich öffnen und je tiefer sie niedersetzen, während bei den silberführenden Gängen das Umgekehrte stattfindet. — Auf Gangkreuzen sollen die gold- und kupfererzführenden Gänge reicher, die silbererzführenden ärmer werden.

§ 104. **Typus Rewdinsk.** Charakteristik: Gänge mit Quarz, Nickel- und Kobalterzen in geschichteten Gesteinen.

Gänge dieses Typus scheinen sehr selten zu sein. — Man hat dazu die Kobaltgänge von Schneeberg in Sachsen gerechnet, in denen indessen der Quarz nicht ursprünglich ist, sondern als Verdrängungspseudomorphose nach Schwerspath auftritt und die wir, da reiche Silbererze in ihnen vorkommen, erst später anführen. (S. Typus Schneeberg § 106.)

Bei Rewdinsk[1] unweit Katharinenburg im Ural setzt ein über 2 m mächtiger, seigerer Gang im Chloritschiefer und Serpentin auf. — Die Ausfüllungsmasse ist ein zerfressener Quarz und Chrysopras. In den Hohlräumen dieser Quarze ist ein fetter Thon eingeschlossen, der bis apfelgrosse Partieen von Nickelocher enthält. — Andere Erze hat man in diesem Gange bis jetzt noch nicht gefunden.

§ 105. **Typus Kobaltrücken.** Charakteristik: Kobalt-, Nickel- und Wismutherze mit Späthen, — Schwerspath, Kalkspath, Spatheisenstein — und auch Quarz, von allerhand untergeordneten auftretenden Mineralien begleitet, in Gängen, welche geschichtete Gesteine durchsetzen.

Sehr häufig brechen die Kobalt- und Nickelerze, mit ihren gewöhnlichen Gefährten den Wismutherzen, auf Gängen mit Späthen zusammen. Das ist sowohl auf Lagergängen, als auch auf Quergängen älterer und jüngerer Sedimente der Fall.

In den grünen Schiefern, welche sich an das aus Granit, Porphyr und Gneiss zusammengesetzte Massiv der Walliser Centralalpen anlegen und im Einfischthale (Anniviers) bei Siders[2] eine sehr ausgedehnte Entwickelung zeigen, sind eine grosse Menge von Erzlagerstätten bekannt (s. p. 109) — unter diesen auch Lagergänge, welche kobalthaltigen Arsenikkies, Glanzkobalt, Weissnickelkies, gediegenes Wismuth, Kobalt- und Nickelblüthe, Quarz und Braunspath führen; ferner echte Quergänge mit Chloanthit, Kupfernickel, Braunspath und Spatheisenstein.

---

[1] H. Müller, *Berg- u. Hüttenm. Zeitung.* 1866, p. 65.

[2] A. Ossent, *Berg- u. Hüttenm. Zeitung.* 1868, p. 245.

Eine ganz ähnliche Erzführung haben die grünen Schiefer in Piemont.[1] Westlich von Turin an der Sarda am Paschietto-Pass finden sich im Diorit zwei, kaum 50 cm mächtige Gänge mit Quarz, Spatheisenstein, selten Kalkspath, Speisskobalt, Kobaltblüthe, Nickelblüthe, Malachit und Lasur. Der Bau ist hier nie nachhaltig gewesen. Reicher sind die Gänge in der Nähe des Dorfes Bruzolo, die im Chloritschiefer und Serpentin mit Quarz, Dolomit, Kalkspath, Rammelsbergit, Loelingit, Fahlerz, Kupferkies und Chloanthit aufsetzen.

Im Thonschiefer der Sierra Cabrera,[2] der von Bergkalk überlagert wird, kennt man einen Braunspathgang mit Graunickelkies, Rothnickelkies, Speisskobalt und den bekannten Zersetzungsproducten.

An vielen Stellen, wo das Kupferschieferflötz verworfen, oder von Rücken (s. p. 35) durchsetzt ist, sind die Verwerfungsklüfte, — die Rücken — Erzgänge geworden, da sie in der Region des Erzflötzes, neben Schwerspath oder Kalkspath, Kobalt- und Nickelerze enthalten. Obwohl sich das Vorkommen im Mansfeldischen, im Thüringer Walde, bei Riechelsdorf und bei Bieber in Hessen unter wesentlich gleichen Umständen wiederholt, ist es doch insofern regellos, als einige Rücken, ohne dass man eine Ursache aufzufinden vermag, erzleer sind, andere Erze führen, einige Schwerspath, andere Kalkspath enthalten.

In Mansfeld[3] streichen die Rücken immer h 7 bis 9, fallen steil ein und verwerfen das Flötz sehr verschieden stark. (S. p. 22.) — Nur an zwei Stellen sind Kobalt- und Nickelerze in so grosser Menge eingebrochen, dass eine bergmännische Gewinnung lohnte, nämlich am 23. Flötzberge bei Gerbstädt, wo Kupfernickel (hier auch krystallisirt), Schwefelkies, Speerkies, seltener Kupferglanz, Buntkupfererz, Kupferkies mit Kalkspath, Braunspath, Spatheisenstein und selten Schwerspath vorgekommen sind, und zweitens in den Sangerhäuser Revieren, in denen Kupfernickel von Arsenkobaltnickelkies, Kupferglanz, Kupferkies und hauptsächlich Schwerspath, selten Kalkspath und Quarz begleitet war. — Die Rücken sind durchaus nicht einfach verlaufende Gangspalten, sondern sehr zersplitterte Kluftsysteme, neben denen die verworfenen Schichten eigenthümlich verbogen und zerquetscht sind. Die verschieden gestalteten, unregelmässigen Hohlräume sind nicht symmetrisch lagenförmig, sondern massig mit den Gangarten und Erzen ausgefüllt.

Am Thüringer Walde scheinen die Kobaltrücken bei Glücksbrunn

---

[1] J. Strüver, *Neues Jahrb. f. Mineral.* 1871, p. 345.

[2] Ferber, *Berg- u. Hüttenm. Zeitung.* 1863, p. 306.

[3] Bäumler, *Zeitschr. d. d. geol. Gesellsch.* Bd. IX, 1857, p. 25.

und Camsdorf[1] die lohnendsten gewesen zu sein. — Dieselben unterscheiden sich nicht wesentlich von denen in Mansfeld, denn sie haben mit Kalkspath und Schwerspath zusammen Speisskobalt, Fahlerz, Kupfernickel, Schwefelkies, Kupferkies, Buntkupfererz, Kupferglanz, Bleiglanz, gediegenes Wismuth etc. geliefert. Sehr interessant ist es, dass bei Camsdorf eine Abhängigkeit der Erzführung von dem Nebengestein beobachtet ist. — Die Rücken führten im Weissliegenden Speisskobalt, Fahlerz, Kupfernickel und Kupferkies, innerhalb des Erzflötzes ausser den genannten Erzen, derben Erdkobalt und Kobalt- und Nickelblüthe, und innerhalb der über dem Flötz liegenden Zechsteinkalke fast nur schwarzen Erdkobalt, der weit in die Klüfte des Kalksteins eingedrungen war.

Bei Riechelsdorf[2] sind die mit Schwerspath vergesellschafteten Speisskobalte, Weissnickelkiese und Kupfernickel, nebst ihren Zersetzungsproducten, innerhalb der Rücken ausgebeutet. — Die Erze sind nesterweise in der Region des Kupferschieferflötzes und des unmittelbar darunter liegenden Rothliegenden angetroffen. — Die Schwerspathführung hat zwar noch tiefer angehalten, die Erzführung aber nicht. „Merkwürdig ist, dass das Kupferschieferflötz da arm und unbauwürdig ist, wo es von erzführenden Rücken durchsetzt wird.“

Bei Bieber[3] in Hessen ruht die Zechsteinformation über Glimmerschiefer, der ebenso wie erstere von den Gängen durchsetzt, und um 10 bis 20 m verworfen wird. Die Gänge, 7 bis 10 cm mächtig, führen in der Region des Kupferschieferflötzes und 20, 40, ja sogar noch 60 m unter derselben, — aber nicht tiefer, — im Glimmerschiefer sporadische Erzmittel; ins Hangende und Liegende setzen sie, ohne alle Gangarten, als blosse Bestege fort. Mit den Erzen, — Kupfernickel, Speisskobalt, gediegenes Wismuth, Spatheisenstein, Kupferkies, Fahlerz und Schwefelkies, — kommt nur Schwerspath vor.

Durch das an ein bestimmtes Schichtenniveau geknüpfte Auftreten der Nickel- und Kobalterze erinnern die sonst sehr abweichenden Gänge von Schladming[4] in Steiermark an die Kobaltrücken.

Die Gänge setzen in krystallinischen Schiefern auf, welche schichtenweise fahlbandartig mit Kieseinschlüssen erfüllt sind. — Diese erzhaltigen Schichten werden local „Branden“ genannt. (S. p. 109.) Die Gänge sind alle Kalkspathgänge mit sporadisch darin vertheiltem Fahlerz, Arsenik-

---

1 v. Cotta, *Erzlagerstätten* II, p. 75.

2 *Erläuterung z. geol. Specialkarte v. Preussen u. d. Thür. Staaten.* Blatt Sontra.

3 Schmidt, *Neues Jahrb. f. Mineral.* 1808, p. 45.

4 Aigner, *Berg- u. Hüttenm. Jahrb. d. k. k. östr. Bergacad.* Bd. IX, 1860, p. 260.

kies und reichen Silbererzen, gehören also zum Typus Schneeberg (§ 106); da wo sie aber die Branden schneiden, verdrücken sie sich merkwürdiger Weise bis zur Unkenntlichkeit, und dafür stellen sich in den Branden Nickelerze, in Form von Nieren und Nestern, Muggeln genannt, ein. Solche Muggeln haben wohl eine Längenerstreckung von einigen Lachtern und bis 1 m Mächtigkeit. — Ausser in Muggeln finden sich die Erze innerhalb der Branden auch in kleineren und grösseren Körnern eingeschlossen. Die Erze sind vornehmlich: Kupfernickel, Weissnickelkies, Speisskobalt, Nickelglanz, Arsenkies, Fahlerz, seltener Schwefelkies; sie werden von Kalkspath begleitet. — Quarz ist selten.

§ 106. **Typus Schneeberg.** Charakteristik: Erzgänge, welche Kobalt- und Nickelerze, reiche Silbererze, verschiedene Gangarten und allerhand untergeordnet auftretende Mineralien führen.

Die Gänge setzen vorherrschend im krystallinischen Schiefergebirge auf. Zu bemerken ist, dass ein, der Ausfüllung nach, ganz gleicher Gang im Granit von Wittichen bekannt ist. (S. p. 177 Typus Schemnitz.)

Das Zusammenvorkommen reicher Silbererze mit Kobalt- und Nickelerzen ist sehr häufig und werden dadurch die vorher beschriebenen Nickel- und Kobalterzgänge (§ 105) mit den Silbererzgängen (§ 106 bis 110) verknüpft.

Ein vortreffliches Beispiel dafür liefert der durch sehr viele und sehr mannigfach ausgebildete Gänge ausgezeichnete Erzgangdistrikt von Schneeberg[1] im sächsischen Erzgebirge. — Die Gegend besteht aus grossen Granitmassivs, die von ausgedehnten Glimmerschiefer- und Thonschiefermassen umgeben sind. — In den Schiefern, seltener im Granit, erscheinen die Gänge; das Streichen derselben ist so verschieden, dass sich ein vollständiges Gangnetz herausbildet. (S. p. 39.)

Nach den Ausfüllungsmassen und dem relativen Alter hat H. Müller unterschieden:

1. Kupfererzgänge,
2. taube Quarzgänge,
3. kiesige Bleigänge,
4. Barytgänge,
5. Kobaltgänge,
6. Eisenerzgänge.

1. Die Kupfererzgänge streichen h 1 bis 4, fallen steil gegen Nordwest und gehören dadurch, dass sie Quarz mit Kupferkies, Buntkupfer-

[1] v. Cotta, *Erzlagerstätten* II, p. 46.

erz, Kupferglanz, Fahlerz und zuweilen nur Bleiglanz, Blende, Eisenkies und Arsenkies enthalten, dem Typus Tellemarken an. (S. p. 200.)

2. Die tauben Quarzgänge streichen ähnlich wie die vorigen, h 2 bis 5 und fallen 45 bis 80° Nordwest; nur sehr selten haben sie Erze; da wo sie die fast rechtwinklig gegen sie streichenden Kobalterzgänge kreuzen, führen sie selbst auch Kobalterze.

3. Die kiesigen Bleigänge streichen vorherrschend aus Nordwest gegen Südost und fallen steil südwestlich ein. — Ihrer Ausfüllung nach — Quarz, Kiese, Zinkblende, Bleiglanz — gehören sie dem Typus Clausthal an. (§ 111.)

Sehr viel jünger wie die vorigen und für den Schneeberger Bergbau viel bedeutsamer sind die Barytgänge und Kobaltgänge.

4. Erstere haben an ihrem Ausgehenden den erstaunlichen Silbererzreichthum Schneebergs im 15. und 16. Jahrhundert hergegeben. Sie streichen von Süd nach Nord, bei steilem Fallen, und enthalten: Schwerspath, Flussspath, Kalkspath, Quarz, reiche Silbererze mit Blei-, Kobalt-, Nickel- und Wismutherzen.

5. Für den gegenwärtigen Bergbau Schneebergs sind die Kobaltgänge die wichtigsten. Ihre Anzahl ist sehr gross (150), ihr Streichen sehr verschieden. — Die Ausfüllungsmassen sind charakterisirt durch Quarz, der häufig in Pseudomorphosen nach Kalkspath und Schwerspath auftritt, Hornstein, seltener Kalkspath und Braunspath, Speisskobalt, Rothnickelkies, gediegenes Wismuth, Eisenkies, Bleiglanz, Rothgiltigerz, Glaserz, gediegenes Silber und viele andere, zum Theil seltene Mineralien, unter denen auch Uranerze eine Rolle spielen.

6. Der Eisenerzgänge ist schon früher Erwähnung gethan. (S. p. 154.)

Den Schneeberger Kobaltgängen ganz ähnliche, finden sich bei Marienberg, Annaberg, Joachimsthal, Johanngeorgenstadt[1] und anderen Orten des sächsischen Erzgebirges.

In der allernächsten Verwandtschaft stehen die im Granit und Gneiss eingeschlossenen Gänge des badischen Schwarzwaldes. — Sie sind meist wenig mächtig, scheinen sich nach der Tiefe zu zu verunedeln und führen vorwiegend im Schwerspath und Flussspath theils Bleiglanz und Kupferkies, theils reiche Silbererze, Kobalt- und Nickelerze und Wismuth und Kobalt enthaltende Fahlerze. Die dem Granit angehörenden Gänge von Wittichen sind schon früher geschildert. (S. p. 177.)

Unter den Silber- und Kobalterzgängen im Gneiss ist der Wenzel-Gang[2] bei Wolfach recht charakteristisch, obwohl sich derselbe nur in

[1] v. Cotta, *Erzlagerstätten* II, p. 25, 30, 34 u. 42.
[2] Fr. Sandberger, *Neues Jahrb. f. Mineral.* 1869, p. 290.

einer streichenden Länge von 80 m und bis zu einer Tiefe von 65 m erzführend gezeigt hat. — Nördlich und südlich haben h 12 streichende und 60 bis 65° östlich einfallende Klüfte die Erzführung abgeschnitten. Der Gang zerschlug sich neben denselben zu unbauwürdigen Trümmern, und hinter ihnen ist eine Wiederausrichtung des Ganges mehrfach, aber erfolglos versucht worden. Nach FR. SANDBERGER war der Gang nur im oligoklasreichen körnigen, und im glimmerreichen schiefrigen Gneiss erzführend, im orthoklasreichen körnigen, sowie im feinkörnigen und körnig streifigen Gneiss ganz taub. Er besitzt eine Mächtigkeit von 30 bis 60 cm, ist mit dem Nebengestein stets verwachsen, hat ein sehr regelmässiges, zwischen h 10 und 12 liegendes Streichen und ein zickzackförmiges Einfallen.

Die Ausfüllungsmassen ordnen sich dem Alter nach in der bereits auf p. 79 angegebenen Weise.

Unter den Schwerspathgängen bei Kupferberg in Schlesien (s. p. 201) gehört der Adler-Gang in diesen Typus, denn er enthält sporadisch im Schwerspath Kalkspath, gediegenes Silber, Kupferkies, Buntkupfererz, Silberglanz, Kupfersilberglanz, Fahlerz, Polybasit, Speisskobalt, Rothgiltigerz, Barytkreuzstein, Chloanthit, Rothnickelkies, Heulandit und Braunspath.

§ 107. **Typus Bräunsdorf.** (Edle Quarzformation Sachsens.) Charakteristik: Gänge mit vorherrschend quarziger Ausfüllung und reichen Silbererzen.

Dieselben treten hauptsächlich im krystallinischen Schiefergebirge auf.

In dem Erzgebiet von Freiberg giebt es über 150 Gänge im Gneiss, die vorherrschend mit Quarz ausgefüllt sind und in Drusenräumen, seltener in Einschlüssen, reiche Silbererze enthalten.

Der Quarz ist entweder reiner weisser Quarz, oder Hornstein. — Die Erze sind: Rothgiltigerz, Glaserz, gediegenes Silber, silberreicher Arsenkies, Fahlerz, Miargyrit, Melanglanz, Eugenglanz. — Nie massenhaft, sondern nur untergeordnet werden Kiese, Glanze, Blenden, Kalkspath, Flussspath, Schwerspath etc. gefunden. — Die Gänge, welche bis 2 m Mächtigkeit erreichen, umschliessen viele, von Quarz umrindete Bruchstücke des Nebengesteins.

Bei Bräunsdorf unweit Freiberg sind sie besonders charakteristisch entwickelt, finden sich dort aber nur innerhalb eines schwarzen, kohligen Schiefers, — das sogenannte schwarze Gebirge, — bauwürdig, nie im gewöhnlichen Glimmerschiefer.

Es scheinen die im rothen Gneiss aufsetzenden Gänge von Katharinenberg[1] in Böhmen, wenngleich sie viele Kiese, Glanze und Blenden

---

[1] v. COTTA, *Erzlagerstätten* II, p. 23.

geführt haben, in diesen Typus zu gehören; ferner gehört hierher der Widersinnige Gang bei Adamstadt und Rudolstadt[1] nordöstlich von Budweis in Böhmen.

Nicht sehr reiche Gänge im Glimmerschiefer finden sich im Revier von San Antonio und el Trinufo[2] in Niedercalifornien, die Quarz und Letten, — in oberen Teufen Chlorsilber, Arseniksilber, Weissspiessglanz, Mennige, Brauneisenerz, Malachit, Kupfergrün und Zinkspath, — in grösserer Teufe Silberglanz, Fahlerz, Bleischweif, Bleiglanz, Antimonglanz, Eisenkies, Markasit, Arsenikkies etc. — führen.

Vielleicht ist auch der Quarzgang im Talk- und Glimmerschiefer der Grube Michailowska[3] im Gouvernement Orenburg hierher zu stellen. Dieser 0,05 bis 1 m mächtige Gang ist ganz erzleer, nur an den Salbändern liegen 0,04 bis 0,17 m mächtige, aus Quarzkörnern, Eisenocher und Lehm bestehende Lagen, die zahlreiche Krystalle von Chlorsilber und Bromsilber einschliessen. (S. p. 69.)

§ 108. **Typus Brand.** (Edle Bleiformation Sachsens.) Charakteristik: Carbonspäthe mit Quarz, stellenweise Schwerspath (Gyps) und Flussspath, Bleiglanz, auch Kiese und Blende und dazu sich gesellende reiche Silbererze, in wechselnden Mengenverhältnissen, sind die bezeichnenden Bestandtheile dieser, in sehr verschiedenen geschichteten Gesteinen aufsetzenden Gänge.

In der Gegend von Brand bei Freiberg sind etwa 340 Gänge im Gneiss bekannt, die Braunspath, Manganspath, Quarz und die oben genannten Erze, als charakteristische Bestandtheile enthalten.

Mit Quarz, Kalkspath und Feldspath, Bleiglanz, Blende, Schwefelkies, Kupferkies und reichen Silbererzen sind die Gänge im Gneiss bei Kuttenberg in Böhmen ausgefüllt.

In der Umgegend von Kongsberg[4] ist das herrschende Gestein ein dünnschiefriger, häufig Granat führender Gneiss, der gegen Westen, 1 Meile vom Langenthal bei Kongsberg entfernt, allmälig in einen Granitgneiss übergeht. In dem Gneiss kommen untergeordnete Lagen von körnigen und schiefrigen Hornblendegesteinen, Glimmerschiefer, Chloritschiefer, Talkschiefer und Quarzit vor.

---

1 v. Cotta, *Erzlagerstätten* II, p. 207.

2 A. Del Castillo, *Zeitschr. f. d. Berg-, Hütten- u. Salinenw. im preuss. Staat.* Bd. 14, p. 105.

3 W. v. Beck, *Neues Jahrb. f. Mineral.* 1876, p. 162.

4 G. v. Rath, *Neues Jahrb. f. Mineral.* 1869, p. 434. — P. Herter, *Zeitschr d. d. geol. Gesellsch.* 1871, Bd. XXIII, p. 383.

In diesen krystallinischen Schiefern treten die früher erwähnten Fahlbänder auf. (s. p. 107). — Eine grosse Anzahl von Gängen, — man zählt deren 500 — durchsetzen die Gesteine; sie sind $^1/_2$ bis 30 cm mächtig, stets mit dem Nebengestein verwachsen, streichen von Ost nach West, senkrecht gegen das Schichtenstreichen, und fallen meist sehr steil nach Süd ein, — seltener nach Nord. — Die Gangarten sind: Kalkspath und Flussspath, weniger häufig Schwerspath, Quarz und Dolomitspath. — Von den nicht metallischen Fossilien erscheinen: Stilbit, Harmotom Prehnit, Laumontit, Strahlstein, Axinit, Adular, Albit, Kohlenblende, Bergkork, Bergleder etc. — Unter den Erzen sind zu nennen: gediegenes Silber, zum Theil goldhaltig, Silberglanz, seltener Rothgiltigerz, Hornsilber (am Ausgehenden), Bleiglanz, gediegenes Arsen, Zinkblende, Kupferkies, Magnetkies, Schwefelkies etc. Die Gänge sollen nur da Erze führen, wo sie die Fahlbänder durchschneiden. — Die reichsten Stellen werden gefunden, wo die Gänge wenig mächtig sind und ist dann wohl das Nebengestein bis auf 50, ja 75 cm tief so imprägnirt, dass es auch bauwürdig ist. Thut sich die Gangspalte auf, wird sie ärmer und vertaubt.

Die älteste Bildung ist der Quarz, dann folgen die verschiedenen Schwefelmetalle und am jüngsten sind Kalkspath und Flussspath. (S. p. 79.)

Am südwestlichen Ende der Brockengranitpartiee im Harz liegt das durch seinen Mineralienreichthum berühmte Ganggebiet von St. Andreasberg.[1] Dasselbe wird von einer schmalen, silurischen Thonschiefer- und Grauwackenzone (Wieder-Schiefer) eingeschlossen, die im Norden von Granit, im Süden von Diabas begrenzt ist. — Innerhalb dieser Zone erscheinen taube Gänge, die sogenannten „faulen Ruscheln", sodann Silbererzgänge, Eisenstein- und Kupferkiesgänge in einer höchst merkwürdigen Beziehung zu einander.

Die faulen Ruscheln sind bis 60 m mächtig, werden von Thonschieferbruchstücken und Letten erfüllt, fallen steil (55—75°) nach Süd ein und besitzen die grösste Ausdehnung im Streichen. Zwei dieser Ruscheln, die als Haupt- oder Grenzruscheln zu bezeichnen sind, — die nördliche Neufanger und die südliche Edelleuter Ruschel, — umgrenzen eine vorherrschend aus Thonschiefern bestehende, länglich ellypsoidische Gesteinsmasse von c. 5000 m Länge und 1000 m Breite und zwar in der Weise, dass die Edelleuter Ruschel in h 7 $^1/_2$, fast geradlinig streicht und die Neufanger Ruschel sich wie ein liegendes Bogentrumm zu der ersteren verhält. Nur innerhalb des durch die genannten Ruscheln begrenzten Gebietes, in dem übrigens noch zwei kleinere faule Ruscheln, die Abendröther und Silberburger Ruschel auftreten,

[1] H. Credner, *Zeitschr. d. d. geol. Gesellsch.* Bd. XVII, 1865, p. 163.

finden sich die Silbererzgänge, die nirgends über die Hauptruscheln hinaussetzen. Alle ausserhalb des Ruschelgebietes bei St. Andreasberg bekannten Gänge sind, mit wenigen Ausnahmen, Eisenstein (s. p. 188) und Kupferkies führend.

Unter den Silbererzgängen hat man nach ihrem Streichen zwei Systeme zu unterscheiden. —

Das erste System wird von mehreren Gängen gebildet, die schiefwinklig gegen die Längenerstreckung der Hauptruscheln in h $9^1/_2$ bis $10^1/_2$ streichen und steil nordöstlich einfallen; die wichtigsten derselben sind der Franz Auguster Gang, der Samsoner Gang und der Jacobsglücker Gang.

Dem zweiten System gehören hauptsächlich nur zwei Gänge an, der Gnade Gotteser Gang und der Bergmannstroster Gang, die h $6^1/_2$ bis $7^1/_2$, also parallel mit den Grenzruscheln streichen und steil (60—85°) nach Norden einfallen. —

Die Gänge des letzteren Systems lenken an denen des ersten Systems ab (s. § 28 p. 50).

Nur die Gänge des ersten Systems, welche die mittleren Ruscheln (Abendröther und Silberburger Ruschel) durchkreuzen, kommen mit den Haupt- oder Grenzruscheln (Edelleuter und Neufanger Ruschel) in Berührung, und endigen neben denselben durch Auskeilen oder Zertrümmern.

Die Silbererzgänge sind alle sehr wenig mächtig, — wenige cm, selten $^1/_2$ m und darüber — haben ein wellenförmiges Streichen und Fallen und sind fest mit dem Nebengestein verwachsen. — Ihre Hauptausfüllungsmasse ist ein trüber weisser Kalkspath, — älterer Kalkspath, — in welchem in Form von Körnern, Nestern und Trümmern Quarz, selten Flussspath, Bleiglanz, Zinkblende, gediegenes Arsenik, Rothgiltigerz, Antimonsilber, Arsensilber, selten Glaserz eingeschlossen sind.

In den häufig sich öffnenden Drusenräumen erscheinen die obigen Erze, ausserdem der jüngere Kalkspath in reichster Formenentwickelung, Zeolithe, — am häufigsten Apophyllit — und viele andere Mineralien in den prachtvollsten Krystallen. — Bemerkenswerth ist noch, dass Nickel- und Kobalterze — Speisskobalt, Kupfernickel etc. — wenn auch ganz untergeordnet, gefunden werden. Die Erze sind durchaus regellos in kleinen, sporadisch vertheilten, und unregelmässig gestalteten Erzmitteln in den Gangräumen enthalten. —

Beziehungen zum Nebengestein sind nicht aufzufinden. Man glaubte früher, dass die Gänge innerhalb der Diabasmassen, die sich im Ruschelgebiet vereinzelt vorfinden, immer vertauben, doch hat sich das neuerdings als ein Irrthum herausgestellt.

Einen günstigen Einfluss von Gangkreuzen und Schaarungen hat man nie beobachtet, dagegen gefunden, dass die Gänge immer da erzleer werden, wo sie grössere Mächtigkeit annehmen.

H. CREDNER macht auf die Aehnlichkeit der Gänge von Přibram[1] mit denen von St. Andreasberg aufmerksam. — Bei Přibram lagern sich über Granit:

1. feinkörnige, schmutziggraue Schiefer,
2. fein bis grobkörnige, weiss und röthlichgraue Grauwacken,
3. dunkle, zuweilen deutlich graphitische, verworrene Schiefer,
4. Grauwacken wie ad 2.

Diese Schichten gehören den Etagen A und B des böhmischen Silurs nach BARRANDE an; sie streichen alle von Nordost nach Südwest, besitzen ein sehr steiles Fallen und werden von Diabasgängen und Silbererzgängen durchzogen. — Die letzteren erscheinen in grösster Menge und am reichsten im zweiten Gliede der Přibramer Schichten. Man glaubte früher, dass sie in die angrenzenden dunklen, verworrenen Schiefer (3) nicht hineinsetzen und nahm an, dass sie an einer Lettenkluft abschneiden, die an der Grenze der Grauwacken (2) und des Schiefers (3) liegt und ihrer Natur nach mit den Andreasberger Ruscheln übereinzustimmen scheint. Später hat sich herausgestellt, dass dem nicht so ist, dass die Gänge vielmehr mit Ablenkung an der Lettenkluft aus den Grauwacken in die Schiefer bauwürdig hinübertreten. —

Sehr interessant ist der Umstand, dass die Erzgänge und die Diabasgänge, ihrer Erstreckung und Verbreitung nach, im Allgemeinen zusammenfallen, und dass einige Erzgänge stellenweise als Contactgänge zwischen Grauwacke und Diabas liegen. Einige Gänge setzen durch die Diabase hindurch, sind also jünger wie letztere.

Die Gänge bilden in der Grauwacke einen $^3/_4$ Meilen breiten und $1^1/_4$ Meile langen Gangzug; etwa 40 werden bebaut, deren Mächtigkeit zwischen $2^1/_2$ cm und 3,75 m schwankt. Als Hauptausfüllungsmassen finden sich Quarz, Spatheisenstein, Kalkspath und Braunspath, seltener sind Schwerspath und Dolomitspath. — Als Erze treten auf: silberhaltiger Bleiglanz, braune und rothe Zinkblende, Fahlerz, Kupferkies, gediegenes Silber, Rothgiltigerz, Silberglanz, Polybasit, Melanglanz etc. etc. 78 verschiedene Mineralien haben sich gefunden und zum Theil in schönen Krystallen.

Von Tage herein, bis zu 120 m Tiefe, sind die Gänge mit einem eisernen Hut versehen und ist es wahrscheinlich, dass in dieser Region

---

[1] G. FALLER, *Berg- u. Hüttenm. Jahrb. d. k. k. östr. Bergacad.* 1864. Bd. 13, p. 89.

ursprünglich mehr eisenhaltige Mineralien, vielleicht Spatheisenstein, vorhanden waren, als in der durch den Bergbau aufgeschlossenen Tiefe.

Die Gangmassen sind mit dem Nebengestein meist fest verwachsen und zeigen massige Textur, nur selten symmetrisch lagenförmige Anordnung der Mineralien. — Gangverwerfungen und Ablenkungen sind mehr durch Gesteinsblätter und Schichtungsklüfte hervorgebracht, als durch die Gänge selbst. — An den Gangkreuzen fliessen die Ausfüllungsmassen der Gänge so ineinander, dass sich das relative Alter der Gänge nicht bestimmen lässt; auch sind Veredelungen der Ausfüllung an den Kreuzen nicht bekannt.

Der bedeutendste Gang des Přibramer Gangreviers ist der Adalbertgang, der neuerdings bis zu einer Tiefe von 1000 m, der grössten, die überhaupt von Schächten erreicht worden ist, untersucht wurde.

Der merkwürdige und reiche Gang im Unter-Silur der Silberinsel,[1] am nördlichen Ufer des Lake superior, wird von Kalkspath, Quarz, gediegenem Silber, Glaserz, Zinkblende etc. erfüllt.

Recht überraschend ist ein vereinzeltes Vorkommen reicher Silbererze in den Gängen des rheinischen Unterdevon.

Im südlichen Theil der Grafschaft Wittgenstein-Wittgenstein im oberen Lahnthal, am Ostrande des grossen rheinisch-westfälischen Schiefergebirges, setzen in schwarzen Thonschiefern und Grauwacken, welche wahrscheinlich der unterdevonischen Grauwacke von Coblenz angehören, viele Blei-, Kupfer- und Silbererz führende Gänge auf. — Unter diesen ist der Gang der Grube Gonderbach bei Laasphe[2] besonders reich. — Dieser 12 bis 18 m mächtige Gang besteht hauptsächlich aus Nebengestein, in welchem 3 Erztrümmer aufsetzen. — Die Gangart ist Quarz und Spatheisenstein und soll merkwürdiger Weise Kalkspath ganz fehlen. — Das Haupterz ist nicht sehr silberreicher Bleiglanz; untergeordnet erscheinen Fahlerz, Kupferkies und Zinkblende und stellenweise reiche Silbererze: Rothgiltigerz, Polybasit und gediegenes Silber.

§ 109. Fortsetzung Typus Brand. Sedimentärgesteine von zweifelhaftem Alter enthalten den berühmten reichen Gang veta madre bei Guanajuato[3] in Mexico.

Diese zu den bedeutendsten Gängen der Erde gehörige Lagerstätte liegt zwischen den früher (s. p. 176) erwähnten Gängen von Santa Rosa, Villapando und Luz. Der Gang soll fast genau im Streichen und Fallen

---

[1] *Berg- u. Hüttenm. Zeitung.* 1871, p. 322. Ref. — *Neues Jahrb. f. Mineral.* 1874, p. 743.

[2] F. Roemer, *Neues Jahrb. f. Mineral.* 1875, p. 378.

[3] Tilmann, *Der Bergbau von Guanajuato.* Münster 1866.

der Nebengesteinschichten aufgerissen sein, wäre demnach also ein Lagergang. — Die Nebengesteine sind ein vielleicht devonischer Thonschiefer und conglomeratische, möglicher Weise zum Rothliegenden gehörige Schichten. — Am Contact dieser beiden Gesteine ist auf den Gruben Valenciana und Rayas der grösste Erzreichthum entwickelt; die Mächtigkeit des Ganges beträgt hier 150 m, mit darin 30 bis 40 m mächtig anstehenden Erzen.

Die Hauptausfüllungsmasse ist Amethyst und Kalkspath mit unregelmässig eingelagerten Stücken des Nebengesteins. Unter den nicht metallischen Mineralien spielen noch Gyps, Spatheisenstein, Flussspath und Apophyllit eine Rolle. — Schwerspath soll ganz fehlen. Jene merkwürdigen, zerreiblichen, talkartigen Gesteine, — Jabones genannt — die in den Gängen bei Luz vorkommen (s. p. 176), finden sich auch in der veta madre.

Von Erzen treten auf: gediegenes Gold, gediegenes Silber, Silberglanz, seltener Sprödglaserz, Rothgiltigerz, Kupferfahlerz, Bleiglanz und Zinkblende. — Sehr verbreitet sind auch Kupferkies und Schwefelkies. — Der Gang enthält sehr viele Drusenräume, in denen sich sämmtliche Mineralien schön krystallisirt vorfinden. — Irgend eine Regel über das Auftreten der Erzmittel hat nicht aufgefunden werden können.

Bei allen Erzgängen Guanajuatos fängt die Erzführung erst bei 80 m Tiefe an und werden die Erze bei 400 bis 500 m Tiefe so antimon- und bleihaltig, dass sie sich zur Amalgamation nicht mehr gut eignen.

Aehnlich der veta madre scheinen die in Grauwacke aufsetzenden silbererzreichen Gänge von Zakatekas[1] nordwestlich von Guanajuato zu sein.

Zu den Gängen dieses Typus sind, wie früher erwähnt (s. p. 210), die Silbererzgänge von Tatatila zu stellen.

Hochinteressant durch das geognostische Niveau, in welchem sie auftreten, und durch ihren Erzreichthum sind die in oberjurassischen Kalksteinen eingeschlossenen Gängen Chili's und Bolivia's.

In diesen Gängen ist neben Kalkspath stets Schwerspath vorhanden, der stellenweise, z. B. in den Gängen von Arqueros, so zunimmt, dass die Lagerstätten in den nächsten Typus gestellt werden müssen.

Die Gänge von Chañarcillo[2], in der nördlichsten Provinz Chili's Atacama, setzen durch einen sehr regelmässig gelagerten, in Schichten

---

[1] *Neues Jahrb. f. Mineral.* 1813, p. 249.

[2] E. B. Dorsey, *Berg- u. Hüttenm. Zeitung.* 1860, p. 187 u. 197. — Moesta, *Ueber das Vorkommen d. Chlor-, Brom- u. Jodverbindungen in d. Natur.* Marburg 1870. — Richter u. Hübner, *Zeitschr. f. d. Berg-, Hütten- u. Salinenwesen im preuss. Staat.* 1876, Bd. XXIV, p. 230.

von etwa 1 m Mächtigkeit abgesonderten, graublauen und blauschwarzen, thonigen Kalkstein, der durch Versteinerungen als oberjurassisch sicher bestimmt ist. — In 600 m Tiefe stehen die Gänge noch in demselben Kalkstein wie nahe unter Tage, und hat man desshalb die Mächtigkeit des oberen Jura daselbst, mit Berücksichtigung höherer Niveaus am Tage, auf circa 1200 m zu schätzen.

Grünsteine durchsetzen in Gängen (chorros) die jurassischen Kalksteine und drängen sich als intrusive Lager zwischen die Schichten derselben.

Die edlen Silbererzgänge haben sowohl die Kalksteine, als auch die Grünsteine zum Nebengestein; sie sind meistens nur in oberen Teufen reich und erscheinen hier als wahre Trümmerzüge; manche verschwinden nach der Tiefe, andere halten aus.

Der wichtigste Gang ist die corrida colorado, der oben 10 m und in der Tiefe selten unter 1 m mächtig ist. — Von Tage herein ist die Ausfüllung eine milde, eisenschüssige, Lettenmasse mit Eisenocher, Kalkspath, Schwerspath, mitunter Malachit, gediegenem Silber, Chlor-, Brom- und Jodsilber (metales calidos, s. p. 83). — Zwischen diesen Erzen finden sich hin und wieder kleine Stückchen der geschwefelten Erze, welche in der Tiefe auftreten und als die Muttermineralien der Chlor-, Brom- und Jodverbindungen angesehen werden müssen. In 66 bis 162 m Tiefe verschwinden die metales calidos, und treten an ihre Stelle Silberglanz, Polybasit, Rothgiltigerz, Zinkblende, Bleiglanz, Arsenik mit Kalkspath. (Metales frios.) — Schwefelkies soll selten sein.

Die Erzmittel sind an gewisse Schichtenniveaus (mantos) gebunden, und werden durch taube Mittel von einander getrennt. Als manto bezeichnet der chilesische Bergmann jede Gesteinsschicht, ohne Rücksicht auf Bildung und petrographische Beschaffenheit; mantos pintadores sind solche, welche entweder selbst erzführend sind, oder die durchsetzenden Gänge anreichern; mantos broceadores solche, die diese Eigenschaften nicht besitzen. Die mantos pintadores sind entweder Schichtgesteine, oder intrusive Grünsteinlager; dieselben sind nach Moesta in der Nähe der Gänge metamorphosirte Gesteine, welche in weiterer Entfernung von den Gangspalten allmälig ihre normale Beschaffenheit annehmen.

Die mantos wirken in horizontaler Richtung veredelnd, während die chorros, das sind die echten Grünsteingänge (s. oben) in vertikaler Richtung einen veredelnden Einfluss ausüben.

Wo zwei solche Veredelungszonen sich kreuzen, pflegen die reichsten Erzmittel abgelagert zu sein. — Die Veredelungszonen sind in oberen Teufen am häufigsten angetroffen, in der Tiefe werden sie seltener und schmäler. Ausser den edlen Gängen finden sich noch taube Gänge, die nur Spuren von Silbererzen, hin und wieder Kupfer- und Kobalterze, häufig Manganverbindungen, Eisenbraunspath und Eisenpecherz enthalten.

Bei Caracoles,[1] in der Wüste Atacama auf bolivianischem Gebiet, sind die oberjurassischen Kalk- und Mergelschichten von Quarzporphyren und dichten Grünsteinen durchbrochen.

Die zahlreichen, 0,5 bis 4 m mächtigen, mit deutlichen Salbändern versehenen und zu besonderen Gangzügen gruppirten Gänge sind hauptsächlich im Porphyr edel. Sie enthalten hier gediegenes Silber, Chlor-, Brom- und Jodsilber. — In den geschichteten Gesteinen tritt zu obigen Erzen noch silberhaltiger Bleiglanz hinzu. — Die Gangarten sind in den verschiedenen Gängen verschieden; — einige enthalten Kalkspath, Gyps, Schwerspath, Hornstein, zersetzten Porphyr, Eisen- und Manganoxydhydrate, andere Quarz und Schwerspath, wieder andere Nebengestein, Kalkspath und Schwerspath und schliesslich finden sich auch solche, die nur Schwerspath enthalten. — Diese letzteren Gänge sind natürlich in den folgenden Typus zu stellen.

Ein enormer Reichthum an Chlor-, Brom- und Jodsilber zeichnet diese Gänge aus; Erze finden sich in dicken Platten, dünnen Blättchen, in Form von Imprägnationen zwischen den Gangarten und auch als krystallinische Ueberzüge auf Klüften.

§ 110. **Typus Halsbrück.** Charakteristik: Gänge die denen des vorigen Typus in allen wesentlichen Stücken gleich sind und sich nur von diesen durch das Vorherrschen des Schwerspaths unterscheiden.

Ebenso wie bei Caracoles (s. oben) erscheinen, in von Porphyren durchbrochenen Jurakalksteinen, an Silbererzen reiche Schwerspathgänge bei Arqueros[2] in der chilesischen Provinz Coquimbo. Zwei von diesen Gängen waren besonders ergiebig; die Corrida de la Descubridora und der Serro blanco. Die Erze sind: Amalgam, gediegenes Silber, Antimonsilber, Chlorsilber, Glaserz, Speisskobalt, Fahlerz, Buntkupfererz und Kupferkies.

Typisch sind die im grauen Gneiss bei Freiberg[3] aufsetzenden, Schwerspath und reiche Silbererze enthaltenden Gänge, unter denen der Halsbrückner Spaat das schönste Beispiel liefert. — Diese zuweilen über 1 m mächtigen Gänge enthalten in symmetrisch angeordneten Lagen: Schwerspath, Bleiglanz, Zinkblende, Kupferkies, Schwefelkies, Flussspath. — In Drusenräumen, welche die Gangmitte einnehmen, sind die oben genannten Mineralien, reiche Silbererze und Carbonspäthe auskrystallisirt.

---

[1] L. Eich, *Berg- u. Hüttenm. Zeitung.* 1871, p. 133.

[2] J. Domeyko, *Berg- u. Hüttenm. Zeitung.* 1842, p. 603 u. 613.

[3] v. Cotta, *Erzlagerstätten* II, p. 8.

Zuweilen finden sich Bruchstücke alter Gangausfüllungen durch jüngere, drusenreiche Krystallisationen derselben Mineralien verkittet.

Die den krystallinischen Schiefern angehörenden Silbererzgänge des Sauberg's[1] bei Ehrenfriedersdorf, welche die dortigen Zinnerzgänge durchsetzen (s. p. 185) führen: Quarz, Schwerspath, Flussspath, Glaserz, Rothgiltigerz und Kupfererze.

Einige Gänge im Gneiss des Münsterthales[2] im südlichen Schwarzwald, z. B. der Teufelsgrunder Gang, enthalten als vorherrschende Gangarten Schwerspath und Flussspath und, neben Bleiglanz und Zinkblende, gediegenes Silber und Rothgiltigerz.

Zwei Gangsysteme, ein von Südwest nach Nordost streichendes, vorherrschend Schwerspath und ein von Süd nach Nord streichendes, vorherrschend Quarz führendes, durchziehen die krystallinischen Schiefer bei Hiendelaencina,[3] 18 Lieues nordöstlich von Madrid. Unter den Schwerspathgängen ist der Santa-Cecilia oder Canto-Blanco der wichtigste. Die Ausfüllung ist weisser Schwerspath mit Glaserzeinschlüssen. Von Gangarten finden sich noch Quarz und Spatheisenstein, von Erzen Freieslebenit, Miargyrit, Rothgiltigerz, auch Bleiglanz und Antimonglanz, gediegenes Silber, Chlor- und Bromsilber.

Durchaus eigenthümlich sind die Lagerstätten des Altai,[4] die in zwei Reviere vertheilt sind; erstens das Revier im westlichen Theil des Altai bei Smeinogorsk (Schlangenberg) und zweitens das nördlich vom Altai liegende Bergrevier Salair.

Die Lagerstätten sind nach v. Cotta sämmtlich Gänge, besonders häufig Lagergänge, welche Zertrümmerungen zeigen, oft unregelmässige Form, bei grosser Mächtigkeit, annehmen und dadurch stockartig werden. — Sie finden sich hauptsächlich im Gebiet der Gesteine des Silur, Devon und des Kohlengebirges, seltener in krystallinischen Schiefern, da, wo alle diese Gesteine von Granit, Porphyr und Grünstein (Augitporphyre) durchbrochen werden, so dass ein genetischer Zusammenhang zwischen den Eruptivgesteinen und den Erzlagerstätten vermuthet werden muss.

Die Hauptmasse besteht aus Schwerspath, Quarz und Schwefelmetallen. — Die letzteren sind am Ausgehenden, bis in grosse Tiefe, zersetzt und in Ochererze verwandelt, die den Hauptgegenstand des Bergbau's ausgemacht haben. Die Erze sind vorwiegend Silbererze, welche

---

1 v. Cotta, *Erzlagerstätten* II, p. 26.

2 v. Cotta, *Erzlagerstätten* II, p. 177.

3 v. Cotta, *Erzlagerstätten* II, p. 443.

4 *Berg- u. Hüttenm. Zeitung*. 1853, p. 138 u. 153. — v. Cotta, *Berg- u. Hüttenm. Zeitung*. 1869, p. 237. — B. v. Cotta, *Der Altai*. Leipzig 1871.

aber immer mit gediegenem Golde, Kupfer-, Blei- und Zinkerzen zusammenbrechen. — In einigen Lagerstätten überwiegen die Kupfererze an Menge.

Die berühmteste Grube des Altai ist die des Schlangenberges bei Smeinogorsk, deren Umgegend aus schiefrigen Gesteinen des Silurs und Devons besteht. Porphyrgänge und Grünsteingänge durchsetzen die Schichten, letztere auch die Lagerstätte, welche parallel der Schichtung liegt, aber höchst unregelmässig stockförmig begrenzt ist. — Das Liegende wird von einem versteinerungsführenden Hornstein, das Hangende von Thonschiefern und Quarziten gebildet. Der Schwerspath ist stark mit Quarz gemengt, und kommen in ihm die Erze lagenweise angehäuft, oder als staubartige Einschlüsse vor, oft so fein, dass der Schwerspath dadurch grau gefärbt ist.

Man kennt am Schlangenberge folgende Mineralien: gediegenes Gold, gediegenes Silber, gediegenes Kupfer, Chlorsilber, Silberglanz, Rothgiltigerz, Miargyrit, Fahlerz, Kupferglanz, Kupferkies, Kupferlasur, Malachit, Bleiglanz, Cerussit, Schwefelkies, Zinkblende, Rothkupfererz, Galmei, Gänseköthigerz, Quarz, Schwerspath, Witherit, Kalksinter.

Die Lagerstätte ist auf eine streichende Länge von etwa 340 m bekannt und besitzt Mächtigkeiten, die zwischen 2 und 95 m schwanken.

Im Montana Territorium[1] (Vereinigte Staaten) bauen die Silbergruben von Flint creek, 10 Miles nördlich von Cable City, auf Lagergängen im Dolomit, der über Quarzit und Granit liegt. — Die Gänge bestehen aus Quarz und Schwerspath, — selten Kalkspath — Rothgiltigerz, Bleiglanz, Silberfahlerz und gediegenem Silber. — Die Erze sind fein eingesprengt und nicht krystallisirt.

§ 111. **Typus Clausthal.** Charakteristik: Gänge in geschichteten Gesteinen verschiedensten Alters, die hauptsächlich silberreichen Bleiglanz, Zinkblende, Kupferkies und Schwefelkies mit Quarz, Kalkspath und Spatheisenstein, in den verschiedensten Mengenverhältnissen, führen. Schwerspath und andere Mineralien treten nur untergeordnet auf.

Schon früher (s. p. 32) ist der Gangtrümmer Erwähnung gethan, die bei Ruosina in den Apuanischen Alpen Talkschiefer durchziehen. Dieselben enthalten Quarz und Schwefelmetalle, unter denen silberhaltiger Bleiglanz eine wichtige Rolle spielt.

Dieselbe Mineralcombination wiederholt sich oft in ausgedehnten Gangspalten, so z. B. in einem Gange der Massaschlucht[2] in Wallis

---

[1] J. L. Kleinschmidt, *Berg- u. Hüttenm. Zeitung.* 1869, p. 98 u. 185.

[2] L. R. Fellenberg, *Neues Jahrb. f. Mineral.* 1868, p. 746. Ref.

(Schweiz), der in 1270 m Meereshöhe Gneiss durchsetzt und in einer quarzigen Gangart silberreichen Bleiglanz, derben Kupferkies und Chlorit enthält.

Im Glimmerschiefer sind bis 2 m mächtige Gänge bei der Stadt Albergaria Velha[1] in Portugal bekannt, die Quarz, Bitterspath, Dolomitspath, Kalkspath, Bleiglanz, Strahlenblende, Kupferkies und Schwefelkies enthalten.

Das untere Niveau der obersten Etage des krystallinischen Schiefergebirges in der Bukowina, bestehend aus Gneiss, Glimmerschiefer, Thon- und Hornblendeschiefer, nebst Kalklagern, besitzt bei Kirlibaba[2] Bleiglanzlagerstätten, die nach v. Cotta Lagergänge sind.

Der Glimmerschiefer umschliesst daselbst eine gegen 80 m mächtige Masse von schwarzem, kohlenreichem Schiefer und in diesem sind, parallel der Schichtung, linsenförmige Lagerstätten eingelagert, die aus Quarz, Bleiglanz mit Spatheisenstein, Zinkblende und etwas Kies zusammengesetzt sind. — Ausserdem findet sich im Glimmerschiefer eine, allerdings nahezu parallel der Schichtung verlaufende Gangspalte, welche dieselben Mineralien wie die Linsen, aber stellenweise mit deutlicher, symmetrisch lagenförmiger Anordnung, enthält. Cotta vermuthet, dass von diesem und ähnlichen Gängen aus, eine Imprägnation der zur Aufnahme der Erze besonders geeigneten schwarzen Schiefer stattfand.

Die Bleiglanzgänge Kupferbergs in Schlesien (s. p. 201) führen Quarz, Bleiglanz und Kupferkies.

Die in silurischen Grauwackenschiefern aufsetzenden Gänge von Poullaouen[3] und Huelgoat unweit Morlaix in der Bretagne haben den Charakter zusammengesetzter Gänge.

Der Gang von Poullaouen erreicht Mächtigkeiten von 50 m und führt als Haupterz silberhaltigen Bleiglanz, etwas Zinkblende, Eisenkies und als Hauptgangart Quarz. Die Erze sind in 80 bis 100 m breiten, unter ungleichen Winkeln in die Tiefe niedersetzenden Erzfällen concentrirt.

Regelmässiger gestaltet und reicher an Mineralien ist der Gang von Huelgoat. Da derselbe stellenweise gediegenes Silber und Chlorsilber in einem rothen, eisenochrigen Ganggestein enthält, könnte man ihn auch zum Typus Bräunsdorf (§ 107) stellen. Jedenfalls ist aber zu Huelgoat silberhaltiger Bleiglanz das Haupterz, und Quarz die Hauptgangart.

---

1 Breithaupt, *Berg- u. Hüttenm. Zeitung.* 1862, p. 73.

2 v. Cotta, *Erzlagerstätten* II, p. 263.

3 v. Cotta, *Erzlagerstätten* II, p. 429.

Silurischen Schichten gehören auch die Quarz-Bleiglanzgänge von Wales,[1] von Mies[2] in Böhmen, von Monte vecchio auf Sardinien etc. an. In diesen Gangrevieren sind schon einige Gänge vorhanden, die durch Schwerspathführung dem folgenden Typus nahe kommen, oder zugehören.

Die Bleiglanzgänge des rheinischen Schiefergebirges liegen in der unterdevonischen Grauwacke von Coblenz, meist parallel, oder nahezu parallel mit der Schichtung, so dass sie als Lagergänge bezeichnet sind.

Ein $7^3/_4$ geographische Meilen langer Gangzug, der bei St. Goar den Rhein überschreitet, ist von Peterswalde bis Holzappel an der Lahn zu verfolgen.

Dieser Gangzug ist bei Holzappel[3] am reichsten, und in Folge davon dort recht genau bekannt. Die Gänge, von 30 bis 60 cm, selten grösserer Mächtigkeit, liegen in der Hauptsache zwischen den Schichten; stellenweise nehmen sie aber ein anderes, meist flacheres Fallen an. — Solche die Schichten durchschneidenden Theile der Gänge nennt der Holzappler Bergmann „Bänke“ oder „söhlige Veränderungen“.

Deutliche Salbänder, zum Theil mit Reibungsflächen, sind den Gängen eigen; neben den Bänken finden aber Ausnahmen statt, indem hier das Nebengestein in eigenthümlichen, wulstförmigen, abgerundeten Vorsprüngen in den Gang hineinragt.

Die Hauptgangart ist Quarz, dem sich noch Hornstein zugesellt.

Von Erzen sind Bleiglanz und Zinkblende am häufigsten; seltener sind Fahlerz, Kupferkies, Spatheisenstein, Schwerspath, Kalkspath, Bitterspath etc.

Die Textur der Gänge ist eine massige; lagenförmige Anordnung der Mineralien ist selten, Drusen kommen kaum vor. Die Erze finden sich in Erzfällen, die unter 14 bis 20° diagonal einschiessen.

Neben den Gangspalten pflegen talkschieferartige Thonschiefer vorzukommen, welche von den Bergleuten „weisses Gebirge“ genannt werden.

Der Emser Gangzug[4] erstreckt sich von Braubach am Rhein über das Lahnthal bei Ems bis nach Dernbach, westlich von Montabaur. — Er ist an eine mächtige Zone von Thonschiefern gebunden, die in der Grauwacke von Coblenz liegt. — Die eigentlichen Hauptgänge, welche nahezu zwischen den Schichten liegen, sind taub. — Die Erzmittel liegen immer auf Querklüften, welche an den Hauptgängen abschneiden.

---

1 v. Cotta, *Erzlagerstätten* II, p. 489.

2 A. Rücker, *Jahrb. d. k. k. geol. Reichsanst.* 1867, p. 211.

3 Bauer, *Karsten's Archiv.* 1840. Bd. 15, p. 137.

4 Bluhme, *Verhandl. d. naturh. Vereins d. preuss. Rheinl. u. Westf.* 24. Jahrg. 1867, p. 104. (Verhandl.)

Quarz, Spatheisenstein, Bleiglanz und Zinkblende sind die Hauptausfüllungsmassen. — Gesäuerte Erze, Weissbleierz, Pyromorphit etc. kommen in prachtvollen Krystallen auf der Grube Friedrichssegen bei Oberlahnstein vor.

Von den vielen Gängen des rheinischen Schiefergebirges, möge hier nur noch der Gang der Bleierz- und Blendegrube Altglück[1] unfern Uckerath, bei dem Dorfe Bennerscheid, im Siegkreis, Regierungsbezirk Cöln, Erwähnung finden.

Der Gang ist eine Trümmerzone (s. p. 33 u. 35), deren Hauptstreichen nur 6° von dem Hauptstreichen der Gebirgsschichten (h 3—4) abweicht. — Das Fallen ist etwa 80° nordwestlich. — Die Mächtigkeit, wegen der unregelmässigen Trümmerbildung nicht genau anzugeben, schwankt zwischen 4, 10, ja 36 m und beträgt im Durchschnitt 8 m.

Die Trümmerzone enthält wesentlich Grauwacken und Grauwackenschiefer, seltener Thonschiefer, der in der Nähe der Erze manchmal als schwarzer Gangthonschiefer ausgebildet ist; — ferner sind Letten und plastische Thone mit Erzkörnern vorhanden.

Die Hauptgangart ist Quarz und soll Kalkspath ganz fehlen, Spatheisenstein aber nur untergeordnet auftreten. Die Haupterze sind Bleiglanz und Zinkblende, — seltener sind Kupferkies und Schwefelkies.

Nach Nordosten zu verläuft sich der Gang in taube Klüfte, gegen Südwest aber, wird er von einem 112 m mächtigen Trachylconglomeratgange abgeschnitten, welcher in einer trachytischen Grundmasse Fragmente von Trachyt, Braunkohlensandstein, Braunkohlen und Blei- und Zinkerzen einschliesst; ein höchst interessantes Vorkommen, das sich an keiner anderen Stelle in den Umgebungen des Siebengebirges wiederholt, obwohl hier an mehreren Orten Erzgänge mit basaltischen und trachytischen Conglomeraten und Tuffen in Berührung kommen.

Typisch sind die berühmten Gänge des nordwestlichen Oberharzes auf dem Plateau von Clausthal,[2] die, mit den Eigenschaften zusammengesetzter Quergänge, als mächtige Verwerfungsspalten die Culmschichten und die Schichten des Devon durchsetzen. — Die Verwerfung des Nebengesteins, (s. p. 36 u. 37) in einer Höhe von etwa 200 m, ist bei Bockswiese (s. Fig. 76) und Lautenthal nachgewiesen, wo die Gangspalten am Liegenden das Devon, am Hangenden Culmschichten haben; sie zeigt sich aber auch

---

[1] Mosler, *Zeitschr. f. d. Berg-, Hütten- u. Salinenw. im preuss. Staat.* Bd. XIII, 1865, p. 229.

[2] v. Groddeck, *Zeitschr. d. d. geol. Gesellsch.* 1866, Bd. 18, p. 693, u. 1877, Bd. 29, p. 440. *Zeitschr. f. d. Berg-, Hütten- u. Salinenwesen im preuss. Staat.* 1873, Bd. 21, p. 1. — B. Rösing, *Zeitschr. f. d. Berg-, Hütten- u. Salinenw. im preuss. Staat.* Bd. 25, 1877, p. 280.

innerhalb der petrographisch sehr monotonen Culmschichten dadurch, dass zu beiden Seiten der Gänge stellenweise verschiedene Gesteine vorkommen. (S. p. 37.)

Die zu Gangzügen gruppirten Gänge bilden ein Strahlensystem, das von dem oberen Kellwasserthal, unterhalb des Brockens, ausläuft und sich nach Westen zu verbreitert. (S. p. 41.)

In diesem System lassen sich drei Hauptgangstrahlen unterscheiden. Der südlichste Strahl, mit einem Generalstreichen in h 7, wird von dem Silbernaaler Zug, vereinigten Burgstädter und Rosenhöfer Zug und dem Schulthaler Zug gebildet.

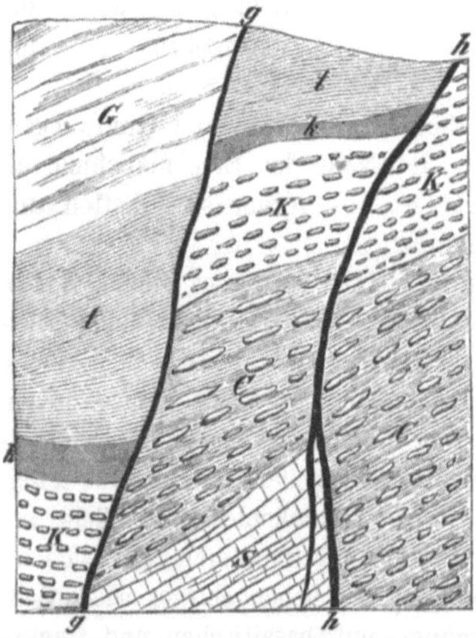

Fig. 76. Profil durch den Johann Friedricher Schacht bei Bockswiese nach v. Groddeck.

S Spiriferensandstein. *C* Calceolaschiefer und Goslarer Schiefer. *K* Kramenzelkalk. *k* Kieselschiefer. *t* Culmthonschiefer. *G* Culmgrauwacke. *h h* Hauptgang. *g g* Grünlindener Gang.

Zu dem mittleren Strahl gehören der Lautenthaler-Hahnenkleer, und der Bockswieser-Festenburger-Schulenberger Zug, die einem Generalstreichen in h 9 folgen.

Der östliche Strahl ist ein bis jetzt nur wenig aufgeschlossener, in h 12 streichender Gang, dessen schon früher (s. p. 37) gedacht ist.

Zwischen und neben diesen Hauptgangstrahlen liegen, besonders reichlich zwischen dem südlichen und mittleren, noch einige andere Gangzüge, unter denen der Zellerfelder Gangzug, der Herzberger Gangzug und der Hütschenthaler-Spiegelthaler Zug genannt werden mögen. Die Erzgänge, welche sämmtlich deutliche Quergänge sind, lenken an zwei tauben Gängen (Faule Ruschel und Charlotter Gang) aus, die nahezu dem Schichtenstreichen (h 3 bis 5) parallel laufen.

Die Gänge, welche meist ein ziemlich scharfes Salband am Liegenden haben, am Hangenden dagegen durch Zertrümmerung mit dem Nebengestein verwachsen sind, erreichen oft die grosse Mächtigkeit von 40 m und mehr; ihr Fallen ist steil nach Süd und Südwest, selten ein nördliches oder östliches.

Die Ausfüllungsmasse ist hauptsächlich Nebengestein, Grauwacke und Thonschiefer, in mehr oder weniger verändertem Zustande, und schwarzer, glänzender Gangthonschiefer. — Zwischen diesen Ganggesteinen liegen die Gangarten und Erze in Form von Imprägnationen und Trümmern; sehr verbreitet sind auch Gangbreccien.

Die Gangarten sind Quarz, Spatheisenstein, Kalkspath und Schwerspath; die Haupterze silberhaltiger Bleiglanz, Zinkblende und Kupferkies. (S. p. 80.)

Diese Mineralien, denen sich hin und wieder noch andere, wie Perlspath, Schwefelkies, Markasit, Fahlerz, Bournonit, Zundererz etc. zugesellen, sind in den Gangräumen sehr ungleich vertheilt. Einige Gänge zeichnen sich durch Vorwiegen quarziger Gangart und Bleiglanz aus (Zellerfelder Hauptgang), andere durch Quarz, Kalkspath, Bleiglanz und Zinkblende (Burgstädter Hauptzug). Stellenweise ist auch neben Kalkspath und Quarz Kupferkies, (Grube Charlotte), oder Zinkblende (Lautenthal) das Haupterz. Nach der Tiefe zu nimmt, in den Bleiglanzmitteln, die Zinkblende gewöhnlich sehr stark zu.

Unter den Gangarten sind Quarz und Spatheisenstein überall verbreitet, Kalkspath und Schwerspath treten dagegen im Grossen gesondert auf und kann man danach eine nordöstliche Kalkspathcombination und eine südwestliche Schwerspathcombination unterscheiden. — Letztere ist nur in den südlichen Gangzügen (Silbernaaler und Rosenhöfer Zug) und in den Gängen westlich von der Innerste zu finden; sie muss dem nächsten Typus zugerechnet werden.

Die Erze sind in Erzmitteln sehr verschiedener Form concentrirt. — Am häufigsten sind nach West einschiessende Erzfälle, seltener Erzsäulen. — Gangkreuze sind in diesem Ganggebiet fast nirgends vorhanden, dagegen Schaarungen sehr gewöhnlich und pflegen da, wo grössere Gänge sich schaaren, die reichsten Erzmittel vorhanden zu sein.

Ein Einfluss des Nebengesteins auf die Erzführung ist nirgends nachzuweisen.

§ 112. **Typus Aveyron.** Charakteristik: Gänge, die denen des vorigen Typus in allen wesentlichen Stücken gleich sind und sich von diesen nur durch das Vorherrschen des Schwerspaths unterscheiden.

Ein für die Erkenntniss der Beziehungen zwischen Erzgängen und Eruptivgesteinen classisches Ganggebiet ist das des Aveyron[1] im südlichen Frankreich, zwischen Lot und Tarn, da in diesem Fournet[2] solche zuerst klar erkannt hat.

Wenn man auch die Theorie Fournet's, nach welcher die Aus-

---

[1] v. Cotta, *Erzlagerstätten* II, p. 411.

[2] Fournet, *Die Erzgänge und ihre Beziehungen zu den Eruptivgesteinen.* Uebersetzt von Cotta, 1846.

füllungsmassen der Erzgänge plutonische (feuerflüssige) Injectionen sein sollen, nicht annehmen kann, so ist doch der von diesem Forscher nachgewiesene genetische Zusammenhang zwischen Gesteinseruptionen und vielen Erzgangbildungen ein unzweifelhafter.

Im Flussgebiet des Aveyron finden sich krystallinische Schiefer, Gneiss, Glimmerschiefer, Talkschiefer etc. von Granit, Diorit, Serpentin und Quarzporphyren durchbrochen.

In den krystallinischen Schiefern, die stellenweise von kleinen Partieen der Steinkohlen-Trias-Jura- und Tertiärformation überlagert sind, finden sich Erzgänge nur in der Nähe der Eruptivgesteine, zum Theil auch in letzteren selbst.

Den Quarzporphyren sind die Blei- und Silbererzgänge, den Amphibolgesteinen und Serpentinen die Kupfererzgänge vorzugsweise coordinirt.

Die Blei- und Silbererzgänge bei Villefranche, Najac, Aspières, Corbières etc. führen als wesentliche Bestandtheile zuckerartigen Quarz, Schwerspath und silberhaltigen Beiglanz, untergeordnet erscheinen Bournonit, Kupferkies, Arsenikkies, Nickel- und Antimonerze und Carbonate.

Die Gänge von Vialas[1] unfern Villefort im Lozère-Departement setzen im Glimmerschiefer auf, der den Granit umgiebt, haben bisweilen 15 m und mehr Mächtigkeit, besitzen Salbänder aus weichen, thonigen Schiefern und enthalten, nebst vielen Glimmerschieferbruchstücken, silberhaltigen Bleiglanz, Eisenkies, Kupferkies, Zinkblende, Schwerspath, Kalkspath und Quarz.

Sehr schön ist dieser Typus in der Sierra Almagrera[2] in Spanien vertreten. Dieses aus Thonschiefer und Glimmerschiefer bestehende Gebirge liegt an der Küste des mittelländischen Meeres, im nordöstlichen Theil der Provinz Almeria, hart an der Grenze der Provinz Murcia. Nur wenige abbauwürdige Gänge treten auf, unter denen aber der Gang Jaroso wegen seines Erzreichthums berühmt ist. Schwerspath, Spatheisenstein, Quarz, — selten Kalkspath — Roth- und Brauneisenstein, silberhaltiger Bleiglanz, Schwefelkies und Kupferkies bilden die Hauptausfüllungsmassen. — Eine prachtvolle, symmetrisch lagenförmige Anordnung der Bestandtheile, und viele schön krystallisirte Mineralien zeichnen den Gang aus.

Einige im Gneiss aufsetzende Gänge des Münsterthales im Schwarzwald, z. B. der Schindlergang, ferner die ebenfalls dem Gneiss

---

1 Marrot, *Neues Jahrb. f. Mineral.* 1824, p. 717. Ref. — J. Strüver, *Neues Jahrb. f. Mineral.* 1871, p. 753. Ref.

2 v. Cotta, *Erzlagerstätten* II, 446. — J. G. Klemm, *Berg- u. Hüttenm. Zeitung.* 1867, p. 383.

angehörenden Gänge des Eulengebirges[1] in Schlesien, und andere, gehören in diesen Typus. Viele dieser Gänge enthalten neben dem Schwerspath viel Flussspath.

Höchst überraschend ist es, Gänge mit Quarz, Flussspath, Schwerspath, Bleiglanz, Fahlerz, Eisenkies in der Kreide, vielleicht sogar in dem Eocän angehörigen Schichten. bei Massetano in Toscana anzutreffen.

§ 113. **Typus Moschellandsberg.** Charakteristik: Zinnober führende Gänge in geschichteten Gesteinen.

Die Quecksilbererzlagerstätten der Pfalz,[2] unter denen die des Landsbergs bei Moschel sehr bekannt sind, werden von unterdyassischen Schiefern, Sandsteinen, Hornsteinen und Conglomeraten, ferner von Melaphyren und Porphyren, die die Schichtgesteine durchbrochen haben, umschlossen. — Es sind Gänge und mit diesen in Verbindung stehende Gesteinsimprägnationen der Art, dass sich mit Erz überzogene Kluftflächen, oder mit Erz erfüllte Adern im Gestein, bald am Hangenden, bald am Liegenden, oder an beiden Seiten der Gänge, bis mehrere Meter weit von den Salbändern der letzteren entfernt, vorfinden. — Merkwürdig genug ist es, dass die Sandsteine und die Porphyre auch an solchen Stellen von Erz imprägnirt sind, die mit ausgeprägten Gangspalten in keinem nachweisbaren Zusammenhang stehen. Nur in der Nähe der Gänge finden sich eigenthümliche, sonst in der Gegend nicht bekannte Thonsteine und Hornsteine, die, da sie in die gewöhnlichen Schieferthone und Sandsteine allmälig übergehen, möglicher Weise Umwandlungsproducte der letzteren, die sich von den Gängen aus bildeten, sind.

Wo sich solche Thonsteine und Hornsteine finden, sind die Gänge nur in ihnen erzführend und vertauben bei dem Uebergang in die gewöhnlichen Gesteine. Letztere sind aber durchaus nicht überall erzleer; Sandsteine und Conglomerate umschliessen viele reiche Erzmittel, während die Schieferthone kein Erz enthalten; die einzige bekannte Ausnahme davon machen die Zinnoberanflüge auf den Fischabdrücken (Amblypterus minutus etc.) in den Schieferthonen bei Münsterappel.

Die Hauptausfüllungsmasse der Gänge ist Letten, in welchem Zinnober fein eingesprengt, in Trümmern, Schnüren, Schaalen, auch in kleinen Drusen krystallisirt, vorkommt. — Von anderen Quecksilbererzen finden sich gediegenes Quecksilber, Amalgam, Quecksilberhornerz, Quecksilbermohr und als Seltenheit (nur auf dem Schwarzen Gange am Landsberg) Quecksilberfahlerz. — Andere metallische Begleiter sind: vor Allen Binarkies und Schwefelkies, letzterer bisweilen silberhaltig, dann Braun-

[1] B. R. Förster, *Neues Jahrb. f. Mineral.* 1865, p. 291.

[2] v. Dechen, *Karsten's Archiv.* Bd. 22, 1848, p. 375.

eisenstein, Rotheisenstein und Eisenglanz, Spatheisenstein, Bleiglanz, Fahlerz, Kupferkies, Grauspiessglanz, Pyrolusit und Psilomelan. Gangarten sind immer nur ganz untergeordnet, in der Regel in ganz dünnen Trümmchen, oder als jüngste Bildung in Drusenräumen und auf Kluftflächen anzutreffen; — bekannt sind Kalkspath, Schwerspath, Quarz, Hornstein, rother und gelber Eisenkiesel, und Chalcedon. — Merkwürdig ist das Auftreten von Erdpech und Asphalt.

Nahe an der Tagesoberfläche sind die Gänge sehr reich gewesen, doch hat sich bald, nach der Tiefe zu, eine bedeutende Erzabnahme gezeigt. — Die Gruben am Potzberg, Stahlberg, Landsberg, Mörsfeld etc. haben daher keine grössere Tiefe als 200 m erreicht.

Die Gänge treten in einzelnen Gruppen auf, die von mehreren, gewöhnlich nahe aneinander liegenden, parallelen Gängen gebildet werden. — Die streichende Ausdehnung ist bei dem Gottesgaber Gang am Landsberg 900 m, bei den Mörsfelder Gängen etwa 400 m, und übersteigt sonst kaum 200 m. Mehrere solcher Gruppen reihen sich auch zu $1^1/_2$ bis 3 Meilen langen Zügen von verschiedener Richtung aneinander.

Ein nachweisbarer Zusammenhang zwischen den Ganggruppen, resp. den Gangzügen und den Eruptivgesteinen ist nicht vorhanden.

In der Californischen Küstenkette sind nach Whitney Kreideschichten von Eruptivgesteinen durchbrochen und metamorphosirt. — In der Nähe grosser Serpentinmassen, oder in letzteren selbst, sind die bedeutendsten Quecksilbererzlagerstätten Californiens[1] gefunden. — Diese sind entweder stockartige Imprägnationen, oder wirkliche Gänge.

Die mit Zinnober imprägnirten Sedimente von Ripa[2] in Modena und Vallalta[3] in den venetianischen Alpen etc. gehören wahrscheinlich auch in diesen Typus.

III. 2. Höhlenfüllungen

und der grösste Theil der

IV. Metamorphischen Lagerstätten.

(S. § 10. p. 11 u. 85.)

Neben den in Kalksteinen oder Dolomiten aufsetzenden Gängen, oder Klüften (Blättern) finden sich oft durch Auswaschung entstandene Hohlräume, in denen sich Mineralien abgesetzt haben. Geeigneten Falls

---

1 J. D. Whitney, *Neues Jahrb. f. Mineral.* 1866, p. 612. Ref. — Sieveking, *Berg- u. Hüttenm. Zeitung.* 1876, p. 45.

2 G. v. Rath, *Zeitschr. d. d. geol. Gesellsch.* Bd. 17, 1865, p. 281.

3 G. v. Rath, *ibid.* Bd. 16, 1864, p. 121.

ist auch gleichzeitig mit der Hohlraumsbildung eine Umwandlung des Gesteins eingetreten.

Die Bildung der Hohlräume, die Füllung derselben, und die Umwandlung der Gesteine sind zwar sehr verschiedene Vorgänge, die sich leicht von einander unterscheiden lassen, da sie aber in der Natur viel häufiger gleichzeitig, wie nach einander stattgefunden haben, so ist es zweckmässig die durch dieselben gebildeten Lagerstätten zusammen zu betrachten. (Vergl. p. 85.)

§ 114. **Typus Rio Cares.** Charakteristik: Mit Kupfer-, Nickel-, Kobalt- und Silbererzen, Quarz, Schwerspath etc. erfüllte Höhlen in Kalksteinen verschiedener Formationen.

Schon früher sind in diesen Typus gehörige Lagerstätten besprochen, so die Kupfererzgänge von Tatatila in Mexico (S. p. 210). Auch die Lagerstätten am Kleinkogl (S. p. 197) tragen, wenigstens zum Theil, den Charakter dieses Typus an sich.

Innerhalb einer sehr dolomitischen, zelligen, dunkel gefärbten Kalksteinbank der Steinkohlenformation Nordspaniens, im Flussgebiet des Rio Cares,[1] (einem Nebenfluss des Deva, nördlich vom Picos de Europa in Asturien) „setzt eine meist schmale Kupfererzader auf, die in gewissen Entfernungen der Richtung und dem Fallen nach, abwechselnd mächtiger wird und sich häufig zu drusenförmigen Höhlen aufthut, deren Wandungen mit Kupfererzen, Malachit, Lasur und etwas Buntkupfererz, in abwechselnder Dicke bedeckt sind. Das Innere dieser Drusen ist theilweise von einer feinen, gelben, dolomitischen Erde erfüllt, und ist es ganz bemerkenswerth, dass in derselben Knochen von Säugethieren (Mammuth) und Vögeln gefunden worden sind.“

Wahrscheinlich innerhalb derselben Schicht, aber $1^1/_2$ km nach Westen, sind neben den Kupfererzen auch Kobalt- und Nickelerze aufgeschlossen (Erdkobalt, Kobaltblüthe, Nickelkies, Nickelocher).

Es macht ganz den Eindruck, als wenn der Metallgehalt ursprünglich in dem Kalkstein abgelagert war und erst in sehr junger Zeit, wie das Vorkommen der Knochen (s. oben) vermuthen lässt, in den Höhlen des Kalksteins abgesetzt wurde.

Der Dolomit des Reveille-Distrikt's[2] in Nevada, etwa 130 Miles südsüdöstlich von Austin, ist von zahllosen, unregelmässig gestalteten, stockförmigen Erzanhäufungen durchschwärmt. — Dieselben bestehen aus weissem, theils dichtem und feinkrystallinischem, theils radialfaserigem Quarz, welcher Silberkupferglanz, Silberglanz, seltener Antimonglanz und

---

[1] W. Köhler, *Berg- u. Hüttenm. Zeitung.* 1877, p. 256.
[2] Ch. A. Stetefeld, *Berg- u. Hüttenm. Zeitung.* 1867, p. 87.

als Zersetzungsproduct gediegenes Silber, Hornsilber und Malachit einschliesst. Merkwürdig ist es, dass sich Schwefelkies, Kupferkies, Zinkblende und Bleiglanz gar nicht finden. Der Dolomit ist von Porphyren und Trachyt durchbrochen, und erklärt sich das Erzvorkommen, wenn man annimmt, dass die in Dolomiten so häufigen Hohlräume, durch bei der Eruption hervorbrechende Mineralquellen, mit Quarz und Erzen erfüllt wurden.

§ 115. **Typus Raibl.** Charakteristik: Die Lagerstätten dieses Typus sind Blei-Zinkerzlagerstätten, welche an Kalksteine oder Dolomite verschiedensten Alters geknüpft sind. Sie enthalten silberarmen Bleiglanz, Schaalenblende (selten grosskrystallinische Zinkblende) und Galmei, meist von Brauneisenstein begleitet, in sehr wechselnden Verhältnissen, bald das eine, bald das andere ausschliesslich oder vorherrschend, oder mehrere im Gemisch. Schwefelkies wird ziemlich häufig angetroffen, Kupferkies und andere Mineralien sind verhältnissmässig selten.

Der Bleiglanz und die Blende finden sich: entweder in Höhlen krustenförmig angewachsen, oder in Form loser Stücke in Letten, oder in Eisenocher eingehüllt, auch in einzelnen, den Kalkschichten parallelen Lagen oder Bänken, besonders nach der Tiefe zu, und schliesslich als Einschluss im Kalkstein in Form von Krystallen, Körnern, Nestern, Trümmern etc. Der Galmei und der Brauneisenstein sind immer pseudomorph nach Kalkstein oder Dolomit.

Die Lagerstätten sind sehr unregelmässig geformt, und können, wie Pošepny, dessen Untersuchungen über Raibl bahnbrechend sind, (s. unten) zuerst gezeigt hat, meist weder zu den Gängen noch zu den Lagern gestellt werden; sie finden sich gern an den Grenzen der Kalksteine gegen Schiefer; manchmal, aber durchaus nicht immer, ist ihr Auftreten an Klüfte gebunden, oder an wirkliche Gänge, oder Höhlen, die die Kalksteine netzförmig durchziehen (England); schliesslich füllen sie nahe der Tagesoberfläche liegende Vertiefungen höckeriger Kalksteine aus und werden dann von jüngeren, tertiären, oder diluvialen Sanden und Thonen bedeckt.

Im krystallinischen Schiefergebirge finden sich hierher gehörige Lagerstätten in dem schon im Alterthum durch seinen Bergbau berühmten Gebirge von Laurion,[1] in der südöstlichen Ecke von Attica. Dasselbe

---

[1] Cordella, *Berg- u. Hüttenm. Zeitung.* 1869, p. 209. Ref. — Baldauf, *ibid.* 1871, p. 318. — Nasse, *Zeitschr. f. d. Berg-, Hütten- u. Salinenw. im preuss. Staat.* Bd. 21, 1873, p. 12.

besteht aus Glimmerschiefer und Urthonschiefer mit mächtigen Einlagerungen von körnigem Kalkstein. Untergeordnet sind Granit, Porphyr und Grünstein. Die Erzlagerstätten verbreiten sich über einen Flächenraum von $4^1/_2$ Quadratmeilen. — Es sind theils Gänge im Schiefer, theils lagerartige Massen an der Grenze des Schiefers gegen den körnigen Kalk, theils unregelmässige, im Kalkstein eingeschlossene Erzstöcke.

Die Hauptmasse ist ein mangan- und zinkreicher Brauneisenstein, mit Einschlüssen von dichtem, gelbem Eisenocher, seltener Spatheisenstein, Rotheisenstein oder Eisenkiesel. Der Brauneisenstein enthält, in Form von Imprägnationen, oder in einzelnen Schnüren und Trümmern, Bleiglanz und Weissbleierz, schwarze und braune Zinkblende und dichten gelbbraunen Galmei eingeschlossen. Von Mineralien sind sonst noch vertreten: Kalkspath, Arragonit, Braunspath, Quarz, Flussspath, Halloysit, Allophan, Mimetesit, Pyromorphit, Kupferkies, Malachit, Kupferlasur, Rothkupfererz, Adamin, Olivenit, Arseniosiderit, Aurichalcit, Nickelblüthe, Pyrolusit, und Psilomelan.

Im Bergwerksdistrikt von Nertschinsk[1] in Ostsibirien werden krystallinische Kalksteine, die in der Nähe von Syenit und Granit mit grauwackenartigen Sandsteinen wechsellagern, von unregelmässigen Gängen durchsetzt, die sich, besonders in der Nähe der Contactflächen der Gesteine, zu unregelmässigen, stockartigen Ausweitungen gestalten. — Die Ausfüllung ist mehr oder weniger poröser Quarz, Kalkspath und Brauneisenstein, in denen Bleiglanz, Fahlerz, Molybdänglanz, Schwefelkies, Kupferkies und Zinkblende eingeschlossen sind.

Der in Thonschiefern, Talk- und Chloritschiefern eingelagerte Dolomit der Sierra de Gador[2], unfern Almeria an der Südküste Spaniens, enthält Bleiglanz in Nestern, Butzen und parallel der Schichtung liegenden Lagerstätten. Der Bleiglanz ist gewöhnlich in einem gelben Lehm eingeschlossen.

Auch die von v. Cotta beschriebene Bleiglanz-Galmeilagerstätte von Ruszkitza[3] im Banat dürfte hierher gehören.

§ 116. Fortsetzung: **Typus Raibl.**

Grossartig sind die Lagerstätten dieses Typus in der sogenannten Bleiglanzregion am oberen Mississippi[4] vertreten; — sie sind in einem ca. 75 m mächtigen Dolomit entwickelt, der der untersilurischen Trentongruppe angehört und verbreiten sich über einen

---

[1] Pischke, *Neues Jahrb. f. Mineral.* 1876, p. 898.

[2] Hausmann, *Berg- u. Hüttenm. Zeitung.* 1850, p. 83, 102.

[3] v. Cotta, *Erzlagerstätten* II, p. 284.

[4] J. D. Whitney, *Rep. of a geol. Survey of the Upper Mississippi Lead Region. Albany.* 1862. — *Berg- u. Hüttenm. Zeitung.* 1863, p. 310. Ref.

Flächenraum von 140 geographischen Quadratmeilen innerhalb der Staaten Wisconsin, Illinois und Jowa.

Die Lagerstätten sind unregelmässig vertheilte und gestaltete Kluft- und Höhlenausfüllungen im Dolomit. (S. Fig. 77.) Whitney unterscheidet:

1. Flats; das sind schmale, etwa 7 cm breite, verticale Spalten von geringer Ausdehnung, welche, ohne alle Gangarten, ohne Bestege, oder Ablösungen, mit reinem Bleiglanz gefüllt sind. — Neben diesen Spalten ist das Gestein gar nicht zersetzt. — Tritt ausnahmsweise Zersetzung ein, so findet sich neben dem Bleiglanz, Lehm und Kalkspath, aber nie Quarz.

2. Crevice-openings; das sind locale Erweiterungen der flats, — bis mindestens 30 cm, — welche mit in Lehm eingehülltem Bleiglanz erfüllt sind. Grössere Erweiterungen, bis 6 m weit und 30 m lang, die nur in den oberen Niveau's des Dolomits gefunden sind, werden pocket-openings oder cave-openings genannt. — Von denselben laufen oft gangartige Räume aus (chimneys), in denen Bleiglanzstalactiten vorkommen.

Fig. 77. Höhlenfüllung im Dolomit am oberen Mississippi nach Whitney. c Bleiglanz. d Kalksinter.

3. Flat sheets; so heissen grössere, hauptsächlich in dem unteren Niveau vorkommende Hohlräume, die ausser Bleiglanz noch Zinkblende, Schwefelkies, Kalkspath und Schwerspath führen. In diesen Hohlräumen zeigen die Mineralien oft eine lagenförmige Anordnung und ist der Boden derselben mit Gesteinsdetritus bedeckt, der Erzstücke einschliesst.

Die Lagerstätten liegen in parallelen Richtungen nebeneinander angeordnet und hat Whitney danach 30 verschiedene Ganggruppen unterschieden.

Das Haupterz ist ein sehr reiner, silberarmer (0,001 bis 0,002 %) Bleiglanz, der vorwiegend in Würfeln krystallisirt. Er wird manchmal von etwas Zinkblende begleitet, die stets mit Zinkspath zusammen vorkommt; — letzterer wird wegen seiner zelligen, knochenartigen Textur von den Bergleuten „dry-bone“ genannt. — Schwefelkies und Kupferkies sind selten. — Brauneisenstein pflegt der stete Begleiter der Blei- und Zinkerze zu sein. — Kalkspath und Schwerspath finden sich untergeordnet. — Auffallend ist das Fehlen des Quarzes und aller Verbindungen des Blei's mit Arsenik und Phosphor.

Maassgebend für das Verständniss der Bildung dieser Lagerstätten ist der Fund von, durch grobkrystallinischen Bleiglanz verkitteten und inkrustirten Elephantenknochen, die sich in zu Tage ausgehenden Gangspalten gefunden haben. —

Die untersilurischen Kalksteine Nordamerikas enthalten noch an vielen anderen Stellen Bleiglanz- und Galmeilagerstätten, die dem Typus Raibl angehören, so in Missouri[1] und Arkansas, in Pennsylvanien[2] und Virginien.[3]

Ebenfalls in silurischen Kalksteinen liegen die Blei- und Zinkerzlagerstätten der Insel Sardinien,[4] die am grossartigsten am Monte poni bei Iglesias entwickelt und ausgebeutet sind. — Bleiglanz erfüllt zwischen den Schichten liegende Räume und berührt dabei entweder unmittelbar den Kalk, oder ist von demselben durch Eisenoxyd und Thon getrennt. — Der Galmei, der sich nicht mit dem Bleiglanz zusammen vorfindet, bildet einzelne, stockförmige Massen im Kalkstein und zeigt deutlich, dass er eine Pseudomorphose nach letzterem ist.

Jüngeres Alter, und zwar ein mitteldevonisches, haben die Muttergesteine der Lagerstätten zwischen Brilon und Iserlohn in Westfalen.

Bei Brilon[5] sind die devonischen Kalksteine von sehr unregelmässig verlaufenden Klüften durchzogen, die sich local erweitern, mit Letten erfüllt sind und in diesem Galmei, Bleiglanz (Glasurerze), Schaalenblende und Schwefelkies einschliessen. — Letzterer ist sehr gewöhnlich in Brauneisenstein umgewandelt.

Ganz analog ist das Vorkommen von Iserlohn,[6] wo die reichsten Erze überall an der Grenze des Eifler Kalksteins gegen die darunter liegenden Lenneschiefer auftreten. — Der Galmei mit Bleiglanz, Schaalenblende, Schwefelkies und Kalkspath tritt, in Lehm und Thon eingebettet, in unregelmässig verlaufenden Klüften des Kalksteins auf, die sowohl parallel der Schichtung, als auch senkrecht

---

1 Kleinschmidt, *Berg- u, Hüttenm. Zeitung.* 1867, p. 269.

2 *Berg- u. Hüttenm. Zeitung.* 1872, p. 51.

3 H. Credner, *Zeitschr. d. d. geol. Gesellsch.* 1866, p. 85.

4 Sella, *Zeitschr. f. d. Berg-, Hütten- u. Salinenwesen im preuss. Staat.* 1872, Bd. 20, p. 24.

5 Castendyck, *Berg- u. Hüttenm. Zeitung.* 1850, p. 689.

6 Trainer, *Verhandl. d. naturh. Vereins d. preuss. Rheinl. u. Westf.* 1860, p. 261. — Gallus, *ibid.* 1871, p. 63. (Correspond.)

dazu geöffnet sind und einen netzförmigen Verlauf besitzen. — Auch in isolirten Nestern, mitten im Kalkstein, finden sich die Erze. — Die Dimensionen der Lagerstätten sind sehr verschieden; sie erreichen wohl 14 bis 22 m Mächtigkeit und halten im Streichen 80 bis 100 m aus. Dass der Galmei hier wirklich eine Pseudomorphose nach Kalkstein ist, wird durch das Vorkommen von in Galmei umgewandelten Versteinerungen des Kalksteins evident bewiesen, ebenso durch Pseudomorphosen von Galmei nach Kalkspath. Höchst interessant ist es nun, dass in der Tiefe die Zinkblende überhand nimmt und hier eine ähnliche Rolle wie der Galmei spielt, nämlich als Versteinerungsmaterial von Korallen und in Pseudomorphosen nach Kalkspath gefunden wird.

Charakteristisch sind die abgerundeten Formen des Kalksteins neben den Lagerstätten; nirgends ist eine scharfe Gesteinsecke oder Kante zu bemerken; auch Kalksteinblöcke oder Stücke, die in den Letten liegen, haben rundliche Formen. Die Oberfläche des Gesteins ist mürbe, wie angefressen, doch setzt dieser Zustand nicht tief hinein, denn nahe unter der Oberfläche ist das Gestein gesund und unverändert. Alle diese Erscheinungen weisen auf die lösende und auswaschende Thätigkeit von Flüssigkeiten hin.

Genau so wie das Wasser in Spalten und Klüften der Kalksteine wirkte, hat es auch an der Tagesoberfläche, oder wo jüngere, lockere Gesteinsmassen den Kalkstein bedeckten, gearbeitet.

Sehr häufig wird der oberflächlich buckelig und höckerig ausgewaschene Eifler Kalk von wenig mächtigen, tertiären Letten, Thonen und Sanden bedeckt. — An der Grenze beider Formationen, z. Th. unmittelbar über dem Kalkstein und sich auch in die Klüfte des letzteren fortsetzend, z. Th. ganz von Letten eingehüllt, treten die Erze, — Galmei, Schaalenblende, Bleiglanz, Schwefelkies, — auf.

Bei Bergisch-Gladbach[1] sind die Wände von trichterförmigen Vertiefungen des Kalksteins mit Galmei, der hin und wieder Bleiglanz eingesprengt enthält, stellenweise bis 1,5 m dick bedeckt. Die Trichter, welche von der Tagesoberfläche an gerechnet, bis 22 m tief niedersetzen, werden von grauen, plastischen, oligocänen Thonen erfüllt, welche Braunkohlen, und nahe der Kalkgrenze, Stücke von Schaalenblende, Bleiglanz und Schwefelkies enthalten. — Diese Stücke sind in förmlichen Schichten von 25 bis 30 cm Mächtigkeit, die auch Braunkohlen enthalten, abgelagert. — Nicht zu übersehen ist es, dass sich bei Bergisch-Gladbach an der Scheide von Kalkstein und Letten eine bis 5 cm mächtige Gypskruste gefunden hat.

---

[1] Huene, *Zeitschr. d. d. geol. Gesellsch.* 1852, Bd. IV, p. 571.

Zwischen Aachen[1] und Philippeville in Belgien liegen, in einer Erstreckung von etwa 20 Meilen, im oberdevonischen Kalk, und besonders häufig im Kohlenkalk, sehr viele Blei-Zinkerzlagerstätten. — M. Braun unterscheidet unter denselben: Gänge, Contactlagerstätten (Lager oder Flötze) und Nester, hebt aber hervor, dass dieselben, so verschieden auch ihre Form und ihre Lage zum Nebengestein sein mag, doch eine Menge von Eigenschaften zeigen, die auf eine gemeinschaftliche Bildungsweise hindeuten. So haben z. B. alle wesentlich dieselbe mineralogische Zusammensetzung: Galmei, Schaalenblende, Bleiglanz, Schwefelkies und Thon. — Sehr charakteristisch sind grössere oder kleinere, concentrisch schaalige Nieren von Schaalenblende mit Bleiglanz, die in thonigen Massen eingelagert sind. — Die Contactlagerstätten, — das sind solche, die sich an den Grenzen von devonischem Kalk oder Kohlenkalk mit devonischen Schiefern oder Kohlenschiefern finden, — und die Nester sind an die Nähe von Erzgängen, oder wenigstens deutlicher Klüfte gebunden, neben denen die Gesteine verworfen sind. Diese Gänge und Klüfte können als die Zuführungscanäle des Erzmaterials angesehen werden.

Die Gänge sind, wenn sie sich genügend weit verfolgen lassen, im Steinkohlengebirge, in Grauwacken und Schiefern, taube Klüfte und nur im Kalkstein als zum Theil reiche Bleiglanz- und Blendegänge entwickelt. Ein schönes Beispiel liefern die Gänge des Breiniger Berg's bei Stolberg, von denen einer in der nahen Steinkohlenmulde des Indereviers als Verwerfungskluft, unter dem Namen „Münstergewand," bekannt ist. (S. p. 19.)

Besonders zahlreich sind die Contactlagerstätten. Zu ihnen gehören die Lagerstätten de la Mallune et du dos bei Engis unweit Lüttich, das Lager von Welkenrädt im Concessionsfelde des Altenberges bei Aachen etc.

Das Lager von Welkenrädt (s. Fig. 78 I, II und III) ist zwischen Kohlenschiefer und Kohlenkalk auf mehr als 240 m streichende Länge ausgedehnt. Es fällt wie die Nebengesteinsschichten sehr steil ein und macht alle Einbuchtungen, Faltungen etc. der letzteren mit. — Die liegende Partiee der Lagerstätte, die an den Kalk angrenzt, ist entweder derber, drusiger, blättriger, schaaliger oder erdiger Galmei, der in oberen Teufen eisenschüssig wird und in Eisenstein übergeht, oder eine Lettenmasse mit Einschlüssen von Brauneisenstein. Die hangende Partiee, an den Schiefer sich anlehnend, wird von einem schwarzen Thon gebildet, der Nieren und Trümmer von Schwefelmetallen, — Schaalenblende, Bleiglanz und Schwefelkies — ent-

[1] M. Braun, *Zeitschr. d. d. geol. Gesellsch.* 1857, Bd. 9, p. 354.

hält. — Diese hangende Schwefelmetallzone setzt übrigens sehr viel weiter fort als die liegende Galmeizone; sie ist als das Liegende des Steinkohlengebirges auf 2000 bis 2400 m Länge bekannt, und wohl als ein flötzförmiges Vorkommen anzusehen (s. p. 104).

Flötzartig dürfte auch die Lagerstätte bei Philippeville in Belgien sein. — Eine devonische Kalkschicht wird da, wo sie an Thonschiefer grenzt, auf $^1/_2$ Meile streichende Länge, etwa 2 m mächtig, erzführend gefunden. — Bleiglanz und Zinkblende sind die Erze, welche als Einschlüsse im Kalkstein erscheinen. — Interessant sind rothe im Kalkstein eingesprengte Zinkblendekrystalle und krystallinische Körner, die, bei oberflächlicher Betrachtung, den Eindruck von Granaten machen. (S. p. 68.)

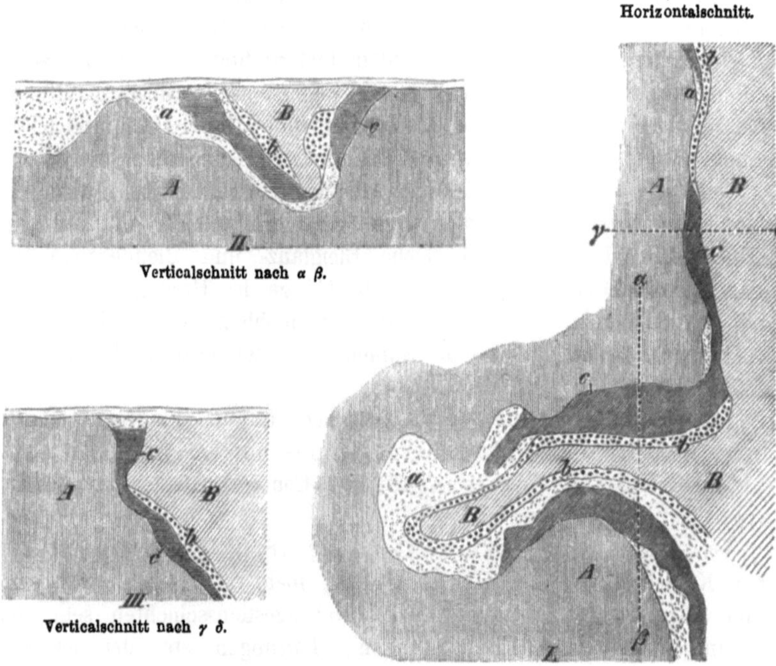

Fig. 78. Die Lagerstätte von Welkenraedt nach M. Braun.
A Kalk. *B* Schiefer. *a* Letten mit Eisenstein. *b* Schiefer mit Bleiglanz. *c* Galmei.

Die Lagerstätte des Altenberges (vielle-montagne — Kelmisberg) gehört einer schmalen, zwischen devonischen Schiefern eingekeilten Kohlenkalkmulde an. Das Gestein dieser Mulde ist Dolomit, in welchem sich höchst unregelmässig geformte Massen von Galmei und Letten eingeschlossen finden. (S. Fig. 79 I, II, III, IV, V und VI.) Um einen Begriff von der Ausdehnung der Erzmassen zu geben, sei angeführt, dass die nördlichste derselben einen Kubicinhalt von 340000 Cubicmetern besass und eine Förderung von 20000000 Centner Galmei geliefert hat. Der Galmei besteht vorherrschend aus Kieselzinkerz mit Zinkspath und stellenweise

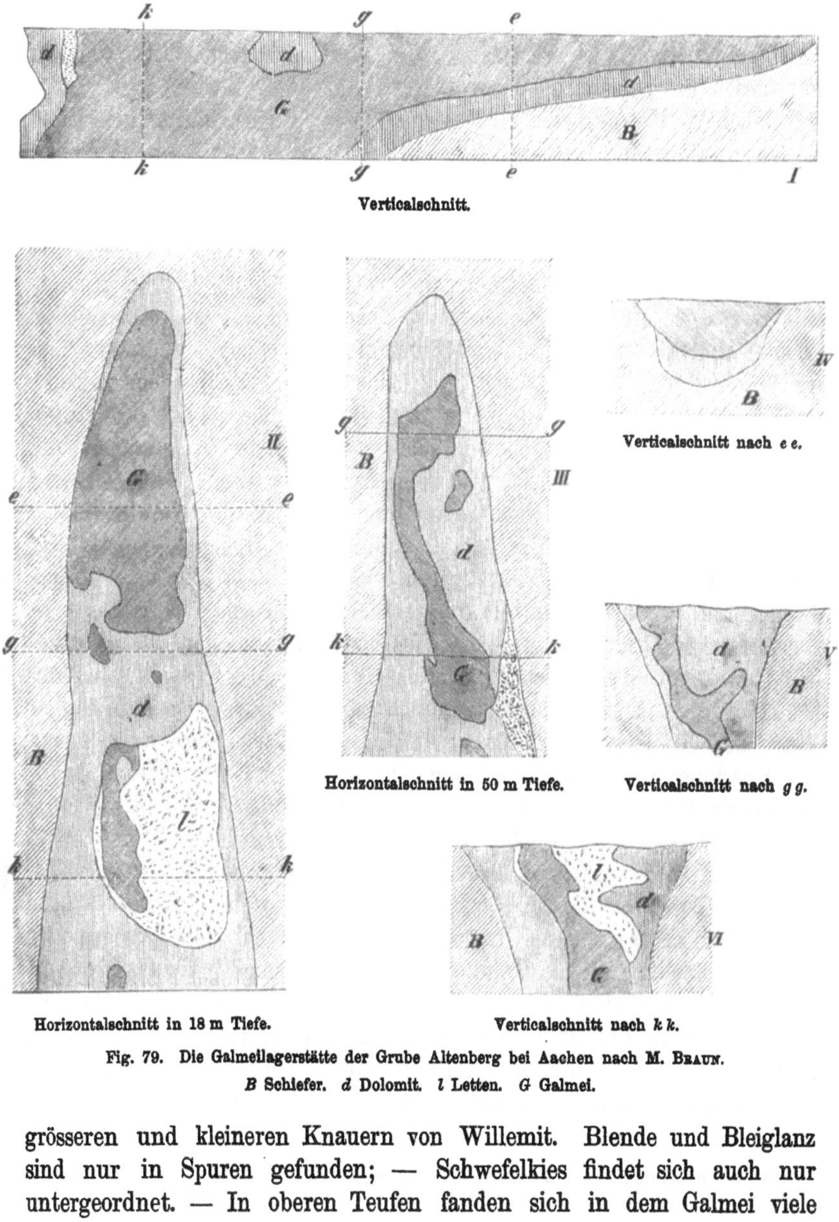

Fig. 79. Die Galmeilagerstätte der Grube Altenberg bei Aachen nach M. BRAUN.
B Schiefer. *d* Dolomit. *l* Letten. *G* Galmei.

grösseren und kleineren Knauern von Willemit. Blende und Bleiglanz sind nur in Spuren gefunden; — Schwefelkies findet sich auch nur untergeordnet. — In oberen Teufen fanden sich in dem Galmei viele

Drusen mit schönen Krystallen, wie Zinkspath, Kieselzinkerz, Eisenzinkspath, Kalkspath, Willemit etc.

Erznester erscheinen in den Umgebungen von Stolberg, Altenberg, Corphalie, Engis etc. sowohl im devonischen Kalk, als auch im Kohlenkalk, recht häufig, nie in den sandigen, thonigen Gesteinen, — aber meist nur in der Nähe der Gänge, oder der Contactlagerstätten und oft mit diesen im directen Zusammenhang.

Nach W. Köhler sind im Kohlenkalk der östlichen Hälfte der Picos de Europa, in den Districten von Andara und Aliva,[1] im nördlichen Spanien, sehr ausgedehnte Galmeilagerstätten vorhanden. In einer Breite von etwa 2 km und auf bedeutende streichende Länge, ist der Kohlenkalk von parallelen Spalten durchzogen, die sich stockartig erweitern und vielfach durch Querspalten verbunden sind. — Der Kohlenkalk ist in der Nähe der Lagerstätten dolomitisirt. Recht auffallend ist es, dass die Spalten nicht überall Erze führen, sondern stellenweise leer sind, selbst da, wo sie sich zu höhlenartigen Weitungen aufthun. Galmei von sehr verschiedenen Aussehn bildet die Masse der Lagerstätten. — Theils ist es weisser, dichter Galmei, der in traubigen und stalactitischen Formen bricht, theils derber, grauer Galmei, der sich nur durch eigenthümliche flaserige Textur und seine Schwere vom Kalkstein unterscheidet. Ein dunkler, zelliger Galmei, mit Blendeknollen in der Mitte, tritt da auf, wo die Gangspalten viel Zinkblende führen. — Einige durch Eisen braun gefärbte Sorten enthalten Malachit. Interessant ist es, dass hier Zinnober und rothes Bleioxyd als accessorische Bestandtheile auftreten. Es ist schon angeführt, dass manche Gangspalten Zinkblende führen. Dieselbe durchtrümmert auch in höchst unregelmässiger Weise den Kohlenkalk und findet sich in ihm in einzelnen Knollen von von Haselnuss- bis Kopfgrösse eingeschlossen. — In der Grube Banco sinnombre bei Andara liegen in einem zähen Thon Blendeknollen, die an ihrer Oberfläche deutliche Krystalle (Rhombendodekaeder mit abgerundeten Kanten) erkennen lassen. (S. p. 71.) Alles scheint anzudeuten, dass der Galmei in diesem Revier aus Blende entstand. Dass übrigens der Galmei als secundäres Erzeugniss sich noch jetzt bildet, zeigen mit Galmeikrusten überzogene Gezähe, die in alten Bauen gefunden wurden.

Der Kohlenkalk Englands (metalliferous limestone) ist in Derbyshire und Cumberland[2] von vielen netzförmig verlaufenden Spalten durchzogen, deren Verlauf de la Bèche durch beistehendes ideales Bild (Fig. 80) zu versinnlichen gesucht hat.

---

1 W. Köhler, *Berg- u. Hüttenm. Zeitung.* 1877, p. 217.

2 v. Cotta, *Erzlagerstätten* II, p. 494.

Die echten Quergänge, die bergmännisch wichtigsten Lagerstätten, heissen rake veins. Von diesen Quergängen aus ziehen sich, parallel der Schichtung verlaufende, langgezogene, unregelmässig gestaltete, mit Erzen und Gangarten erfüllte Hohlräume in das Gestein hinein, die pipe-veins genannt werden.

Als flat veins bezeichnet man schmale, wenig mächtige Ausfüllungen von Schichtungsklüften, die, also ebenso wie die pipe veins, Lagergänge sind. — Sämmtliche Räume, sowohl die parallel der Schichtung verlaufenden, als auch die die Schichtung durchschneidenden, sind mit denselben Mineralien erfüllt, ja es finden sich diese Mineralien auch in allerhand schmalen Querklüften, die den Namen skrins erhalten haben. — Man sieht also, dass die Erze des metalliferous limestone nicht ursprünglich mit dem Gestein gebildet sind, sondern erst später in das zerklüftete Gestein geführt wurden.

Das Haupterz der Gangräume ist Bleiglanz, dem sich nur selten Zinkblende und Kiese zugesellen. — Die Gangarten sind Flussspath, Kalkspath und Schwerspath. — Quarz ist selten.

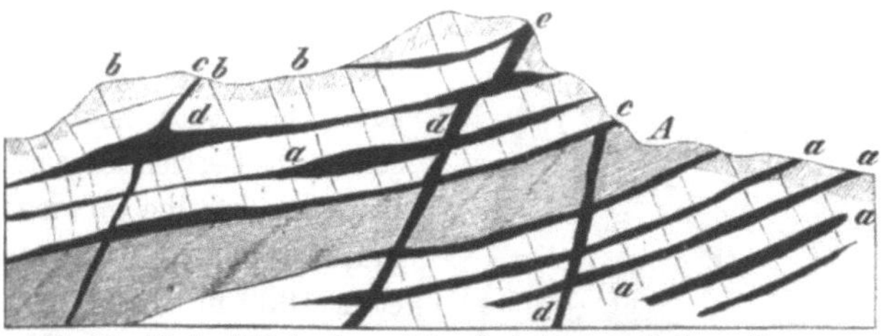

Fig. 80. Ideales Bild der Lagerstätten Derbyshire's nach De la Beche.
A Trapp (toadstone). *b* skrins. *c* rake veins. *d* pipe veins. *a* flat veins.

Als Ganggesteine finden sich mergelige, sandige und conglomeratische Massen (dowky), in denen Ch. Moore nicht nur Versteinerungen des Kohlenkalks, sondern auch solche der rhätischen Formation und des Lias entdeckte (s. § 151). Zwischen den Kohlenkalkschichten liegen z. Th. mandelsteinartige Grünsteine (toadstone), von denen es zweifelhaft ist, ob sie Decken oder intrusive Lager sind. — Diese Grünsteine werden dadurch interessant, dass sich in ihnen die 1 bis 5 cm mächtigen Gänge zu tauben, schmalen Klüften zerschlagen. Ein Einfluss des Nebengesteins auf die Erzführung der Gänge soll sich auch innerhalb der Kalkschichten selbst bemerkbar gemacht haben.

Zechsteinkalke und Zechsteindolomite, die eine grosse Zahl technisch wichtiger Eisenerzlagerstätten beherbergen (s. § 119), zeichnen sich nur selten durch Blei- und Zinkerze aus. — Als Beispiel sei angeführt, dass der meist ungeschichtete, zellige, kieselig-dolomitische Zechsteinkalk des

Rochusberges[1] bei Ibbenbühren Eisenstein-, Galmei- und Bleiglanzlagerstätten mit mannigfachen Beimengungen von Kupferkies, Malachit, Schwefelkies, Quarz und Schwerspath enthält.

§ 117. Fortsetzung des **Typus Raibl.** Einen grossen Reichthum an sehr bedeutenden Blei- und Zinkerzlagerstätten beherbergen die Kalksteine der Triasformation. — Vor Allem interessirt das alpine Vorkommen. — Am besten gekannt, durch die vortrefflichen Schilderungen F. POŠEPNY's, sind die Lagerstätten von Raibl[2] in Kärnthen. Daselbst liegen in concordanter Lagerung, mit flach südlichem Einfallen, folgende, zur oberen Trias gehörige Schichten übereinander: zu unterst die Tuffe von Kaltwasser, darüber der erzführende Kalkstein, dessen Hangendes die Raibler Schichten sind, und über letzteren der Hauptdolomit. Diese Schichten werden von nordsüdlich streichenden Klüften (Blätter) um etwa 40 bis 60 m verworfen. Neben diesen Verwerfungsklüften, die sich übrigens am Tage durch Thalbildungen, sogenannte Klamme, kennzeichnen, liegen die Erze im erzführenden Kalkstein und zwar in grösster Masse in der hangendsten Partie, nahe der Auflagerungsfläche der schiefrigen Raibler Schichten, zum Theil auch noch in letzteren selbst. Die Bezeichnung erzführender Kalkstein ist eine vorwiegend stratigraphische, denn es wird dieser etwa 1000 m mächtige Schichtencomplex ausser von Kalksteinen, auch von Kalkschiefern, Dolomiten und Dolomitschiefern gebildet. — Die das Hangende des erzführenden Kalksteins bildenden Raibler Schichten (Hangendschiefer) bestehen aus Mergelschiefer und Schieferthon.

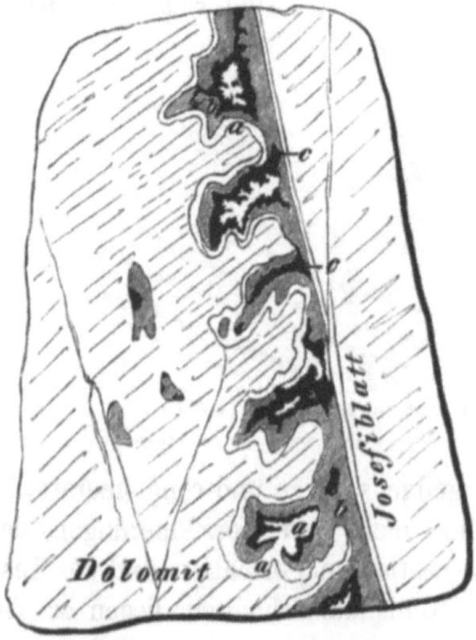

Fig. 81. Höhlenfüllungen in Raibl nach F. POŠEPNY. *a* Dolomitspath. *b* Blende. *c* Bleiglanz.

Die Bleiglanzblendelagerstätten treten von den Galmeilagerstätten bei Raibl räumlich getrennt auf; die ersteren im Dolomit nahe den Hangendschiefern, die letzteren im Kalkstein in einem etwas tieferen Niveau.

Die Bleiglanzblendelagerstätten sind deutliche Hohlraumsfüllungen im Dolomit und in den dolomitischen Schiefern. — Die Hohlräume, theils

[1] DRASSDO, *Berg- u. Hüttenm. Zeitung.* 1866, p. 32.

[2] F. POŠEPNY, *Jahrb. d. k. k. geol. Reichsanst.* 1873, Bd. 23, p. 317.

dicht neben den Blättern liegend (s. Fig. 81), theils weiter von ihnen entfernt, haben sehr unregelmässige Formen. Sie enthalten aber immer krystallinischen Bleiglanz, Schaalenblende, Eisenkies und Dolomit in concentrisch krustenförmigen, den Hohlraumswänden parallelen Absätzen. Der Dolomit, der in einzelnen Lagen zwischen Bleiglanz und Schaalenblende vorkommt, pflegt am häufigsten als jüngste Bildung die Mitte des Hohlraums einzunehmen, doch kennt man auch Fälle, bei denen Blendeabsätze den Schluss machen. Schwerspath ist selten, bildet nie ganze Lagen, sondern nur einzelne Krystallaggregate in Dolomitdrusen. — Da wo Zersetzungen stattfanden, stellen sich Kalkspath, Zinkspath und Weissbleierz ein. Ein hohes Interesse beanspruchen die von F. Pošepny sehr genau beschriebenen stalactitischen Bildungen von Bleiglanz und Blende (Röhrenerze, s. p. 66), weil dieselben die Füllung der Hohlräume durch Circulation metallischer Lösungen sehr befriedigend beweisen.

Fig. 82. Galmeivorkommen in Raibl nach F. Pošepny.

Grundverschieden sind die Galmeilagerstätten. Nichts deutet bei diesen auf Hohlraumsfüllungen, sondern Alles auf Pseudomorphose nach Kalkstein. — Die Umwandlung folgt den Klüften (s. Fig. 82), greift von diesen aus mehr oder weniger tief in das Gestein, so dass letzteres entweder ganz verdrängt wird, oder in Form von Gesteinskernen in der Erzmasse zurückbleibt. — Gewisse Eigenthümlichkeiten der Structur der Kalksteine erkennt man an dem Galmei wieder, so z. B. die Zellenstructur. Pošepny nennt Kalksteine, welche diese Structur besitzen, Rauchwacken und bemerkt, dass diese in der Nähe der Galmeilagerstätten sehr häufig sind. — Die Rauchwacken bestehen aus einem Skelett dünner, ebenflächiger Kalkwände, zwischen denen der Kalkstein zum Theil, oder ganz weggelöst ist, oder auch in Form von Brocken oder Staub eingeschlossen liegt. — Die Kalkwände sind nichts Anderes, als die schwer zerstörbare Ausfüllungsmasse eines Kluftsystems in einem leichter zerstörbaren Kalkstein. — Diese auffallende Structur ist manchem cavernösen Galmei eigen (s. Fig. 83), so dass kein Zweifel über seine Bildungsweise herrschen kann. — Die Zellenwände der Rauchwacken sind in Galmei verwandelt und mit traubigen Galmeigebilden bedeckt, die Hohlräume mit einem zinkhaltigen, erdigen Brauneisenstein (Moth genannt) erfüllt.

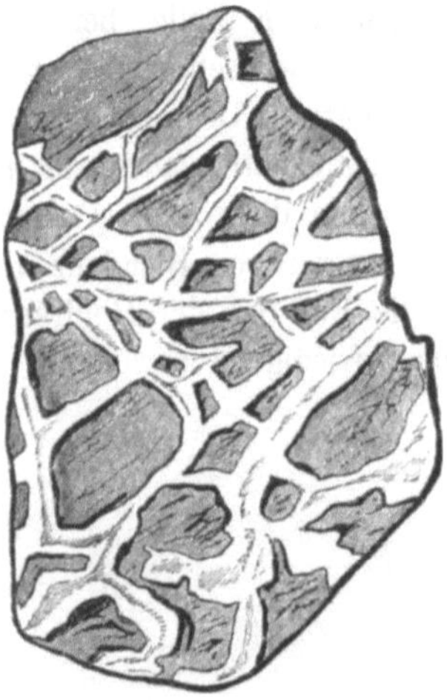

Fig. 83. Zellengalmei von Raibl nach F. Pošepny.

Der Galmei besteht in Raibl vorherrschend aus Zinkspath (rother Galmei), seltener aus Zinkblüthe (weisser Galmei); Kieselzinkerz ist am seltensten. — Beimengungen von Eisenoxydhydraten und Manganoxydhydrat trifft man überall, und geht durch Ueberhandnehmen des Eisens der Galmei in Brauneisenstein über, der die Lagerstätte an ihrem Ausgehenden charakterisirt. — Erdige Massen von zink- und manganhaltigem Eisenoxydhydrat (schwarzer, rother und gelber Moth genannt) und fette, ochrige, gelbe, grünliche, oder braune Thone füllen die verschieden gestalteten Hohlräume zwischen dem cavernösen Galmei.

Zwei Züge von Blei-Zinkerzlagerstätten, die den Raibler analog ausgebildet scheinen und ebenfalls Triaskalksteinen angehören, sind in den Alpen bekannt und werden diese von Pošepny (l. c.) unter Beifügung der Literaturangaben besprochen. Der eine Zug gehört den Südalpen an; er läuft in einer Länge von etwa 30 Meilen durch Kärnthen, Steiermark, Krain und Kroatien und gehören ihm die Bergbaue von Greifenburg, Deutsch-Bleiberg, Villach, Klagenfurth etc. an. — Der andere Zug erscheint in den Nordalpen, im bayrisch-tyroler Grenzgebirge und ist hier auf 12 Meilen Länge über Nassereit, Innsbruck etc. zu verfolgen.

In Oberschlesien[1] und dem angrenzenden Polen sind es nicht, wie in den Alpen, die der oberen Trias (Keuper) angehörenden Kalke, sondern Schichten des unteren Muschelkalks, welche die Blei-Zinkerzlagerstätten beherbergen.

---

[1] Krug v. Nidda, *Zeitschr. d. d. geol. Gesellsch.* Bd. 2, 1850, p. 206. — v. Carnall, *Zeitschr. f. d. Berg-, Hütten- u. Salinenw. im preuss. Staat.* Bd. 1, 1853, p. 3. — Websky, *Zeitschr. d. d. geol. Gesellsch.* Bd. 9, 1857, p. 7. — Runge u. F. Roemer, *Geologie von Oberschlesien.* 1870, p. 545 u. 556. — Pietsch, *Zeitschr. f. d. Berg-, Hütten- u. Salinenw. im preuss. Staat.* Bd. 21, 1873, p. 292.

Im unteren Muschelkalk Oberschlesiens hat man drei Niveaus unterschieden, von denen aber nur das mittlere erzführend ist, welches von dem Sohlenkalkstein, oder Blausohlenstein und einer darüber liegenden

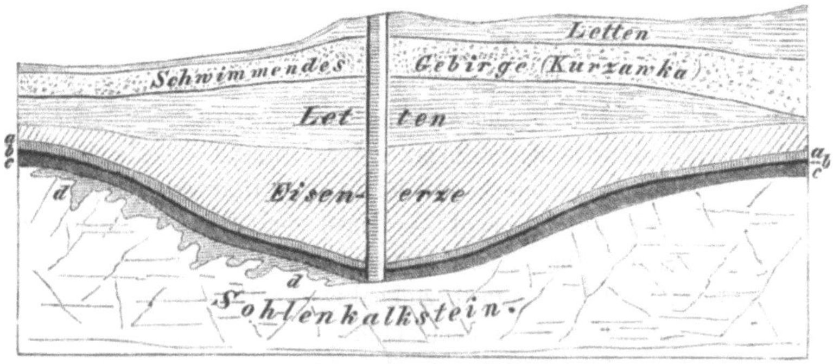

Fig. 84. Eisen-, Blei- u. Zinkerzvorkommen in Oberschlesien nach Sage.
a **Dolomit.** *b* **Bleierzlage.** *c* **Rother Galmei.** *d* **Weisser Galmei.**

Dolomitlage gebildet wird. — An der Scheide beider, und in den unteren Schichten des Dolomits, treten die meisten Erzlagerstätten des Bezirks auf, und zwar Eisenerze, Galmei, Bleiglanz und Schaalenblende.

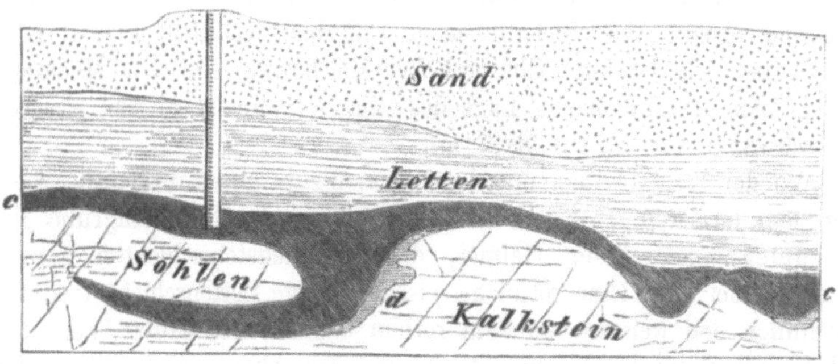

Fig. 85. Galmeivorkommen in Oberschlesien nach Sage.
c **Rother Galmei.** *d* **Weisser Galmei.**

Zwei flache Erzmulden lenken die Aufmerksamkeit auf sich. — Die eine zieht sich in einer Breite von $^1/_4$ bis $^1/_2$ Meile, und etwa 3 Meilen lang, in westöstlicher Richtung von Miechowitz bei Beuthen bis nach Czeladź und Bendźin in Polen hin; sie enthält die meisten und wichtigsten Zinkerzlagerstätten Oberschlesiens, die immer über dem Sohlenkalkstein liegen, topfartige Vertiefungen desselben ausfüllen und zum Theil auch in Klüfte, — aber nie sehr tief — eindringen. (S. Fig. 84 und 85.) Am Ausgehenden der Muldenflügel sind die Erzmassen stellenweise direct von miocänen Tertiärschichten, Thonen, Letten und Sanden, bedeckt; in der Tiefe haben sie Dolomit zum Hangenden, oder sind auch wohl ganz von Dolomit eingeschlossen.

Man hat die Erfahrung gemacht, dass nahe dem Ausgehenden Eisenerz, tiefer Galmei vorherrscht und in noch grösserer Tiefe nicht nur Bleiglanz an Menge zunimmt, sondern auch dichte Zinkblende so massenhaft hinzutritt, dass sie stellenweise fast die ganze Erzlage einnimmt. — Das Eisenerz ist immer Brauneisenstein. — In dem Galmei ist der Zinkspath vorherrschend, das Kieselzinkerz untergeordnet; — beide sind selten rein und krystallisirt, sondern gewöhnlich mit Brauneisenstein, Letten, Kalkstein oder Dolomit gemengt. — Nach den Beimengungen lassen sich unterscheiden: zinkhaltiger Brauneisenstein, zinkhaltiger, eisenschüssiger Dolomit (rother Galmei), zinkhaltiger Letten (Galmeiletten) und zinkhaltiger Sohlenkalkstein (weisser Galmei).

Der weisse Galmei pflegt sich dem Sohlenstein unmittelbar anzuschliessen. — Dieser ist in seinen oberen Bänken aufgelöst, in einen schmutziggelben Letten umgewandelt, in welchem der weisse Galmei in Schnüren, Lagen, oder einzelnen losen Stücken der verschiedensten Form liegt. — Man trifft knollige, kugelige, getropfte, plattenförmige und nicht selten auch zellige Massen. — Neben dem Galmei schliesst der Letten auch hin und wieder Sphärosiderit, Bleierde, Weiss- und Grünbleierz und Pseudomorphosen von Bleierde nach Chlorbleikrystallen, (wie z. B. auf den Gruben Therese und Elisabeth bei Miechowitz) ein. Die Mächtigkeit der vielfach unterbrochenen Lage des weissen Galmeis ist sehr wechselnd und schwankt von $^1/_2$ cm bis 2 m.

Wo der rothe Galmei mit dem weissen zusammen vorkommt, liegt er über dem letzteren, „nur auf einigen Punkten der Elisabethgrube findet sich unter dem weissen Galmei, durch Sohlensteinschichten getrennt, rother Galmei". — Eine röthliche, eisenschüssige Lettenschicht trennt für gewöhnlich den weissen von dem rothen Galmei, der häufig Weissbleierz und Bleiglanz eingeschlossen enthält und bei Abnahme des Zinkgehalts einerseits in Brauneisenstein, andererseits in Dolomit übergeht. Auch die Mächtigkeit des rothen Galmeis ist sehr grossen Schwankungen unterworfen; sie steigt, da wo er am meisten entwickelt ist, wie bei Scharley und Miechowitz, bis zu 16 m. Der innige Verband der verschiedenen Galmeisorten mit dem Kalkstein und Dolomit zeigt in sehr deutlicher Weise, dass auch hier wieder der Galmei eine Pseudomorphose nach Kalkstein resp. Dolomit ist. —

Woher der Zinkgehalt stammt, ist sehr schwer zu beantworten. Runge hält dafür, dass der Galmei „durch die Auslaugung und Concentration des in dem Dolomit fein vertheilt enthaltenen Zinkgehalt entstanden ist".

Die Erfahrung, dass die Galmeimassen nach der Tiefe zu in dichte Blende übergehen, könnte auch dafür sprechen, dass der Galmei aus der ursprünglich abgelagerten Blende gebildet ist. — Auf der Galmeigrube Cäcilie ist der Uebergang des Galmei in dichte Zinkblende sehr schön beobachtet worden. — Die Grube hatte bis 50 m Tiefe nur Galmei gebaut und traf bei 13 m weiterer Tiefe die Erzlage in veränderter Beschaffenheit an; — sie bestand nämlich bei einer Mächtigkeit von 2 bis 3 m aus Galmei, der von zahlreichen Blendeschnüren und grösseren Blendepartieen durchwachsen war, die ihrerseits wieder reichlich Bleiglanz eingeschlossen enthielten. Manche Stücke zeigten einen Zinkblendekern mit Galmeiumhüllung. Auf den Gruben Samuelsglück bei Gross-Dombrowka, Scharley und neue Helene bei Scharley, Marie bei Miechowitz etc. hat man ebenfalls in der Tiefe bis 3 m mächtige Lagen von schaaliger Zinkblende angefahren. (S. p. 104.)

Die zweite Erzmulde im Oberschlesischen Muschelkalk enthält die bedeutendsten Bleierzablagerungen, die durch die Friedrichsgrube bei Tarnowitz ausgebeutet werden. Diese Mulde verbreitet sich mit ganz flach, 3 bis 4°, einander zufallenden, von Nordwest nach Südost streichenden Flügeln und einer im Südosten gelegenen Muldenwendung, über einen Flächenraum von etwa einer Quadratmeile. — Sie enthält ebenso wenig wie die vorher geschilderte Mulde eine durchgehende, über grosse Flächenräume sich continuirlich ausbreitende Erzlage, sondern nur viele, unregelmässig gestaltete, mehr oder minder grosse, durch taube Mittel getrennte Erznester, die aber alle ein bestimmtes Niveau einhalten, nämlich entweder wieder an der Scheide des Sohlenkalksteins und Dolomits, oder nahe dieser Scheide ganz im Dolomit liegen. Im letzteren Fall unterscheidet man naturgemäss einen Sohlendolomit und einen Dachdolomit. — Auch in dieser Mulde wiederholt sich die Erscheinung, dass stellenweise der Dachdolomit ganz fehlt und durch Sand und Lettenmassen ersetzt wird, welche die, direct über dem Sohlendolomit, oder Sohlenkalkstein liegenden Erze bedecken.

Der Tarnowitzer Bergmann unterscheidet innerhalb der Erzmittel eine feste und eine milde Erzlage.

Die feste Erzlage wird entweder von einer compacten Bleiglanzbank gebildet, deren Mächtigkeit nur wenige cm beträgt, aber auch bis zu 60 cm anschwellen kann, oder von festem Dolomit, dessen Schichtungsklüfte und Querklüfte mit derbem Bleiglanz erfüllt sind. (S. Fig. 86 II.) Dabei enthält der Dolomit auch fast immer Bleiglanzeinschlüsse verschiedenster Art.

Wo die milde Erzlage auftritt, deren Mächtigkeit zwischen 25 cm und 2 m schwankt, ist der Dolomit immer im höchsten Grade zerklüftet und in einzelne abgerundete Blöcke abgesondert (s. Fig. 86 I), zwischen welchen sich ein gelber, oder brauner Eisenocher befindet, der den Bleiglanz in „unförmlichen Klumpen von durchlöchertem und zerfressenem Ansehen, in Platten mit rauher oder geflossener Oberfläche, in Schaalen, Krystallen oder Körnern enthält. — Der Dolomit selbst hat seine helle Farbe verloren und ist braun und dabei mürbe geworden.“ — Manchmal findet sich über der milden Erzlage noch eine Lage milden Brauneisenerzes. „Unverkennbar haben die braune Farbe und die Zerklüftung des Dolomits einerlei Ursache, nämlich die Zersetzung des Dolomits und ebenso ist der Eisenocher und das Brauneisenerz ein Residuum dieses Zersetzungsprocesses.“ (v. CARNALL.) — Die milde Erzlage erscheint aber auch noch in einer anderen Gestalt, nämlich als ein ocheriger, oder

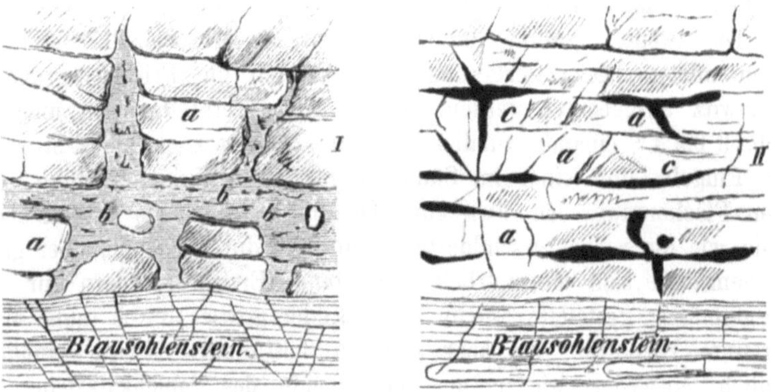

Fig. 86. Milde Erzlage und Feste Lage der Friedrichsgrube bei Tarnowitz nach v. CARNALL.

a Dolomit. *b* Eisenocher mit Bleiglanz. *c* Derber Bleiglanz.

vitriolischer und bituminöser Letten mit Bleiglanzeinschlüssen. (Trockenberger und Bobrowniker Revier.) Ausser den Zersetzungsproducten des Bleiglanzes, — Weissbleierz, Bleivitriol Tarnowitzit, — die sich gelegentlich finden, ist von Begleitern des Bleiglanzes nur Schwerspath aufzuführen, der aber nur einmal in einem Versuchsschacht bei Stolarźowitz in 7 bis $7^1/_2$ cm mächtigen Lagen, auf 20 m Länge, über dem Sohlenstein gefunden wurde. — Dieser sehr reine, grobschaalige Schwerspath enthielt Bleiglanz eingeschlossen und war stellenweise zerfressen und ausgelaugt.

Auf der Friedrichsgrube ist, 20 bis 30 m über der geschilderten Bleierzlage noch eine zweite Bleierzlage bekannt, die aber viel unregelmässiger und absätziger als die untere Lage entwickelt ist. Derselben entspricht in der grossen, die Zinkerze enthaltenden Mulde eine sehr zersetzte, Bleierze und Galmei führende Dolomitregion, die ebenfalls 20 m über der Hauptmasse des Galmeis liegt. Die beiden oberschlesischen Erzmulden führen also in demselben Niveau Bleierze und ihre Zusammengehörigkeit wird dadurch noch klarer, dass bei Trockenberg, zwischen Beuthen und Tarnowitz, an einer schmalen, sattelförmigen Erhebung des unteren Muschelkalks, die Mulden räumlich zusammenhängen.

Das Vorkommen von Wiesloch[1] in Baden gehört auch dem Muschelkalk an, unterscheidet sich aber sehr wesentlich von dem oberschlesischen. Hier sind es Querklüfte, welche die Muschelkalkschichten beinahe vertikal durchsetzen, in denen Galmei, begleitet von Brauneisenstein und Bleiglanz, gefunden wird. Da wo Encrinitenschichten dichten Kalkstein berühren, sind die Klüfte höhlenartig erweitert, und besonders erzreich. Sehr viele in Galmei umgewandelte Versteinerungen bekunden, dass das Erz durch Umwandlung des Kalksteins in Galmei gebildet ist.

§ 118. Fortsetzung. **Typus Raibl.** Bei Parran[2] unweit Anduze im Dép. du Gard am Südostabhange der Cevennen werden im Liaskalkstein, der sich an Granit lehnt, von diesem aber noch durch Triasbildungen getrennt ist, unregelmässig gestaltete Räume, (Taschen), von Blende, Bleiglanz, Eisenkies, Brauneisenstein, Galmei, Quarz, Kalkspath und Flussspath erfüllt.

Die cantabrische Küste Spaniens ist, besonders in den Provinzen Guipuzoa und Santander,[3] reich an Galmei. — Bedeutende Gruben liegen bei La Nestosa und Cumillas. — Die im dolomitischen Jurakalkstein (?) auftretenden Lagerstätten sind theils Gänge, theils sehr unregelmässig gestaltete Hohlräume, die vorzüglich Galmei und Bleiglanz enthalten. Der Galmei ist zum Theil weisser Zinkspath in nierenförmigen, schaaligen, stalactitischen und, was besonders interessant ist, auch in roggensteinartigen Massen (s. p. 73). Ausser Zinkspath ist Kieselzinkerz und schneeweisse Zinkblüthe häufig. Die Erze liegen manchmal in Thon eingebettet und besteht der Kern grösserer Blöcke sehr oft noch aus Dolomit, die Entstehungsweise des Galmeis bezeichnend. In der Tiefe stellt sich krystallisirte Zinkblende von schön hellbrauner Farbe ein; dieselbe ist oft von Rissen durchzogen, die mittelst Zinkspath ausgeheilt sind. — Auch findet sich die Zinkblende in nieren- und kugelförmigen Gebilden von concentrischen Barytlagen bedeckt und zum Theil in Zinkspath umgewandelt.

Zu diesem Typus müssen wir auch 5 cm bis 2 m mächtige, und

[1] v. Cotta, *Erzlagerstätten* II, p. 182.
[2] v. Cotta, *Erzlagerstätten* II, p. 418.
[3] Schönichen, *Berg- u. Hüttenm. Zeitung*. 1863, p. 163.

auf eine streichende Länge von 2000 m verfolgte Gänge oder Klüfte rechnen, welche bei Blankenrode[1] unweit Stadtberge im Plänermergel (Kreide) aufgefunden sind. — Dieselben führen Galmei, Bleiglanz, Brauneisenstein, Schaalenblende, Schwefelkies und Kalkspath. Die Gänge setzen auch in den unter dem Pläner liegenden Buntsandstein hinein, vertauben jedoch darin, oder führen nur Letten und Brauneisenstein.

Schliesslich ist noch zu bemerken, dass in der Provinz Constantine, 60 km südlich von Bone, in der Nähe einer von den Arabern viel besuchten warmen Quelle bei Gebel Nador, im Nummulitenkalk eine beträchtliche Galmeilagerstätte vorkommt, die in Drusenräumen merkwürdige Antimon- und Bleiverbindungen (Nadorit etc.) enthält.

§ 119. **Typus Hüggel.** Charakteristik: Manganhaltige Brauneisensteine treten als pseudomorphe Bildungen nach Kalkstein, oder als Höhlenfüllungen auf. — Im Einzelnen ist das Vorkommen den Galmeilagerstätten des vorigen Typus sehr ähnlich.

In dem Great Valley,[2] einem Längsthal, welches dem östlichen Abfall der Alleghany's folgt, treten silurische Schichten auf, die innerhalb eines zur canadischen Gruppe gehörigen Kalksteins, (Calciferous) und besonders an der Grenze desselben gegen Schiefer, viele Brauneisenerzmassen (Lager?) umschliesst. Das Erz ist theils milde, theils ein dichter, brauner Thoneisenstein in Form von Kugeln und Nieren, die mit Lagen von Manganoxyden ausgekleidete Hohlräume enthalten. Die bedeutendsten Gewinnungspunkte für diese Erze sind im Lehigh- Thal in Pennsylvania, und bei Chatanooga in Tennessee. Uebrigens ist das Vorkommen von ganz ähnlichen Lagerstätten nicht nur in und neben silurischen Kalksteinen, sondern auch Kalksteinen des Devon und des Kohlengebirges in ganz Nordamerika weit verbreitet. Die Gewinnung dieser Eisensteine hat aber durchaus nicht die Bedeutung für die Industrie wie die Gewinnung der archaeischen Eisenerze (s. p. 138).

In sehr unregelmässigen Spalten, Klüften, Butzen und Stöcken, die sich von der Tagesoberfläche aus niederziehen, wird manganhaltiger Brauneisenstein im Gebiet des Eifler Kalksteins im Rheinischen Schiefergebirge, z. B. bei Keldenich und Sötenich in der Eifel, und an anderen Orten gefunden.

Der Iberg und Winterberg bei Grund im Oberharze werden von einem oberdevonischen Korallenriff gebildet. Der sehr ver-

---

[1] F. Roemer, *Verhandl. d. naturh. Vereins d. preuss. Rheinl. u. Westf.* 1850, p. 1. — Ameluno, *ibid.* 1853, p. 217.

[2] Wedding, *Zeitschr. f. d. Berg-, Hütten- u. Salinenw. im preuss. Staat.* Bd. 24, 1876, p. 336 u. 346.

steinerungsreiche, durchaus massige, jegliche Schichtung entbehrende Kalkstein ragt inselartig aus den ihn umgebenden Culmschichten hervor; er ist nach allen Richtungen hin von Klüften und Schlotten durchzogen, an deren Wänden der Kalk grösstentheils in Spatheisenstein umgewandelt ist. — Letzterer ist später in Brauneisenstein übergeführt. — Stellenweise begleiten Schwerspath, Kalkspath, Quarz und Malachit, die in Drusenräumen auch in Krystallen gefunden werden, den Eisenstein. — Die reichsten Eisensteinnester und Butzen, dadurch ausgezeichnet, dass sie keinen Schwerspath enthalten, liegen am Südabhange des Ibergs. Daselbst wird der Kalkstein auch von einem Gange (Prinz Regenter Gang) durchsetzt, der silberhaltigen Bleiglanz, Kupferkies, Spatheisenstein, Kalkspath etc. führt.

Sehr bedeutende Brauneisenerzlagerstätten werden im Zechsteindolomit Deutschlands gefunden. Grossartig ist unter diesen der Stock zwischen Herges, Brotterode und Seligenthal im Thüringer Walde, der in den Gruben Stahlberg, Mommel[1] etc. ausgebeutet wird; er hat höchst unregelmässige Formen und macht den Eindruck einer gewaltigen Höhle, die mit, gegenwärtig in Brauneisenstein umgewandeltem Spatheisenstein erfüllt ist. Diese Vorstellung schliesst aber nicht aus, dass sich auch ein Theil des Spatheisensteins als Verdrängungspseudomorphose nach Dolomit bildete. Mit dem Dolomit treten Buntsandstein, Röth, Glimmerschiefer, Granit und Porphyr, unter äusserst complicirten und schwer zu deutenden Lagerungsverhältnissen, in Berührung. — In dem benachbarten Granit-Glimmerschiefergebiet sind Spatheisensteingänge bekannt. — Möglicher Weise ist die Ausfüllung dieser Gangspalten und der Höhle im Dolomit auf dieselben Ursachen zurückzuführen.

Sehr deutlich ist die Bildungsweise der Eisensteine am Rochusberge bei Ibbenbüren und am Hüggel bei Osnabrück[2] zu erkennen, denn die dort auftretenden, durchaus unregelmässig geformten Brauneisensteinmassen sind durch einen eisenreichen Dolomit mit dem reinen Zechsteindolomit, — dem Muttergestein der Lagerstätten, — allmälig verbunden und lässt sich beobachten, wie die Bildung des Erzes von den Dolomitklüften ausging und sich von diesen aus immer weiter ins Gestein hineinzog. — Am Hüggel wird der Brauneisenstein von viel Schwerspath und am Rochusberge von Galmei und Bleiglanz begleitet. — An beiden Localitäten hat man unter dem Zechsteindolomit das Kupferschieferflötz aufgeschlossen.

---

[1] v. Cotta, *Erzlagerstätten* II, p. 79.

[2] Castendyck, *Verhandl. d. naturh. Vereins d. preuss. Rheinl. u. Westf.* 1853, p. 140.

Wesentlich dieselben Verhältnisse wiederholen sich zu Bieber in Hessen (s. p. 213 u. 97), indem auch dort die über dem Kupferschieferflötz abgelagerten Zechsteinkalke manganhaltigen Brauneisenstein mit Schwerspath führen; nur ist das Vorkommen bei Bieber, wie es scheint, regelmässiger und mehr flötzartig.

Genau in derselben Weise wie der Galmei (s. p. 249) kommt in Oberschlesien auch der Brauneisenstein vor. Nach Runge „sind diese Brauneisenerze als die Rückstände des Dolomits zu betrachten, dessen Eisengehalt sich als Eisenoxydhydrat auf dem Sohlenstein niederschlug, während Magnesia und Kalk gelöst und fortgeführt wurden. — Zuweilen bildet der Dolomit noch das Liegende der Brauneisensteinablagerungen, zuweilen aber ruhen sie, nach allen Seiten vom Dolomit umgeben, direct auf dem Sohlenkalkstein. In der Gegend von Tarnowitz und Naklo kommen förmliche topfartige Vertiefungen im Sohlenkalkstein vor, welche vollständig mit Eisenerzen ausgefüllt sind, so dass die Schächte bis 24 m tief in den Eisenerzen stehen.“ Ueber dem Eisenerz ruhen dann direct tertiäre oder diluviale Sande und Thone.

Bei Telekes-Rudobányaer[1] in Ungarn liegen Eisenerzlagerstätten über Triaskalken, füllen Höhlen und Unebenheiten derselben aus und werden von Dammerde, Letten und Sand mit Geschieben bedeckt, — also Verhältnisse, die den oberschlesischen ähnlich sind. Nierenförmige Massen von thonig sandigem Brauneisenstein, mit Hohlräumen und Glaskopfstalactiten darin, sind charakteristisch; seltener ist rother Thoneisenstein. Kupfererze und Bleierze sind local mit dem Eisenstein vergesellschaftet.

§ 120. **Typus Bohnerz.**[2] Charakteristik: Concentrisch schaalige, wenige Millimeter bis 5 cm grosse Kugeln von thonigem Brauneisenstein, die, in Lehm eingehüllt, fasst nur über den Kalken des weissen Jura abgelagert sind.

Sie füllen in diesem Kalkstein trichterförmige, kesselförmige, schachtförmige Vertiefungen, oder schlauchförmige Höhlungen und Spalten, die von Tage niedergehen, aus. — Der Verbreitungsbezirk dieser Lagerstätten ist ein verhältnissmässig beschränkter; sie sind bekannt im französischen und schweizer Jura, in den Vogesen, im südlichen Schwarzwald, im schwäbischen und fränkischen Jura und in den östlichen Alpen, in Tyrol, Kärnthen, Krain etc.

Ueberall ist aber das Verhalten wesentlich dasselbe. — Die Wände der Schlotten, Höhlen und Spalten sind glatt, und zeigen die deutlichsten

---

1 Maderspach, *Oestr. Zeitschr. f. d. Berg- u. Hüttenw.* 1876, p. 72.

2 v. Cotta, *Erzlagerstätten* II, p. 191, 179, 365, 390, 398.

Spuren der lösenden Thätigkeit des Wassers. — Das Gestein ist dabei hin und wieder verkieselt, oder mit Eisenstein überzogen. Manche Schlotten sind zum Theil leer (s. Fig. 87), oder enthalten nur Kalkschutt; die meisten sind aber mit Bohnerz und den diese Erze begleitenden Mineralmassen erfüllt. — Die Bohnerze liegen entweder schichtenweise, oder unregelmässig nesterförmig im Lehm eingehüllt, oft direct über dem Kalkstein, oder von diesem durch Kalkschutt, oder lehmig sandige Massen getrennt. Geschiebe von Quarz und allerhand Gesteinen (Granit, Sandstein etc.), ferner kieselige Concretionen, sogenannter Kugelsjaspis, sind Begleiter; die letzteren am ausgezeichnetsten bei Kandern im Breisgau.

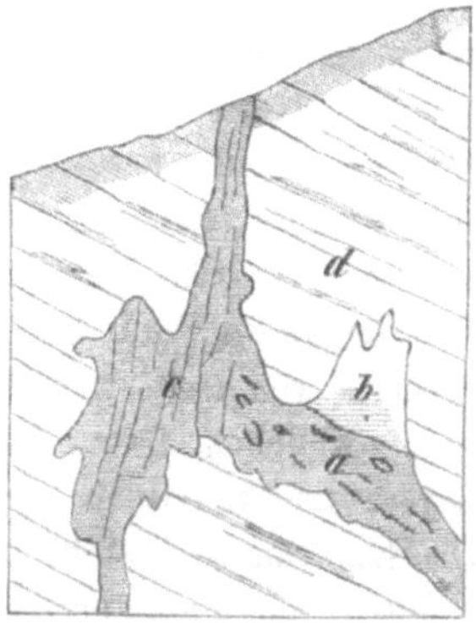

Fig. 87. Bohnerzvorkommen in Oberkrain nach A. v. Morlot.
a Kalkschutt. b leerer Raum. c Lehm mit Bohnerz. d Kalkstein.

Unter den organischen Resten, welche in die Bohnerzlehme eingeschwemmt sind, findet man nicht nur Versteinerungen älterer Formationen, sondern auch Braunkohlen und Skeletttheile von tertiären Säugethieren, oligocänen (Anoplotherium, Palaeotherium, Lophiodon) und miocänen (Mastodon, Rhinoceros, Dinotherium) Alters. — Dadurch ist das tertiäre Alter der Bohnerzablagerungen mit Sicherheit bestimmt. Mit den in den Schlotten und Spalten befindlichen Bohnerzen hängen solche zusammen, die sich flötzartig, zum Theil in grosser bis 30 m betragender Mächtigkeit, über dem Jurakalkstein, vorzüglich in Thaleinsenkungen, abgelagert haben und dadurch wird eine Verbindung mit den geschichteten Lagerstätten angebahnt. Wichtige Localitäten für Bohnerzvorkommen finden sich in den Departements der Franche Comté, der Isere, im Berner Jura, im Thal von Delsberg, bei Kandern im Breisgau, bei Tuttlingen und Frohnstätten in Würtemberg etc.

Man hält dafür, dass die Bohnerze Absätze aus eisen-, mangan-, kalk- und kieselsäurehaltigen Quellen sind, welche sich mit mechanischen Anschwemmungsproducten, Sand und Schlamm, vermischten. — Da die Bohnerze fast immer nur in Höhlen jurassischer Kalksteine, oder über diesen, lagern, muss eine Wechselwirkung, nicht näher gekannter Art, zwischen der die Bohnen erzeugenden Quellenthätigkeit und jenen Kalksteinen stattgefunden haben.

§ 121. **Typus Nassau.** Charakteristik: Manganerze, die sich unter denselben geologischen Verhältnissen finden, wie die Galmei und Brauneisensteine der Typen Raibl und Hüggel.

Die meisten Brauneisensteine der vorigen Typen sind manganhaltig und oft so stark, dass sich reine Manganverbindungen, Pyrolusit, Manganit etc. ausgeschieden haben. (Stahlberg und Mommel im Thüringer Walde, Bieber in Hessen etc.) Nehmen die Manganerze an Menge zu, so bilden sich allmälige Uebergänge zwischen den Eisenerzlagerstätten des Typus Hüggel zu Manganerzlagerstätten heraus. So z. B. in Nassau[1] im Kreise Wetzlar, bei Giessen etc., wo die Manganerze, im Verein mit manganhaltigem Brauneisenstein, nesterweise die Vertiefungen der höckerigen Oberfläche des Stringocephalenkalks ausfüllen und von Letten und Thon mit Geschieben bedeckt werden. Der Stringocephalenkalk geht überall da, wo Manganerze sind, in einen Dolomit über. — Dieser Dolomit ist meist zunächst von einer wenige Zoll bis 2 m mächtigen Lage eines hellgelben, oder röthlichen, fetten Lettens überlagert, darüber ruht die eigentliche Lagermasse von theils ganz geringer, theils bis 6, ja 12 m Mächtigkeit. Die Lagermasse besteht aus braunem, meist magerem Thon, der Einschlüsse von Manganerzen führt, die zuweilen die Grösse von 2 Cubikfuss und darüber erreichen, in der Regel jedoch nur Faust-, Nuss- oder Bohnengrösse haben. — Die Erze bestehen aus Psilomelan, Manganit, Pyrolusit und Wad. — Die grösseren Stücke enthalten in ihrem Innern gewöhnlich schöne Drusenräume, erfüllt mit nierenförmigen, traubigen, stalactitischen Bildungen, über welchen sich kleine Krystalle von Manganit, Pyrolusit etc. angesetzt haben. Die Bildung der Manganerze als Pseudomorphose nach Kalkstein wird durch in Manganerz umgewandelte Versteinerungen des Stringocephalenkalks angezeigt.

Einen local in Eisenerz und Manganerz umgewandelten Kalkstein finden wir auch am Monte Argentario,[2] einem Vorgebirge an der südlichen Küste Toscana's. — Dieses Vorgebirge besteht, ebenso wie die benachbarten Hügel von Ansedonia, aus Quarziten, Conglomeraten und Schiefern (Verrucano) mit darüber liegenden ungeschichteten, zellig porösen Kalksteinen (calcare cavernosa), die den Rauhkalken des deutschen Zechsteins petrographisch sehr ähnlich sind. — Diese Gesteine, in denen Versteinerungen bis jetzt nicht aufgefunden wurden, sind vielleicht Aequivalente der deutschen Trias (?). „In der ganzen Ausdehnung des Kalkgebirges und stellenweise auch in den unterliegenden Schiefern, finden sich Spuren von Eisenstein und Braunstein, meist in unregelmässig begrenzten Massen und anscheinend an die jetzige Oberfläche gebunden,

---

[1] O. Hahn, *Zeitschr. d. d. geol. Gesellsch.* Bd. 15, 1863, p. 249. — Riemann, *Zeitschr. f. d. Berg-, Hütten- u. Salinenwesen im preuss. Staat.* 1862, Bd. 10, p. 2. — Odernheimer, *Das Berg- u. Hüttenw. im Herzogth. Nassau.* II, p. 205.

[2] *Berggeist,* 1877, No. 91 u. 92.

Producte der Zersetzung der Eisen- und Manganoxyde enthaltenden Gesteine.“ Eine der grössten derartigen Massen findet sich an der nördlichen Küste des Vorgebirges zwischen dem Damm von Orbetello und dem Isthmus von Feniglia. „Daselbst besteht der östliche Abhang des poggio del Passo, nach den jetzigen Aufschlüssen, in seiner ganzen Höhe von 80 m und in einer streichenden Länge von etwa 400 m, aus Brauneisenstein und Pyrolusit in sehr wechselndem Gemenge, der Art, dass reine Ausscheidungen beider Oxyde mächtige Bänke und Nester in einem Gemenge derselben bilden, und das Ganze vielfach von Massen des Rauhkalks durchsetzt wird.“

Der sammetschwarze, erdige Pyrolusit und der festere Brauneisenstein werden nach allen Richtungen von Adern weissen Kalkspaths in Skalenoedern durchzogen. — Seltener finden sich concretionäre Formen des Kalkspaths, die den bekannten Erbsensteinen gleichen. In Drusenräumen erscheint der Kalkspath in Hauptrhomboedern. Wad kommt als Anflug häufig vor, — seltener in kugeligen Massen.

§ 122. **Typus Huelva.** Charakteristik: Manganerzablagerungen an der Tagesoberfläche, oder nahe derselben, in Höhlen (Taschen), oder auch über Kuppen von Kalksteinen, Quarziten und anderen Gesteinen.

In dem Dép. des Hautes Pyrenées[1], zwischen den Thälern des Luchon und des Campan kommen, in einer etwa 15000 m langen, aber nur schmalen Zone, viele Manganerzlagerstätten unmittelbar an der Tagesoberfläche vor, die unregelmässige Vertiefungen, Spalten, Höhlen, oder sogenannte Taschen (poches) ganz nach Art der Bohnerze ausfüllen.

Die Gesteine, in denen diese Lagerstätten liegen, sind thonig mergelige Schiefer mit Kalksteineinlagerungen. — Die Erze bestehen aus dichten, erdigen, cavernösen, oder zelligen, wasserfreien Manganoxyden (Pyrolusit), die nach der Tiefe zu in Manganspath übergehen. Da die Erzzone mit der Haupterhebungsaxe der Pyrenäen parallel läuft, und innerhalb derselben sehr beträchtliche Schichtenstörungen vorkommen, so meint Gruner, dass die Erze neben einer Dislocationsspalte durch Quellenthätigkeit gebildet wurden.

Ebenfalls an die Tagesoberfläche, aber abweichender und auffallender Weise nicht an Kalksteine, sondern an Quarzit, Eisenkiesel und Thonschiefer gebunden, finden sich die bedeutenden Manganerzmassen der Provinz Huelva[2] im südlichen Spanien. Da wo sich die genannten

---

[1] Gruner, *ann. d. mines.* 1850. 4. Série, t. XVIII, p. 61.

[2] Bellinger, *Neues Jahrb. f. Mineral.* 1865, p. 483. Ref. — Schönichen, *Berg- u. Hüttenm. Zeitung.* 1864, p. 243. — F. Roemer, *Neues Jahrb. f. Mineral.* 1873, p. 263.

Gesteine berühren, sind die nesterartigen Lagerstätten entwickelt, die zwischen den Schichten, bei geringer Längenerstreckung und grosser Mächtigkeit (4 bis 16 m), nach Art von Lagern erscheinen, oder schaalenförmige Ueberzüge über Quarzit bilden, zuweilen auch Hohlräume im Quarzit ausfüllen.

Schönichen beschreibt die Lagerstätte der Grube St. Thomas, wo der Braunstein eine im Thonschiefer liegende Quarzitkuppe an der Tagesoberfläche haubenförmig umhüllt und von dieser Hülle aus sich in die Parallelklüfte des Quarzits, mit abwechselnder Mächtigkeit, hineinzieht. Die Erze sind Pyrolusit und Psilomelan, selten Manganit und Wad in einem krystallinischen, feinkörnigen bis dichten Zustande. Auf Klüften des Quarzits zeigen sich manchmal Flecken von Kieselmangan, wodurch das Vorkommen an die im Kieselschiefer ausgeschiedenen Manganerze erinnert. (S. p. 190.)

§ 123. **Typus Christiania.** Charakteristik: Spatheisenstein, Magneteisenstein, Kupferkies, Buntkupfererz, Schwefelkies, Bleiglanz, Blende etc. begleitet von Granat, Strahlstein, Wollastonit, Axinit etc. etc., in sehr verschiedenen Mengenverhältnissen gemischt, oder bald das eine, bald das andere der Erze, oder der Silicate vorherrschend, bilden nesterförmige, oder stockförmige Lagerstätten an der Grenze von Eruptivgesteinen gegen körnigen Kalkstein, häufig in letzterem vollständig eingeschlossen. Es sind also Lagerstätten, die im Bereich der Contactmetamorphose liegen und kurz als Contactlagerstätten bezeichnet werden können.

Es ist eine unbestreitbare Thatsache, dass Sedimentärgesteine in der Nähe von Eruptivgesteinen ihre normale Beschaffenheit gewöhnlich verlieren und zwar in der Weise, dass im grossen Ganzen die Veränderung das Maximum in nächster Nähe des Eruptivgesteins erreicht und sich, je weiter von der Grenze entfernt, immer mehr und mehr abschwächt, so dass ein ganz allmäliger Uebergang von dem normalen zu dem veränderten Gestein stattfindet. — Man nennt solche in der Nähe der Eruptivgesteine veränderten Sedimente Contactgesteine, und schreibt die Umänderung einer durch das Eruptivgestein bedingten Contactmetamorphose zu.

Dass sich besonders häufig Erzgänge in der Nähe von Eruptivgesteinen, und vielfach direct in den Contactgesteinen einstellen, ist früher erwähnt. (Vergl. Tellemarken, Cornwall, Californien, Aveyron etc.) Ausser in Gängen, also Spaltenfüllungen, tritt Erz auch in anderer Weise, z. B. in Concretionen auf. (S. New Jersey p. 205.)

Grosses Interesse haben unregelmässig gestaltete, nester- und stockförmige Lagerstätten, die innerhalb körniger Kalksteine in der Nähe von

Eruptivgesteinen, oder an der Grenze beider auftreten. Die körnigen Kalksteine sind in solchen Fällen, wie der Uebergang in normale versteinerungsführende Kalksteine lehrt, metamorphische Gesteine, und es ist sehr wahrscheinlich, dass sich die Erzlagerstätten in und neben ihnen während der Metamorphose herausbildeten. Die folgenden Beispiele zeigen, dass Kalksteine verschiedensten Alters durch Eruptivgesteine verschiedenster Art metamorphosirt wurden.

In den Pyrenäen[1] finden sich am Canigou Kalksteine der paläozoischen Formation (?), bei Rancié Kalksteine der Juraformation, bei Saint-Martin Kalksteine der Kreideformation, in der Nähe des Granits in körnigen Kalkstein umgewandelt. So verschiedenes Alter die Kalksteine haben, so treten doch in allen dreien an der Granitgrenze dieselben Lagerstätten auf, nämlich höchst unregelmässig gestaltete, nesterförmige und stockförmige Massen von Brauneisenstein und Spatheisenstein, denen sich auch kleine Partieen von Rotheisenstein und Eisenglimmer zugesellen. Quarz und Kalkspath, Manganerze, Eisenkies und Kupferkies kommen als Beimengungen vor.

An den Springs[2] bei Calgour in Queensland tritt zwischen Granit und einem krystallinischen, jedenfalls paläozoischen Kalkstein, welcher eine starke Einlagerung von Granat und Eisenerzen enthält, eine aus Wollastonit, Quarz, Granat, Kupferkies, Buntkupfererz etc. bestehende Lagerstätte auf, welche gediegenes Gold in gewinnungswürdiger Weise enthält. — Die Lagerungsverhältnisse sind nicht specieller bekannt, doch soll das Vorkommen nach G. Wolff wegen der Kupfererzführung mit dem von Cziklowa (s. p. 262) im Banat zu vergleichen sein.

Bei Bogoslowsk[3] an der Ostseite des Ural liegen höchst unregelmässig gestaltete Lagerstätten an dem Contact von obersilurischem (devonischem ?) körnigem Kalkstein und Diorit. In dem körnigen Kalkstein kommt Granatfels, sicher ein Product der Contactmetamorphose, vor. — Die Contactlagerstätten führen als Haupterz Kupferkies, theils rein, theils mit Kalkspath, Granat, Strahlstein, Quarz und Schwefelkies verwachsen; letzterer kommt stellenweise in grösserer Menge wie der Kupferkies vor. — Von Erzen finden sich noch Kupferglanz, Buntkupfererz, Fahlerz, nebst den bekannten secundären oxydischen Kupfer- und Eisenerzen und gediegenem Kupfer, das hier in sehr schönen Krystallen gefunden wird. Seltene Bestandtheile der Lagerstätte sind Zinkblende, Bleiglanz, gediegenes Silber und Schwerspath.

---

1 v. Cotta, *Erzlagerstätten* II, p. 434.

2 G. Wolff, *Zeitschr. d. d. geol. Gesellsch.* 1877. Bd. 29, p. 149.

3 H. Müller, *Berg- u. Hüttenm. Zeitung.* 1866, p. 160.

Eine für das Studium der Contactmetamorphose geradezu classische Gegend ist die von Christiania und Drammen in Norwegen. Die auffallenden und grossartigen Veränderungen, welche die silurischen Schichten in der Nähe der Granite und zum Theil auch der Porphyre erfahren haben, sind von den verschiedensten Forschern anschaulich beschrieben. Für uns sind die Regionen der Contactmetamorphose insofern wichtig, als sie sehr viele, wenn auch nicht technisch bedeutende, unregelmässig gestaltete, stockförmige Lagerstätten enthalten. (Contactstöcke, s. Fig. 88.) — Die vorherrschenden Erze sind: Magneteisen, Kupferkies, silberhaltiger Bleiglanz und Zinkblende, die mit Kalkspath, Flussspath, Apatit, Granat, Epidot, Axinit, Datotith, Helvin etc. zusammen brechen — Von seltener vorkommenden Mineralien sind zu nennen: Arsenikkies, Speisskobalt, Wismuthglanz, Molybdänglanz etc. etc.

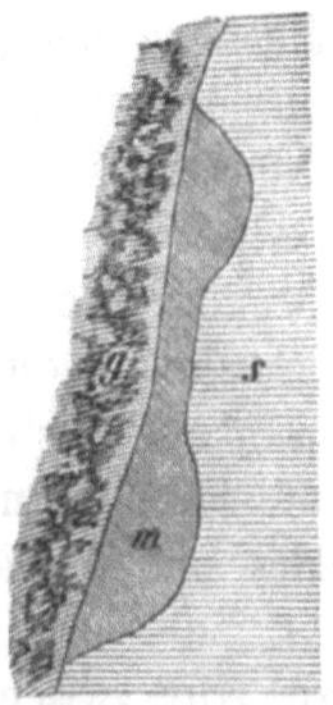

Fig. 88. Contactlagerstätte der Gruben von Narverud bei Christiania. g Granit. m Erzlagerstätte. s Schiefer.

In einer 40 Meilen langen, von Süd nach Nord gerichteten Zone, durchsetzen im Banat[1] und in Serbien eigenthümliche Eruptivgesteine, — die v. Cotta mit dem Collectivnamen Banatite bezeichnete und Niedzwiedzki[2] als Diorite bestimmte, — krystallinische Schiefer, Juragesteine und vielleicht auch Gesteine der Kreideformation. An den Grenzen der Eruptivgesteine und der Sedimente treten Contactgebilde auf; die Kalksteine sind in körnige Kalksteine mit Granat, Wollastonit und Vesuvian umgewandelt, und mit diesen sind unregelmässig gestaltete Contactstöcke verbunden, welche Schwefelmetalle, Magneteisen und einen grossen Reichthum verschiedenster Mineralien enthalten. — Unter den Schwefelmetallen überwiegen Schwefelkies, Kupferkies und Zinkblende, die aber in sehr wechselnden Mengenverhältnissen auftreten. — Zu den wichtigsten und bekanntesten Bergwerksdistricten dieser Erzzone gehören die von Rézbánya, Morawicza, Dognaczka, Orawicza und Ciklowa.

Von den Lagerstätten bei Rézbánya haben Peters[3] und Pošepny[4] genaue Schilderungen gegeben. (Nach Pošepny sollen die Rézbányaer Lagerstätten, ähnlich wie bei Raibl, ausgefüllte Hohlräume sein, die sich neben Verwerfungsspalten finden.) Um einen Begriff von dem

---

[1] v. Cotta, *Berg- u. Hüttenm. Zeitung.* 1864, p. 118. — v. Cotta, *Erzlagerstätten* II, p. 286 u. 308.

[2] G. Tschermak, *Mineral. Mittheil.* 1873, p. 254.

[3] Peters, *Berg- u. Hüttenm. Zeitung.* 1862, p. 269. Ref.

[4] *Jahrb. d. k. k. geol. Reichsanst.* 1875. Verhandl. p. 40. Ref.

Mineralienreichthum dieser Lagerstätten zu geben, mag das von Peters aufgestellte Verzeichniss der Mineralien von Rézbánya folgen: gediegenes Gold, Silber und Kupfer, Tetradymit, Bismuthin, Argentit, Bleiglanz, Hessit, Stromeyerit, Redruthit, Bornit, Chalkopyrit, Blende, Pyrit, Tetraëdrit, Rézbányit, Cuprit, Hämatit, Magnetit, Limonit, Kupferschwärze, Mennige, Wismuthocher, Quarz, Wollastonit, Hypersthen, Malakolith, Tremolith, Granat, Vesuvian, Pistazit, Glimmer, Agalmatolith, Steatit, Serpentin, Chlorit, Desmin, Bol, Hemimorphit, Chrysocoll, Kupferpecherz, Opal, Szajbélyit, Calcit, Dolomit, Smithsonit, Arragonit, Cerussit, Malachit, Azurit, Buratit, Wulfenit, Krokoit, Pyromorphit, Thrombolit, Lunnit, Tyrolit, Gyps, Brochantit, Chalkanthit, Linarit, Caledonit, Leadhillit, Anglesit.

Unter wesentlich ähnlichen geognostischen Verhältnissen kommen die Contactstöcke von Rodna und Offenbánya in Siebenbürgen vor.

Rodna[1] liegt an der Szamosquelle. — Die Umgegend besteht aus krystallinischen Schiefern, unter denen Glimmerschiefer, mit zahlreichen Einlagerungen von körnigem Kalkstein, vorherrscht. — Ausserdem finden sich tertiäre Schichten. — Diese Gesteine werden von zahlreichen Andesitmassen durchsetzt, und da wo diese, nebst den zu ihnen gehörigen Breccien, mit dem körnigen Kalkstein in Berührung kommen, finden sich im letzteren stockförmige Erzlagerstätten eingeschlossen. „Jedenfalls stehen die Andesitdurchbrüche in irgend einem Causalzusammenhang mit den Erzen und ihrer Bildung. — Die Grösse der Erzkörper ist sehr verschieden, schwankend zwischen 1 m und über 100 m. — Der Erzkörper, auf dessen Grenzen und in welchem die Baue sich jetzt (1878) vorzugsweise bewegen, hat eine vertikale Höhe von 85 m und eine Mächtigkeit von 28 m; er ist ausgerichtet auf eine Länge von 120 m, ohne dass sein Ende erreicht wäre. — Das Rodnaer Erz ist ein Gemenge von Eisenkies, Zinkblende und silberhaltigem Bleiglanz; und zwar rechnet man im Durchschnitt 60 % Eisenkies, 20 bis 25 % Blende, 6 bis 8 % Bleiglanz, und der Rest ist Kalkspath und Quarz.“ — Ausserdem finden sich Arsenkies und Dolomit, und ist noch zu bemerken, dass die Erze Gold und Silber enthalten. — Pošepny bestimmte die Altersfolge der Mineralien wie folgt: 1. Eisenkies und Quarz; 2. Bleiglanz, Blende und Arsenikkies; 3. Dolomit und Calcit. (S. p. 80.)

v. Beust hat zuerst die Ansicht ausgesprochen, dass die Lagerstätte eine metamorphische ist, die sich bei der Andesiteruption gebildet hat

[1] Pošepny, *Jahrb. d. k. k. geol. Reichsanst.* 1865, p. 183 (Verh.), u. 1870, p. 19 (Verh.) — v. Beust, *Jahrb. d. k. k. geol. Reichsanst.* 1869, p. 367 (Verh.) — Grimm, *Berg- u. Hüttenm. Jahrb. d. k. k. östr. Bergacad.* 1870, p. 170. — G. v. Rath, *Zeitschr. d. d. geol. Gesellsch.* 1878, Bd. 30, p. 556.

und diese Ansicht durch das Vorkommen eigenthümlicher Erzkugeln zu begründen gesucht, in denen Quarz und Kies den Kern und Zinkblende die Hülle bilden. — Später schloss sich Pošepny dieser Ansicht an, während Grimm eine im Kalkstein ursprünglich gebildete Erzlagerstätte annimmt, die später bei der Eruption des Andesits zertrümmert wurde.

Offenbánya[1] liegt im südwestlichen Theil des siebenbürgischen Erzgebirges zwischen den Flüssen Aranyos und Maros nordwestlich von Abrudbánya. (S. p. 166.) Ebenso wie bei Rodna werden hier krystallinische Schiefer (Glimmerschiefer vorherrschend) mit körnigem Kalkstein und ferner Tertiärschichten von Eruptivgesteinen tertiären Alters — Grünsteintrachyten — durchbrochen und finden sich die Erzlagerstätten in dem körnigen Kalkstein da, wo dieser mit den Eruptivgesteinen in Berührung steht. — Die Form dieser Lagerstätten ist ganz regellos. „Vom kleinsten Nestchen, durch alle Grössenmaasse, als Nester, Butzen, Trümmer, bis zu grösseren stockförmigen Massen, und in der verschiedensten Ausdehnung und Verbreitung, in den mannichfachsten Krümmungen und in der verworrensten Gestaltung, treten diese Lagerstätten entweder vereinzelt und zerstreut auf, oder hängen mehr oder weniger mit einander zusammen. — Unter den Erzen, welche sie führen, können vor Allem bezeichnet werden: Schwefelkies, Bleiglanz, Zinkblende, Manganblende, Schwarzmanganerz (Psilomelan), ferner Fahlerz, Antimonglanz, sodann ein Zersetzungsproduct mehrerer der angeführten Erze, die Bräune. — Unter den erdigen Mineralien sind zu benennen: Kalkspath, Manganspath, Braunspath, Kieselmangan, Hornstein, Quarz und Letten.“ — Grimm hebt hervor, dass innerhalb der Erzmassen eine lagenweise Vertheilung und Anordnung der Erze, wie sie in Gängen und in Hohlräumen vorkommt, nur selten wahrzunehmen ist; während nach Pošepny deutliche Hohlraumsfüllungen häufig vorkommen sollen. — Dass die Eruptivgesteine bei Offenbánya auch selbst Erze enthalten, (Tellurklüfte) ist bereits früher geschildert. (S. p. 166.)

Zu den complicirtesten und am schwersten zu deutenden Lagerstätten gehören die von Schwarzenberg[2] in Sachsen, die, weil sie wahrscheinlich auch zu den Contactlagerstätten gehören, hier anhangsweise Platz finden. — Daselbst wird eine Granitkuppe ringsumher so von Gneiss und Glimmerschiefer umgeben, dass die Schichten allseitig von dem Granit abfallen und einen umlaufenden Schichtenbau zeigen. Parallel mit den Glimmerschieferschichten liegen ringförmig angeordnete,

[1] v. Cotta, *Berg- u. Hüttenm. Zeitung*. 1861, p. 155. — Grimm, *Berg- u. Hüttenm. Jahrb. d. k. k. östr. Bergacad.* 1867, Bd. 16, p. 306. — Pošepny, *Jahrb. d. k. k. geol. Reichsanst.* 1875, p. 70. (Verhandl.)

[2] v. Cotta, *Erzlagerstätten* II, p. 37.

einzelne, linsenförmig gestaltete Lagerstätten, die von lagerartigen Grünsteinen, körnigem Kalkstein und Dolomit begleitet werden. — Die charakteristischen Mineralien der Lagerstätten sind Pyroxen, Granat, Pyrit und Zinkblende, denen sich aber sehr häufig noch zugesellen: Hornblende, Strahlstein, Quarz, Prasem und Hornstein, seltener Idokras, Axinit, Helvin, Epidot, Magnetkies, Kupferkies, Bleiglanz, Arsenkies, Magneteisenerz, Eisenglanz, Zinnstein, Kalkspath, Braunspath, Flussspath, Apatit, Turmalin, Glimmer, Talk, Pikrolith, Feldspath etc.

Die Grünsteine pflegen die Erze so reichlich einzuschliessen, dass man in Sachsen von erzführenden Grünsteinen redet. — Es ist aber sehr unwahrscheinlich, dass die Grünsteine die Erze ursprünglich enthielten. — Viel mehr hat die Anschauung für sich, dass das Erzmaterial erst später in die Grünsteine eindrang. v. Beust bringt die Erzführung mit übersetzenden Klüften, als den Zuführungskanälen der Erzsolutionen, in Beziehung, und kann, anschliessend an diese Vorstellung, angenommen werden, dass der in der nächsten Nähe befindliche Granit eine metamorphosirende Wirkung ausübte und Erzbringer war.

B. Trümmerlagerstätten.

§ 124. **Typus Peine.** Charakteristik: Brauneisenstein in Form von soliden, oder hohlen Geschieben, (und Concretionen) die in Mergel, Lehm, Thon etc. eingebettet sind.

Zusammengeschwemmte Brauneisensteinstücke werden häufig, besonders in jüngeren Formationen, gefunden. Ein vortreffliches Beispiel liefern der Kreideformation Norddeutschlands angehörige Flötze, die fälschlich als Bohnerzflötze bezeichnet sind, — fälschlich, denn die Eisensteinstücke dieser Flötze zeigen nicht die für die Bohnerze charakteristische, concentrisch schaalige Structur.

Bei Peine[1] in Hannover liegt zwischen Mergeln der senonen Kreide (Quadratenschichten) ein Flötz, welches aus abgerundeten und abgeriebenen Brauneisensteinstücken von Nuss- bis Faustgrösse besteht, die durch zerriebenen Eisenstein, oder durch einen graugelben Mergel verkittet sind. Die Stücke, die im Innern eine derbe Beschaffenheit haben, sind Geschiebe, welche aus dem Lias stammen, denn es finden sich in dem Flötz abgerundete Exemplare von in Brauneisenstein verwandelten Liasversteinerungen (Ammonites amaltheus, costatus etc.). Stücke, welche im Innern hohl sind, Stalactiten von braunem Glaskopf, Quarz und Py-

[1] v. Strombeck, *Zeitschr. d. d. geol. Gesellsch.* Bd. 9, 1857, p. 313 ff.

rolusitkrystalle beherbergen, deuten auf Entstehung aus Spatheisenstein. Ob dieser in Form von runden Geschieben in das Flötz gelangte, oder sich erst in demselben als Concretion aus einer Eisenlösung bildete, bleibt dahingestellt. — Die Mächtigkeit des reinen Eisensteins beträgt bei Peine etwa 5 m, doch sind die angrenzenden Schichten auch immer eisenhaltig, so dass eine scharfe Grenze des Flötzes gegen das Nebengestein nicht aufzufinden ist. — Die ganze Mächtigkeit des Eisenerz enthaltenden Schichtencomplexes steigt bis zu 40 m und mehr.

Der unteren Kreideformation (Hilsconglomerat, Néocom) zugehörige, ganz ähnliche Flötze kommen in der Gegend von Salzgitter und Haverlah, am nördlichen Harzrande, vor. — Auch das Material dieser Flötze stammt, wie abgeriebene Versteinerungen beweisen, ursprünglich aus dem Lias. — Bemerkenswerth ist es, dass diese Flötze viele Phosphoritgeschiebe enthalten, und dass die Brauneisenerze durch einen kleinen Vanadingehalt ausgezeichnet sind.

Tertiäre und diluviale Lehme, mit darin eingeschlossenen Brauneisensteinen, in Form von Knollen, Geoden, Nestern und Butzen finden sich sehr verbreitet. — Der Brauneisenstein scheint in diesen Ablagerungen aber durchaus nicht immer allein als Geschiebe vorzukommen, sondern auch an Ort und Stelle als Concretion gebildet zu sein. — Insofern solches mit Sicherheit nachzuweisen, gehören die Lagerstätten zum Typus Braun- und Rotheisensteinflötze (§ 57).

Als Beispiel können angeführt werden die wahrscheinlich tertiären, Brauneisenstein einschliessenden Lehme, die über den unterdevonischen Grauwacken des rheinischen Schiefergebirges liegen und der Soonwalder[1] Eisensteinformation Nöggerath's angehören, ferner die Eisensteine in den diluvialen Lehmen von Unter-Krain;[2] es sind das keine wirklichen Lager, sondern im Lehm unregelmässig vertheilte, einzelne Knollen, Geoden, Nester und Butzen. Die Hohlräume der Geoden sind bald leer, bald mit Sand oder Wasser angefüllt. Nach Lipold stammt das Material dieser diluvialen Ablagerungen aus den Gailthaler und Werfener Schichten, welche Unter-Krain im Norden und Osten halbkreisförmig umsäumen und Spatheisenstein- und oolithische Rotheisensteinflötze enthalten.

Schliesslich sind hier noch die sogenannten Basalteisensteine zu erwähnen, die im Vogelsgebirge,[3] im Kreise Fritzlar[4] in Hessen

---

1 Nöggerath, *Karsten's Archiv.* 1842, Bd. 16, p. 472.
2 Lipold, *Jahrb. d. k. k. geol. Reichsaast.* 1858, p. 5 (Verhandl.) u. p. 246.
3 Tasche, *Berg- u. Hüttenm. Zeitung.* 1853, p. 209.
4 Württenberger, *Neues Jahrb. f. Mineral.* 1867, p. 685.

und an anderen Orten gefunden werden. — Im Kreise Fritzlar liegen zwischen Basaltkuppen, welche Buntsandstein und Muschelkalk durchbrechen, diluviale Sande und Lehme und in diesen nesterartige Ablagerungen von schrot- bis wallnussgrossen Eisensteinstücken, welche im Innern derb sind, keine schaalige Structur besitzen, äusserlich aber wie durch Wasser abgerundet erscheinen. — Der Eisenstein ist Brauneisenstein, der stets, seinen Ursprung aus dem Basalt verrathend, noch titanhaltiges Magneteisen enthält. — Zweifelsohne ist der Lehm ein zusammengeschwemmter Zersetzungsrückstand des Basalts.

§ 125. **Typus Tapanhoacanga.** Charakteristik: Breccien oder Conglomerate von Magnet- oder Rotheisenstein mit losem lehmigem, oder festem eisenhaltigem Bindemittel.

Ueber den Ursprung von klastischen Eisenerzen kann man nicht zweifelhaft sein, wenn diese in unmittelbarer Nähe der anstehenden Lagerstätte liegen. So findet man am nördlichen und westlichen Abhange des Berges Gora Blagodat im Ural (s. p. 143) $^1/_2$ bis 1 m mächtige Ablagerungen von rothbraunem Thon und Lehm mit kopfgrossen Knollen von Magnet- und Brauneisenstein. Eine eben solche Ablagerung begleitet die südlichen Abhänge des Berges Katschkanar im Ural, (s. p. 144) und der Iron Mountain in Missouri (s. p. 145) war, vor Beginn des Bergbau's, ganz von einem Mantel loser, in Thon eingehüllter Eisenglanzstücke umgeben.

In einer sehr grossen Verbreitung findet man in Brasilien in der Gegend von Itabira, Villarica, Marianna in der Provinz Minas Geraes eine 1 bis 4 m mächtige, oberflächliche Ablagerung eines klastischen Eisenerzes, welches über Eisenglimmerschiefer (s. p. 132) Thonschiefer, Talkschiefer, oder Itacolumit ruht.

Dieses Erz (nach der Sierra do Tapanhoacanga) Tapanhoacanga[1] genannt, besteht aus bis fussgrossen, eckigen, seltener abgerundeten Bruchstücken von Magneteisen, Eisenglimmerschiefer, Eisenglanz und Brauneisenstein, nebst solchen von Quarzit, Itacolumit und anderen Gesteinen. — Das Bindemittel, welches der Breccie, oder dem Conglomerat oft eine grosse Festigkeit giebt, obwohl es durchaus nicht immer sehr reichlich auftritt, ist Rotheisenstein, Brauneisenstein und gelber, auch rother Eisenocher.

Accessorische Bestandtheile, welche ebenso wie die Eisenerze aus den, unter der jugendlichen klastischen Bildung anstehenden, alten Gesteinen stammen, sind gediegenes Gold, Topas, Rutil, Diamant etc.

---

[1] v. Eschwege, *Beiträge zur Gebirgskunde Brasiliens.* 1832, p. 141, und *Pluto Brasiliensis*, 1838, p. 225.

§ 126. **Typus Metallseifen.** Charakteristik: Lose Sand- und Geröllmassen, welche Bruchstücke metallischer Fossilien enthalten.

Nach der Natur der letzteren lassen sich unterscheiden: Eisensteinseifen, zu denen zum Theil auch Lagerstätten des vorigen Typus gerechnet werden können, Goldseifen, Platinseifen und Zinnseifen.

Die Seifenlagerstätten sind durch mechanische, zum Theil auch chemische Zerstörung anstehender Lagerstätten entstanden. Die Zerstörungsproducte wurden durch Wasser fortgeführt, geschlemmt und je nach der verschiedenen Beschaffenheit des Terrains und nach der Schwere des Materials wieder abgelagert. — Sie gehören alle den jüngsten Formationen an, dem Tertiär und Quaternär, und liegen entweder an der Tagesoberfläche, oder nur in geringer Tiefe. — Manche Seifen sind offenbar noch jetzt in der Bildung begriffen. — Liegen die Seifen direct über den ursprünglichen Lagerstätten, welche das Material zu ihrer Bildung hergaben, so nennt man sie örtlich entstandene Seifen. — Den Gegensatz dazu bilden die zusammengeschwemmten Seifen, die mehr oder weniger entfernt von dem Ursprungsort ihres Materials abgelagert sind. — Oft lässt sich dieser Ursprungsort gar nicht mehr mit Sicherheit nachweisen. Ohne Weiteres ist es erklärlich, dass sich in den Seifen vorwiegend mechanisch und chemisch schwer veränderliche nutzbare Fossilien, wie gediegene Metalle, Gold, Platin, und einige oxydische Erze, wie Zinnstein, Magneteisenstein vorfinden, selten dagegen die leicht zerstörbaren Kiese, Glanze und Blenden.

Im Allgemeinen ist der Abbau der Seifenlagerstätten, die von der Natur bereits aufbereitete Materialien enthalten, lohnender, als der Abbau der ursprünglichen Lagerstätten. — Der Reichthum der Seifen pflegt in der Nähe des Ursprungsortes und in den tiefsten Lagen einer bestimmten Schwemmperiode am grössten zu sein. — Nirgends ist aber ein gleichmässiger Erzgehalt, sondern überall ein nesterförmig vertheilter zu finden. — Wo die Wasserströmungen verlangsamt wurden, sei es durch ein geringeres Gefälle, durch plötzliche Aenderung der Richtung, oder durch Einmündung einer Seitenströmung, werden sich vorzugsweise reiche Stellen finden, oder auch in Löchern, Rinnen und offenen Spalten der Felsunterlage, über welche die Strömung hinwegging; daher ist ein rauhes, zerklüftetes Grundgestein der Erzführung günstig.

Eisensteinseifen. — Der Gehalt mancher Sandablagerungen an titanhaltigem Magneteisenstein[1] stammt aus älteren, oder jüngeren

[1] Burkart, *Berggeist* XVI, No. 27—30. — *Neues Jahrb. f. Mineral.* 1871, p. 421. Ref.

massigen Gesteinen, vorzüglich aus Melaphyren und Basalten, die bekanntlich dieses Erz in grosser Menge ausgeschieden enthalten (s. p. 142). In Hohlwegen, Wasserrissen und Bächen, welche die Gebiete solcher Gesteine durchfurchen, sind titanhaltige Magneteisenerzsande sehr gewöhnlich, ferner an manchen Meeresküsten, z. B. denen der Ostsee, des mittelländischen Meeres etc.

Grossartig und technisch verwerthbar finden sich dieselben in den Flussgebieten und an den Küsten Nordamerikas, am unteren St. Lorenz-Strom, an den Ufern der grossen See'n, an den Küsten des atlantischen Oceans in Canada, Rhode Island und Connecticut, ebenso an den Küsten des grossen Oceans in Californien und Oregon, wo diese Seifen auch goldhaltig sind. — Ungeheure Massen eines solchen, ebenfalls goldhaltigen Sandes sind nach HOCHSTETTER auf der Nordinsel Neuseelands an der Taranaki-Küste zwischen dem Kaipara-Hafen und dem Mount Egmont abgelagert.

Körner von titanhaltigem Magneteisen pflegen übrigens in den Gold-, Platin- und Zinnseifen nirgends zu fehlen und als ein günstiges Zeichen für den Reichthum angesehen zu werden.

Goldseifen. Goldsand kennt man in sehr vielen Flussgebieten Europas, z. B. des Rheins, der Mosel, der Edder, der Elbe, der Flüsse Schlesiens, Ungarns etc. — Nirgends hat das Auswaschen derselben jedoch einen namhaften Ertrag gegeben.

Der Goldgehalt dieser Alluvionen hat mehr ein wissenschaftliches Interesse; er beweist, dass in den Gesteinen, welche jene Flüsse durchschneiden, ein geringer Goldgehalt eingeschlossen ist, selbst wenn derselbe in dem anstehenden Gestein nicht nachzuweisen sein sollte. (S. p. 127.)

Bevorzugter sind die übrigen Welttheile, vor Allen Nordamerika, das in den californischen Seifenlagerstätten die grössten Goldschätze birgt.

Die Hauptgoldregion Californiens[1] (s. p. 208) liegt am Westabhange der Sierra Nevada und dehnt sich hier über ein Gebiet von nahezu 1000 Quadratmeilen aus. — Man hat zwei Arten von Goldseifenlagerstätten zu unterscheiden. — Die ältesten (deep placers) gehören der jüngsten Pliocänzeit an und verbreiten sich in einem dieser Zeit angehörenden, mächtigen Stromsystem, das in der Richtung von Nord nach Süd, parallel dem Kamm der Sierra Nevada, ausgedehnt ist. — Die Seifen liegen direct über den steil aufgerichteten, metamorphischen Gesteinen, welche die Goldquarzgänge einschliessen; es sind also örtlich entstandene Seifen. Diese ältere Schuttbildung ist ein Absatz aus süssem Wasser, denn man

[1] H. CREDNER, *Berg- u. Hüttenm. Zeitung.* 1866, p. 209.

findet darin fossiles Holz und Reste von Rhinoceros, Hippopotamus und Mastodon; sie erreicht eine Mächtigkeit von 25 bis 90 m und besteht „aus glatten, abgerundeten Rollstücken von Quarz, Diorit, Syenit und Schiefern, welche sämmtlich aus dem Hochgebirge der Sierra abstammen und durch ein festes, sandiges, kalkiges Cement, welches oft Schwefelkies einschliesst, zu einem oft äusserst harten Conglomerat zusammengehalten werden.“

Die unteren Lagen sind besonders goldreich; dieselben werden in Folge der bläulichen Färbung des Cements das „blaue Conglomerat“ genannnt. — Nach oben zu, wo der Goldreichthum abnimmt, stellt sich eine gelbe, oder rothe Färbung des Gesteins ein, da der hie und da in dem Cement enthaltene Schwefelkies oxydirt ist. — Das Gold findet sich in hirse- bis erbsengrossen Körnern, seltener in solchen, die die Grösse eines Taubeneies erreichen, höchst ungleichmässig im Cement des Conglomerats eingeschlossen.

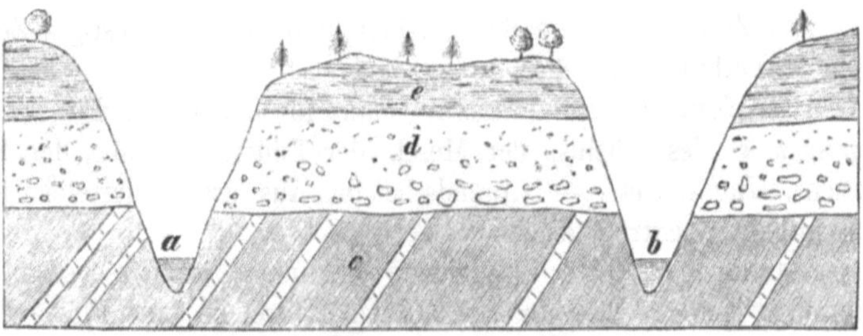

Fig. 89. Goldseifen Californiens nach H. Credner.
a Middle Yuba R. *b* South Yuba R. *c* Metamorphosirte jurass. Schiefer. *d* Die älteren Goldseifen. *e* Decke der vulkanischen Auswürflinge.

Erwähnenswerth ist noch, dass Vertiefungen auf dem Grunde des alten Flussbettes sehr reich sind, und dass sogar Schüppchen und Blättchen von Gold „in weiche Partieen des häufig die Unterlage bildenden Chloritschiefers äusserst fest eingezwängt und durch sich darüber hinbewegende Geschiebe polirt sind. — Man baut desshalb den „bed rock“ bis auf nahezu einen halben Fuss Tiefe mit bestem Erfolge ab.“

Nach Ablagerung der pliocänen, goldführenden Geröllmassen fanden gewaltige Eruptionen vulkanischer Gesteine an den Abhängen der Sierra Nevada statt, deren Producte die älteren Seifenlager hoch bedecken.

Mit dem Abschluss dieser vulkanischen Thätigkeit beginnt erst die Bildung der heutigen Thäler, die, senkrecht zur Erstreckung des Gebirges und des pliocänen Stromgebiets, tief einschneiden, sowohl die vulkanischen Ablagerungen, als auch die älteren Seifen (deep placers) durchwühlen, und sich noch in das darunter liegende Grundgebirge eingraben. (S. Fig. 89.)

In den Alluvionen dieser modernen Flüsse, deren Bette tief unter den älteren goldführenden Schichten liegt, finden sich natürlich wieder Goldseifen (shallow placers), die ihr Material theils aus der Wiederaufbereitung der deep placers, theils aus der Zerstörung des Grundgebirges hernahmen.

„Die Entdeckung und Ausbeutung dieser Goldvorkommen geschah gerade in der umgekehrten Reihenfolge ihrer Entstehung.“ Das erste Gold ist in den shallow placers gefunden und gewonnen, später erst schritt man zur Bearbeitung der deep placers, und zuletzt erstreckte sich der Bergbau auf die anstehenden Goldquarzgänge.

Auch die in den atlantischen Staaten Nordamerikas vorkommenden Golderzlagerstätten (s. p. 125) werden von Seifenlagerstätten begleitet, über deren Ursprung kein Zweifel herrschen kann.

Zu den ergiebigsten Goldseifen Südamerika's gehören die von Brasilien in der Provinz Minas Geraes. Daselbst wird auch das Eisenerzconglomerat Tapanhoacanga (s. p. 267) auf Gold bearbeitet.

Nächst Amerika ist Australien (s. p. 207) der goldreichste Welttheil. Daselbst haben sich von der Zeit der Steinkohlenperiode an bis in die Jetztwelt hinein Goldseifen gebildet. Schon in den Conglomeraten und Sandsteinen der Steinkohlenperiode, ja selbst in der Kohle eines Flötzes bei Newtown in Vandiemensland, findet sich Gold. — Auch die Juragesteine sind goldhaltig. — Die werthvollsten Seifen werden aber erst im Tertiär gefunden und gehören die bedeutendsten, wie in Californien, dem Pliocän an. — Sie werden „deep leads“ genannt, und sind gewöhnlich von mächtigen Basaltdecken bedeckt, welche mit Süsswasserschichten wechsellagern. Die Mächtigkeit der Seifen schwankt von 0,25 bis 6 m. — Ganz local ausgebildete, oberflächliche Seifen sind recenten Alters und werden diese in keinem grösseren Flusssystem vermisst, welches goldführende Schichten durchschneidet. Man kann sie eintheilen in ältere stationäre, und neuere mobile Seifen. — Die ersteren liegen über dem Niveau des heutigen Hochwassers und sind gewöhnlich von jüngeren Schuttmassen bedeckt. Die letzteren, die mobilen Seifen, sind das Product der Abtragung und Verarbeitung der stationären Seifen innerhalb des Flussbett's. In den Seifen finden sich neben Gold (bei Ballarat ein Klumpen von $184^1/_2$ ℔.): Quarz, Diamant, Topas, Pleonast, Sapphir, Rutil, Schörl, Zirkon, Brauneisenstein, Magnet- und Titaneisen, Wolfram, Zinnstein, Zinnober, Quecksilberamalgam, Glimmer, Hornblende etc. und Bruchstücke der verschiedensten, in der Nachbarschaft anstehenden Gesteine.

In Asien sind, ausser dem schon im Alterthum durch seinen Goldreichthum bekannten Indien, die Abhänge des Ural und des Altai reich an Goldseifen.

Am Ural[1] liegen die Goldseifen, in einer Erstreckung von mehr als 100 geographische Meilen, mit mehr oder weniger grossen Unterbrechungen, hauptsächlich am östlichen Abhange des Gebirges und in geringer Verbreitung an der westlichen Abdachung. — Nach MURCHISON stammt das Gold aus ursprünglichen Lagerstätten (Goldquarzgänge bei Beresowsk [s. p. 170] etc.), welche in Gesteinen aufsetzen, die älter sind, als die permische Formation.

Den Untergrund der Seifen bilden Gesteine verschiedenster Art, Augitporphyr, Granit, Beresit, Serpentin, Gneiss, Chloritschiefer, Talkschiefer, Thonschiefer, Kalkstein etc. — Da wo der Untergrund uneben, zackig und zerklüftet ist, haben sich die reichsten Goldablagerungen gefunden. Die Hauptmasse der Lager ist Lehm, Thon und Sand, in welchem neben den Bruchstücken verschiedenster Gesteine das gediegene Gold in Körnern, Schuppen und Klumpen vorkommt und von vielen anderen Mineralien begleitet wird: Platin, Iridium, Palladium, Osmium-Iridium, gediegenes Kupfer, Diamant, Zinnober, Eisenkies, Kupferkies, Eisenglanz, Titaneisen, Magneteisen, Chromeisenstein, Rutil, Brookit, Anatas, Korund, Zeilanit, Quarz, Granat, Zirkon etc. Ueberall wo reichlich Magneteisen vorkommt, hat sich auch ein grösserer Goldgehalt eingestellt. Die Zeit der Bildung dieser Seifenlager ist jedenfalls auch eine sehr jugendliche, da sich in denselben Reste von Elephas primigenius und Rhinoceros tichorinus gefunden haben.

Bedeutende Seifenlager sind am östlichen Abhange des Ural bei Miask (wo 1842 ein Goldklumpen von 87 ℔. Schwere gefunden wurde), Beresowsk, Nischne-Tagilsk, Bogoslowsk etc. bekannt.

Platinseifen. Platin hat sich bis jetzt nur äusserst selten auf ursprünglicher Lagerstätte, dagegen häufiger in Seifenlagerstätten, gefunden.

Es wurde zuerst in Südamerika in der Provinz Choco[2] in Columbien entdeckt, wo es nach BOUSSINGAULT, aus im Syenit aufsetzenden Goldquarzgängen stammend, in einem braunen Sande mit gediegenem Golde, Chromeisen und Titan- sowie Magneteisen zusammen vorgekommen ist.

Später ist Platin am Ural bei Nischne-Tagilsk und an anderen Orten mit Grünstein, Serpentin und Chromeisenstein zusammen gefunden worden. Die anstehende Lagerstätte ist nicht genau bekannt, man hat es aber in Blöcken eingesprengt gefunden, die aus Olivin und Serpentin

---

[1] v. COTTA, *Erzlagerstätten* II, p. 532.

[2] BOUSSINGAULT, *Ann. de Chimie.* XXXII, p. 209. — *Neues Jahrb. f. Mineral.* 1827, a. p. 177, u. 1828, b. p. 564. Ref.

bestehen. Das Muttergestein ist hier also ein mehr oder weniger in Serpentin umgewandeltes Olivingestein.

Auch in den Goldseifen Brasiliens, Borneo's, des Altai, der atlantischen Staaten Nordamerikas etc. hat man hin und wieder Platin gefunden.

Zinnseifen. Direct über dem Ausgehenden der früher beschriebenen Zinnerzlagerstätten (s. p. 180, 183 ff.), als örtlich entstandene Seifen, — oder in Thälern und Schluchten, die zinnerzführende Gesteine durchschneiden, auch in mit den Thälern zusammenhängenden Ebenen, als zusammengeschwemmte Seifen, — hat man Zinnstein führende Geröllmassen im sächsischen Erzgebirge, in Cornwall, auf den ostindischen Inseln, in Australien etc. gefunden. Am grossartigsten sind die Zinnseifen, der Bedeutung der ursprünglichen Lagerstätten entsprechend, auf den ostindischen Inseln und in Australien entwickelt.

Wesentlich neue Momente sind bezüglich dieser Seifen nicht aufzufinden, nur muss bemerkt werden, dass der Mineralienreichthum derselben ein viel geringerer, als der der Goldseifen ist.

§ 127. Uebersicht über die Typen der Erzlagerstätten. Die folgende Tabelle giebt eine Uebersicht über die Verbreitung der Erze und Mineralcombinationen in den verschiedenen Arten der Erzlagerstätten.

T. bedeutet immer Typus.

	A. Ursprüngliche Lagerstätten.							B. Trümmer-Lagerstätten.
	I. Geschichtete Lagerstätten.			II. Massige Lagerstätten.	III. Hohlraumsfüllungen. 1 Spaltenfüllungen oder Gänge.		2. Höhlenfüllungen und IV. Metamorphische Lagerstätten.	
	1. Derbe Erzflötze.	2. Ausscheidungsflötze.	3. Erzlager.		Gänge in massigen Gesteinen.	Gänge in geschichteten Gesteinen.		
Eisenerze und Manganerze.	§ 56. T. Spath- u. Thoneisensteinflötze.		§ 73. T. Spatheisensteinlager.			§ 99. T. Stahlberg.		
Eisenerze und Manganerze.	§ 57. T. Braun- u. Rotheisensteinflötze.				§ 84. T. Zorge. § 85. T. Ilfeld.	§ 98. T. Bergzabern.	§ 119. T. Hüggel. § 120. T. Bohnerz. § 121. T. Nassau. § 122. T. Huelva.	§ 124. T. Peine.
Eisenerze und Manganerze.			§ 74. T. Eisenglimmerschiefer. § 75—77. T. Magneteisenstein- u. Eisenglanzlager.	§ 79. T. Iron Mountain. § 78. T. Taberg. § 80. T. Wooded Peak.		§ 97. T. Rio Albano.		§ 125. T. Tapanhoacanga. § 126. T- Metallseifen. (Eisensteinseifen.)
Kupfer-		§ 59. T. Mansfeld. § 65. T. Fahlband.	§ 68—70. T. Kieslager.	§ 81. T.Mednorudjansk.	§ 86. T. Tamaya.		§ 123. T. Christiania.	

erze.						§ 100. T. Mitterberg. § 101. T. Kleinkogl.	§ 114. T. Rio Cares.	
		§ 60. T. Perm.				§ 102. T. Tellemarken-Cornwall.		
Kobalt- u. Nickelerze.		§ 65. T. Fahlband.			§ 87. T. Dobschau-Nanzenbach.	§ 104. T. Rewdinsk. § 105. T. Kobaltrücken.		
Silbererze.					§ 90 u. 91. T. Schemnitz.	§ 106. T. Schneeberg. § 107. T. Bräunsdorf. § 108 u. 109. T. Brand. § 110. T. Halsbrück.		
Bleierze u. Zinnerze.		§ 61. T. Commern.	§ 72. T.Sala-Tunaberg. § 67. T Åmmeberg.	§ 82. T. Monte Calvi.	§ 92. T. Pontgibaud.	§ 111. T. Clausthal. § 112. T. Aveyron.		
		§ 62. T. Austin.					§ 115—118. T Raibl.	
Gold-erze.			§ 71. T. Goldquarzlager.		§ 88 u. 89. T. Nagyag.	§ 103. T. Australien-Californien.		§ 126. T. Metallseifen. (Goldseifen.)
Platin-erze.								§ 126. T. Metallseifen. (Platinseifen.)
Zinn-erze.					§ 94. T. Altenberg.	§ 96. T. Schlaggenwald.		§ 126. T. Metallseifen. (Zinnseifen.)
Queck-silber-erze.		§ 64. T. Almaden.				§ 113. T. Moschellandsberg.		
Anti-mon-erze.		§ 63. T. Arnsberg.			§ 93. T. Magurka.			

Vierter Abschnitt.

Die Theorie der Genesis der Erzlagerstätten.

§ 128. Ursprung der Erze. Sucht man nach dem Ursprung der an und für sich ewigen Stoffe, und somit auch der Metalle, auf der Erdoberfläche, so muss man sich begnügen diesen, will man nicht in jene dunkle, von der KANT-LAPLACE'schen Hypothese nur schwach und dämmerig erhellte Urzeit hinabsteigen, in den Gesteinen der archaeischen Formationsgruppe und in den Eruptivgesteinen der verschiedenen Formationen zu erkennen.

Die krystallinischen Schiefer der archaeischen Formation, die ältesten unserer Beobachtung zugänglichen Gebilde der Erde, tragen die Charaktere geschichteter Gesteine an sich, das heisst solcher Massen, die sich durch allmäligen Absatz aus dem Wasser successive aufgebaut haben. — Zwischen ihnen liegen Schichten mit Erzeinschlüssen (die Fahlbänder,) — und Erzlager in so grosser Anzahl, wie in keiner der jüngeren Formationen. — Mag es auch bei einigen dieser Erzlagerstätten zweifelhaft sein, ob sie sich gleichzeitig mit den umgebenden Gesteinen abgelagert haben, oder spätere Eindringlinge sind, die meisten derselben sind ohne Zweifel wirkliche Lager, also jünger wie ihr Liegendes und älter wir ihr Hangendes. Gelingt es, sich von der Entstehungsart der krystallinischen Schiefer eine richtige Vorstellung zu machen, so muss damit auch die Bildung der diesen Schiefern eingelagerten Erzmassen, in den wesentlichen Punkten, erklärt sein.

Bekanntlich sind drei verschiedene Hypothesen über die Bildung der krystallinischen Schiefer aufgestellt.[1] Alle drei setzen sedimentäre Entstehung derselben voraus. Nach den Hypothesen des plutonischen und hydrochemischen Metamorphismus sind die krystallinischen Schiefer ursprünglich Sedimente gewöhnlicher Art, Kalksteine, Thonschiefer etc., die im Laufe der Zeit allmälig verändert, metamorphisirt wurden und zwar

[1] H. CREDNER, *Elemente der Geologie.* Vierte Aufl. 1878, p. 310.

nach der ersten Hypothese in Folge langsam wirkender Erhitzung durch die innere Erdwärme, nach der zweiten Hypothese in Folge lang andauernder Durchwässerung. Die dritte Hypothese nimmt eine ursprünglich krystallinische Entstehung in einem überhitzten Meere, unter dem Drucke einer schweren Atmosphäre, an.

Verfasser ist Anhänger dieser letzten Hypothese und findet, sowohl vom chemisch-physikalischen, als auch vom geognostischen Standpunkt aus, ebenso wenig Schwierigkeit sich die ursprünglich krystallinische Bildung einer Gneiss- oder Glimmerschieferschicht, wie die eines Fahlbandes, oder Erzlagers durch Absatz aus dem Wasser zu erklären.

Jedenfalls ist nun aber das auf die eine oder andere Weise innerhalb dieser ältesten Schichten niedergelegte Erzmaterial bei den späteren Umbildungen der Erdrinde theilweise wieder zerstört worden, um an anderen Orten von Neuem abgelagert zu werden und insofern als ein ursprüngliches zu bezeichnen. Hatte sich auf einer uns unbekannten Unterlage, vielleicht der Erstarrungskruste der Erde, das krystallinische Schiefergebirge einmal abgesetzt, so war damit eiu ungeheures Material gegeben, aus dessen weiterer Verarbeitung mittelst Wasser jüngere Sedimente, Hohlraumsfüllungen etc. hervorgehen mussten.

Jedoch damit war es noch nicht genug. Aus der Tiefe stiegen in Spalten, die beim Abkühlen der Erdrinde durch die geschichteten Gesteine hindurchrissen, Gesteinsmassen — (die Eruptivgesteine) — auf, breiteten sich an der jeweiligen Tagesoberfläche mehr oder weniger weit aus und führten so immer wieder und wieder Material zu Neubildungen aus dem Erdinnern an die Erdoberfläche. Ob diese eruptiven Massen aus Regionen stammen, die unter dem krystallinischen Schiefergebirge liegen, oder vielleicht nur in der Tiefe wieder eingeschmolzene Sedimente sind, kann streitig sein. — Der Umstand, dass die Natur der Eruptivgesteine sich auf der ganzen Erdoberfläche, zu allen Zeiten, wesentlich gleich geblieben ist und sich von der durchbrochenen Unterlage ganz unabhängig zeigt, spricht sehr zu Gunsten der ersten Ansicht. Die eruptive Thätigkeit ist nun aber nicht allein eine Quelle neuen, durch die Atmosphärilien zu verarbeitenden Gesteinmaterials, sondern auch eine Metall- resp. Erzquelle. Sehr feine chemische Untersuchungen, die Fr. Sandberger neuerdings ausgeführt hat, auf die wir später noch zurückkommen werden (§ 152), lehren, dass die Silicate der Eruptivgesteine einen kleinen Metallgehalt besitzen. — Auch in Form von oxydischen und geschwefelten Erzen finden wir die Metalle in diesen Gesteinen ausgeschieden, so z. B. Magneteisen in vielen Basalten, Olivingesteinen etc. (s. p. 142 ff.), Kupferkies in den Laven des Capo di Bove, Magnetkies im Basalt Australiens. (S. p. 148.) Sehr wahrscheinlich ist es auch, dass die in so vielen Diabasen, Gabbros und Dioriten eingeschlossenen Schwefelkiese, Kupferkiese, Magnetkiese etc. ursprüngliche Erzausscheidungen sind.

Dass sich Magneteisen aus feurigem Flusse mit Silicaten abscheidet, ist dadurch sicher bewiesen, dass sich dieses Erz in frischen Laven, in Basalten und ähnlichen Gesteinen, in Krystallen, Krystallskeletten, Körnern Klumpen und Primärtrümmern findet. — Ohne Schwierigkeit ist somit die Genesis der im Typus Taberg (§ 78) vereinigten Lagerstätten erklärt. — Ob sich auch Eisenglanz in gleicher Weise ausscheidet, ist etwas zweifelhaft, und sollte es erwiesen werden können, dass dies nicht der Fall ist, so wird man die Lagerstätte des Iron Mountain (§ 79) in den Typus Zorge (§ 84) stellen müssen.

Nicht so leicht wie das Verständniss der Lagerstätten des Typus Taberg, ist das des Typus Mednorudjansk (§ 81), weil man nicht so schlagende geognostische Beweise dafür hat, dass sich Schwefelmetalle aus feurigem Fluss mit Silicaten abscheiden können. Auf das Vorkommen von Magnetkies im Basalt Australiens und Kupferkies in den Laven des Capo di Bove ist schon zweimal hingewiesen. — Das sind aber doch nur untergeordnete Erscheinungen. — Bei der Schilderung der Lagerstätten von Mednorudjansk, Gumeschewsk, la Balma etc. (§ 81) sahen wir, dass die Kiese nicht als Hohlraumsfüllungen in den Dioriten, Gabbros etc. vorkommen, sondern als wirkliche Erzeinschlüsse im Gestein, und wird die Frage zu beantworten sein, ob es Ausscheidungen oder Einsprengungen sind (p. 67). Setzt man es durch geognostische Gründe bewiesen voraus, dass jene Gesteine Eruptivgesteine sind, dass sie also in einem feuerflüssigen Zustande (hydatopyrogen) die Sedimente durchbrachen, so wird die Auffassung jener Kieseinschlüsse als Kiesausscheidungen sehr wahrscheinlich, wenn man sich überzeugt, dass Schwefelmetalle aus Schmelzfluss mit Silicaten hervorgehen können.

Das Schmelzen der Schwefelmetalle und Krystallisiren derselben beim langsamen Erkalten ist bei Hüttenprocessen jeden Tag zu beobachten. — Schwefelkupfer von der Zusammensetzung des Kupferglanzes krystallisirt nach dem Schmelzen meist in regulären Octaedern; Scheerer beobachtete auch die rhombische Form, auf künstlichem Bleiglanz aufsitzend, in der Herdmasse eines Freiberger Flammofens. Durch Zusammenschmelzen der Bestandtheile an der Luft, oder mit einer die Luft abschliessenden, oder auch die Stoffe lösenden Schlacke von Borax, Kochsalz etc., haben Fournet, F. de Marigny, E. Schüler und Andere krystallinische, zum Theil auch krystallisirte Massen von Bleiglanz, Antimonglanz, Wismuthglanz, Rothgiltigerz, Zinkenit, Magnetkies, Buntkupfererz, Greenokit und Wurtzit erhalten, die den natürlichen Mineralien gleich, oder mindestens sehr ähnlich waren. Da nun schliesslich in den Schmelzöfen die Schwefelmetalle mit den Silicaten (Schlacken) zusammen im geschmolzenen Zustande vorkommen, so wird es sehr wahrscheinlich, dass sich Kiese als ursprüngliche Bildung in Eruptivgesteinen vorfinden können. Es muss aber immer im Auge behalten werden, dass jene Kiesauscheidungen auch nachträglich bei metamorphischen Processen gebildet sein können, etwa in ähnlicher Weise wie der Chromeisenstein bei der Umwandlung von Olivingesteinen in Serpentin (s. p. 146).

Aehnliche Erwägungen, wie die vorgetragenen, werden auch geltend gemacht werden können, wenn man die Entstehung der augitischen Erzgänge des Monte Calvi (§ 91) erklären will.

Die eruptive Thätigkeit beschränkt sich aber nicht allein auf das Ausgiessen feuerflüssiger Gesteinsmassen; das Hervordringen letzterer ist gewöhnlich von Gasausströmungen und heissen Quellen begleitet, in denen ebenfalls Metalle vorkommen. — Die Frage, wo die Stoffe dieser vulkanischen Dämpfe und Quellen herstammen, ist nicht mit Sicherheit zu beantworten. Der Ursprung kann in dem feuerflüssigen Erdinnern liegen; es ist aber auch möglich, dass das in der Tiefe verborgene krystallinische Schiefergebirge, oder andere erzhaltige Gesteine, das Material hergaben, als sie von den Eruptivmassen durchsetzt wurden. Ganz unabhängig von der Lösung dieser Frage kann man, — in demselben Sinne wie die Fahlbänder und Erzlager des krystallinischen Schiefergebirges, und der Metallgehalt, sowie die Erzausscheidungen der Eruptivgesteine als urspünglich angesehen sind, — auch die vulkanischen Dämpfe und Quellen ursprünglich bezeichnen.

Da die Ablagerung der Erze und der sie begleitenden Mineralien in Schichten (Flötzen und Lagern), in Hohlräumen (Gänge und Höhlen) und in Form metamorphischer Lagerstätten voraussetzt, dass sich die Stoffe in einem beweglichen, flüssigen, oder gasförmigen Zustande befanden und dadurch transportabel waren, so wird es zunächst nöthig sein, darüber aufgeklärt zu werden, ob und in welcher Weise das ursprüngliche Material in einen solchen Zustand versetzt werden konnte.

§ 129. **Bildung der Mineralien.** Die gewünschte Aufklärung erhält man durch Beobachtungen über das Entstehen und Vergehen der Mineralien. Anhaltspunkte zur Beurtheilung geben uns:

A. Jugendliche Mineralbildungen, die gewissermaassen unter unseren Augen vor sich gehen.

B. Charakteristische Fundorte, die ein klares Licht über die Bildungsvorgänge verbreiten.

C. Bildung von Mineralien in Hüttenwerken und Fabriken.

D. Sogenannte künstliche Mineralien,[1] das heisst solche, die beim Experimentiren entstehen.

Die Moleküle der Körper sind, — wenn wir von den hier nicht specieller in Betracht zu ziehenden molekularen Bewegungen in starren Körpern absehen, — nur im gasförmigen und flüssigen Zustande beweglich.

Der directe Uebergang aus dem gasförmigen in den festen Zustand, — die Sublimation, — ist ein Vorgang, durch den nachweislich Mineralien entstehen.

Der flüssige Zustand ist entweder ein Schmelzfluss, oder eine Lösung. — Aus Schmelzflüssen bilden sich Mineralien durch Erstarren, aus Lösungen durch Auskrystallisiren, Fällung etc. unter sehr verschiedenen Bedingungen. Es lassen sich also unterscheiden:

I. Bildung der Mineralien durch Sublimation, oder Einwirkung von Gasen auf feste Körper.

II. Bildung der Mineralien durch Erstarren aus dem Schmelzfluss.

III. Bildung der Mineralien durch Ausscheidung aus Flüssigkeiten.

I. Bildung der Mineralien durch Sublimation, oder Einwirkung von Gasen auf feste Körper.

§ 130. A und B. Jugendliche Mineralbildungen und charakteristische Fundorte.

Sublimationsproducte sehen wir in der Natur sich nur neben Vulkanen und Erdbränden bilden. — Die letzteren sind für den vorliegenden Zweck wenig wichtig und können übergangen werden. Die inneren und äusseren Kraterwände von Stratovulkanen, die Oberfläche der Lavaströme und alle Spalten, die in letzteren und in den vulkanischen Bergen aufrissen, sind die Sammelplätze der durch Sublimation gebildeten Mineralien. Unter diesen finden sich nicht allein Verbindungen, die für sich, oder in Wasserdämpfen, flüchtig sind, sondern auch solche, die durch keine äusseren Umstände verflüchtigt werden können. — Zu den ersteren gehören: gediegener Schwefel, Kochsalz, Salmiak, Borsäure und, was hier besonders interessant, Eisenchlorid, Kupferchlorid, Chlorblei (Vesuv) Auripigment und wahrscheinlich auch kleine Mengen flüchtiger Chlorverbindungen des Nickels und Zinn's (Stromboli).

An und für sich nicht flüchtige Mineralien, die schon seit langer Zeit als Sublimationsproducte erkannt waren, sind Eisenglanz und Tenorit

[1] C. W. C. Fuchs, *Die künstlich dargestellten Mineralien.* Haarlem 1872.

(Kupferoxyd.) Neuerdings haben G. v. Rath,[1] Scacchi[2] und Th. Wolff[3] nachgewiesen, dass auch allerhand Silicate wie Augit, Hornblende, Granat, Glimmer, Leucit, Sodalith etc. unzweifelhafte Sublimationsproducte der Eifeler Vulcane und des Vesuvs sind, wie ihr Fundort auf Klüften der Lava etc., mit vulkanischem Eisenglanz und anderen Sublimationsproducten zusammen, beweist.

Eine Erklärung für diese hochinteressanten Thatsachen findet man in den von Daubrée, Sénarmont, Hautefeuille, Deville und Caron experimentell nachgewiesenen Bildungen solcher Mineralien durch gegenseitige Zersetzung flüchtiger Chlor- und Fluorverbindungen mit Wasserdampf resp. Borsäureanhydrit. (S. unten § 132.)

§ 131. C. Bildung von Mineralien in Hüttenwerken und Fabriken.

Bei Röst- und Schmelzprozessen in Hüttenwerken sind Sublimationsproducte, die in ihren Eigenschaften den Mineralien wesentlich gleich sind, — wie nicht anders zu erwarten, — sehr häufig. — Zu solchen gehören zum Beispiel Bleiglanz, Zinkblende, Realgar, Arsenige Säure (Arsenit) etc.

Auch Quarz hat sich beim Ausbrechen der Eisenhochöfen in faserigen, büschelförmigen, oder lockeren, zerreiblichen Massen in einer Weise gefunden, dass an der Entstehung durch Sublimation nicht gezweifelt werden kann, zum Beispiel auf der Olsberger Hütte.

In den Kupferschieferschmelzöfen der Mansfelder Hütten zu Sangerhausen und Leimbach, im Eisenhochofen der Josephshütte bei Stolberg am Harz sind, nach Anwendung von Flussspath als Zuschlagsmittel, in den Ofenbrüchen nette, durch Sublimation gebildete Feldspathkrystalle gefunden, deren Entstehungsgeschichte, ebenso wie die des vorher erwähnten Quarzes, durch die Experimente Daubrée's, Hautefeuille's und Deville's aufgeklärt ist. (S. unten.)

§ 132. D. Künstliche Mineralien.

Nach C. W. C. Fuchs (a. a. O.) lassen sich die beim Experimentiren mit Gasen und Dämpfen dargestellten künstlichen Mineralien in folgender Weise gruppiren:

a. durch Sublimation,

b. durch Zersetzung von Dämpfen in hoher Temperatur,

c. durch Einwirkung von Gasen und Dämpfen auf stark erhitzte feste Körper gebildete Mineralien.

---

1 *Neues Jahrb. f Mineral.* 1866, p. 825.

2 *Zeitschr. d. d. geol. Gesellsch.* 1872. Bd. 24, p. 493.

3 *Verhandl. d. naturh. Ver. d. preuss. Rheinl. u. Westf.* 1867. Bd. 24, p. 31. (Verhandl.)

a. Sublimation. Durch Sublimation bei Luftabschluss kann man darstellen, oder erhält man bei Hüttenprozessen:

Gediegenes Arsenik; oft in schönen Rhomboedern.

Bleiglanz; in prachtvollen, meist trichter- oder treppenförmig ausgebildeten, würfeligen Krystallen.

Zinkblende von verschiedener Farbe, braun, gelb, grün, schwarz, in krystallinischen Massen, seltener in Krystallen.

Zinnober; in faserigen Aggregaten, selten in Krystallen.

Antimonglanz; in spiessigen Krystallen.

Realgar und Auripigment; meist krystallinisch, seltener in Krystallen.

Arsenit, Valentinit und Sénarmontit; bei niedriger Temperatur erhält man die reguläre und bei hoher Temperatur die rhombische Modification der arsenigen und antimonigen Säure.

Quecksilberhornerz, Kochsalz, Sylvin und Salmiak; alle in Krystallen, oder krystallinischen Massen.

Interessant ist es, dass nach St. Claire-Deville und Troost die amorphen Niederschläge von Schwefelcadmium und Schwefelzink als Greenokit und Wurtzit sublimiren, wenn sie in einem Wasserstoffstrom geglüht werden.

b. Zersetzung von Dämpfen in hoher Temperatur. Lässt man auf flüchtige Chlor- und Fluorverbindungen, in hoher Temperatur (Glühhitze), Schwefelwasserstoff oder Wasserdampf einwirken, so scheiden sich an und für sich nicht flüchtige Schwefelmetalle resp. Oxyde als Sublimationsproducte ab, — Experimente, welche das oben erwähnte Vorkommen von Eisenglanz, Tenorit, Augit, Hornblende, Granat, Glimmer, Leucit, Sodalit etc. als Sublimationsproducte an Vulkanen und das von Quarz und Feldspath in Hochöfen (s. p. 280 u. 281) erklären.

1. Durocher hat durch Einwirkung von Schwefelwasserstoff auf die betreffenden Chlormetalle Silberglanz, Kupferglanz, Greenokit, Zinkblende, Antimonglanz, Wismuthglanz, Schwefelkies, ja sogar, bei Anwendung entsprechender Gemenge, Fahlerz und Rothgiltigerz dargestellt. — Die erhaltenen Verbindungen waren zum Theil deutlich krystallisirt, zum Beispiel der Kupferglanz, die Zinkblende, der Antimonglanz, der Schwefelkies und das Fahlerz.

2. Den Bemühungen von Daubrée, St. Claire-Deville und Sénarmont verdankt man die Kenntniss, dass sich Oxyde abscheiden, wenn auf die Verbindungen des Magnesiums, Eisens, Zinns, Titans und Siliciums etc. mit Chlor, Wasserdampf bei Rothglühhitze wirkt. Periklas, Eisenglanz, Zinnstein, Rutil und Quarz sind auf diese Weise, auch zum Theil in deutlichen Krystallen, dargestellt.

3. Hautefeuille bekam Korund und Rutil in Krystallen, indem er Wasserdampf auf die Verbindungen des Aluminiums und des Titans mit Fluor einwirken liess.

4. Mittelst Fluoriden und Borsäureanhydrit in der Glühhitze erhielten St. Clair-Deville und Caron Chrysoberyll, Korund, Magneteisen und Gahnit.

c. Einwirkung von Gasen und Dämpfen auf stark erhitzte Körper.

1. Leitet man Schwefelwasserstoff in der Glühhitze über Zinkoxyd, Cadmiumoxyd, Eisenoxyd, so erhält man Wurtzit, Greenokit und Pyrit in Krystallen. — Rammelsberg erhielt sogar Pseudomorphosen von Schwefelkies nach Magneteisen und Rotheisenstein, als er über diese Mineralien Schwefelwasserstoff leitete, während die Temperatur zwischen 100° und Rothgluth war.

2. Wasserdampf übt in der Glühhitze auf einige Metalle eine oxydirende Wirkung aus, daher entstehen Krystalle von Zinkoxyd, von rhombischer antimoniger Säure (Valentinit), wenn man Wasserdampf über glühendes Zink, oder Antimon leitet.

3. Reducirend wirken Grubengas und ölbildendes Gas; sie führen Kupferoxyd, Kobaltoxyd und Wismuthoxyd in Metall über. Aus Felsarten, wie Hypersthenit, Basalt, Melaphyr, bekam Daubrée durch Reduction mittelst der genannten Gase dem Meteoreisen ähnliche Massen.

4. Ebenso wie bei dem Zusammentreten von flüchtigen Chlorverbindungen und Wasserdampf Oxyde entstehen, erhält man solche auch, wenn die Chlorverbindungen über glühenden Aetzkalk, oder glühende Magnesia geleitet werden. — Periklas, Zinkoxyd, Eisenglanz, Zinnstein, Spinell, Gahnit, Franklinit etc. hat Daubrée nach dieser Methode erhalten. Sehr interessant ist es, dass bei Einwirkung von Chlorsilicium auf Aetzkalk, Thonerde, Beryllerde etc. allerhand Silicate, wie Disthen, Phenakit etc. nebst Quarz entstehen, und dass man Apatit erhält, wenn Chlorphosphordämpfe über glühenden Aetzkalk streichen.

5. Willemit, Staurolith und Zirkon stellte St. Claire-Deville dar, indem er Fluorsilicium über glühendes Zinkoxyd, glühende Thonerde resp. Zirkonerde leitete. — Dabei bilden sich ausser den Silicaten, flüchtiges Fluorzink, Fluoraluminium oder Fluorzirkon, die, wenn sie mit Kieselsäure in Berührung kommen, wieder Fluorsilicium und Oxyde geben. So ist es möglich mit einer sehr kleinen Menge von Fluorsilicium unbegrenzte Mengen der Silicate darzustellen, wenn die entstehenden Gase in glühenden Röhren abwechselnd über Oxyde und Kieselsäure geleitet werden.

II. Bildung der Mineralien durch Erstarren aus dem Schmelzfluss.

§ 133. A u. B. Jugendliche Mineralbildungen und charakteristische Fundorte. In den Laven und den übrigen Eruptivgesteinen sind Silicate und Magneteisen in grösster Menge ausgeschieden; dass sich auch Quarz aus denselben als wesentlicher Bestandtheil ausgeschieden hat, ist neuerdings durch Th. Wolff[1] an den Quarz-Andesit-Laven des Antisana und Quamani nachgewiesen. Nicht alle in den Eruptivgesteinen eingeschlossenen Mineralien sind Ausscheidungen aus feurigem Fluss; manche derselben sind eingesprengt, oder bei metamorphischen Prozessen nachträglich entstanden. — Die Beurtheilung richtet sich nach dem einzelnen Fall und ist häufig sehr schwierig.

§ 134. C u. D. Bildung von Mineralien in Hüttenwerken und Fabriken, sowie künstliche Mineralien. Bei Schmelzprozessen bilden sich in Hüttenwerken, Laboratorien etc. krystallinische Massen und Krystalle von Metallen und Metallverbindungen.

Durch directes Zusammenschmelzen der Bestandtheile hat man dargestellt: Antimonnickel, Arsensilber, Antimonsilber, Bleiglanz, Antimonglanz, Kupferglanz, Kupferindig, Buntkupfererz, Wismuthglanz, Rothgiltigerz, Zinkenit, Magnetkies, Augit, Vesuvian, Granat, Feldspath, Titanit, Perowskit, Apatit etc.

Bei Anwendung von Borax, Kochsalz etc., die ein zu rasches Erkalten und den Luftzutritt verhinderten, erhielt man: Bleiglanz, Korund, Magneteisen, Hausmannit, Borazit, Apatit etc.

In manchen Schmelzflüssen lösen sich die Körper und scheiden sich beim Erstarren wieder krystallinisch aus. — Auf diese Weise ist mittelst Borax, Pottasche, Phosphorsalz und Schwefellebern die Darstellung von Spinell, Olivin, Korund, Diopsid, Tridymit, Anatas, Eisenglanz, Greenokit etc. gelungen.

III. Bildung der Mineralien durch Ausscheidung aus Flüssigkeiten.

§ 135. A. Jugendliche Mineralbildungen. Das Wasser ist eines der mächtigsten Agentien auf der Erde, dessen stille, ununterbrochene Thätigkeit Gebirge zerstört und neue Formationen aufbaut, — Mineralien, selbst wenn sie uns ganz unlöslich erscheinen, doch im Laufe der Zeit löst und zerbröckelt und überall in Klüften und Hohlräumen der Erde, sowie an der Tagesoberfläche, neue Mineralbildungen schafft.

---

[1] *Neues Jahrb. f. Mineral.* 1874, p. 377.

Nur räumlich beschränkt äussert sich der Vulkanismus mit seinen Lavaergüssen und Gasexhalationen, während das Wasser fast überall, über und unter der Erde, seine Werkstätte hat. In der Nähe von Vulkanen, oder da, wo es aus grosser Tiefe aufsteigt, dringt es als heisse Quelle hervor, reich beladen mit mineralbildenden Stoffen und als schwächere Lösung circulirt es fast überall in den Klüften und Poren der Gesteine, sammelt sich in Quellen, Bächen und Flüssen, strömt dem Meere zu, steigt zu den Wolken auf und fällt wieder nieder, um von Neuem den Kreislauf zu beginnen, auf dem es Mineralien entstehen und vergehen lässt.

a. Quellenabsätze. Da, wo das Wasser als heisse oder kalte Quelle aus der Erde dringt, enthält es die meisten Stoffe aufgelöst, und ist aus diesem Grunde die mineralbildende Thätigkeit des Wassers in den Quellenabsätzen am deutlichsten zu erkennen.[1] Sehr bekannt, weil weit verbreitet, sind die Absätze von Kieselsinter (Geysirs), Kalktuff, Eisenoxydhydrat an heissen und kalten Quellen.

In den Kieselsinterabsätzen sind durch Analyse kleine Mengen von Thonerde, Eisenoxyd, Kalk, Magnesia, Kali, Natron und Schwefelsäure gefunden. Sehr viel reicher an feinen Beimengungen sind die Kalkabsätze, in denen die Carbonate der Magnesia, der Strontianerde, des Baryts und Eisenoxyduls, ferner schwefelsaurer Baryt, Phosphate des Kalks, des Eisenoxyds und der Thonerde, sodann Eisenoxyd, Manganoxyd, Kieselsäure, Fluorcalcium, Arsensäure, Kupferoxyd und Bleioxyd nachgewiesen sind. Alle diese Stoffe waren natürlich in den Quellwassern gelöst und sind aus den Gesteinen, welche von den Quellencanälen durchzogen wurden, ausgelaugt.

Die Eisenocherabsätze enthalten meist etwas Mangan. — Man hat aber auch von Quellenabsätzen berichtet, die so reich an Manganoxyden sind, dass sie beim Begiessen mit Salzsäure viel Chlor entwickeln; so ist nach Townsend am Cap der guten Hoffnung eine 34,7 ° R. warme Quelle bekannt, die auf weite Entfernungen hin Alles mit dicken Inkrustationen von Manganoxyden überzieht. Kersten beschreibt ein dem Manganit ähnliches Mineral, das sich in einer 16 ° warmen Quelle bei Karlsbad ausgeschieden hatte, u. s. w. Ohne Schwierigkeit lässt sich begreifen, dass die mit Kohlensäure überladenen Wasser den Mangangehalt, ebenso wie den Eisengehalt, aus den Gesteinen auslaugten und beim Verdunsten der Kohlensäure an der Luft wieder ausschieden.

Hochinteressant und für die Erklärung der Genesis der Erzlagerstätten von grösster Wichtigkeit ist es, dass sich erfahrungsmässig

[1] G. Bischof, *Lehrb. d. chem. u. physik. Geol.* 1863. Bd. 1, p. 527.

Schwefelkies da bildet, wo Eisen enthaltende Quellen über faulende, Schwefelwasserstoff entwickelnde Organismen rieseln.

NÖGGERATH[1] fand im Alluvium bei Roisdorf unweit Bonn, etwa 2 m unter der Tagesoberfläche, in einer moorigen Erde Geschiebe von Quarz und Grauwacke, die mit einem sehr dünnen, aber schön glänzenden Ueberzug von Schwefelkies versehen waren. Diese Erscheinung lässt sich sehr leicht erklären, da an jener Stelle eine Sauerquelle vorbricht, welche, unter anderen Salzen, schwefelsaures Natron und kohlensaures Eisenoxydul enthält. — Das schwefelsaure Natron wird durch die faulenden, vegetabilischen Reste reducirt, und der dabei gebildete Schwefelwasserstoff ist, sobald er mit dem Eisensalz zusammenkommt, die Veranlassung der Schwefelkiesbildung. —

Wesentlich denselben Vorgang beobachtete FORCHHAMMER an der Küste der Insel Bornholm,[2] da wo Fucusarten verwesen und mit einer eisenhaltigen Quelle in Berührung kommen. Die Asche der Fucusarten enthält sehr viele schwefelsaure Salze, die bei eintretender Fäulniss der Seepflanzen reducirt werden und Schwefelwasserstoff entwickeln. „Diese Zersetzung kann man sehr deutlich an der westlichen Küste der Insel Bornholm beobachten, wo eine Eisenquelle aus dem unteren Oolith in eine kleine Bucht der See sich ergiesst und eine grosse Menge von Fucus vesiculosus beständig an die Küste geworfen wird. — Alle Geschiebe auf dem Meeresgrunde sind mit einer schönen, gelben Rinde von Eisenkies überzogen, welcher sich unverändert erhält, so lange er vom Meerwasser bedeckt ist, aber, der Luft ausgesetzt, bald in schwefelsaures Eisenoxyd übergeht."

Schwefelkiesbildung ist von LONGCHAMP in den Thermalquellen von Chaudesaignes am Cantal, von NÖGGERATH in den Thermen von Aachen, von BISCHOF in der Quelle von Burgbrohl am Rhein beobachtet; — an letzterer Stelle in einem hohlen Baumstamme, in welchem die Quelle früher gefasst war.

Das höchste Interesse beanspruchen die Quellenabsätze in alten römischen Mauerwerken, welche DAUBRÉE bei Plombières, bei Bourbonne-les-Bains (Haute Marne) und an anderen Orten untersuchte.

Plombières[3] liegt in einem Thal, dessen Boden aus Granit und dessen Thalwände aus Buntsandstein bestehen. — Die 73° C. heissen Quellen sprudeln an den Salbändern von Quarz- und Flussspathgängen in die Höhe, welche Schwerspath, Schwefelkies, Rotheisenstein etc. enthalten und im Granit aufsetzen. — Die Römer hatten die Thalwasser

[1] *Neues Jahrb. f. Mineral.* 1836, p. 580.

[2] G. BISCHOF, *Lehrb. d. chem. u. physik. Geologie.* 1847. Bd. I, p. 925.

[3] *Ann. d. mines.* 5. série. t. XII, p. 227, t. XIII, p. 242. — *Berg- u. Hüttenm. Zeitung.* 1859, p. 3. Ref.

abgeleitet und die Quelle durch Mauerung und Betonlage gefasst; letztere, bis 3 m dick, ruht theils auf Granit, theils auf Alluvialkies, besteht aus Bruchstücken von Backsteinen und Buntsandstein mit Cement ohne Sand und breitet sich so über eine Länge von 90 m aus. — Diese Anlagen sind später verschüttet und mit Gebäuden bedeckt. Beim Ausgraben fanden sich, durch die, kieselsaures Kali, Fluorverbindungen etc. enthaltenden Quellen, die Backsteine und der Mörtel ganz verändert und in den Hohlräumen des Mauerwerks allerhand warzige und krystallisirte Mineralüberzüge; darunter viele Zeolithe, wie Apophyllit, Chabasit, Gismondin, Mesotyp, Plombierit, ferner Opal, Arragonit, Kalkspath und Flussspath. Das Ganze erinnerte an die Hohlraumsfüllungen in Basaltmandelsteinen. — An einem bronzenen Hahn römischer Arbeit, welcher bei den Ausgrabungen gefunden wurde, also mehr als 15 Jahrhunderte unter den Trümmern verschüttet gelegen hatte, entdeckte man kleine Krystalle von rhombischem Schwefelkupfer (Kupferglanz).

Zu Bourbonne-les-Bains[1] fand A. Daubrée in einem Brunnen, genannt der römische, auf dem trockenen Grunde in einer schwarzen, thonigen Erde vegetabilische Reste, Holzstücke, Haselnüsse etc., ferner römische Münzen und andere Gegenstände von Bronze, Silber und Gold. — Die Bronze war äusserlich mit einer weissen Schicht von Zinnoxyd überzogen, und die Kunstgegenstände fanden sich von den interessantesten, zum Theil schön krystallisirten, Mineralien bedeckt. — Es fanden sich: Kupferglanz, Kupferindig, Kupferkies, Buntkupfererz, Fahlerz, Bleiglanz, Eisenkies, Bleivitriol, Bleihornerz, Brauneisenerz. Die mit 60° C. entspringenden Quellen, welche über den Metallgegenständen diese Mineralien gebildet hatten, enthalten Chlorüre und Sulfate der Alkalien des Kalks und der Magnesia. Wie zu Plombières hatten sich in den Hohlräumen des Mörtels allerhand Zeolithe gebildet.

„Bei Bloslegung der Fassung einer Quelle im Militärbade zu Carlsbad fanden sich bis 13 mm grosse Schwerspathkrystalle von gelblicher Farbe, die von der Quelle gebildet waren.“ (C. W. C. Fuchs a. a. O. p. 159.)

b. Absätze aus Sickerwassern in Gruben. Nächst den Quellenabsätzen sind es die Absätze aus den Sickerwassern in Grubenräumen, welche geeignet sind, viel Licht über Mineralbildung zu verbreiten.

Kalksinter- und Eisenocherabsätze finden sich fast überall; auch Wad und stark manganhaltige Ocher sind nicht selten.

Wie sich Kalkspath in Kohlensäure enthaltendem Wasser löst, so ist das auch in gleicher Weise mit dem Zinkspath der Fall. — Zink-

---

[1] *Comptes rendus* LXXX. — *Neues Jahrb. f. Mineral.* 1875, p. 749 u. 874. Ref.

spath und Zinkblüthe finden sich daher als jugendliche Bildung in Galmeigruben, so auf den Gruben von Santander, wo Knochen von Elephas primigenius von Zinkblüthe[1] umhüllt waren. Knochen einer noch lebenden Fledermausspecies hatten sich, auf der Galmeigrube Jaworznow im krakauer Gebiet, in Dolomitklüften liegend, nach F. Roemer mit Zinkspath[2] überkrustet. Solche Ueberkrustungen sind, wie schon Nöggerath[3] 1843 beschrieben, in den oberschlesischen Gruben über Baumblättern und Zimmerhölzern gefunden.

Fingerdicke Ueberzüge von Weissbleierz[4] bedeckten die Stösse des Elisabethstollns im Bleiberge bei Commern, als er, nach etwa hundertjähriger Ruhe, wieder geöffnet wurde, und in alten Grubenräumen des Bleibergs bei St. Avold[5] ist dasselbe Mineral in schönen Stalactiten angetroffen. Kobalt und Nickelblüthe[6] verkitten die Bruchstücke des alten Manns der Grube Louise bei Horhausen, und die Firste einer Strecke, welche in, mit Speisskobalt reichlich durchwachsenem Spatheisenstein getrieben war, zeigte sich etwa 1 mm stark mit diesen Mineralien überzogen.

Alle diese jugendlichen Bildungen sind nicht so überraschend, wie die Neubildung von Silicaten, Schwefelmetallen und gediegenem Kupfer.

Unter den Silicaten ist der Allophan zu nennen, der im Blauen Stolln bei Zuckmantel[7] die Firste, Sohle und Stösse in grosser Menge bedeckte, als dieser Bau Jahre lang ausser Betrieb gestanden hatte. — Der Feldspath des Glimmerschiefers, in dem der Stolln getrieben ist, lieferte bei seiner Zersetzung durch die atmosphärischen Wasser die Alkali- und Thonerde-Silicate, und der Kupferkies der Lagerstätte schwefelsaures Kupferoxyd zur Allophanbildung.

Schwefelmetalle und gediegenes Kupfer findet man immer nur an alter Zimmerung, oder da, wo verwesende Stoffe reducirend wirken konnten. — Auf den Gruben Altglück[8] bei Bennerscheid und Silbersand[9] bei Mayen im Rheinlande fand man die alten Zimmerungs-

---

1 *Neues Jahrb. f. Mineral.* 1864, p. 850.

2 *Zeitschr. d. d. geol. Gesellsch.* Bd. 18, 1866, p. 15.

3 *Neues Jahrb. f. Mineral.* 1843, p. 784.

4 *Neues Jahrb. f. Mineral.* 1858, p. 216.

5 *Berg- u. Hüttenm. Zeitung.* 1866, p. 423.

6 *Zeitschr. f. d. Berg-, Hütten- u. Salinenwesen im preuss. Staat.* Bd. 13. 1865, p. 17.

7 G. Bischof a. a. O. 1866, Bd. III, p. 715.

8 Schweigger u. Seidels, *Jahrb. f. Chemie.* 1832. — *Neues Jahrb. f. Mineral.* 1833, p. 204.

9 G. v. Rath, *Poggend. Ann.* CXXXVI, p. 430. — *Neues Jahrb. f. Mineral.* 1869, p. 747.

hölzer manchmal mit Krusten von Schaalenblende überzogen. — Dieselbe ist nur eine regenerirte Zinkblende; das Muttermineral wurde zu Zinkvitriol oxydirt und dieser wieder, bei Berührung mit dem faulenden Grubenholz, zu Schwefelzink reducirt. Bei der grossen Schwerlöslichkeit des schwefelsauren Bleioxyds findet sich regenerirter Bleiglanz sehr selten, doch fehlt es nicht an Angaben darüber, so ist nach FREYER[1] „im alten Mann, eines Ende des vorigen Jahrhunderts im Betrieb gewesenen Bleibergbaues in Krain, Holzkohle gefunden, an welche sich Bleiglanzkrystalle rindenförmig angesetzt hatten.“

Ueber die Bildung von gediegenem Kupfer in alten Grubenbauen liegen die verschiedensten Nachrichten vor. — Zu Rio Tinto[2] hat sich dasselbe in Krystallen auf der Zimmerung eines alten römischen Stollns gebildet. Bei Aufwältigung eines alten Stollns bei Maidanpeck[3] in Serbien war die Zimmerung ganz von Cementkupfer bedeckt und zeigten sich die Bruchstücke des alten Manns durch gediegenes Kupfer verkittet. In der Kupferkiesgrube zu Grasslitz im sächsischen Erzgebirge lagen dendritische Kupfermassen in einer mit Eisenocher erfüllten, von den Tagewassern durchzogenen Kluft. Die Bildung ist durch Zersetzung des Kupferkieses und Reduction der gebildeten Salze mittelst organischer Substanzen leicht zu erklären.

§ 136. B. Charakteristische Fundorte. Fast mit derselben Sicherheit, wie die wässerige Bildung der Mineralien aus Quellen- und Sickerwasserabsätzen direct erkannt werden kann, ist es möglich, auf eine solche Entstehungsweise aus dem geognostischen Vorkommen und den paragenetischen Verhältnissen der Mineralien zu schliessen.

a. Vorkommen der Mineralien in geschichteten Gesteinen. Finden sich Mineralien in echten unveränderten Schichtgesteinen eingeschlossen, so müssen sie auf wässerigem Wege gebildet sein.

Aus der Unzahl von Beispielen greifen wir ein recht auffälliges heraus, nämlich das Vorkommen von Mineralien in Kohlen, resp. fossilen Brennstoffen der verschiedensten Formationen.[4] Nach H. LORETZ finden sich von unorganischen Mineralien in denselben: Brauneisenstein als Raseneisenerz und Sumpferz, Vivianit als Blaueisenerde, Spatheisenstein als thoniger Sphärosiderit, Pyrit, Markasit und deren Zersetzungsproducte, Gyps, Glaubersalz, Bittersalz, Haarsalz, Alaun, gediegener Schwefel, Bleiglanz, Kupferkies, Zinkblende, Buntkupfererz, Zinnober, Quarz, Opal,

---

[1] G. BISCHOF, a. a. O. 1866, Bd. III, p. 737.
[2] *Berg- u. Hüttenm. Zeitung.* 1862, p. 41.
[3] *Jahrb. d. k. k. geol. Reichsanst.* 1851, p. 57.
[4] H. LORETZ, *Neues Jahrb. f. Mineral.* 1863, p. 654.

Kalkspath, Bitterspath, Schwerspath, Coelestin, Allophan, Flussspath, Realgar, Auripigment.

Unter diesen Mineralien haben wir nur ein Silicat, nämlich Allophan, der sich auch aus Sickerwassern in Gruben absetzt. (S. p. 288.) — Dass sich auch andere Silicate aus dem Wasser in Schichtgesteinen bilden können, wird in klarster Weise durch das von O. Volger[1] entdeckte Vorkommen eines dem Adular ähnlichen Feldspaths mit Quarz, Flussspath und Glimmer, zwischen den Geschieben eines zur Kohlenformation gehörigen Conglomerats bei Oberwiesa in Sachsen bewiesen.

b. Vorkommen der Mineralien als Versteinerungsmaterial. Sehr geeignet als Beweis für wässerige Bildung ist das Vorkommen der Mineralien als Versteinerungsmaterial.[2]

Kalkspath, Quarz, Hornstein, Chalcedon, Feuerstein, Opal und Schwefelkies finden sich bekanntlich am gewöhnlichsten; — ausserdem sind gefunden: Spatheisenstein, Zinkspath, Weissbleierz, Brauneisenstein, Rotheisenstein, Schwerspath, Cölestin, Gyps, Flussspath, Vivianit, Wulfenit, Talk, Chlorit, Pyrophyllit, gediegenes Kupfer, Bleiglanz, Zinkblende, Kupferkies, Buntkupfererz, Zinnober.

Liegen in den Luftkammern von Cephalopodenschaalen[3] Bergkrystall, Kalkspath, Braunspath, Spatheisenstein, Schwerspath, Cölestin, Nadeleisenerz, Schwefelkies, Zinkblende und Kupferkies, so hat man den herrlichsten und unumstösslichsten Beweis dafür, dass diese Mineralien aus wässerigen Lösungen auskrystallisirten. — Ebenso unumstösslich ist der Beweis einer wässerigen Bleiglanzbildung, und zwar in ganz neuer Zeit, dadurch geliefert, dass sich in der Bleiglanzregion des oberen Mississippi Knochen von Mastodon und Elephas, die in zu Tage ausgehenden Spalten lagen, durch Bleiglanz verkittet und bedeckt vorfanden. (S. p. 239.)

c. Vorkommen der Mineralien in Pseudomorphosen. Die Pseudomorphosen des Mineralreichs[4] können durch Dämpfe (s. p. 283) oder durch Flüssigkeiten hervorgebracht sein. Der Fundort und die chemische Natur der meisten derselben, schliesst aber die Annahme einer Entstehung durch Dämpfe aus und spricht ganz entschieden für wässerige Bildung.

d. Vorkommen der Mineralien in lagenförmigen Verwachsungen. Eine lagenförmige Verwachsung in Schichten und Krusten lässt immer auf einen Absatz aus dem Wasser schliessen. Dass aus dem

---

1 O. Volger, *Neues Jahrb. f. Miner.* 1861, p. 1.

2 R. Blum, *Die Pseudomorphosen des Mineralreichs.* 1., 2. u. 3. Nachtrag.

3 *Neues Jahrb. f. Mineral.* 1847, p. 493.

4 R. Blum, a. a. O. — E. Geinitz, *Neues Jahrb. f. Mineral.* 1876, p. 449.

Schmelzfluss solche Verwachsungen hervorgehen, ist nicht bekannt und unwahrscheinlich; höchstens könnten sich Sublimationen in solchen Formen zeigen.

e. Das Zusammenvorkommen leicht und schwer schmelzbarer Mineralien. Schliesslich kann man auch aus dem Zusammenvorkommen leicht schmelzbarer Mineralien, oder solcher mit schwer schmelzbaren, auf die Entstehungsweise Schlüsse ziehen. — Wenn zum Beispiel am oberen See in Nordamerika gediegenes Kupfer mit Klumpen gediegenen Silbers verwachsen vorkommt, so ist das ein untrüglicher Beweis für die Entstehung dieser Metalle aus wässeriger Lösung, denn im Falle sie geschmolzen gewesen wären, hätten sie sich nicht nebeneinander erhalten können, sondern wären legirt.

Zu Felsőbánya (s. p. 167 u. 168) in Ungarn sitzen, in den Drusen der Gänge, über den so äusserst leicht schmelzbaren, nadelförmigen Antimonglanzkrystallen schöne Schwerspathtafeln, die den Antimonglanz zum Theil umhüllen, zum Beweise dafür, dass der Schwerspath aus wässeriger Lösung krystallisirte, denn im Schmelzfluss hätten sich die Antimonglanzkrystalle nicht erhalten können.

§ 137. C und D. Bildung von Mineralien in Hüttenwerken und Fabriken, sowie künstliche Mineralien. In der Natur sind die im Wasser unlöslichsten Körper die verbreitetsten, da das Wasser überall vorkommt und stets bereit ist, das Lösliche zu zerstören und zu entfernen. Der Kampf dauert so lange, bis sich die Stoffe zu den, unter den gegebenen Bedingungen, am wenigsten löslichen Verbindungen zusammengefunden haben, das sind die Gesteine und die in ihnen eingeschlossenen Erzlagerstätten. — Im Wasser, welches Kohlensäure und Luft enthält, ist kaum ein Mineral vollständig unlöslich (Platin und Gold). — Oft sind es nur Spuren, die gelöst werden, sich aber im Laufe langer Zeiträume zu grossen Quantitäten summiren. — Es scheint, als wenn die Natur hauptsächlich mit solchen äusserst verdünnten Lösungen operirt, mit diesen aber grosse Wirkungen hervorbringt. Die Vorgänge in der Natur im Laboratorium nachzuahmen, ist in vielen Fällen ganz unmöglich, da es an Zeit mangelt. Durch hohen Druck und erhöhte Temperatur lässt sich das Lösungsvermögen sehr steigern und sind Wirkungen hervorzubringen, die unter gewöhnlichen Verhältnissen nicht gelingen. Damit ahmt man aber Prozesse nach, die gegenwärtig nur in grösseren Erdtiefen stattfinden können, in früheren Erdperioden, als die Erde wärmer und die Atmosphäre schwerer war, vielleicht näher der Erdoberfläche, oder auf dieser selbst vor sich gingen, — Prozesse, die sich also der Beobachtung in der Natur entziehen und nur als möglich und wahrscheinlich angenommen werden können resp. müssen. Es ist daher geboten die sogenannten künstlichen Mineralbildungen, welche mittelst Flüssigkeiten bei gewöhnlichem Drucke und gewöhnlicher Temperatur entstehen, von denen gesondert zu betrachten, welche bei erhöhtem Drucke und bei erhöhter Temperatur hervorgehen.

α. Mineralbildungen bei gewöhnlichem Drucke und gewöhnlicher Temperatur.

a. Durch einfache Lösung in Wasser bei einer Temperatur unter 100° C. und darauf folgende Abkühlung, oder Entziehung des Lösungsmittels beim Verdampfen des Wassers, gelingt es nur die leicht löslichsten Körper, wie Steinsalz, Alaun, Gyps etc. zum Krystallisiren, beziehungsweise zur Ausscheidung in anderen Formen zu bringen. — Ein Gehalt an Salzen erhöht das Lösungsvermögen in vielen Fällen, so wird zum Beispiel nach G. Bischof 1 Theil amorphe Kieselsäure in 10000 Theilen reinen Wassers gelöst, dagegen etwa 5 mal so viel, wenn eine kleine Menge kohlensaures Natron dem Wasser zugesetzt wird. — Für unseren Zweck hat es im Ganzen wenig Wichtigkeit zu wissen, dass sich Schwefel aus der Lösung in Schwefelkohlenstoff, Chlorsilber aus der Lösung in Ammoniak etc. in Krystallen ausscheiden.

b. Kohlensäure enthaltendes Wasser ist, abgesehen von dem zersetzenden Einfluss dieses Gases, durch den Lösungen verschiedenster Art eingeleitet werden, für manche Körper ein sehr kräftiges Lösungsmittel. Vor Allem ist die Löslichkeit der Carbonate darin hervor zu heben. Die kohlensauren Salze des Kalks, der Magnesia, des Eisenoxyduls, Manganoxyduls, Zinkoxyds etc. lösen sich unter Bildung von Bicarbonat in beträchtlicher Menge und lassen sich durch Verdunsten der Kohlensäure, oft sogar in Krystallen, wieder abscheiden. — Leicht gelingt das beim kohlensauren Kalk, der, je nach der Temperatur und Zusätzen von allerhand Stoffen zur Lösung, bald als Kalkspath, bald als Arragonit unter unseren Augen auskrystallisirt.

c. Ein sehr weites Feld chemischer Thätigkeit eröffnet sich durch die Reactionen verschiedener, in Lösung aufeinander wirkender Körper. Man nennt die dabei eintretende Abscheidung von in der betreffenden Flüssigkeit unlöslicher Körper, Fällung. Solche Fällungen sind bedingt durch Oxydations- und Reductionsprozesse und durch wechselseitige Zersetzungen nach den Gesetzen der chemischen Verwandtschaft. — Werden auch jeden Tag in unseren Laboratorien Fällungen ausgeführt, so scheiden sich die Körper dabei doch nur äusserst selten in der Form und mit den Eigenschaften der Mineralien ab. — Das hat seinen Grund in der durch die Concentration der Lösung bedingten Schnelligkeit des Vorganges. — Die Bemühungen, Verbindungen mit den physikalischen

Eigenschaften der Mineralien darzustellen, laufen gewöhnlich darauf hinaus, den Prozess zu verlangsamen.

Bekannt ist es, dass Schwefelmetalle von derselben Zusammensetzung wie Bleiglanz, Zinkblende etc., wenn sie durch Schwefelwasserstoff aus Lösungen gefällt werden, in amorpher Form erscheinen. Nach G. Bischof kann man aber das Schwefelblei, wenn auch nur in sehr kleinen Mengen, mit den physikalischen Eigenschaften des Bleiglanzes erhalten, wenn man durch äusserst verdünnte Bleilösungen das Schwefelwasserstoffgas sehr langsam hindurch streichen lässt. C. Flach brachte ein Stück Stangenschwefel in eine alkalische Bleilösung und bemerkte, dass sich im Laufe eines Jahres, mit blossem Auge erkennbare Bleiglanzwürfel gebildet hatten. Becquerel erhielt, unter dem Einfluss eines galvanischen Stromes, schon nach 4 bis 6 Wochen Bleiglanz in Tetraedern (?), indem er auf den Boden einer unten geschlossenen Glasröhre Schwefelquecksilber brachte, über dasselbe eine Lösung von Chlormagnesium goss und eine Bleiplatte bis auf den Boden der Röhre hineinsteckte. Um die bei Roisdorf und auf Bornholm (s. p. 286) vor sich gehende Schwefelkiesbildung nachzuahmen, brachte G. Bischof in eine Flasche, die mit einem eisenhaltigen Wasser gefüllt war, welches schwefelsaures Natron enthielt, eine Messerspitze voll Zucker und verschloss die Flasche sehr sorgfältig. Nach $3^1/_2$ Jahren hatte sich ein schwarzes, dem Eisenkies gleich zusammengesetztes Pulver in der nun stark schwefelwasserstoffhaltigen Flüssigkeit gebildet; — also noch kein metallglänzender Schwefelkies. — Bakewell erzählt aber, dass Reste von Mäusen, die zufällig in ein Glas mit Eisenvitriol gerathen waren und darin Jahre lang gelegen hatten, sich ganz mit kleinen Schwefelkieskrystallen bedeckt hatten. Sehr interessant ist es, dass sich auf dem Pergament eines alten, mit Messingspangen verschlossenen Buches, wie Kerner berichtet, Dendriten von Kupferglanz gebildet hatten.

Scheidet man aus irgend einem Alkalisilicat die Kieselsäure ab, so erscheint diese, insofern sie nicht in Lösung geht, in amorpher Form, und gelingt es unter den gewöhnlichen Umständen nicht, Quarz auskrystallisiren zu lassen. — Als Becquerel aber in eine sehr verdünnte Lösung von Kalisilicat kleine Gypsblättchen brachte und das unvollkommen verschlossene Gefäss lange stehen liess, schied sich, neben Kalkspath, Kieselsäure, theils amorph, theils in, das Licht doppelt brechenden Blättchen aus, also wahrscheinlich als Quarz. — Der Vorgang ist leicht zu erklären. — Aus der Luft eindringende Kohlensäure zersetzte das Kalisilicat, es schied sich Kieselsäure ab und das gebildete kohlensaure Kali setzte sich mit dem Gyps zu schwefelsaurem Kali und kohlensaurem Kalk um. Deutlich krystallisirten Quarz soll man nach Cross erhalten, wenn man Kieselfluorwasserstoffsäure, oder eine Lösung von kieselsaurem Kalk durch Jahre lang fortgesetzte Wirkung eines galvanischen Stromes zersetzt.

Bringt man verdünnte Lösungen von kohlensaurem Natron und Chlorcalcium zusammen, scheidet sich, je nach der Temperatur und dem Concentrationsgrade, Kalkspath oder Arragonit ab. — In Krystallen erhielt G. Rose den Arragonit nach mehreren Jahren, als er die Diffusion der Lösungen benutzte, indem er in ein grosses, mit Wasser gefülltes Gefäss zwei 10 cm hohe, aufrecht stehende Kolben brachte, in deren einem geglühtes kohlensaures Natron, und in dem anderen Chlorcalcium war. Schwerspath in Krystallen erhielt Macé, als er zwei Bechergläser, das eine mit einer sehr verdünnten Lösung von salpetersaurem Baryt, das andere mit ebenfalls sehr verdünnter Lösung von schwefelsaurem Eisenoxydul gefüllt, mittelst eines Fadens verband, der als Heber diente. Durch sehr langsame Vereinigung der Lösungen von Gyps und Fluorbarium haben Scheerer und Drechsel Krystalle von Schwerspath und Flussspath dargestellt.

Nach den angeführten und ähnlichen Methoden hat man noch manche andere Verbindungen in Form der natürlichen Mineralien erhalten, so zum Beispiel gediegenes Silber, gediegenes Kupfer, Rothkupfererz, Dolomit, Witherit, Strontianit, Weissbleierz, Bleivitriol, Vivianit, Rothbleierz, Chlorsilber etc.

Dass amorphe Mineralien durch künstliche Fällung leichter nachgeahmt werden können, ist vorauszusetzen und mag hier nur angeführt werden, dass A. Knop eine dem Kupferpecherz ganz ähnliche Masse bekam, als er ein Gemenge von Eisen- und Kupfervitriol durch kohlensaure Alkalien fällte, und dass G. Rose Zinkblüthe durch Fällung von schwefelsaurem Zink mit kohlensaurem Natron erhielt.

β. Mineralienbildung bei erhöhter Temperatur und erhöhtem Drucke.

Viel energischer ist die lösende und umbildende Thätigkeit in Flüssigkeiten bei erhöhter Temperatur und erhöhtem Drucke. — Die Versuche werden in der Art ausgeführt, dass man die Flüssigkeiten im Papinianischen Topf, oder besser in sehr starken, zugeschmolzenen Glasröhren, oder verschlossenen Eisenröhren erhitzt.

Kieselsäurelösungen, die in gewöhnlicher Temperatur keine Quarzkrystalle abscheiden, thuen das, wenn sie im Papinianischen Topf hergestellt sind, wie Schafhäutl berichtet. — Beim Verdunsten einer solchen Lösung erhielt der genannte Forscher schon in 8 Tagen Quarzkrystalle der gewöhnlichen Form, ∞ P und P. „Nach Sénarmont erhält man Kieselsäure in mikroskopischen Krystallen von der Form und mit allen Eigenschaften des Bergkrystalls, wenn man eine Lösung von gallertartiger

Kieselsäure in Kohlensäure enthaltendem Wasser, oder sehr verdünnter Salzsäure, sehr langsam auf 200 bis 300° erhitzt". (C. W. C. Fuchs a. a. O. p. 96.) Wöhler konnte Apophyllit im Wasser bei 180 bis 190° C. und 10 bis 12 Atmosphären Druck lösen. — Beim Erkalten schied sich der Apophyllit wieder allmälig in Krystallen ab. In ähnlicher Weise haben Scheerer und Drechsel Flussspath und Schwerspath in mit Salzsäure, oder Schwefelsäure angesäuertem Wasser gelöst und auskrystallisiren lassen. Sénarmont löste Schwefeleisen, Schwefelzink und Schwefelblei in Schwefelwasserstoff enthaltendem Wasser und erhielt Eisenkies, Zinkblende und Bleiglanz in Krystallen. Diese und ähnliche Versuche lassen vermuthen, dass die meisten, in gewöhnlichen Verhältnissen fast unlöslichen Körper, auf solche Weise in Lösung gebracht werden können.

Wenn bei wechselseitigen Zersetzungen unter gewöhnlichen Verhältnissen nur amorphe Niederschläge entstehen, erhält man bei hohem Drucke und hoher Temperatur krystallinische Niederschläge; so stellte Sénarmont krystallisirten Spatheisenstein, Manganspath, Zinkspath, Magnesit dar, indem er die betreffenden Chlorüre, oder schwefelsauren Salze bei 130° bis 170° C. mittelst kohlensaurem Kalk zersetzte, ferner Haarkies, Bleiglanz, Eisenkies und Kupferkies in metallglänzenden Häutchen, indem er die Chlorverbindungen, oder die schwefelsauren, auch salpetersauren Salze mit Schwefelkaliumlösung auf 160° bis 250° erhitzte. Geitner erhielt Greenokit, Silberglanz, Antimonglanz und Eisenkies in Krystallen, als er die entsprechenden Metalle, oder Metalloxyde, mit schwefliger Säure bei 200° behandelte, u. s. w.

Nicht unerwähnt darf es bleiben, dass Daubrée gewöhnliches Glas, im Wasser von 320° C., sich zu einer dem Kaolin ähnlichen Masse umwandeln sah, die aus kleinen, pyramidalen Quarzkrystallen und wasserhellen Nadeln von Wollastonit zusammengesetzt war.

§ 138. Hauptresultat. Aus dem reichen Schatz von Erfahrungen über natürliche und künstliche Mineralbildung sind in dem Vorstehenden nur die für die Theorie der Erzlagerstätten wichtigsten Thatsachen hervorgehoben. — Als ein Hauptresultat ergiebt sich, dass dasselbe Mineral unter den verschiedensten Verhältnissen, als Ausscheidung aus dem Schmelzfluss, als Sublimationsproduct, aus wässeriger Lösung unter gewöhnlichen Verhältnissen, oder bei erhöhter Temperatur und erhöhtem Drucke, entstehen kann. — Feldspath sehen wir sich in den Laven aus feurigem Fluss ausscheiden, im Schmelzofen als Sublimationsproduct bilden, und zwischen den Geröllen von Oberwiesa aus wässeriger Lösung auskrystallisiren. — Quarz ist in den Laven des Antisana aus dem Schmelzfluss ausgeschieden, findet sich als Sublimationsproduct in Hochöfen und krystallisirt aus wässeriger Lösung etc.

Sind nun auch bei vielen Mineralien Beweise dafür, dass ihnen alle drei Entstehungsarten zukommen, noch nicht geliefert, so ist man doch nicht berechtigt irgend eine a priori für unmöglich zu erklären.

Vielleicht gelingt es demnächst ganz allgemein aus den speciellen Eigenthümlichkeiten eines Mineralvorkommens, der Krystallgestalt, gewissen chemischen und mechanischen Beimengungen, der Mikrostructur u. s. w. mit Sicherheit auf die Entstehungsweise sowohl des Minerals selbst, als auch seiner Lagerstätte Schlüsse ziehen zu können. Bei dem gegenwärtigen Stande unserer Kenntnisse ist es aber durchaus unstatthaft, aus einem einzelnen Mineralvorkommen in einer Erzlagerstätte auf die Genesis derselben zu schliessen. Die Theorie von der Entstehung der Erzlagerstätten soll der Ausdruck unserer gesammten Kenntnisse derselben sein; sie kann dem heutigen Stande der Wissenschaft nur entsprechen, wenn sie die Erzlagerstätten als geologische Gebilde auffasst und im Zusammenhange mit der Entwickelungsgeschichte des ganzen Erdkörpers betrachtet.

Von diesem Gesichtspunkt ausgehend, soll es versucht werden die Theorie in ihren Grundzügen zu entwickeln.

§ 139. **Die geschichteten Lagerstätten.** Die geschichteten Lagerstätten, die Flötze und Lager, sind, weil sie die Charaktere einer successiven Ablagerung aus dem Wasser an sich tragen, erzführende Sedimentärgebilde im geognostischen Sinne.

§ 140. Typus Spath und Thoneisensteinflötze. (Siehe § 56.) Die ausgeprägte Flötz- resp. Lagernatur und das Vorkommen von Versteinerungen, machen es ganz unzweifelhaft, dass die Spath- und Thoneisensteinflötze, mit mehr oder weniger Thonschlamm und Kohlentheilchen gemengte, Niederschläge des kohlensauren Eisenoxyduls aus dem Wasser sind.

Die Sphärosiderite zeigen die Eigenthümlichkeiten der Concretionen, also eines Vorganges, der während der Erhärtung der ursprünglich weichen Massen stattfand und eine Concentrirung des Eisengehalts zur Folge hatte. Uebrigens kann die Zerstückelung der Flötzablagerung in einzelne, gesonderte Lagermassen auch Folge besonderer, localer Umstände sein. Sehr anschaulich schildert das Runge[1] von den Sphärosideriten bei Zalenże in Oberschlesien. „Die Sphärosiderite finden sich dort vorzugsweise über flachen Einsenkungen der Steinkohlenflötze, nicht auf den zwischen denselben liegenden Erhebungen; es scheinen sich also die eisenerzhaltigen Lösungen an den tieferen Punkten concentrirt zu haben. — Zahlreiche, grösstentheils

[1] F. Roemer, *Geologie von Oberschlesien*. 1870, p. 532.

aufrecht und unmittelbar auf dem Steinkohlenflötz stehende Stämme finden sich in den eisenerzführenden Schichten; im Jahre 1866 waren sie in Zalenže so häufig, dass man auf 1500 Quadratlachtern abgebauter Fläche ca. 2000 aufrecht stehende Sigillarienstämme schätzte, also offenbar einen vorweltlichen Wald an seiner ursprünglichen Stelle vor sich hatte. Diese Stämme sind in den muldenförmigen Einsenkungen des Steinkohlenflötzes, auf welchem sie stehen, und welchen wir daher für den alten Waldboden ansehen müssen, offenbar nur durch die Wasserbedeckung erhalten worden, und so der Zerstörung entgangen, der sie an den höheren Punkten unterlagen, wo sie der Luft ausgesetzt waren. — Das lose Parenchymgewebe der Sigillarien und Stigmarien musste, wenn der Baum abgestorben war, schnell verfaulen, und bei der ganz schwachen Rinde mussten die hohlen Stämme, wo sie der Luft ausgesetzt waren, schnell abbrechen; so weit sie dagegen vom Wasser bedeckt waren, wurden sie durch eisenhaltigen Thonschlamm allmälig ausgefüllt und so erhalten; die Ausfüllungsmasse zeigt den inneren Abdruck der Rinde.“

Der Ursprung der Eisenlösungen ist in den Eisenoxydulsilicaten verschiedenster Gesteine zu suchen, die mittelst kohlensaurem Wasser zersetzt wurden. Es bildete sich dabei kohlensaures Eisenoxydul, welches durch überschüssige Kohlensäure in Lösung erhalten wurde. – Durch Verdampfen der überschüssigen Kohlensäure schlägt sich das kohlensaure Eisenoxydul aber nur direct nieder, wenn der Sauerstoff der Luft abgeschlossen, oder dessen oxydirende Wirkung durch reducirende Substanzen verhindert wird. — An der gegenwärtigen Tagesoberfläche sind die Bedingungen zur Bildung des kohlensauren Eisenoxyduls selten erfüllt und findet sich dasselbe, in Folge davon, als jugendliche Bildung nur sehr sparsam. G. Bischof[1] constatirte eine solche neben einer Mineralquelle im Brohlthal in einer Tiefe von 0,25 m. Bei Luftzutritt schlägt sich aus der Eisenlösung Brauneisenstein in Form von Ocher nieder, der nach G. Bischof, wenn er mit vegetabilischem Detritus zum Absatz kommt, wieder in kohlensaures Eisenoxydul verwandelt werden kann; durch den Verwesungsprocess wird nämlich das Eisenoxyd zu Oxydul reducirt, und dieses mit der sich entwickelnden Kohlensäure verbunden.[2] Reducirende Körper, dem Pflanzen- oder Thierreich entnommen, in Form von kohligen Massen, sind überall mit dem Spatheisenstein und Thoneisenstein der versteinerungsführenden Formationen verbunden, und ist die Gegenwart derselben jedenfalls Bedingung für die Bildung dieser Eisensteine an der Tagesoberfläche gewesen.

[1] a. a. O. 1863. Bd. I, p. 550.
[2] G. Bischof, a. a. O. Bd. II. 1864, p. 143.

Der Ansicht Bischof's entgegen haben Peters, Bäumler und Andere behauptet, das kohlensaure Eisenoxydul habe sich als solches niedergeschlagen und sei an der Oxydation durch im Wasser suspendirte Kohlentheilchen, organische Körper verschiedener Art, und sich entwickelnde Kohlenwasserstoffe, die in Form von Gasquellen aufstiegen, gehindert. Setzt man voraus, — und nichts steht dem im Wege — dass innerhalb der eisenhaltigen Gewässer so kräftig reducirende Agentien thätig waren, hat die vorgetragene Hypothese viel Wahrscheinliches für sich und kann angenommen werden, ohne dass geleugnet zu werden braucht, dass der von G. Bischof angegebene Vorgang ebenfalls in der Natur stattfand.

Fasst man das Gesagte kurz zusammen, so kann man behaupten, dass überall da Spatheisenstein, mehr oder weniger mit Schlamm verunreinigt, entstand, wo sich aus eisenhaltigen Säuerlingen, bei Gegenwart stark reducirender Körper, Niederschläge bildeten.

§ 141. Typus Braun- und Rotheisensteinflötze. (S. § 57.) Bei mangelnden reducirenden Stoffen schlägt sich aus Wasser, welches mittelst überschüssiger Kohlensäure kohlensaures Eisenoxydul aufgelöst enthält, beim Verdunsten der Kohlensäure, Eisenoxyd mit wechselndem Wassergehalt nieder und zwar als dichter oder ochriger Brauneisenstein, als Gelbeisenstein, oder als Raseneisenerz (Quellerz). Dieselben Erze bilden sich auch, wenn durch Zersetzung Schwefelkies enthaltender Gesteine Lösungen von schwefelsaurem Eisenoxydul entstehen, die durch Oxydation und alkalische Salze, welche sich in allen Quellwassern finden, gefällt werden. —

Diese Processe, die ununterbrochen in der Natur vor sich gehen, erzeugen in der Gegenwart nicht zusammenhängende Flötzablagerungen, sondern nur lager- oder nesterförmige Erzmassen. Ueberall wo eisenhaltige Wasser, in Folge eines wasserundurchlässigen Untergrundes und eines feuchten Klimas, stagniren, wie in den Moor- und Wiesengründen der grossen nordeuropäischen Niederung, in Holland, Norddeutschland, Polen und Russland, ferner auf den Höhen der mitteldeutschen Gebirge, im Riesengebirge, dem Harz etc., bilden sich Raseneisenerze, Wiesenerze, Morasterze, Sumpferze. Die Ablagerungen sind sehr verbreitet, und, den verschiedenen örtlichen Verhältnissen entsprechend, unregelmässig gestaltet. — Den Wasserläufen folgend, finden sie sich wohl in einzelnen Strichen und Strängen, die, bis 10 m breit, oft mehrere Stunden lang verfolgt werden können. Die Mächtigkeit der Ablagerungen steigt bis 1 m, selten höher. Schichtung ist kaum wahrzunehmen, — dagegen oft das Vorkommen der Erze in einzelnen Knollen und losen Gruppen; auch findet sich Quarzsand mit dem Erz verwachsen,

Uebergänge in ein Quarzconglomerat mit Eisenerzbindemittel bildend. Das Liegende der Erze ist feiner, nasser Triebsand, oder feiner, sandiger Letten, der über eisenschüssigem Rasen, oder Rasentorf liegt. — Gewöhnlich finden sich die Erze als oberste Schicht des Bodens, oder sind dünn von Dammerde bedeckt, die sich dann immer durch grosse Unfruchtbarkeit auszeichnet.[1]

Sehr eigenthümlich sind die Seeerze, die sich in den See'n Scandinaviens, am häufigsten in den schwedischen Provinzen Småland, Oestergötland, Dalarne, Herjeådalen, Jemtland und Norrland, bilden.[2] — Diese Seeerze finden sich meist auf sandigem Untergrund, etwa 10 m vom Ufer entfernt und in bis 10 m Tiefe unter dem Wasserspiegel. — Die Lager werden selten $^1/_2$ m dick, können aber schon bei 10 bis 15 cm Dicke gewonnen werden. — Erfahrungsmässig regenerirt sich eine solche Schicht in etwa 15 bis 30 Jahren. — Die Seeerze sind anfangs ein schwarzgrauer, brauner, oder grünlicher, ocherartiger Schlamm mit viel gallertartiger Kieselsäure. — Beim Erhärten concretioniren diese Ocker oft zu kleinen Kugeln, oder pfennigförmigen Körpern, bilden also den oolithischen Brauneisenerzen analoge Massen. Man hat behauptet, dass die Seeerze hauptsächlich durch Vermittlung einer kleinen Alge (Gallionella ferruginea) gebildet werden.[3] — Die Mitwirkung dieser Alge, auf die Ehrenberg zuerst aufmerksam gemacht hat, sowie anderer Pflanzen, bei der Bildung der Seeerze ist nicht zu leugnen. — Stapff (a. a. O.) weist aber nach, dass die Seeerze, ebenso wie die Raseneisensteine, in der Hauptsache durch Fällung sehr verdünnter Eisenlösungen entstehen.

Alle diese Eisenerze, die unter unseren Augen wachsen, — das einzige Beispiel der Art, — enthalten einen nicht unbeträchtlichen Gehalt an Phosphorsäure, der aus den Pflanzen stammt, welche bei der Bildung der Erze betheiligt sind. — In Form von erdigem Vivianit, — sogenannter Blaueisenerde — findet sich der Phosphorsäuregehalt local concentrirt.

Höchst lehrreich sind die ebengeschilderten Erzbildungen, weil sie in handgreiflicher Weise zeigen, wie die Natur, vermittelst äusserst verdünnter Lösungen, in langen Zeiträumen, den in den Gesteinen fein vertheilten Metallgehalt zu sammeln und local abzulagern vermag.

Unter analogen Verhältnissen wie in der Gegenwart mag auch in

---

1 v. Cotta, *Erzlagerstätten* II, p. 248 u. 107.

2 F. M. Stapff, *Zeitschr. d. d. geol. Gesellsch.* 1866, Bd. 18, p. 86.

3 Syogrun, *Berg- u. Hüttenm. Zeitung.* 1865, p. 116.

früheren Erdperioden die Bildung des Brauneisenerzes stattgefunden haben, und hat es desshalb keine Schwierigkeit, die Entstehung von Brauneisenerzflötzen und Lagern, die sich in allen versteinerungsführenden Formationen finden, zu begreifen. Die deutlichsten Beweise liegen aber vor, dass nicht alles Brauneisenerz so gebildet ist; in sehr vielen Fällen ging es aus ursprünglich gebildetem Spatheisenstein hervor. — Das lehren die so verbreitet vorkommenden Pseudomorphosen von Brauneisenstein nach Spatheisenstein, ferner die Thatsache, dass Lagerstätten, welche in der Tiefe aus Spatheisenstein bestehen, an ihrem Ausgehenden in Brauneisenerz umgewandelt sind. Auch aus Rotheisenstein und Schwefelkies ist, wie den angeführten analoge Erscheinungen beweisen, Brauneisenstein in Flötzen und Lagern entstanden.

Wie sich der Rotheisenstein gebildet hat, der, besonders häufig in älteren Formationen, flötzartig auftritt, lässt sich sehr viel schwerer ermitteln, da wir Bedingungen, unter denen sich aus dem Wasser direct wasserfreies Eisenoxyd niederschlägt zwar kennen, solche in der Natur aber nicht wirksam anzunehmen sind. — Nach Sénarmont schlägt sich nämlich wasserfreies Eisenoxyd nieder, wenn Eisenchlorid unter einem 200° C. entsprechenden Druck in wässeriger Lösung langsam mittelst kohlensaurem Kalk oder kohlensaurem Natron gefällt wird. (Vergl. § 137 β.) Bei gewöhnlicher Temperatur schlägt sich das Eisenoxyd aus Lösungen immer mit mehr oder weniger Wasser verbunden nieder. Man will aber beobachtet haben, dass solche Niederschläge, wenn sie sehr lange unter Wasser liegen, sich allmälig in wasserfreies Eisenoxyd[1] umwandeln, und in dieser Weise wird sich auch wohl in der Natur Rotheisenstein aus Brauneisenstein hauptsächlich gebildet haben. Pseudomorphosen von Rotheisenstein nach Brauneisenstein sind recht selten. G. Bischoff erwähnt solche (a. a. O. Bd. III, p. 883) von Irrgang bei Platten in Böhmen. — Auch aus Spatheisenstein kann sich Rotheisenstein gebildet haben, denn, wenn auch Pseudomorphosen, die eine solche Umwandlung bekunden, sehr selten sind, so sind doch die wenigen beweisend genug; sie finden sich zu Brésoir im Elsass, zu Pressnitz in Böhmen und zu Jedvonitz in Mähren.[2] Haidinger hält die directe Umwandlung von Spatheisenstein in Rothstein für möglich, während nach G. Bischoff die Umwandlung durch das Medium des Brauneisensteins erfolgt.

In rückschreitender Richtung haben ebenfalls Umwandlungen stattgefunden. — Vorzüglich ist aus Rotheisenstein durch Wasseraufnahme wieder Brauneisenstein geworden, wie das Ausgehende von Rotheisenerz-

---

1 G. Bischof, a. a. O. Bd. III. 1866, p. 884.
2 G. Bischof, a. a. O. Bd. II. 1864, p. 157.

lagerstätten zeigt. — Auch sind Pseudomorphosen von Brauneisenstein oder Spatheisenstein nach Rotheisenstein bekannt.[1] So erklärt sich das häufige Zusammenvorkommen aller dieser Erze auf ein und derselben Lagerstätte. Jedenfalls sind aber Spatheisenstein und Brauneisenstein die primären Bildungen, und ist die Hauptmasse des Rotheisensteins aus Brauneisenstein entstanden. — Andere Umbildungen scheinen nur von localer Bedeutung zu sein.

Die Erklärung des Zusammenvorkommens der Eisenerze mit Thon, Kalkspath, Kieselsäuremineralien (Quarz, Eisenkiesel, Jaspis, Hornstein etc.), des Phosphorsäuregehalt der Erze, des Schwefelkieses in denselben etc., hat ebenso wenig Schwierigkeiten, wie die Erklärung des dichten, oder ocherigen Zustandes der Erze. Nicht so leicht ist es, die oolithische Textur der Eisenerze zu erklären, und ist auf das darüber im 2. Abschnitt Angeführte (p. 73) hinzuweisen.

§ 142. Typus Mansfeld. (S. § 59.) Die feine Schichtung, die Versteinerungsführung und die Verbreitung über hunderte von Quadratmeilen, kennzeichnen das Kupferschieferflötz der deutschen Zechsteinformation in einer Weise, die sich bei keiner anderen Lagerstätte so ausgezeichnet wiederholt, als geschichtete Lagerstätte. — Die Erze, welche die sogenannte Speise bilden, Kupferkies, Buntkupfererz, Kupferglanz, Eisenkies etc. kommen in den Formen der Erzausscheidung vor und müssen gleichzeitig mit dem kohligen Schlammniederschlag, dem bituminösen Mergelschiefer als Träger der Erze, abgelagert sein. — Es ist ganz unmöglich, dass die Erze erst später, nach Bedeckung des Mergelschiefers mit den jüngeren Zechsteinschichten, etwa von Klüften, oder Rücken aus, in das Flötz eingedrungen sind. — Nehmen wir an, die Erzlösungen seien durch die das Flötz verwerfenden Rücken eingeführt, so bleibt es ganz unbegreiflich, warum die Ausfällung als Schwefelmetall im Bereich vieler Quatratmeilen ausschliesslich und gleichmässig nur innerhalb des etwa $^1/_2$ m mächtigen Mergelschiefers erfolgte, nicht auch neben den Spalten, oder weiter von ihnen entfernt, in den höher und tiefer liegenden Schichten, in denen es ja an Carbonaten und bituminösen Bestandtheilen, die man als Niederschlagsmittel der Lösungen ansprechen muss, nicht fehlt, die im Gegentheil, zum Beispiel in den nicht hoch über dem Kupferschieferflötz liegenden Stinkschiefern der mittleren Zechsteinformation, sehr reichlich vorhanden sind.

Die ausschliessliche Verbreitung eines Erzvorkommens innerhalb eines relativ wenig mächtigen Schichtenniveau's über grosse Flächenräume, nennen wir die Niveaubeständig-

---

[1] G. Bischof, a. a. O. Bd. III. 1866, p. 884.

keit einer Lagerstätte und sehen diese als einen der schlagendsten Beweise dafür an, dass das Erzvorkommen eine geschichtete Lagerstätte ist.

Dabei ist aber wohl zu berücksichtigen, dass geschichtete Lagerstätten auch sehr kleine Verbreitungsbezirke haben können. (S. p. 27.)

Der locale Erzgehalt des Liegenden und Hangenden des Kupferschieferflötzes (Sanderze und erzführender Dachklotz) ist kein Gegenbeweis, da derselbe sich immer nur auf die nächste Nähe des Flötzes beschränkt.

Wir wissen, dass Sulphate durch verwesende Organismen reducirt werden, und somit ist es nicht schwierig, nach Analogie der Schwefelkiesbildung von Roisdorf und Bornholm (p. 286) und der Blendebildung von Altglück und Silbersand (p. 288 u. 289), sich die Entstehung der Kupferschiefererze zu erklären. In das fisch- und pflanzenreiche Meer, aus welchem sich der Mergelschiefer absetzte, flossen reichlich Metalllösungen, tödteten die Organismen und wurden durch die Verwesungsproducte reducirt. — Zu Frankenberg in Hessen finden sich im Flötze Stämme, Blättchen, Fruchtzapfen der Ullmannia Bronni, ferner Farrnkräuter, Araucarien etc., die sämmtlich in das Kupferschiefermeer hineingespült sein mussten und hier dieselbe Rolle spielten, wie im Mansfeldischen die Fische, denn der Gehalt an geschwefelten Kupfererzen ist neben diesen Pflanzen am stärksten concentrirt.

§ 143. Typus Perm, Commern, Austin, Arnsberg und Almaden. (S. § 60 bis 64.)

Dass sich Schwefelmetalle, Kiese, Glanze und Blenden, an der Tagesoberfläche, bei gewöhnlichem Drucke und gewöhnlicher Temperatur, unter einer die Luft abschliessenden Wasserbedeckung, bilden können, ist nach den vorgetragenen Erfahrungen nicht zu bezweifeln, und somit steht der Annahme auch nichts entgegen, dass gleichzeitig mit der Ablagerung geschichteter Gesteine, Sandsteine, Kalksteine, Thonschiefer etc. auch geschwefelte Erze, wie Kupferkies, Kupferglanz, Bleiglanz, Zinkblende, Antimonglanz, Zinnober etc. ausgeschieden werden konnten, Erze, die sich in den Lagerstätten der Typen Perm, Commern, Austin, Arnsberg und Almaden vorfinden. Es ist zur Bildung dieser Erze, wie das Beispiel von Roisdorf und Bornholm (p. 286) lehrt, durchaus nicht nothwendig, dass das Metall als schwefelsaures Salz zugeführt wurde, es konnte auch eine andere lösliche Verbindung, zum Beispiel eine Chlorverbindung, sein, sobald nämlich Schwefelwasserstoff langsam entwickelnde Körper mit in der Lösung waren, die auf das Metallsalz fällend einwirkten. Bei Roisdorf und Bornholm waren es Sulphate der Alkalien und alkalischen Erden, die durch die verwesenden Organismen unter Wasser reducirt wurden, und dabei Schwefelwasserstoff hergaben. Viele organische Körper sind auch an und für sich schwefelhaltig, so dass sie bei der Fäulniss Schwefelwasserstoff entwickeln.

Die Gegenwart faulender Pflanzen- und Thierreste, sowie die der bezeichneten Salze, ist in den Gewässern der Erde so verbreitet, dass sie bei allen Sedimentationsprozessen angenommen werden darf. In dieser Beziehung ist es nun höchst lehrreich, dass in den Lagerstätten des Typus Perm die geschwefelten Kupfererze hauptsächlich da gefunden werden, wo fossile Baumstämme in den Sandsteinen eingeschlossen sind (s. p. 98), dass der Antimonglanz von Arnsberg in sehr kohligen und bituminösen Schichten liegt, und dass der Zinnober von Idria mit Bitumen gemengt vorkommt. So grosse Mengen von überschüssigen Reductionsmitteln sind aber zur Bildung der Schwefelmetalle gar nicht nothwendig, und wenn wir in den Bleierzsandsteinen von Commern und in den Zinnobersandsteinen von Almaden fast gar keine organischen Reste mehr finden, so kann das durch einen vollständigen Verbrauch derselben bei der Bildung der Erze gedeutet werden.

Ob die vorherrschend oxydischen Erze, Malachit und Lasur, der Lagerstätten des Typus Perm aus älteren geschwefelten Erzen abzuleiten sind, oder ursprünglich gebildet wurden, kann zweifelhaft sein. Das Ueberwiegen der oxydischen Erze spricht wohl für ursprüngliche Bildung, die auch leicht erklärlich ist, da man weiss, dass aus schwefelsaurem Kupferoxyd, durch langsame Fällung mit kohlensauren Alkalien, oder kohlensaurem Kalk, Malachit und Lasur hervorgehen kann.[1] — Das Vorkommen von gediegenem Kupfer im Sandstein von Corocoro deutet auf sehr energische reducirende Wirkungen.

Die Erze sind in den geschichteten Gesteinen in den Formen der Ausscheidungen enthalten, und können, wie ihr Fundort lehrt, nur aus wässeriger Lösung gebildet sein. Schmelzfluss ist gänzlich ausgeschlossen, und Sublimation ist im höchsten Grade unwahrscheinlich.

Ob die Erzeinschlüsse Ausscheidungen oder Einsprengungen sind, (s. p. 67) wird sich nur aus dem geognostischen Verhalten der Lagerstätten im grossen Ganzen erschliessen lassen.

Theoretisch sind folgende vier wichtigsten Fälle möglich:

1. Während der Ablagerung des Sediments strömten die Metalllösungen zu.

1 a. Die Erze schieden sich in der Form, in der wir sie jetzt finden, vor Ablagerung des Hangenden aus.

1 b. Die Erzausscheidung in der jetzigen Gestalt geschah vor der

---

[1] G. Bischof, a. a. O. Bd. III. 1866, p. 787.

Verfestigung des Sediments, aber nach Ablagerung des Hangenden, in Folge von Umwandlungsprozessen.

2. Nach Ablagerung des Hangenden drangen die Metalllösungen in die Schicht ein.

2a. Die Erze bildeten sich, als die Schicht in der Erhärtung resp. Umbildung begriffen war.

2b. Die Erzbildung erfolgte nach der Verfestigung der Schicht.

Unter Verfestigung verstehen wir hier den Moment, in welchem die Schicht ihre jetzige Beschaffenheit in chemischer und physikalischer Hinsicht erlangt hatte.

Es liessen sich mit Leichtigkeit noch allerhand andere, feinere Unterscheidungen machen, wenn zum Beispiel mögliche, in den verschiedenen Perioden eintretende metamorphische Prozesse Berücksichtigung fänden, doch würde das hier zu zwecklosen Spitzfindigkeiten führen.

Die Fälle 1a und 1b bedingen charakteristische Erzausscheidung. Der Fall 2a steht in der Mitte; er hat mit der Einsprengung die spätere Zuführung des Materials gemein, kann aber, was die Erzbildung selbst anbetrifft, eine Ausscheidung in weicher Gesteinsmasse zur Folge haben.

Der Fall 2b repräsentirt die typische Erzeinsprengung.

Die Frage, ob das Erzmaterial vor, oder nach Ablagerung des Hangenden in die Schicht eingeführt ist, die sich bei den derben Erzflötzen, — mit Ausnahme der Rotheisensteine Elbingerode's, Nassau's und Brilon's, die wohl metamorphischer Natur sind — und dem Kupferschieferflötz so leicht zu Gunsten der ersten Ansicht, — Einführung vor Ablagerung des Hangenden — entscheiden lässt, wird hier schwierig; sie hängt wesentlich mit der Frage nach der Niveaubeständigkeit des Erzvorkommens (s. p. 301) zusammen. — Thatsache ist, dass sich nur immer einige Schichten, und zwar über relativ grosse Flächenräume verbreitet, erzführend zeigen, während andere benachbarte, oder dazwischen liegende, erzleer sind.

Nimmt man an, dass die Erzlösungen nachträglich eingedrungen sind, so muss man, will man nicht eine vollständige Durchtränkung ganzer Gebirgsmassen annehmen, die auf den ersten Blick recht unwahrscheinlich ist, nach Zuführungskanälen suchen, und diese lassen sich immer leicht in Klüften und Verwerfungsspalten, die fast alle Flötzablagerungen durchsetzen, — wenn man will, — finden. — Gesetzt den Fall, es wären wirklich jene Klüfte und Spalten die gesuchten Kanäle, in denen die Erzlösungen aus unbekannten Tiefen aufstiegen, so müsste nun erklärt werden, warum von diesen aus immer nur einige Schichten, und die benachbarten sowie dazwischen liegenden nicht, — und zwar auf weite Erstreckungen hin, — mit Erz imprägnirt wurden. Im günstigsten Falle liessen sich chemische und physikalische Unterschiede in der

Gesteinsbeschaffenheit auffinden, die zur Erklärung der Erzausfällung hinreichen. (Vergleiche Einfluss des Nebengesteins bei Erzgängen, § 153.) Dass das für irgend ein Vorkommen durch genaue Analysen und sonstige feine Untersuchungen wirklich geschehen wäre, ist nicht bekannt; aber selbst diesen Nachweis angenommen, so bleibt es nun noch immer sehr räthselhaft, dass die Erzimprägnation sich in grossen Entfernungen von den Zuführungskanälen einfindet. Die der Erzführung nicht günstigen Schichten sind ja nicht wasserdicht abgeschlossen, sie müssen auch von den Lösungen durchströmt werden, und so kommt man auf die anfangs zurückgewiesene Annahme einer Durchtränkung ganzer Gebirgsmassen, — allerdings von Klüften aus, — zurück. — Es ist nicht undenkbar, dass ein enges und weit verzweigtes System von Zuführungskanälen existiren kann, so dass die Imprägnationszonen der einzelnen Klüfte in Berührung treten, oder in einander übergehen.

Es soll die Möglichkeit solcher Durchtränkung ganzer Gebirgsmassen nicht ganz von der Hand gewiesen werden, aber gleichzeitig hervorgehoben sein, dass es viel einfacher und mit allen chemischen, physikalischen und geologischen Erfahrungen und Gesetzen übereinstimmend ist, wenn man annimmt, dass die Zuführung des Erzmaterials gleichzeitig mit der Ablagerung der Schichten erfolgte.

C. Simon bemerkt in seiner Beschreibung der Kupfersandsteine von St. Avold und Wallerfangen (s. p. 99), dass immer nur einzelne, 6 bis 60 cm mächtige Sandsteinbänke imprägnirt sind und die unmittelbar darüber und darunter liegenden nicht, obwohl sie ebenso porös und zur Erzaufnahme geeignet erscheinen.

Nicht zu unterschätzen ist die Niveaubeständigkeit mancher hierher gehöriger Lagerstätten. — Es wäre ein sehr sonderbarer Zufall, dass nur die Sandsteine der permischen Formation in Russland und Böhmen, und nur die Sandsteine der unteren Trias bei St. Avold, Wallerfangen, Twiste, Bulach, Büdingen und Commern etc. mit Kupfererzen imprägnirt sind, wenn eine spätere Zufuhr der Metalllösungen stattgefunden hätte. Man fragt mit Recht, warum die Lösungen sich nicht auch in Sandsteinen anderer Formationen ihrer Last entledigen konnten. Leicht erklärlich wird die Beschränkung auf zwei Niveau's dagegen, wenn man annimmt, dass die Erzlösungen zur Zeit der Schichtenbildung zuströmten. In die Kategorie der Niveaubeständigkeit haben wir auch das Vorkommen der Erzflötze von Austin (s. Fig. 62 p. 103) und Arnsberg (s. p. 104) in Luftsätteln zu stellen, das uns in so sprechender Weise auf ursprüngliche Erzausscheidung hinweist.

Es darf nicht übersehen werden, dass sich in der Nähe von Klüften und Gängen oft eine Erzanreicherung einstellt, weil diese Beobachtung gewöhnlich als eine Hauptstütze der Hypothese angeführt wird, dass durch jene Klüfte und Gänge die Erze zugeführt sind. Es kann aber auch gerade umgekehrt sein, denn nichts hindert anzunehmen, dass die Erze aus den Flötzen in die Klüfte gewandert sind. — In schlagender Weise hat das C. Simon bei Wallerfangen beobachtet, wo allerdings in den Klüften und neben denselben reiche Erzmittel liegen, die eigentlichen Erzzonen, innerhalb des Flötzes, dagegen einen von den Klüften ganz unabhängigen, senkrecht gegen letztere gerichteten Verlauf haben. (S. Fig. 61 p. 100.)

Fasst man Alles zusammen, so verdient die Hypothese von der Zufuhr des Erzmaterials vor Ablagerung des Hangenden der Flötze den Vorzug.

Es muss jetzt nur noch die Frage entschieden werden, ob die Metalle sich gleich in den Verbindungen absetzten, in denen wir sie jetzt treffen, oder ob spätere Umwandlungsprozesse eintraten. Dass die Sandsteine, Kalksteine und Thonschiefer ursprünglich einen Metallgehalt, etwa in Form von Silicaten enthielten, aus denen später die Schwefelmetalle, oxydischen Erze und gediegenen Metalle hervorgingen, wird durch nichts auch nur angedeutet und muss demnach, abgesehen von secundären Mineralbildungen unter dem Einfluss der Atmosphärilien (Bildung von oxydischen Erzen aus geschwefelten etc.), die Ansicht festgehalten werden, dass sich die Erze, bei der Ablagerung der geschichteten Gesteine, in ihrer jetzigen Form ausschieden.

Dass es wirklich Einsprengungen in geschichteten Gesteinen giebt, ist nachträglich noch zu bemerken; diese tragen dann aber auch, was ihre räumliche Verbreitung anbetrifft, einen ganz anderen Charakter an sich. Schön ist das Beispiel von Chessy[1] bei Lyon, wo an den Grenzen eines Kies führenden Eruptivgesteins (s. p. 149) gegen Buntsandstein — aber nur an diesen Grenzen — letzterer mit oxydischen Kupfererzen erfüllt ist, so dass über den Ursprung kein Zweifel aufkommen kann.

Die früher beschriebenen Ausscheidungsflötze (§ 59—64) — mit Ausnahme der Fahlbänder, auf die absichtlich noch keine Rücksicht genommen ist — kommen in folgenden Formationen vor:

dem Silur gehören die Bleiglanz- und Blendeflötze von Austin, das Zinnoberflötz von Almaden,

dem Kohlengebirge die Antimonglanzflötze von Arnsberg,

der Zechsteinformation das deutsche Kupferschieferflötz, die Kupfersandsteine Russlands, Schlesiens und Corocoro's (?),

der Trias die Bleiglanzflötze von Commern, die Kupfersandsteine von St. Avold, Wallerfangen, Twiste, Bulach, Büdingen und das Zinnoberflötz von Idria an.

[1] v. Cotta, *Erzlagerstätten* II, p. 422.

Gewiss ist es, dass noch viele andere Ausscheidungsflötze vorkommen, wahrscheinlich auch in noch anderen Formationen, wenigstens kann für das Gegentheil kein vernünftiger Grund angegeben werden. Immerhin ist das Vorkommen aber ein durchaus locales und sicher in älteren Formationen ein reichlicheres, als in den jüngeren.

Es drängt sich die Frage nach dem älteren Ablagerungsort der Metalle auf. — Wir haben den Ursprung der Metalle, in der durch die Grenzen unseres Beobachtungsvermögens bedingten Beschränkung, früher ganz allgemein in die Erze der archaeischen Formationsgruppe und in die Eruptivgesteine verlegt. (S. § 128 p. 276.) Aus diesen mussten die Metalle, um in Lösung zu kommen, gleichsam extrahirt werden, oder sie stiegen, bereits in wässeriger Lösung, mit den Eruptivgesteinen aus unbekannten Tiefen in die Höhe. — Ob der jetzige Lagerungsort der erste ist, oder ob das Material schon andere Schicksale erfahren hat, können wir gar nicht beurtheilen.

Von dem Eisen, dem verbreitetsten Metall auf der Erdoberfläche, wissen wir, dass es in kleinen Mengen in fast allen Gesteinen vorkommt, und dass die Natur mittelst äusserst verdünnter Lösungen den Gehalt in sehr langen Zeiträumen zu sammeln und zu concentriren vermag. (S. p. 299.) Warum soll dasselbe nicht bei allen anderen Metallen stattfinden? Sind die Lösungen erst einmal gebildet, dann sind die Metalle transportfähig und hängt die Entfernung vom Ursprungsort, in welcher der Niederschlag erfolgt, von einer Menge, im Einzelnen oft gar nicht genau zu ermittelnder, gleichzeitig wirkender Umstände ab.

Stellen wir uns vor, dass in der Nähe des Meeres, oder eines See's, Gebirge mit metallhaltigen Gesteinen, oder Erzlagerstätten irgend welcher Art, anstehen, die der Verwitterung preisgegeben sind, so werden sich metallhaltige Quellen oder Bäche bilden, die in das benachbarte Wasser fliessen. (Vergleiche Rio Tinto p. 123.) In diesem setzen sich suspendirte Sand- und Schlammtheilchen nieder, werden Gerölle am Ufer abgelagert, gehen abgestorbene Organismen, Fische, Muscheln, Pflanzen in Fäulniss über, und treten die Metallsalze mit Salzen der Alkalien und alkalischen Erden und den Verwesungsproducten in Berührung (s. p. 286 u. 302.) — Es erfolgt ein Erzniederschlag, eine Erzausscheidung im Sand und Schlamm, zwischen den Geröllen etc., und im Laufe der Zeit summiren sich die Einzelwirkungen so, dass ein Ausscheidungsflötz entsteht. In demselben ist der Metallgehalt gleichmässig vertheilt, wenn die Metallsalze und ihre Fällungsmittel überall gegenwärtig sind, ungleichmässig, nesterförmig oder strichweise, wenn die Metallsalze nur sparsam local zugeführt werden und die Fällungsmittel eine sporadische Verbreitung besitzen, also beispielsweise nur an einigen Stellen Anhäufungen abgestorbener Thier- und Pflanzenreste vorhanden sind, und vereinzelte Quellen in das Meer fliessen.

Die Zusammensetzung der Wasser warmer Quellen und ihre Absätze lehren (s. p. 285), dass die Extraction der Gesteine auch in der Tiefe erfolgt, ja, hier unter höherem Druck und in höherer Temperatur in viel energischerer Weise vor sich geht als an der Tagesoberfläche, oder nahe derselben. Aufsteigenden heissen Quellen schreibt man, wie wir später sehen werden, die Ausfüllung vieler Gänge zu. — Nichts hindert anzunehmen, dass, bei reichlichem Fliessen, solche Quellen auch der Tagesoberfläche Material zur Bildung von Ausscheidungsflötzen liefern können. Vielfach ist schon behauptet, dass die in Gangspalten aufsteigenden Quellen am Tage ausgeflossen sind und hier ihre mineralbildenden Bestandtheile erst vollständig abgesetzt haben, eine Erscheinung, die einige Analogie mit der Bildung von mit Gesteinsgängen im Zusammenhang stehenden Gesteinsströmen und Gesteinsdecken darbietet. — Schon im Jahre 1825 hat BONNARD beschrieben, dass im Granit der Bourgogne[1] aufsetzende, Chalcedon, Hornstein, Quarz, Flussspath, Schwerspath, Bleiglanz und Eisenkies führende Gänge (Typus Pontgibaud § 92) sich in der über dem Granit liegenden, zur Juraformation gehörigen Arkose so verlieren und ausbreiten, dass letztere von den Gangbestandtheilen ganz erfüllt ist. — Als ein Beispiel vom Ueberfliessen der Gänge sieht G. TRÖGER auch das oben erwähnte (p. 197) Erzvorkommen im Sernfconglomerat an der Mürtschenalp an. Schliesslich muss auch noch an die kuppen- und deckenartigen Eisenerzmassen erinnert werden, die bei Rio Albano und Capo Calamita (s. p. 186) mit den Eisenerzgängen zusammenhängen.

§ 144. Typus Fahlband. (S. § 65.) Die Fahlbänder unterscheiden sich dadurch von den bisher betrachteten Ausscheidungsflötzen, dass in ihnen die Erze mit Silicaten gemengt vorkommen. Fasst man die krystallinischen Schiefer als ursprüngliche krystallinische Bildung aus dem Wasser auf (s. p. 277), so kann man auch die Fahlbänder für Ausscheidungsflötze halten, und Alles, was über die Entstehungsweise der übrigen Typen derselben gesagt ist, lässt sich ohne Weiteres übertragen. — Sehr wahrscheinlich sind diese Lagerstätten in einem sehr stark überhitzten Meere gebildet, in dem die Erzausscheidung in so grossartigem Maassstabe vor sich ging, dass es auch zur Ablagerung derber Erz- und Minerallager kam.

Huldigt man den Theorieen des plutonischen oder hydrochemischen Metamorphismus, so wird man auch die Erze in den Fahlbändern als metamorphische Producte ansehen müssen.

---

1 NAUMANN, *Lehrb. d. Geognosie.* 1872, Bd. III, p. 536. a. a. O. vollständige Literaturangaben.

Wo das Material zur Bildung der Fahlbänder herstammt, lässt sich nicht ermitteln, da wir die Unterlage des krystallinischen Schiefergebirges nicht kennen; es ist oben als ein ursprüngliches Material bezeichnet (§ 128, p. 276).

§ 145. Erzlager. (S. § 67 bis 77.) Die meisten Erzlager gehören der archaeischen Formationsgruppe an und nur wenige erscheinen in jüngeren Formationen.

Von den oben beschriebenen Erzlagern kommen vor:

im Silur die Kieslager von Wicklow, die Goldquarzlager des Heinzenberges bei Zell in Tyrol, die Spatheisensteinlager der Ostalpen zwischen Eisenerz und Schwatz;

im Devon, die Kieslager des Rammelsberges am Harz und bei Meggen in Westfalen;

im Kohlengebirge, die Kieslager in Huelva und Alemtejo (Rio Tinto etc.) und einige Spatheisensteinlager der Ostalpen;

in der Trias, ebenfalls einige Spatheisensteinlager in den Ostalpen.

Das geognostische Alter einiger Lagerstätten lässt sich nicht mit Sicherheit angeben, wahrscheinlich gehören aber auch diese sehr alten Formationen an.

Es ist kaum möglich, über die Bildung der Erzlager etwas Neues zu bemerken, denn, sowie man eine intensivere und reinere Erz- und Mineralbildung voraussetzt, lässt sich alles früher über Ausscheidungsflötze Gesagte unmittelbar zur Erklärung anwenden. Durch Aneinanderreihung einzelner, linsenförmig gestalteter Erzlager zu Lagerzügen, bilden sich Uebergänge zu flötzartig verbreiteten Massen. Vereinzelte Lager bilden sich unter localen, flötzartige Ablagerungen unter gleichmässig über grössere Flächenräume verbreiteten, der Mineralbildung günstigen Bedingungen.

Dass Erzlager im krystallinischen Schiefergebirge am häufigsten sind und nur noch ganz vereinzelt in Schichten der palaeozoischen Formation vorkommen, ist kein Zufall. — Es weist uns diese Thatsache darauf hin, dass hohe Temperatur und eine schwere Atmosphäre die Erz- und Mineralbildung befördern und dass die grösste Masse der überhaupt in den oberen Regionen der Erdkruste befindlichen Metalle frühzeitig zur Ruhe kam und dem weiteren Kreislauf der Stoffe entzogen wurde.

Recht gut möglich ist es, dass viele Erze und Mineralien nicht ursprünglich in der Form abgelagert wurden, in der wir sie jetzt finden, sondern durch metamorphische Prozesse gebildet sind. — So ist vermuthet, dass die ursprüngliche Masse der Magneteisen- und Rotheisensteinlager Spatheisenstein war, und dass die in den palaeozoischen

Schichten und in der Trias der Ostalpen vorkommenden Spatheisensteinlager, nach Analogie der Sphärosideritflötze aller Formationen, ebenfalls früher Sphärosiderit enthielten.

Nicht verschwiegen darf es werden, dass man an der Lagernatur vieler derjenigen Lagerstätten, die wir hier gemeinschaftlich als Erzlager zusammenfassen, gezweifelt und sie für Hohlraumsfüllungen, speciell Lagergänge, erklärt hat. Welche Berechtigung solchen Zweifeln zugesprochen werden kann, wird sich nur beurtheilen lassen, wenn die charakteristischen Merkmale der Lager, im Gegensatz zu denen der Lagergänge, erkannt sind. Lager sind vor Ablagerung ihres Dachs gebildet, Lagergänge sind ausgefüllte, in der Richtung der Schichtflächen aufgerissene Spalten. Hält man das fest, so sind folgende charakteristische Merkmale zu erkennen:

1. Die Lagermassen sind den Nebengesteinsschichten durchgängig concordant eingelagert, selbst wenn Gabelungen vorkommen, wie sie bei den Kieslagern des Rammelsberges am Harz, von Paris-mountain auf der Insel Anglesea, Røraas und Dovre bei Trondhjem in Norwegen, bei den Spatheisensteinlagern von Hüttenberg in Kärnthen, bei den Eisenglimmerschiefern am Berge Görgeleu in der Marmaros etc. bekannt sind. Die begleitenden Schieferschichten schmiegen sich allen den unregelmässigen Formen, die wir kurz mit dem Ausdruck „Gabelung" bezeichnen (s. p. 30), eng an. Die Ursache der Gabelung kann, wie wir schon gesehen haben, eine zweifache sein. — Entweder hat sich bei der Bildung ein Bergmittel eingeschoben, oder es ist eine bei der Hebung der Schichten durch Druck erfolgte Umformung, Zusammenfaltung, Stauchung, Knickung eingetreten. In letzterem Falle ist es vorgekommen, dass wenig nachgiebige, starre, klotzige Massen in plastische, leicht biegsame Schieferschichten hineingedrückt sind und dadurch eine locale Discordanz hervorgerufen worden ist. Solche locale Discordanzen sind innerhalb der sonst ganz concordant gelagerten Thonschiefer und Grauwacken des Oberharzes mehrenortes zu bemerken, so zum Beispiel sehr auffällig neben der Brücke dicht unterhalb der Altenauer Hüttenschenke; sie sind auch zwischen den Erzlinsen des Rammelsberges und den dieselben einschliessenden Schiefern bemerkbar. Gegenüber dem Verhalten im Grossen kennzeichnen sich solche Erscheinungen immer als locale Ausnahmen von der Regel, geeignet, letztere selbst zu bestätigen.

Gabelungen sind für die Lager, und Zertrümmerungen für die Lagergänge charakteristisch. Die Lagerstätten von Tellemarken, Schwatz, Bindt-Alp, Tergove, Kitzbüchl, Kupferplatten, Herrengrund, Altai u. s. w. (s. §§ 99, 100, 102, 110) sind hauptsächlich aus dem Grunde zu den Lagergängen gestellt, weil von den verschiedenen Autoren angegeben wird, dass dieselben, obwohl in der Hauptsache lagerartig ausgebildet, von gangartigen Ausläufern, Trümmern, begleitet werden, welche die Schichten wirklich durchschneiden, während solche Trümmerbildungen bei den zu den Erzlagern gestellten Lagerstätten nicht vorkommen, oder wenigstens nicht bekannt sind.

2. Die Erzlager sind durch Niveaubeständigkeit (s. p. 301) charakterisirt. — Lagerzüge trifft man innerhalb ein und desselben geognostischen Niveaus bei Pittkaranda und Åmmeberg auf 3000 m, bei Schmöllnitz auf 5000 m, bei Meggen auf 1 Meile, bei Wicklow auf 2 Meilen, bei Arendal auf 3 Meilen, in der Buckowina auf 6 Meilen, in den östlichen Alpen auf 40 Meilen, in Virginia, Tennessee und Georgia auf 60 Meilen streichende Länge.

3. Einige Lager zeigen Schichtung. — Beispiele dafür sind schon im zweiten Abschnitt (s. p. 62) angeführt.

4. Auf den Schichtflächen finden sich, wenn auch äusserst selten, Wellenspuren. H. Credner beschreibt solche Wellenspuren aus den Eisenerzlagern des Negaunee-Distrikts. (S. p. 141.)

5. Ein sehr charakteristisches negatives Merkmal der Lager ist das Fehlen einer symmetrisch krustenförmigen Textur, die, neben der Zertrümmerung, zu den ausgezeichnetsten Kennzeichen der Lagergänge gehört.

Das Vorkommen von Drusen, wie sie bei derben und massigen Aggregaten vorkommen (s. p. 61), und das von Bruchstücken, ist in Lagern zwar selten, fehlt aber ebensowenig wie in echten sedimentären Gesteinen, Kalksteinen, Dolomiten, Conglomeraten, Breccien etc. Aus der Beschaffenheit der die Lagerstätten zusammensetzenden Massen, gewissen darin vorkommenden Mineralien, Texturverhältnissen etc., Schlüsse auf die Genesis basiren zu wollen, ist im Allgemeinen unstatthaft.

Prüft man die in den Paragraphen 67 bis 77 geschilderten Erzlager nach diesen Grundsätzen, so wird man wohl bei den meisten zu der Ueberzeugung kommen, dass sie eine ausgesprochene Lagernatur besitzen. — Zweifel sind in manchen Fällen allerdings berechtigt, und müssen wir von der Zukunft erhoffen, dass sie neue entscheidende Beobachtungen und Gesichtspunkte bringen wird.

§ 146. **Die massigen Lagerstätten.** (S. §§ 78 bis 82.) Die massigen Lagerstätten betrachten wir als Erzausscheidungen aus Eruptivgesteinen. — Das ist der kürzeste Ausdruck der Theorie dieser Lagerstätten. Alles was zur Begründung derselben beizubringen ist, wurde bereits früher (§§ 78 bis 81 und § 128) angeführt. — Hier mag noch einmal darauf aufmerksam gemacht werden, dass in den Lagerstätten der Typen Taberg, Iron Mountain, Mednorudjansk und Monte Calvi die

Erze wahrscheinlich in ursprünglicher Form vorkommen, während in den Lagerstätten des Typus Wooded Peak der charakteristische, im Serpentin ausgeschiedene Chromeisenstein durch einen metamorphischen Prozess — Umwandlung von Olivingestein in Serpentin — entstanden ist.

§ 147. **Hohlraumsfüllungen.** In der Theorie dieser Lagerstätten hat man die Entstehung des Hohlraums und die der Ausfüllungsmassen zu unterscheiden. Hohlräume haben sich in der Erdrinde bei Bewegungen derselben, in Folge der Erdabkühlung und durch die umwandelnde und lösende Thätigkeit des Wassers überall gebildet.

Geöffnete Hohlräume sind durch Einsturz wieder geschlossen, oder wurden geeigneten Falls von Eruptivgesteinsmassen, oder von zerriebenem, mit Wasser gemengtem Gestein, Sand und Schlamm gefüllt, oder schliesslich auch von Mineralien, die sich aus aufsteigenden Quellen und Sickerwassern absetzten. Das sind geologische Vorgänge, deren Wirkungen überall, wo auch der beobachtende Geognost und Bergmann seine Schritte hinlenken mag, zu verspüren sind, — Vorgänge, die das grösste und allgemeinste wissenschaftliche Interesse haben.

Mischen sich den Hohlraumsfüllungen metallische Mineralien in beträchtlicher Menge bei, was relativ selten ist, so entstehen Erzlagerstätten. Nach der Natur der Hohlräume muss man unterscheiden Spaltenfüllungen oder Gänge und Höhlenfüllungen. (S. p. 10.)

§ 148. Spaltenfüllungen oder Gänge. (S. § 83 bis 113.) Richtet man beim Besuch von Steinbrüchen seine Aufmerksamkeit auf die Zerklüftung und Zertrümmerung des Gesteins, so erblickt man das Bild der Zerspaltung der Erdkruste im Kleinen, dasselbe Bild, welches die Aufschlüsse des Bergbaues und genaue geognostische Aufnahmen vor uns aufrollen. — Es wechseln da ganz gesunde Partieen mit solchen, die eine geringe, oder eine bis ins Kleinste eindringende Zerspaltung aufweisen. Verschieden stark zerspaltene Gesteinsmassen sind durch allmälige Uebergänge mit einander verbunden, oder grenzen schroff gegen einander ab. Hier sind die Spalten leer — Klüfte — dort mit thonigen, lettigen Massen erfüllt — Lettenklüfte — und wieder an anderen Stellen sind sie durch Mineralmassen, mit und ohne Drusen, mehr oder weniger vollständig ausgefüllte Trümmer. Eine Spalte, — sei sie Kluft oder Trumm — hat nur ganz geringe Ausdehnung, eine andere benachbarte dehnt sich weiter aus, endet aber auch beiderseits durch Auskeilen, oder entzieht sich der weiteren Beobachtung durch mangelnde Aufschlüsse. — Papierdünne Klüfte thun sich allmälig auf und werden mächtige Trümmer. Die Ausfüllungsmassen schneiden mit scharfen Salbändern am Nebengestein ab, oder verwachsen mit demselben. — Kreuze, Schaarungen, Auslenkungen und unzweifelhafte Verwerfungen stellen sich ein. Mit den feinsten Details sind die kleinen Bilder der Steinbrüche ausgestattet, so dass selbst die durch die nüchternste Verstandesthätigkeit gezügelte Phantasie über das enge Beobachtungsfeld hinausschweifen und im Abbilde die uns so gewaltig erscheinende Erdkruste wiedererkennen muss.

§ 149. Die Bildung der Spalten. Alle Discontinuitäten der Gesteine setzen, insofern sie nicht Auf- oder Anlagerungsflächen der Gebirgsglieder sind, Ueberwindung der Cohäsion durch innere Spannungen voraus.

Nach der Entstehungsweise der Spalten lassen sich unterscheiden:

I. Contractionsspalten.
   a. Abkühlungsspalten.
   b. Austrocknungsspalten.

II. Dislocationsspalten.
   a. Einsturz- und Aufbruchsspalten.
   b. Faltungsspalten.
      α. streichende Faltungsspalten,
      β. spiesseckige und querschlägige Faltungsspalten,
      γ. Aufblätterungsspalten.
   c. Pressungsspalten.

I. Contractionsspalten. Kühlt sich ein im feuerflüssigen Zustande emporgedrungenes Eruptivgestein ab, so tritt eine Volumverminderung ein, die Masse schwindet und reisst da, wo die Cohäsion am geringsten, — es bilden sich Spalten. Wesentlich derselbe Vorgang ereignet sich, wenn ein aus dem Wasser abgelagertes, feuchtes Gestein austrocknet. — Spalten, die auf solche Weise entstanden sind, nennen wir Contractionsspalten. Je nach der Entstehung durch Abkühlung oder durch Austrocknung sind zu unterscheiden, Abkühlungsspalten und Austrocknungsspalten, und unter diesen wieder mit Rücksicht auf die Eintheilung der Spalten (s. p. 11): Abkühlungsklüfte, Abkühlungstrümmer und Abkühlungsgänge und Austrocknungsklüfte, Austrocknungstrümmer und Austrocknungsgänge. Charakteristisch für die Contractionsspalten muss es sein, dass sie sich immer nur auf ein einziges Gebirgsglied, ihrer Ausdehnung nach, beschränken, also auf eine bestimmte Eruptivgesteinsmasse, oder auf eine einzige Schicht; entweder keilen sie sich schon innerhalb eines solchen Gebirgsgliedes aus, oder schneiden an seiner Grenze scharf ab; ein Uebersetzen in andere Gebirgsglieder, die ihrerseits aber natürlich auch von Contractionsspalten erfüllt sein können, ist nicht möglich.

a. Abkühlungsspalten. Herrliche Beispiele von unzweifelhaften Abkühlungsspalten liefern der Granitgang der Näsmarkgrube in Tellemarken (s. Fig. 75, p. 199) und der Grünsteingang zu Woodspoint in Victoria. (S. p. 170.)

Man kann leicht geneigt sein, alle Klüfte, Trümmer und Gänge in massigen Gesteinen für Abkühlungsspalten zu halten, so die Trümmernetze im Grünsteintrachyt bei Vöröspatak und Parad in Ungarn, die Netzgänge der Zinnstockwerke des Typus Altenberg etc.; man muss sich doch aber immer bewusst bleiben, dass solche Trümmer und Gänge auch möglicher Weise in eine andere Kategorie, z. B. die der Pressungsspalten (s. unten) gehören können.

Sehr viel hat es für sich, die an der Grenze von Eruptivgesteinen gegen Sedimentärgesteine aufsetzenden Spalten für Abkühlungsspalten zu halten, und das Aufreissen derselben durch Schwinden der eruptiven Masse beim Erkalten, und Loslösen derselben vom Nebengestein, zu erklären. — Diese Entstehungsweise ist zum Beispiel den Brauneisensteingängen der Hail Goldmine in Süd-Carolina zuzuschreiben. (S. Fig. 73, p. 188.) Vielleicht ist dasselbe auch von vielen Contactgängen zu behaupten zum Beispiel von den Rotheisensteingängen an der Grenze von Granit und krystallinischen Schiefern im sächsischen Erzgebirge. (S. p. 154.)

b. Austrocknungsspalten. Nur wenn Sedimentärgesteine in der Nähe von Eruptivgesteinen stark erhitzt waren und sich dann abkühlten, — was denkbar, — konnten in den Sedimenten Abkühlungsspalten aufreissen. — Im Allgemeinen werden aber die Sedimentärgesteine naturgemäss der Sitz der Austrocknungsspalten sein. — Man bemerkt in manchen dünnen Schichten, und zwar nur auf diese selbst beschränkt und nicht in die benachbarten übersetzend, senkrecht gegen die Schichtflächen stehende, parallel verlaufende und mit Quarz und Kalkspath erfüllte Trümmchen; — das sind wahrscheinlich, wenigstens zum Theil, Austrocknungsspalten.

Ob die in dem ersten Abschnitte (p. 32) erwähnten Quarztrümmer in Grauwacken, Thonschiefern und Kieselschiefern, die Kalkspathadern in Kalksteinen, die Trümmer von Ruosina, Miltiz, Calanda und andere, sämmtlich Austrocknungstrümmer sind, ist mindestens zweifelhaft; einige gehören wohl dazu, andere aber gewiss zu den Dislocationsspalten.

Es ist ohne Weiteres klar, dass die Contractionsspalten, wenn sie während der Verfestigung des Gesteins aufrissen und ausgefüllt wurden, Primärtrümmer sind; geschah die Ausfüllung nach Verfestigung des Gesteins, entstanden Secundärtrümmer. (S. p. 74.)

II. Dislocationsspalten. Streng genommen ist das Schwinden und Reissen der Gesteine beim Abkühlen und Austrocknen auch mit einer Dislocation der Theile verbunden. — Wir verstehen hier aber unter Dislocationsspalten nur solche, die sich bilden, wenn ganze Gebirgsmassen, nicht einzelne Theile derselben, in Bewegung gerathen und dabei ihren Ort verändern.

Die Ursache der Bewegungen der Erdrinde kann eine zweifache sein. — Erstens nämlich ist es Volumveränderung der Gesteine durch Weglösen mittelst Wasser, oder durch metamorphische Prozesse, zweitens ist es die Contraction der Erdrinde in Folge der Abkühlung derselben.

a. Einsturz- und Aufbruchsspalten. Wird ein in der Tiefe der Erde befindliches Gestein durch Wasser gelöst, zum Beispiel Kalkstein oder Gyps, oder tritt eine Volumverminderung durch Metamorphose ein, so entstehen Hohlräume, und kann ein Niedersinken, oder Einstürzen der über diesen lagernden Erdschichten, in Folge der Schwere, stattfinden. — Erdbeben, die nach den Berechnungen von Mallet, v. Seebach, Höfer und Lasaulx ihre Centren in nur 1 bis $3^1/_2$ Meilen Tiefe unter der Erdoberfläche haben, mögen durch solche Einstürze verursacht sein, wobei man sich nicht vorzustellen hat, dass das Sinken um grosse Höhen stattfand. Die dabei eventuell gebildeten Spalten nennen wir Einsturzspalten. — Erfolgt das Einstürzen ungleichmässig, bilden sich Verwerfungen. Bei dem Niedersinken geschichteter Gesteine kann ein Ablösen an den Schichtflächen stattfinden. Dabei entstehen Hohlräume, die nach ihrer Ausfüllung als Lagergänge erscheinen. Bestimmte Gänge als Einsturzspalten nachzuweisen, ist kaum möglich, wenngleich die Existenz derselben theoretisch wohl nicht bezweifelt werden kann. — Dasselbe Bekenntniss ist bezüglich der Aufbruchsspalten abzulegen, die wir durch Volumvermehrung des Gesteins, in Folge metamorphischer Prozesse, (z. B. Umwandlung von Anhydrit in Gyps) und Hebung der darüber liegenden Massen, entstanden denken.

b. Faltungsspalten. An der Zusammenfaltung der geschichteten Gesteine zu Mulden und Sätteln ist zu erkennen, dass auf die ursprünglich horizontal abgelagerten Schichten ein Seitendruck gewirkt hat, der der Contraction der Erdrinde beim Abkühlen zuzuschreiben ist. — Wir stellen uns nämlich vor, dass die nach dem Reissen der Erdkruste getrennten und nun einsinkenden Stücke seitlich gegen einander drückten.

A. Heim [1] hat in sehr überzeugender Weise nachgewiesen, dass die Schichten im starren Zustande gefaltet sein müssen und in der Tiefe der Erde dadurch eine plastische Beschaffenheit erlangt hatten, dass der auf sie wirkende Druck grösser war als die Cohäsion des Gesteins. An der Tagesoberfläche, wo ein Ausweichen nach oben möglich ist, brachen die Schichten, — in der Tiefe konnte das aber nicht geschehen, sobald die Tendenz zur Cohäsionslösung überwunden wurde. Alle bei der Faltung der Schichten entstandenen Spalten nennen wir Faltungsspalten.

---

[1] A. Heim, *Untersuchungen über d. Mechanismus der Gebirgsbildung.* Basel 1878.

Mit diesen Faltungsspalten sind sehr oft Verschiebungen der Gebirgsstücke gegeneinander, also Verwerfungen, verbunden. — Die von A. HEIM unterschiedenen Faltenverwerfungen (s. Fig. 19, p. 24), deren Entstehung früher geschildert ist, bilden

α. streichende Faltungsspalten, oder, wenn die Spalten ausgefüllt wurden, streichende Faltungsgänge. Es ist mir sehr wahrscheinlich, dass die meisten Erzgänge im Rheinischen Schiefergebirge, der Emser Gangzug, der Holzappler Gangzug, die Gänge von Altglück und Rheinbreitenbach (s. §§ 111 und 102) solche streichende Faltungsgänge sind. — Mit eigentlichen Lagergängen, als welche sie bezeichnet werden, stimmen die Beschreibungen nicht überein. — Es wäre sehr wünschenswerth, wenn über das nähere geognostische Detail etwas bekannt würde, um die Frage entscheiden zu können.

β. Spiesseckige und querschlägige Faltungsspalten. Die meisten, in geschichteten und gefalteten Gesteinen aufsetzenden Spalten verlaufen spiesseckig, resp. querschlägig gegen das Streichen der Schichten. — Hängt die Spaltenbildung mit der Faltung genetisch zusammen, was nicht nothwendig, meistens aber wohl der Fall gewesen ist, so lässt sich das nur durch einen bei der Faltung senkrecht zur Streichungsrichtung, nicht überall gleich stark wirkenden Druck erklären. „Es sei in Fig. 90 $A\ B\ C\ D$, um das Gesagte zu erläutern, eine geschichtete Gebirgsmasse, die durch einen Druck in der Richtung der Pfeile α und β zusammengeschoben wird. Stellen uns die Pfeile α Druckkräfte von bestimmter Intensität vor, welche an der Linie $B\ E$ wirken, die Pfeile β Druckkräfte von geringerer, beziehungsweise grösserer Intensität, wie die durch die Pfeile α repräsentirten, so muss bei gleichzeitigem, oder nacheinander folgendem Wirken der Druckkräfte α und β, und entsprechenden Cohäsionsverhältnissen des Gesteins, ein Reissen desselben vom Punkte E aus in der Richtung der Linien $E\ F$, $E\ G$ und $E\ H$, oder diesen nahe liegenden Richtungen, erfolgen.“ Nach diesem Schema hat man sich die spiesseckigen und querschlägigen Faltungsspalten entstanden zu denken.

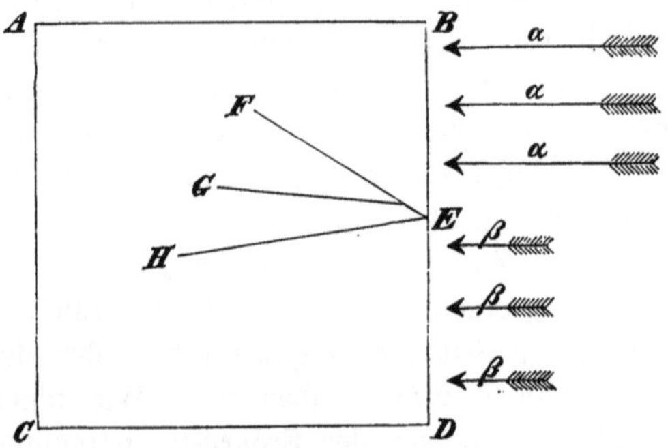

Fig. 90.

Ich habe nachzuweisen gesucht, dass die Oberharzer Gangspalten[1] zu dieser Art von Faltungsspalten gehören. — Daselbst strahlen nämlich (analog den Linien EF, EG und EH in Fig. 90), die drei p. 230 erwähnten Hauptgangstrahlen alle von einem Punkt aus, der an der Stelle liegt, wo der Brockengranit und der Bruchbergquarzit zusammenstossen, welche, bei der Hebung und Faltung des Gebirges, die in der Druckrichtung vor ihnen liegenden Schichten zusammenschoben und dabei mit verschiedener Energie (Pfeile α und β in Fig. 90) wirkten.

γ. Aufblätterungsspalten. Bei der Faltung dünnschiefriger Gesteine, z. B. mancher Thonschiefer, kann ein Aufblättern derselben eintreten. Die dabei gebildeten Räume können wir als Aufblätterungsspalten bezeichnen; im ausgefüllten Zustande erscheinen dieselben als Lagergänge.

c. Pressungsspalten. War ein Ausweichen grösserer Gebirgsmassen, zum Beispiel älterer Eruptivgesteinsstöcke, bei den Bewegungen der Erdrinde nicht möglich, wurden dieselben, — was man sich wohl vorstellen kann — nur gedrückt, ohne fortbewegt zu werden, so konnte, bei entsprechend starkem Druck, ein Zerspalten derselben eintreten. — So entstandene Spalten nennen wir Pressungsspalten; dieselben werden in ihrem äusseren Verhalten den Contractionsspalten (p. 314) sehr ähnlich sein.

Eine systematische Zusammenstellung der im vorigen Abschnitt beschriebenen Gangspalten, nach den vorgetragenen theoretischen Gesichtspunkten, ist zur Zeit gar nicht durchzuführen, weil einestheils die speciellen geologischen Verhältnisse, unter denen die Gänge erscheinen, meist nicht genau genug bekannt sind, und es anderentheils an entscheidenden Merkmalen für die eine oder andere Entstehungsweise so oft fehlt.

§ 150. Die Ausfüllung der Spalten. Die Ausfüllung einer Spalte hat man sich im Allgemeinen nicht als einen so einfachen Vorgang wie die Füllung eines Gefässes vorzustellen. — Der Vorgang wird dadurch complicirt, dass während der Spaltenfüllung, continuirlich, oder in Intervallen, die Spaltenwände bewegt werden, mechanische Zerkleinerung des Nebengesteins und der bereits fertigen Füllungsproducte erfolgt, sodann eine chemische Wechselwirkung zwischen den Bestandtheilen des Gesteins und der füllenden Flüssigkeiten eintritt, schliesslich letztere entweder als Sickerwasser aus den Poren des Nebengesteins eindringen, die Spaltenwände beschlagen, berieseln, die Räume füllen, darin stagniren, langsam circuliren, oder auch als Quelle mit mehr oder minder Geschwindigkeit die Gangräume durchströmen, sich in Klüften verlieren,

---

[1] *Zeitschr. d. d. geol. Gesellsch.* 1877, Bd. 29, p. 444.

oder zu Tage treten. Diese Vorstellungen gründen sich auf die Beobachtungen von zerriebenem und chemisch verändertem Nebengestein neben und zwischen den Erzen und Gangarten, von erzumhüllten Bruchstücken und Durchtrümmerungen des Gesteins und alter Gangausfüllungen; auch der Wechsel von tauben Mitteln und Erzmitteln, die Wechsel in der Textur der Ausfüllungsmassen etc. führen dazu. Die zusammengesetzten Gänge sind besonders geeignet in diesen Richtungen zu belehren.

Will man die Gänge nach ihren Ausfüllungsmassen eintheilen, so hat man Gesteinsgänge und Mineralgänge zu unterscheiden, zwischen denen aber allerhand Uebergänge liegen. Die Gesteinsgänge enthalten entweder Eruptivgesteine, oder zerriebenes Nebengestein, Sand und Schlamm. Die Eruptivmassen sind im weichen, wohl feuerflüssigen Zustande von unten, nach den Gesetzen des hydrostatischen Druckes, in die Höhe gepresst. Enthalten sie Erze, zum Beispiel Magneteisen und Kiese, ausgeschieden, so gehören sie zu den massigen Lagerstätten. Zerriebenes Nebengestein, Schlamm, Sand, und grössere Gesteinsbruchstücke erfüllen die sogenannten faulen Gänge (faule Ruscheln), zu denen die meisten Verwerfungsspalten der Flötze gehören. Dass nahe am Tage Schlamm- und Sandmassen von oben in die Spalten gespült werden können, ist sehr leicht begreiflich. WEISSENBACH,[1] der die mit Gesteinsmassen mechanisch ausgefüllten Spalten Sedimentärgänge und Kontritionsgänge nennt, giebt in seiner Abhandlung über Gangformationen recht hübsche Beispiele. — Der Vorgang ist ein so einfacher und leicht erklärlicher, dass ein näheres Eingehen darauf hier nicht nöthig erscheint. Dadurch dass die Mineralgänge, kleine Trümmer ausgenommen, wohl niemals ausschliesslich mit Mineralien erfüllt sind, sondern stellenweise immer Ganggesteine einschliessen, werden sie mit den faulen Gängen (Gesteinsgängen) verknüpft. Die Erzgänge sind, — da Erze auch Mineralien — nur ein besonderer Fall der Mineralgänge.

§ 151. Die Ganggesteine. Von den Ganggesteinen weiss man nur verhältnissmässig sehr wenig. Eine Trennung in mechanisch gebildete und chemisch gebildete dürfte, trotz allerhand Uebergänge, zweckdienlich sein.

1. Die mechanisch gebildeten Ganggesteine bestehen in Gesteinsbruchstücken und in zu Sand und Schlamm zerriebenen Gesteinsmassen.

Der Ursprung der Bruchstücke aus dem unmittelbaren Nebengestein ist evident, wenn sie sich petrographisch von letzterem nicht wesentlich

[1] v. COTTA, *Gangstudien.* Bd. I, 1850, p. 16.

unterscheiden, also im Gneiss aufsetzende Gänge Bruchstücke von Gneiss, wie bei Freiberg, und in Thonschiefern und Grauwacken aufsetzende Gänge Bruchstücke von Thonschiefer und Grauwacke einschliessen, wie bei Clausthal, u. s. w. Von Bruchstücken, die nicht vom Nebengestein herstammen, also von weit her in die Spalten transportirt wurden, sind nur wenige Beispiele bekannt. — Zu den ausgezeichnetsten gehört das von Vöröspatak, wo in dem sogenannten Glamm, der im Grünsteintrachyt aufsetzenden Gänge, Bruchstücke von Quarzporphyr, Glimmerschiefer und verschiedenen Sandsteinen gefunden sind; ferner das von Oruro in Bolivia, wo im Porphyr aufsetzende Gänge Bruchstücke eines schwarzgrauen Thonschiefers einschliessen.

Die Zerreiblichkeit der Gesteine wird durch eine vorhergehende chemische Zersetzung oder Auflösung wesentlich befördert; eine solche muss aber der Zerkleinerung nicht vorhergehen, da bei Bewegung ganzer Gebirgsstücke neben Spalten genug Kraft entwickelt wird, ganz frisches Gestein zu zermalmen, und in das feinste Pulver zu verwandeln, das, wenn Wasser vorhanden ist, Schlamm bildet. Ich habe nachzuweisen gesucht, dass die sogenannten Oberharzer Gangthonschiefer[1] nichts Anderes sind als zerriebenes und mit Wasser in Schlamm umgewandeltes Nebengestein, welches, unter dem Druck des im Sinken begriffenen Hangenden der Gänge, sich zu schiefrig abgesonderten Massen umbildete; also eine wirkliche Gesteinsbildung im Gange. — Diese Gangthonschiefer haben in Folge eines Gehalts an kohligen Bestandtheilen eine glänzend schwarze Oberfläche. E. Tietze[2] hat schwarze (bei Maidanpeck durch Kupferoxyd gefärbt), plastische, thonige Massen, die sich in den Gängen von Maidanpeck in Serbien und Vöröspatak in Ungarn finden, und von den Bergleuten Glamm genannt werden, mit den oberharzer Gangthonschiefern verglichen. — Er meint, dass sich Gangthonschiefer zu dem Glamm verhalten mögen, wie entwickelte Thonschiefer zu einem gewöhnlichen, im Sedimentärgebirge vorkommenden Thon, oder mit anderen Worten, dass beide in Gängen eingeschlossene Schlammmassen sind, die im Glamm nicht weiter verändert, im Gangthonschiefer dagegen durch Druck schiefrig geworden sind. — Da sich im Glamm von Vöröspatak Bruchstücke von Gesteinen finden, die nicht dem Nebengestein angehören (s. oben), ist es kaum denkbar, dass derselbe, wie das Material der Oberharzer Gangthonschiefer, durch Zerreibung des Nebengesteins entstand.

---

1 *Zeitschr. d. d. geol. Gesellsch.* 1866, Bd. 18, p. 693, u. 1869, Bd. 21, p. 499.

2 E. Tietze, *Jahrb. d. k. k. geol. Reichsanst.* 1870, p. 321 (Verhandl.). — F. Pošepny, *ibid.* 1867, p. 101 (Verhandl.), u. 1871, p. 93 (Verhandl.).

F. Pošepny[1] (a. a. O. 1871) hält es für möglich, dass der Glamm von Tage her in die Spalten eingeschlemmtes Material ist, und stellt einen Vergleich mit den von Charles Moore beschriebenen „dowky“ aus dem nordwestlichen England an. (S. p. 245.)

2. Sind die mechanisch gebildeten Ganggesteine nur wenig untersucht, so ist das in eben dem Maasse von den chemisch gebildeten Ganggesteinen zu behaupten. Man begnügt sich gewöhnlich von aufgelöstem Gestein zu reden, wenn das Ganggestein milde und weicher wie das Nebengestein, von einer Verquarzung oder Verkieselung, wenn das Ganggestein härter wie das Nebengestein ist, ohne dass Rechenschaft gegeben wird, welche chemischen Vorgänge stattgefunden haben, oder stattgefunden haben können. Die Erscheinung der Auflösung und Verquarzung der Gesteine, welche offenbar mit der Circulation von chemisch reagirenden Flüssigkeiten in den Gangspalten und demnach auch mit der Bildung der Erze und Gangarten in causalen Zusammenhang gebracht werden muss, ist in allen Gangrevieren weit verbreitet und bekannt. Die Veränderung geht von den Spaltenwänden, oder der Oberfläche der Gesteinsbruchstücke aus, ist neben diesen am intensivsten und dringt, — sich allmälig abschwächend, — verschieden weit in das Gestein ein, so dass ein Uebergang zwischen dem veränderten und dem ursprünglichen Gestein zu bemerken ist. — Sehr instructiv ist in dieser Beziehung das von v. Richthofen geschilderte Verhalten der Gänge von Nagybánya (s. p. 166), ferner der Uebergang von den Lagerschiefern in das Nebengestein der Gänge bei Mitterberg, Kupferplatten etc. (S. § 100 p. 194.)

Eine sehr wichtige, dankenswerthe Arbeit wäre es, wenn diese Ganggesteine einer genauen chemischen und mikroskopischen Analyse unterworfen würden.

Seltener sind in den Gängen Ganggesteine, welche kurz als talkige Gesteine bezeichnet sind. — Die Jabones von Guanajuato (s. p. 176 u. 222), ferner das sogenannte „graue Gebirge“ an der Mürtschenalp (p. 197) gehören dazu.

Hochinteressante Gesichtspunkte eröffnen sich in dieser Richtung durch die Untersuchungen von C. Lossen[2] im Gebiet der metamorphosirten, obersilurischen Wieder-Schiefer des Ostharzes. Zwischen Herrmannsacker, dem Süd- und Ostrande des Harzes parallel, bis ins Mannsfeldische zieht sich, innerhalb dieser Schichten, eine schmale Zone kieseliger, chloritischer und sericitischer Gesteine hin, die ausser Contact mit Eruptivgesteinen auftreten und im Gegensatz zu den contact metamorphischen

---

[1] F. Pošepny, *Jahrb. d. k. k. geol. Reichsanst.* 1870, p. 273 (Verhandl.).

[2] *Erläuter. z. geol. Specialkarte v. Preussen.* Blatt Stolberg. 1870, p. 9.

Gesteinen als gemeinmetamorphische bezeichnet sind. Diese Gesteine sind local mit Quarz, Schwerspath, Eisenglanz und einem triklinen Feldspath (Albit) (zum Beispiel bei Rodishayn und in der Krummschlacht bei Stolberg) in Knauern, Trümmern und Schnüren durchzogen. Sehr bemerkenswerth ist es nun, dass solche kieseligen, oder sericitischen Gesteine neben den Erzgängen, in der Silberbach bei Stolberg, und des Gangzuges der Louise in der Krummschlacht, in Klippenzügen hinlaufen. — Die Erzgänge enthalten in der Silberbach Schwerspath, Flussspath und Spatheisenstein, in der Krummschlacht Spatheisenstein, Flussspath, Kupferkies und Quarz. „Die als Contactbildungen der Gänge erscheinenden Gesteine sind umgeben von unveränderten Grauwacken und Schieferschichten, entsprechen aber den veränderten Gesteinen von Rodishayn und aus der Krummschlacht, welche, fern von den Gängen, in ihren Quarzknauern einen Theil der in den Gängen vorkommenden Mineralien ausgeschieden enthalten.“ Möglich also, dass ähnliche Solutionen, welche die bezeichneten Gänge füllten und ihr Nebengestein umwandelten, auch Ursache der gemeinen Metamorphose waren, die fern von den Gängen in dem ganzen Gebiet zwischen Herrmannsacker und dem Mansfeldischen verbreitet vorkommt. Man wird dabei auch an das sogenannte „weisse Gebirge“ erinnert, welche die Gänge von Holzappel begleitet (s. p. 228).

Ganz vereinzelt scheint die Bemerkung dazustehen, dass der Lazargang[1] bei Adamstadt und Rudolstadt in Süd-Böhmen, nordöstlich von Budweis, welcher im Gneiss aufsetzt, von einem kieseligen, dolomitischen Kalkstein erfüllt ist, der Zinkblende, Bleiglanz und Eisenkies enthält.

§ 152. Die Gangarten und Erze. Die Mineralien in den Erzgängen — die Gangarten und Erze — sind vorwiegend krystallisirt, seltener amorph und zeigen immer auf die unzweideutigste Weise, dass sie in situ gebildet sind. Finden sich Bruchstücke, sind diese eckig, seltener abgerundet, und lässt sich der Ursprung derselben immer in nächster Nähe nachweisen.

Die Beobachtung, dass im Grünergang[2] bei Schemnitz abgerundete, bohnenförmige, oder kugelige Quarzgeschiebe von 7 bis 10 cm Durchmesser gefunden sind, welche Erze einschliessen, Bleiglanz und Zinkblende, die sonst in den Ausfüllungsmassen dieses Ganges fehlen, steht, soviel mir bekannt, ganz vereinzelt da. — G. Faller denkt an Alluvialgebilde, die von oben eingeschwemmt sind. Von diesem Aus-

---

1 v. Cotta, *Erzlagerstätten* II, p. 206.

2 *Oestr. Zeitschr. f. d. Berg- u. Hüttenw.* 1861, p. 5.

nahmefall abgesehen, ist es allein denkbar, dass die Stoffe in gasförmiger, oder flüssiger Form in die Gangspalten geführt wurden.

Da wir in den echten Mineralgängen niemals Gluthspuren, oder gar geschmolzene Gesteine finden, da in ihnen die Silicate, wenn sie überhaupt vorkommen, immer nur in Krusten und damit zusammenhängenden Drusen erscheinen, nicht in massigen Gemengen, die für Eruptivgesteine charakteristisch sind, und ferner die für Mineralgänge so bezeichnenden krustenförmigen Verwachsungen mit einer Entstehung aus dem Schmelzufluss ganz unvereinbar sind, so können wir die Bildung auf feurigem Wege ganz ausschliessen. — Nicht zu unterschätzen ist der Umstand, dass Silicate in den Mineralgängen sehr selten sind, und dass gar kein Nachweis, durch Beobachtung an Vulkanen, in Hüttenwerken und experimentell, für die Bildung von Erzen mit Quarz, Kalkspath, Schwerspath, Flussspath etc. aus dem Schmelzfluss geführt werden kann; ferner ist es durchaus zweifelhaft, ob überhaupt die charakteristischen Gangarten, wie Kalkspath, Schwerspath und Flussspath eine derartige Entstehung haben können; alle Erfahrungen, die bis jetzt gemacht sind, sprechen dagegen. Es bleibt also nur zu entscheiden, ob die Mineralgänge durch Sublimation, oder durch Absätze aus wässerigen Lösungen gefüllt wurden. Durch Sublimation, oder Einwirkung von Dämpfen auf glühende Körper können Silicate, Quarz und allerhand Erze entstehen, (s. § 130 bis 132); man hat aber bis jetzt noch niemals gesehen, dass sich Kalkspath, Schwerspath und Flussspath als Sublimationsproduct gebildet hat. — Da sehr hohe Temperaturen zu Sublimationen erforderlich sind und man in und neben Gängen, die in Sedimentärgesteinen aufsetzen, Spuren derselben vergebens sucht, so bleibt nur die Möglichkeit übrig, dass sich Sublimationsproducte in Gangspalten der Eruptivgesteine abgesetzt haben. v. Richthofen[1] muthmaasst, dass die Gänge im Propylit Ungarns und Nordamerikas durch Sublimation, und zwar eine Art Solfatarenthätigkeit, gefüllt wurden. Er zeigt, dass in den Gängen Ungarns Quarz mit Kiesen die erste, Schwefelmetalle die zweite, Sulfate die dritte und Carbonate die vierte Stelle in der Altersfolge einnehmen (s. p. 80) und bringt das mit den Beobachtungen Boussingault's, Bunsen's und Déville's in Verbindung, nach denen in den Gasexhalationen der noch thätigen Vulkane anfangs Chlor- und Fluorwasserstoff, dann schweflige Säure und Schwefelwasserstoff und schliesslich Kohlensäure die Hauptrolle spielen. Wer könnte leugnen, dass in Eruptivgesteinen Spalten durch Sublimation gefüllt werden können. Wir müssen aber nicht vergessen, dass dieselben Mineralsuccessionen, die in den

[1] *Jahrb. d. k. k. geol. Reichsanst.* 1860, p. 276.

Gängen Ungarns angetroffen werden, auch in Gängen der sedimentären Gesteine vorkommen (s. § 52) und die Ausfüllung der letzteren durch Sublimation nicht erfolgt sein kann. —

Für die Bildung der Mineralien in den Gängen, welche geschichtete Gesteine durchsetzen, bleibt nur der wässerige Weg übrig, und ist es sehr wahrscheinlich, dass die Gänge in Eruptivgesteinen, wenigstens zum grössten Theil, auch auf dieselbe Weise erfüllt wurden.

Das Wasser ist also auch hier wieder das Hauptagens für die Mineralbildung. Die Erfahrung, dass alle Mineralien, die in Gängen vorkommen, in wässerigen Lösungen gebildet sein können, die für Gänge charakteristischen Krustenbildungen, das Zusammenvorkommen der Mineralien mit zerriebenem, und oft augenscheinlich mit Hülfe des Wassers veränderten Ganggesteinen, die Allgegenwart des Wassers auf und in der Erde bis zu grossen Tiefen, und die Abwesenheit aller Gluthspuren sprechen dafür.

Beim Forschen nach dem Ursprunge der metallischen Lösungen, welche die Erzgänge füllten, müssen wir wieder bei dem krystallinischen Schiefergebirge und den Eruptivgesteinen stehen bleiben (§ 128). — Es ist nun von der grössten Wichtigkeit, dass wir in diesen nicht allein fertig ausgeschiedene Erze als Metallquelle für jüngere Bildungen vorfinden, sondern eine solche auch in den Silicaten erkennen, welche die krystallinischen Schiefer und die Eruptivgesteine zusammensetzen.

Für Eisen und Mangan ist das längst bekannt, und G. Bischof vermuthete, dass auch alle anderen schweren Metalle einen solchen Ursprung haben können. Fr. Sandberger[1] verdanken wir die Bestätigung dieser Vermuthung, denn es ist ihm gelungen kleine Mengen von Kupfer, Blei, Kobalt, Nickel, Wismuth, Silber, Arsenik, Antimon und Zinn im Glimmer, Augit, Hornblende und Olivin zu entdecken.

Unter den Glimmern sind bisher nur Magnesiaglimmer aus Gneiss und Granit verschiedener Fundorte (Schwarzwald, Odenwald, Böhmerwald etc.) geprüft. — Die Untersuchungen ergaben, dass von den oben erwähnten Metallen alle, mit Ausnahme des Antimons, vorkommen, zwar nicht alle in demselben Glimmer, sondern bald das eine, bald das andere Metall in deutlichen, oder sehr deutlichen Spuren; auch enthalten viele Glimmer mehrere Metalle zugleich, zum Beispiel der von Wildschapbach Blei, Kupfer, Kobalt und Wismuth, der von Sulzbächle bei Schiltach Silber, Kupfer und Arsenik. In einem Augit der Lava an der Monte Somma (Vesuv) ist Kupfer und Kobalt enthalten, ebenso ist in den Augiten zweier Basalte bereits Kupfer und Kobalt entdeckt. — Der

---

[1] *Berg- u. Hüttenm. Zeitung.* 1877, p. 377 u. 389.

Augit aus dem Augitporphyr des Fassathales enthält Kobalt. In Diabasen[1] des Harzes, des Fichtelgebirges und Nassaus sind Kupfer, Zink, Blei, Nickel, Kobalt, Antimon und Arsenik gefunden. — Marx entdeckte in centralamerikanischen Hornblende- und Augitandesiten 0,0007 bis 0,0014 % Zink. Die basaltische Hornblende aus einem Basalt in der Rhön führt Kupfer und Kobalt; in Hornblende aus Hornblendeschiefern des Fichtelgebirges, Thüringer Waldes und Erzgebirges sind Kupfer und Kobalt ebenfalls enthalten. Schliesslich ist noch des Gehalts der Olivine, und der aus ihnen hervorgegangenen Serpentine, an Kobalt, Nickel, Kupfer und Wismuth Erwähnung zu thun.

Obwohl der Metallgehalt der Silicate ein nur sehr geringer ist, so dass er sich schwer, oft gar nicht, quantitativ bestimmen lässt und dann in den Grenzen meist sehr kleiner Bruchtheile eines Procents sich bewegt, so ist der Nachweis für die Theorie der Erzlagerstätten desshalb so wichtig, weil wir es ja wissen, dass die Natur mit Hülfe des Wassers solche geringe Mengen local zu concentriren versteht. (S. p. 229 und 307.)

Die gewonnenen Resultate lassen vermuthen, dass der Gehalt an schweren Metallen in den Silicaten der Eruptivgesteine und der krystallinischen Schiefer ein allgemein verbreiteter ist. — Dass die schweren Metalle in einer anderen Verbindung als mit Kieselsäure in den Silicaten vorkommen, ist kaum denkbar. — Etwaige Zweifel müssten durch mikroskopische Untersuchungen bei stärkster Vergrösserung beruhigt werden.

Sollen die schweren Metalle aus ihrer Heimath auswandern, so müssen sie in, im Wasser lösliche Verbindungen übergeführt werden, und dazu ist bei der Verwitterung nahe der Tagesoberfläche, oder bei Umwandlungsprozessen in grossen Tiefen unter höherem Druck und in höherer Temperatur, reichlich Gelegenheit; sind sie einmal auf der Wanderung begriffen, dann ist es nicht mit Bestimmtheit vorher zu sagen, wo sie eine neue Heimath finden, ob nahe ihrem Ursprung, oder weiter davon entfernt, denn sie sind in die feinsten Quelladern des grossen Wasserstroms gerathen, der die Erde durchzieht und umkreist, und diesem können sie nur entzogen werden, wenn sie mit Stoffen, oder physikalischen Verhältnissen zusammentreffen, die sie zu fesseln vermögen.

Die für die schweren Metalle geschilderten Vorgänge wiederholen sich in analoger Weise bei den übrigen Körpern. — Kieselsäure, Kalk, Magnesia, Kali, Natron, Schwefelsäure, Chlor sind so verbreitet und durch ihr unstätes Dasein jedem Geognosten so bekannt, dass wir sie hier über-

---

[1] Senfter, *Neues Jahrb. f. Mineral.* 1860, p. 690.

gehen können. — Zu den im grossen Ganzen wenig verbreiteten Körpern, die aber in den Mineralgängen und auf sonstigen Erzlagerstätten eine grosse Rolle spielen, gehören Baryt und Fluor, die im Schwerspath und Flussspath vorkommen. Der Ursprung dieser Körper ist auch in den Silicaten aufzufinden. Barytfeldspath oder Hyalophan ist im Ganzen selten, dagegen scheinen die Orthoklase der Granite und Gneisse sehr häufig kleine Mengen Baryt zu enthalten; Fr. Sandberger (a. a. O.) fand 0,22 bis 0,81 % Baryt in solchen des Schwarzwaldes. — In den Orthoklaskrystallen von Karlsbad ist 0,48 % Baryt enthalten. — Auch in Sanidinen und triklinen Feldspäthen ist ein Barytgehalt gefunden. Das Fluor stammt ohne Zweifel aus dem Glimmer, der diesen Körper bekanntlich enthält.

Man darf es als gewiss ansehen, dass alle in den Gängen und anderen Lagerstätten vorkommenden Stoffe sich dereinst mit Bestimmtheit aus den Urgesteinen werden ableiten lassen. — Da alle Mineralien, vielleicht mit Ausnahme des Goldes und Platins, im Wasser, und besonders im kohlensäurehaltigen, löslich sind, so kann ein einfacher Lösungsprozess sämmtliche Stoffe in Bewegung bringen; gewöhnlich ist die Lösung aber durch vorhergehende Zersetzung der Mineralien eingeleitet, die in sehr verschiedener, hier nicht zu schildernder Weise erfolgt.

Die krystallinischen Schiefer und die Eruptivgesteine gaben das Material zur Bildung der versteinerungsführenden Formationen her; wir werden also erwarten müssen, in diesen alle Stoffe ersterer wieder anzutreffen. — Sehr häufig finden wir manche dieser Stoffe nicht in den Gesteinen selbst, sondern in Spalten derselben abgelagert. Solche Spalten durchsetzen alle Gesteine und wird nun die Frage zu stellen sein, wie die Zuführung der Stoffe und die Abscheidung der Mineralien in den Spalten stattfand.

In Contractionsspalten, die sich auf ein Gebirgsglied beschränken und in diesem durch Auskeilen endigen (s. p. 313), kann das Ausfüllungsmaterial nur durch Auslaugung des nächsten Nebengesteins eingeführt sein, wobei allerdings nicht ganz ausgeschlossen, dass die auslaugenden Gewässer auch aus der Ferne Stoffe zuführten. Derselbe Vorgang ist auch in Dislocationsspalten denkbar, doch ereignet es sich bei diesen sehr viel häufiger, dass reichlich strömende Quellen Stoffe, die sie entfernt liegenden Gesteinen entlehnt hatten, absetzten.

Die Abstammung der Mineralien aus dem nächsten Nebengestein lässt sich mit Sicherheit nur daran erkennen, dass Stoffe, die in einem Gestein mehr oder weniger fein vertheilt vorkommen, neben den Gangspalten fehlen, oder in geringerer Menge vorhanden sind, dafür sich aber in den Spalten selbst concentrirter abgelagert finden. — Gewöhnlich ist durch die Auslaugung das Nebengestein der Spalten mürbe und porös geworden und zeigt eine gebleichte, oder aufgelöste Beschaffenheit. Setzen die Gänge dann aus dem veränderten, mürben Gestein in das frische, unveränderte hinein, dann hört auch die Erz- resp. Mineralführung auf und werden aus den Gängen und Trümmern, taube Klüfte.

Bei den Eisen- und Manganerzgängen der Typen Zorge, Ilfeld und Bergzabern (s. § 84, 85 u. 98) ist diese Abstammung der Ausfüllungsmassen meist zweifellos. Die chemischen Vorgänge dabei waren im Wesentlichen dieselben, die wir bereits oben, bei Schilderung der Genesis der derben Erzflötze, kennen lernten. (S. § 140 u. 141.) Da Eisen und Mangan, Kieselsäure, Kalk und Magnesia in den Gesteinen weit verbreitete Körper sind, wird sich die Abstammung der Eisen- und Manganerze, des Quarzes, Kalkspaths und Dolomitspaths, die in Gängen so häufig gefunden werden, jederzeit leicht nachweisen lassen, nachdem G. Bischof[1] einmal den richtigen Weg zum Verständniss der Genesis der Gangausfüllungen angebahnt hat. — Eine Beziehung zwischen der chemischen Zusammensetzung der Gesteine und dem Inhalte der Trümmer und Gänge tritt augenfällig hervor, denn es finden sich Quarztrümmer in sehr kieselsäurereichen Gesteinen, wie Sandstein, Grauwacke und Kieselschiefer, Kalkspathtrümmer in Kalksteinen u. s. w.

Bei den selteneren Körpern, wie Baryt, den schweren Metallen, ausser Eisen und Mangan, sind solche Beziehungen versteckter und nur durch feine chemische Untersuchungen aufzudecken. Fr. Sandberger verdanken wir sehr schöne, in dieser Richtung angestellte Beobachtungen. Er zeigt,[2] dass in dem porphyrartigen Granit von Achern bis zum Kinzigthal im Schwarzwald nur sehr wenig Schwerspathgänge vorkommen, weil der Feldspath dieses Granits nur geringe Mengen Baryt enhält und schwer verwittert, während der nicht porphyrartige Granit bei Schapbach, Wittichen, Alpirsbach, Schiltach, St. Blasien etc., dessen Feldspath reich an Baryt ist (0,22 %) und leicht verwittert, überall da von Schwerspathgängen durchzogen wird, wo sich das Gestein im verwitterten Zustande befindet. Die bedeutendsten Schwerspathgänge schliesst aber im Schwarzwalde der Gneiss ein, weil sein leicht verwitternder Feldspath den höchsten Barytgehalt (0,81 %) besitzt.

Die Entdeckung, dass in den Augiten der Diabase und in dem Olivin der Olivingesteine Kupfer, Nickel, Kobalt und andere schwere Metalle enthalten sind, erklärt das Auftreten von Kupfer-, Kobalt- und Nickel-

---

[1] *Ueber d. Entstehung d. Quarz- u. Erzgänge. Neues Jahrb. f. Mineral.* 1844, p. 257.

[2] *Berg- u. Hüttenm. Zeitung.* 1877, p. 377,

erzgängen (s. § 86 u. 87) in denselben auf eine sehr befriedigende Weise, um so mehr, da viele dieser Gänge nachweislich immer nur in den aufgelösten Gesteinspartieen Erze führen.

Das Nebengestein der Erzgänge von Wittichen (s. p. 177), ein Granit, enthält nach FR. SANDBERGER alle Stoffe, welche zur Bildung der Gangarten, Kalkspath, Braunspath, Eisenspath, Schwerspath, Flussspath und Quarz, erfoderlich sind, und zwar 1,57 % Kalk, 1,64 % Magnesia, 3,43 % Eisen und kleine Mengen von Baryt im Feldspath und Fluor im Glimmer. Aus den Kiesen der Hornblendeschiefer, welche in der Nähe der Erzgänge abgelagert sind, leitet FR. SANDBERGER den Nickel-, Kobalt- und Arsenikgehalt der Erzgänge ab, und macht es wahrscheinlich, dass auch der Schwefel zur Bildung des Schwerspaths und der Erze von daher eingeführt ist, da sich dieser im Granit nicht in genügender Menge auffinden lässt. Woher das Silber stammt, ist, trotzdem ein kleiner Gehalt dieses und anderer Metalle im Glimmer des Granits[1] entdeckt ist, doch noch recht zweifelhaft.

Hoch interessant sind die Beziehungen zwischen dem Metallgehalt des Glimmers in den Gneissen und Graniten des Spessart's und Schwarzwaldes und den daselbst bebauten Erzgängen, die FR. SANDBERGER[2] ebenfalls aufgedeckt hat. Der dunkle Glimmer im Gneiss des Spessart's enthält kleine Mengen von Kobalt, Arsenik, Kupfer, Wismuth und kein Blei und dem entsprechend führen die Gänge von Bieber, Alzenau, Sommerkal etc. Speisskobalt, Kobaltfahlerz, Kupferkies, Buntkupfererz und keinen Bleiglanz. In dem Glimmer des Granits von Wittichen ist etwas Silber, Arsenik, Wismuth, Kobalt, Nickel, wenig Kupfer und kein Blei vorhanden und die Gänge enthalten vorwiegend arsenikhaltige Silber-, Kobalt- und Nickelerze und wiederum keinen Bleiglanz. Ueberraschend und gewiss nicht zufällig ist es nun, dass, dem Gehalt des Glimmers im Gneiss von Schapbach[3] an Blei, Kupfer, Kobalt und Wismuth entsprechend, die Gänge Bleierze und nur Spuren arsenikhaltiger Erze führen.

Sicher wird es gelingen, ferner derartige Beziehungen aufzufinden, schwerlich aber jemals nachzuweisen, dass ausnahmslos der Inhalt der Erzgänge aus dem unmittelbaren Nebengestein herstammt. Die Gänge werden ja theils durch Sickerwasser gefüllt, welche aus dem Nebengestein kommen, theils aber auch durch reichlich fliessende Quellen, die weite Wege zurücklegen und die Stoffe weit transportiren.

---

1 *Berg- u. Hüttenm. Zeitung.* 1877, p. 391.

2 *ibid.* 1877, p. 392.

3 A. KILLING, *Neues Jahrb. f. Mineral.* 1878, p. 657.

Um nur ein Beispiel anzuführen, mag auf die Erzgänge von Clausthal hingewiesen werden. — Selbst wenn es gelänge kleine Mengen von Blei, Kupfer und Zink in den Culmgrauwacken und Thonschiefern aufzufinden, wird es doch Niemand begreiflich machen können, dass damit die Quelle des Erzreichthums der Clausthaler Gänge erschlossen ist, denn die neben den Gängen liegende Zersetzungszone steht, ihrer Ausdehnung nach, in keinem Verhältniss zu den in den Gängen liegenden Erzmassen. Man ist hier gezwungen anzunehmen, dass der Metallgehalt aus tief liegenden Gesteinen stammt, die ausgelaugt wurden. Noch jetzt zeigt sich der Zusammenhang zwischen Erzgängen und Mineralquellen an vielen Orten. Daubrée hat das für Plombières (s. p. 286), H. Müller[1] für das nördliche Böhmen und Sachsen, und Phillips für Californien nachgewiesen.

Die Mineralien in den Erzgängen sind Niederschläge beziehungsweise Krystallisationen aus wässerigen Lösungen. Erkennt man diesen Satz als richtig an, so eröffnet sich ein weites Feld für die Speculation über die etwaige Natur der Lösung selbst und des Niederschlagsmittels. Das Beobachtungsmaterial, welches das Fundament dieser Speculationen bilden muss, ist in den Paragraphen 130 bis 138, der Hauptsache nach, niedergelegt. Es würde zu weit führen in alle Einzelheiten einzugehen.

Wie man sich die Auslaugung des Eisens und Mangans aus den Gesteinen, und die Ablagerung der Eisen- und Manganerze in Spalten zu denken hat, ist schon erwähnt. (S. p. 326.) Hinzuzufügen wäre noch, dass schwerlich aus einer Lösung von kohlensaurem Eisenoxydul in kohlensäurehaltigem Wasser der Spatheisenstein in Gangspalten durch Verdunsten der Kohlensäure ausgeschieden sein kann. — Wir müssen uns nach einem Fällungsmittel umsehen und können dieses in kieselsauren Alkalien finden, die bei Zersetzung des Nebengesteins aus demselben ausgelaugt wurden; diese entziehen dem kohlensauren Eisenoxydul ganz langsam das Lösungsmittel, die Kohlensäure, indem sich kohlensaure Alkalien bilden und Kieselsäure frei wird, welche oft als Quarz mit dem Spatheisenstein verwachsen vorkommt. (S. § 99.)

Die ursprünglichen Metallverbindungen in den Gängen sind entschieden die immer in der Tiefe auftretenden geschwefelten Erze, (s. p. 81) und liegt der Kern einer jeden chemischen Gangtheorie in der Erklärung der Bildung derselben. Die jetzt herrschende Ansicht kommt ganz auf das hinaus, was oben von der Bildung der Schwefelmetalle innerhalb der geschichteten Lagerstätten gesagt ist. (S. p. 302 u. 307.) Will man nicht Schwefelwasserstoff als gegeben voraussetzen und annehmen, dass sich derselbe in unbekannter Tiefe entwickelt und dann aufsteigt, so hat

---

[1] v. Cotta, *Gangstudien.* Bd. III. 1860, p. 261.

man zu der Hypothese zu greifen, dass der Schwefel in Form von schwefelsauren Salzen in die Spalten gelangt ist und diese durch organische Körper reducirt wurden. Wo wir solche reducirende Mittel in und neben den Gangspalten finden, und das ist in sedimentären Gesteinen meist der Fall, da ist die Erklärung leicht, wo aber organische Körper fehlen, geräth man in Verlegenheit. Es ist sehr wohl möglich, dass ähnliche Vorgänge in grosser Tiefe innerhalb der Gangspalten stattfanden, wie diejenigen, bei welchen Sénarmont, mit Zuhülfenahme grossen Drucks und hoher Temperatur, Eisenkies, Zinkblende, Bleiglanz, Haarkies und Kupferkies erhielt. (S. p. 295.)

Die Vertheilung von tauben Mitteln und Erzmitteln innerhalb der Spaltenräume lässt sich durch die Circulation der Lösungen und die Verbreitung der Niederschlagsmittel in analoger Weise, wie bei den geschichteten Lagerstätten, (s. p. 307 u. 308) erklären.

§ 153. Einfluss des Nebengesteins. Die Thatsache, dass Gänge in einzelnen Gesteinen, oder bestimmten Modificationen derselben, Erze führen, in anderen nicht, welche kurz als „Einfluss des Nebengesteins“ bezeichnet wird, ist durch chemische Reactionen zwischen den Bestandtheilen des Nebengesteins und den in den Spalten und Poren des Gesteins circulirenden Flüssigkeiten zu erklären.

1. Einfluss des Nebengesteins ist es, wenn ein Gang aus aufgelöstem resp. verwittertem Gestein in frisches, unverwittertes Gestein übertritt und dabei seine Erzführung verliert. (S. p. 326 u. 327.) Die Erklärung ist, wenn der Ganginhalt ein Auslaugungsproduct des Nebengesteins ist, sehr leicht zu finden. Fand die Auslaugung durch die Atmosphärilien statt, so werden die nahe der Tagesoberfläche liegenden, verwitterten Gesteinsmassen erzführende Trümmer oder Gänge enthalten, welche aber beim Niedersetzen in die frischen Gesteine der Tiefe vertauben. (Vergl. auch p. 82.)

2. Beim Uebersetzen der Gänge aus massigen Gesteinen in die angrenzenden Sedimente tritt gewöhnlich ein Vertauben ein. Die Paragraphen 84 bis 94, welche von den Gängen in massigen Gesteinen handeln, enthalten eine grosse Zahl von Beispielen, welche das Gesagte bestätigen. — Die Ursache kann eine verschiedene sein. Entweder stammt die Ausfüllungsmasse aus dem Nebengestein und kam in den Spalten, in nächster Nähe des Ursprungs, zur Ablagerung, konnte also, da sie rechtzeitig fixirt wurde, nicht weit transportirt werden, oder es enthielt das massige Gestein, — und zwar dies ausschliesslich — diejenigen Stoffe, welche zur Fällung einer zuströmenden, metallischen Lösung dienten.

3. Höchst merkwürdig, und der Deutung weiten Spielraum lassend, ist es, dass innerhalb geschichteter Gesteine einzelne Schichten einen

besonders günstigen Einfluss auf die Erzführung der Gänge ausüben. Die eclatantesten Beispiele liefert der Typus Kobaltrücken. (S. § 105.) Man kann zweifelhaft sein, ob das Kupferschieferflötz, da wo es von den Rücken durchsetzt wird, ausgelaugt wurde und die Mineralien der Rücken direct lieferte, oder ob es die Stoffe enthielt, welche zur Fällung der in den Rücken aufsteigenden Erzlösungen nothwendig waren.

Durch H. Müller[1] ist ermittelt, dass der graue Gneiss im sächsischen Erzgebirge der Erzführung der Gänge günstig ist, während der rothe Gneiss einen ungünstigen Einfluss ausübt, und Th. Scheerer's[2] chemische Untersuchungen dieser Gneissvarietäten machen es wahrscheinlich, dass der sehr eisenreiche Glimmer des grauen Gneisses, der eine präcipitirende Wirkung auf die Erzlösungen auszuüben im Stande war, die Ursache davon ist.

Durch den Einfluss des Nebengesteins ist man berechtigt die Erscheinung der Erzfälle, Erzsäulen und anders gestalteter Erzmittel zu erklären, wenn nämlich deren Verlauf mit dem Schnitt der, der Erzführung günstigen Schichten durch die Gangebene zusammenfällt.

4. Auch die Thatsache, dass an den Schaarungslinien und Kreuzlinien der Gänge sich vielfach die reichsten Erzmittel finden, gehört in diese Kategorie, insofern dabei der eine Gang als günstiges Nebengestein des anderen zu betrachten ist. — Gewöhnlich ist aber die Ursache darin zu suchen, dass an den bezeichneten Linien die Gangräume am weitesten geöffnet waren, und, in Folge davon, die Erzsolutionen hier am reichlichsten zuströmten.

5. Schliesslich ist noch zu bemerken, dass v. Beust[3] in der Bränder Abtheilung des Freiberger Bergreviers nachwies, dass eine Trümmerzone, welche die Gänge schneidet, einen günstigen Einfluss auf die Erzführung ausübt. — Derartige Beobachtungen, dass Gänge in zertrümmerten Gesteinen eine andere, und meist günstigere Beschaffenheit haben, sind vielfach gemacht. Es können die Trümmer die Auslaugung des Gesteins befördern und auf diese Weise günstig wirken, oder sie waren die Kanäle, durch welche die Erzsolutionen den grösseren Gängen reichlich zugeführt wurden, sei es aus nächster Nähe, oder aus entfernter liegenden Regionen.

Ob es übrigens nur chemische Reactionen waren, durch welche das Nebengestein einen günstigen Einfluss ausübte, ist sehr zweifelhaft, und muss v. Cotta[4] vollkommen beigepflichtet werden, wenn er dem ver-

---

[1] v. Cotta, *Gangstudien.* Bd. I. 1850, p. 101.

[2] *Zeitschr. d. d. geol. Gesellsch.* 1862, Bd. 14, p. 233.

[3] v. Beust, *Ueber ein Gesetz der Erzvertheilung.* 1855, 2. Heft, 1858.

[4] *Erzlagerstätten* I, p. 149.

schiedenen Wärmeleitungsvermögen, der specifischen Schwere, der grösseren, oder geringeren Porosität der Gesteine und electrischen Strömungen ebenfalls einen Einfluss zuschreibt.

§ 154. Verschiedene Theorieen über die Ausfüllung der Gangspalten. Frh. v. Herder hat die Theorieen, welche über die Ausfüllung der Gänge aufgestellt sind, in folgender Weise eingetheilt:

a. Congenerationstheorie,
b. Lateral-secretionstheorie,
c. Descensionstheorie,
d. Ascensionstheorie.

Man kann leicht nachweisen, dass alle diese Theorieen, innerhalb gewisser Grenzen, ihre Berechtigung haben.

a. Die Congenerationstheorie nimmt an, dass die Gänge gleichzeitig mit ihrem Nebengestein entstanden sind. Für die Contractionsspalten (s. p. 314), welche während der Verfestigung des Gesteins sich bildeten und ausgefüllt wurden (Primärtrümmer), ist diese Theorie auch vollkommen richtig.

b. Die Lateral-secretionstheorie erklärt, dass das Ausfüllungsmaterial aus dem Nebengestein stammt. Es ist gezeigt, dass in der That sehr viele Gänge durch Sickerwasser ausgefüllt sind, welche das Nebengestein auslaugten, und somit ist es klar, dass diese Theorie für viele Gangbildungen Geltung hat (s. p. 325 ff.).

c. Die Descensionstheorie behauptet, dass das Ausfüllungsmaterial von Tage in die Spalten hinein gekommen ist. — Es giebt kaum Fälle, in denen sich ein solcher Ursprung erweisen liesse, mit Ausnahme der von oben, mit Sand und Schlamm erfüllten Sedimentärgänge Weissenbach's. (S. p. 318.)

d. Die Ascensionstheorie ist die Theorie, nach welcher die Ausfüllungsmassen der Gänge aus der Tiefe aufstiegen, und zwar entweder im feuerflüssigen Zustande (Injectionstheorie), oder in Gasform (s. p. 322) (Sublimationstheorie), oder als Wasserquelle (Infitrationstheorie) (s. p. 328). Eruptivgesteine sind in Spalten aufgestiegen und haben Gesteinsgänge gebildet; — auf solche Gänge passt die Injectionstheorie. (Vergleiche: Massige Lagerstätten und p. 318.) Sublimationsproducte haben unzweifelhaft Spalten in heissen Eruptivgesteinen erfüllt, und dass heisse Quellen Gangmassen abgesetzt haben, ist durch sehr viele Beispiele zu erweisen.

So sehen wir also, das eine Erklärung nicht für alle Gänge passt, und dass die verschiedenen Forscher, welche die angeführten Theorieen aufstellten, nur darin fehlten, dass sie, aus einzelnen Fällen, richtig abgeleitete Anschauungen unlogisch verallgemeinerten.

Will man die Gänge nach der Art ihrer Ausfüllung benennen, so wird das zweckmässig mit Anwendung der HERDER'schen Ausdrücke geschehen können, und hat man dann zu unterscheiden:

a. Congenerationsgänge (Ausscheidungsgänge).
b. Lateral-secretionsgänge (Sickergänge).
c. Descensionsgänge (Sedimentärgänge).
d. Ascensionsgänge.
 α. Injectionsgänge (Massige Gänge).
 β. Sublimationsgänge.
 γ. Infiltrationsgänge (Quellengänge).

§ 155. Höhlenfüllungen. (S. § 114 bis 122.) Höhlen können in Eruptivgesteinen durch Gasentwickelung, innerhalb der noch flüssigen Masse, entstehen. — Solche Höhlen, welche sich in den sogenannten Mandelsteinen finden, sind niemals sehr gross und nur sehr selten mit metallischen Mineralien erfüllt; sie gehören daher, mit wenigen Ausnahmen, z. B. den mit gediegenem Kupfer erfüllten Mandeln im Melaphyr-Mandelstein am oberen See (s. p. 160), nicht in das Bereich der Erzlagerstättenlehre. Die meisten Höhlen in den Gesteinen sind durch Wasser gebildet. Wir können hier davon absehen, dass durch Weglösen einzelner Gesteinsbestandtheile und durch metamorphische Prozesse, Gesteine verschiedenster Art porös und drusig geworden sind, da es nur selten vorgekommen ist, dass sich in solchen Hohlräumen metallische Fossilien in so grosser Menge ansammelten, dass Erzlagerstätten entstanden.

In den am leichtesten löslichen Gesteinen, Gyps, Kalkstein und Dolomit, bilden sich dadurch grössere Höhlen, dass das in ihnen circulirende Wasser zunächst den Klüften folgt, diese erweitert und überall da seitwärts eindringt, wo besonders leicht lösliche Gesteinspartieen getroffen werden. Die durchaus unregelmässige, schlauchförmige Gestalt solcher Höhlen ist also bedingt, einestheils durch ursprüngliche Zerklüftung, anderentheils durch die Vertheilung schwerer und leichter löslicher Gesteinspartieen. — Vielfach folgen die ausgewaschenen Räume wesentlich nur den Klüften selbst und nehmen dadurch gangartigen Charakter an; dann pflegen sich aber da, wo sie an Schichtungsklüfte heransetzen, letztere zu lagerartigen Räumen zu erweitern, wie das so ausgezeichnet bei den Lagerstätten Englands der Fall ist. (S. p. 245.)

Gyps, Kalkstein und Dolomit sind die höhlenbildenden Gesteine; merkwürdiger Weise sind Füllungen mit metallischen Fossilien, also Erzlagerstätten, aber nur auf die Kalksteine und Dolomite beschränkt, nicht auch im Gyps entwickelt.

Neben die Höhlen, welche ringsumher von Kalksteinen und Dolomiten eingeschlossen werden, sind die mit der Tagesoberfläche im directen Zusammenhang stehenden Auswaschungsräume zu stellen, die, entweder schlauch- und schachtförmig, bis in relativ grosse Tiefe niedersetzen, oder nur topf- und flachbeckenförmige Vertiefungen bilden. Eigenthümlich ist allen diesen Räumen, ihrer Bildung gemäss, dass ihre Wände glatt geleckt und dabei napfförmig ausgehöhlt erscheinen. — Aus den Wänden vorstehende, oder in den Räumen lose eingeschlossene Blöcke haben immer abgerundete, nie scharfe Kanten.

Was nun die Ausfüllungsmassen der Höhlen anbetrifft, so ist, vom theoretischen Standpunkt aus, im Grunde nichts Neues zu dem hinzuzufügen, was bereits über die Spaltenausfüllungen gesagt ist. Die Thone, welche sehr häufig die Höhlen mehr oder weniger vollständig füllen, und Erze in abgerundeten Bruchstücken, Knollen, Nieren etc. einschliessen, sind nichts Anderes als die thonigen Rückstände, welche bei der Lösung der Kalksteine und Dolomite zurückblieben. In den Hohlräumen, welche von Tage aus niedersetzen, sind Einschwemmungsproducte aller Art zu finden; so sind die mit Bohnerz erfüllten Höhlen der Sammelplatz von allerhand Detritus und Versteinerungen aus den verschiedensten Formationen. Alle diese Massen entsprechen den Ganggesteinen der Spaltenfüllungen, doch ist es sehr charakteristisch, dass man hier keine in dem Raume selbst gebildeten Zerreibungsproducte findet, sondern immer nur Lösungsrückstände und Einschwemmungsproducte.

Wenn man, — wie so ausgezeichnet in der Bleiglanzregion des oberen Mississippi, in Raibl und an anderen Orten —, die Erze, Bleiglanz, Zinkblende etc. in Krusten und Stalactiten findet, so ist an einer Ausscheidung aus einer Lösung in mit letzterer oder Gas (Luft) erfülltem Raume gar nicht zu zweifeln. Liegt aber, — wie in Oberschlesien, zu Welkenrädt in der hangenden Partie, und an anderen Stellen —, das Erz in Klumpen, Nieren und Körnern in Letten oder Thon eingeschlossen, dann tauchen bezüglich einer solchen Bildung Zweifel auf.

Es wird wieder die Frage nach der Abstammung der Erze aufzuwerfen sein. — Sieht man das Erzvorkommen am oberen Mississippi, in Oberschlesien, in den Alpen etc. eine ausgesprochene Niveaubeständigkeit einnehmen und mit wirklich lagerartigen Bildungen (feste Bleierzlage bei Tarnowitz, Zinkblendelager in Oberschlesien, Erzflötze bei Phillippeville und Welkenrädt etc.) in Verbindung stehen (s. p. 104), dann entscheidet man sich wohl dahin, dass die Erze dieser Lagerstätten ursprünglich mit den Schichten abgesetzt wurden und später erst durch zudringende Wasser ihren Ort veränderten, theils wirklich in Lösung kamen und dann in Hohlräumen auskrystallisirten, theils als Lösungsrückstände im Thon eingehüllt, in Form von Klumpen, Körnern und Nieren, zurückblieben. — Dabei ist es nun aber gar nicht ausgeschlossen, dass die Lösungen die Stoffe auch weit weg transportiren konnten, ja, dass in einigen Fällen auch metallhaltige Quellen aus unbekannten Tiefen aufstiegen, in den Kalksteinen Höhlen auswuschen und Erze absetzten. — Es ist das aber allgemein gar nicht, und in den einzelnen Fällen immer nur sehr schwer zu ermitteln.

Trifft man in den gesunden Kalksteinen Erze in Krystallen ausgeschieden und dabei eine ausgesprochene Niveaubeständigkeit, so muss jedenfalls die erste Ansicht mehr anmuthen als die letztere, die über den eigentlichen Ursprung der Erze gar nichts aussagt. — Klüfte (Blätter), welche das Gestein verwerfen, kann man, wenn neben ihnen erzerfüllte Höhlen liegen (Raibl), als Zuführungscanäle ansehen, doch muss man wohl bedenken, dass dieselben Betrachtungen, welche bezüglich der die geschichteten Lagerstätten durchsetzenden Klüfte angestellt wurden (s. p. 304 u. 306), auch hier Geltung haben. Ueber die muthmaassliche Entstehungsweise der Höhlenfüllungen der Typen Bohnerz und Huelva (§§ 120 und 122) sind bereits früher Andeutungen gemacht.

§ 156. **Metamorphische Lagerstätten** (§§ 94, 114 bis 123 etc.). Erschien es nicht zweckmässig, die metamorphischen Lagerstätten in den Schilderungen des dritten Abschnitts gesondert zu behandeln (s. p. 235), um nicht naturgemäss Zusammengehöriges, dem System zu Liebe, zu trennen, so ist eine solche Trennung in diesem, der Theorie gewidmeten Abschnitte nicht nur wünschenswerth, sondern nothwendig.

Zu den metamorphischen Lagerstätten rechnen wir alle Gesteine, die durch irgend einen metasomatischen Umwandlungsprozess mehr oder weniger vollständig in Erz umgewandelt sind.

1. Die Serpentine sind sämmtlich aus Gesteinen hervorgegangen, welche Magnesiasilicate, Olivin, Augit, Enstatit etc. in grosser Menge enthalten, oder ganz aus ihnen bestehen. — Durch Wasseraufnahme gehen die wasserfreien Magnesiasilicate in Serpentin über, und dabei scheidet sich der Eisengehalt in Form von Magneteisen, oder Chromeisenstein ab. — Man bemerkt immer sehr deutlich, wie die Menge des Erzes proportional dem fortschreitenden Serpentinisirungsprozesse zunimmt. Auf diese Weise sind die Lagerstätten des Typus Wooded Peak (§ 80) und zum Theil auch die des Typus Taberg (§ 78) entstanden. Wir haben hier also einen Fall vor uns, in dem ein bereits in dem Gestein fein vertheilter Metallgehalt durch Metamorphose in einer anderen Form concentrirter zur Ablagerung gelangt ist.

Gewöhnlicher ist es, dass der Metallgehalt von Aussen in ein, an und für sich metallleeres oder metallarmes Gestein geführt wurde, und in diesem einzelne Bestandtheile, oder auch die ganze Gesteinsmasse, in Erz verwandelte.

2. In den Zinnerzgruben von Cornwall sind Pseudomorphosen eines

Gemenges von Zinnstein und Quarz nach Feldspath vorgekommen. — G. Bischof hat die Bildung derselben dadurch erklärt, dass er die Löslichkeit des Zinnsteins in, kohlensaure Alkalien enthaltendem Wasser nachwies. Wird ein Feldspath enthaltendes Gestein, welches fein vertheilte Zinnsteineinschlüsse enthält, zersetzt, so kommen kohlensaure Alkalien und Kieselsäure in Lösung, und sind erstere im Stande den Zinnstein zu extrahiren. — Die so gebildete Zinn- und Kieselsäure enthaltende Flüssigkeit kann, wenn sie auf Feldspath einwirkt, diesen auflösen und Zinnstein und Quarz an seiner Stelle abscheiden. Dieser Prozess scheint in sehr grossem Maassstabe bei der Bildung vieler Zinnsteinstockwerke vor sich gegangen zu sein (s. § 94), wenigstens weisen die am Zinnsteinstockwerk des Altenberges im sächsischen Erzgebirge gemachten Beobachtungen sehr deutlich darauf hin (s. p. 181). Ob der Zinngehalt der Zinngranite ursprünglich ist, letztere also zu den massigen Lagerstätten gehören, bleibt unentschieden.

3. Im grossartigsten Maassstabe sind Kalksteine und Dolomite aller Formationen in Zink-, Eisen- und Manganerze umgewandelt worden. — Das Verständniss der Genesis der so gebildeten Lagerstätten ist sehr leicht, da dieselben die Erze in der Nähe von Gesteinsklüften am reinsten enthalten und weiter entfernt von den Klüften, Gemenge von Erz und Gestein führen, die in reines Gestein übergehen (s. p. 255). In Zinkspath, Brauneisenstein, Rotheisenstein oder Manganerze umgewandelte Versteinerungen, sowie Pseudomorphosen dieser Mineralien nach Kalkspath, die oft genug vorkommen, sind fernere Beweise für die Entstehung der Lagerstätten durch Umwandlung des Kalksteins resp. Dolomits.

Von den Carbonaten des Kalks, des Zinks, Eisens und Mangans ist das des Kalks in Kohlensäure enthaltendem Wasser am leichtesten löslich. Fliessen also die Carbonate des Zinks, Eisens und Mangans über Kalkstein, so wird letzterer aufgelöst, und setzen sich Zinkspath, Spatheisenstein und Manganspath an seine Stelle. — Das ist der einfache Vorgang. — Die Bildung des Brauneisensteins, Rotheisensteins und der oxydischen Manganerze ist durch eine Umwandlung der Carbonate zu höheren Oxydationsstufen, in Folge Sauerstoffaufnahme und Kohlensäureverlust, zu erklären.

Der Urspung der metallischen Lösungen kann in nächster Nähe, oder auch in weiterer Ferne liegen. — Spalten, welche geeignet sein konnten die Lösungen zuzuführen, lassen sich immer auffinden. Viele Forscher nehmen an, dass die Bildung in einem Concentrationsprozess des in dem Kalkstein, oder Dolomit selbst enthaltenen Metallgehalts besteht, (s. p. 250 u. 256) zum Beispiel in der Weise, dass aus einem eisen- oder manganhaltigem Kalkstein der Kalk weggelöst wird, und das Eisen resp. Mangan in Form von Oxyden zurückbleibt.

Auch Schwefelmetalle, Schwefelkies oder Zinkblende, die mit dem Kalkstein, oder Dolomit gleichzeitig abgelagert waren, konnten sich zu löslichen schwefelsauren Salzen oxydiren, die, wenn sie mit Kalkstein in Berührung kamen, Gyps und kohlensaure Metallsalze bildeten. (S. p. 240.)

Nichts hindert anzunehmen, dass mehrere dieser Vorgänge gleichzeitig stattfanden.

4. Die letzte Art metamorphischer Lagerstätten, welche hier berücksichtigt werden muss, ist die, welche am Contact von massigen und sedimentären Gesteinen entwickelt ist. — Diese Lagerstätten wurden in dem Typus Christiania (§ 123) vereinigt.

Die Theorie der Contactmetamorphose besteht in Kürze darin, dass die im feuerflüssigen Zustande emporgedrungenen Eruptivgesteine die angrenzenden Sedimente verändert haben, und zwar einestheils durch Hitzewirkung, anderentheils durch bei der Eruption aufsteigende Quellen überhitzten Wassers.

Hitzewirkung hat zur Bildung von besonderen Lagerstätten wohl niemals allein beigetragen, sie macht sich aber da geltend, wo Eruptivgesteine mit fertigen Lagerstätten in Berührung treten, wie die Umwandlung des Spatheisensteins, im Gange der Grube Louise bei Horhausen, in Magneteisenstein neben einem Basaltgange zeigt. (S. p. 191.)

Aufsteigenden Quellen überhitzten Wassers, welche Thonschiefer und Grauwacken in Hornfelse, gewöhnliche Kalksteine in körnige Kalksteine umwandelten und letztere mit Silicaten, Granat, Vesuvian, Grammatit, Tremolith, Wollastonit etc. erfüllten, kann man sehr wohl die Bildung jener unregelmässig gestalteten, geschwefelte und oxydische Erze führenden Lagerstätten zuschreiben, die dem Typus Christiania zugehören. — Hier geben wieder die Versuche Daubrée's, Sénarmonts und anderer Forscher über die intensive lösende und chemisch reagirende Wirkung der Stoffe bei hohem Druck und hoher Temperatur (p. 294 u. 295). Anhaltspunkte zu einer Theorie, welche im Einzelnen zu entwickeln einer späteren Zeit vorbehalten ist.

§ 157. **Das Alter der Hohlraumsfüllungen und der metamorphischen Lagerstätten.** Jede Hohlraumsfüllung und jede metamorphische Lagerstätte ist jünger als das Gestein, in welchem sie eingeschlossen ist. — Kann man das geognostische Alter des letzteren ermitteln, so ist man der Altersbestimmung der Lagerstätte um so näher gerückt, je jünger das Gestein ist. — Lagerstätten, welche die ältesten Gebilde der Erde die wir kennen, die krystallinischen Schiefer, durchsetzen, können, wenn nicht besondere Erscheinungen die Zeit genauer bezeichnen, in irgend einer Periode der uns unermesslich dünkenden Zeiträume gebildet sein, die seit der Ablagerung derselben verstrichen. Ob sich gegenwärtig Erzlagerstätten bilden, die Eisenerze ausgenommen, die als Raseneisensteine unter unseren Augen wachsen, ist zweifelhaft. Kein sicheres Anzeichen giebt sich dafür an der Tagesoberfläche kund; möglich aber, dass die Bildung in der Tiefe vor sich geht.

Während der Tertiärperiode haben sich da, wo Eruptivgesteine emporgedrungen sind, reiche Erzgänge und metarmorphische Lagerstätten entwickelt. Die Eruptionen der Propylite Ungarns und Amerikas haben ein eocänes, oder miocänes Alter, und wenn die in ihnen aufsetzenden, reichen Gold- und Silbererzgänge ihr Dasein der späteren Eruption des Trachyts wirklich verdanken, (s. p. 164. f. f.) so bestimmt sich das Alter derselben als ein pliocänes. Da einige im Glimmerschiefer aufsetzenden Silbererzgänge von Joachimsthal im sächsischen Erzgebirge in tertiäre Basalt- und Wackengänge einschneiden, so muss das Alter derselben ein tertiäres sein; dasselbe gilt von den Bleierzgängen der Sierra de Carthagena in Spanien, die aus silurischen Thonschiefern in Trachyte übersetzen. Sind die Erzmassen von Rodna und Offenbánya in Siebenbürgen Contactlagerstätten der Grünsteintrachyte (Propylite), so ist damit ihr Alter auch als ein tertiäres bestimmt.

Zweifelhaft, ob dem Tertiär, oder der Kreideformation angehörig, jedenfalls aber nicht älter, sind die an die Durchbrüche von Eruptivgesteinen geknüpften Kupfer- und Bleierzlagerstätten Toscana's.

Einem tief eingreifenden Metamorphismus, in Folge der zur Zeit der Juraperiode erfolgten Graniteruptionen, dem Gesteine verschiedensten Alters unterlagen, verdanken die Goldquarzgänge Californiens ihre Entstehung. Da die Silbererzgänge Chili's und Bolivia's bei Chañarcillo, Caracoles etc. in oberjurassischen Kalksteinen aufsetzen, ist ihre Bildung sicher postjurassisch.

Die Gänge des Schwarzwaldes setzen aus Granit und Gneiss in Triasgesteine hinein, sind also jünger wie diese.

So liessen sich noch viele Beispiele anführen, deren Zahl sich mit dem Aelterwerden der Sedimente bis ins Ungemessene verliert.

Besonders erfreulich ist es nun aber immer, wenn man bei Lagerstätten, die sehr alte Formationen durchsetzen, nähere Anhaltspunkte zur Altersbestimmung findet. Das ist zum Beispiel bei den Goldquarzgängen Australiens der Fall, welche Silur und Devon, sowie die mit letzteren gleich altrigen Eruptivgesteine durchsetzen, aber nirgends in die darüber discordant ausgebreiteten Kohlengebirgsschichten übertreten; ferner bei Wexford in Irland, wo nach Lyell die im Silur und Granit aufsetzenden Blei- und Kupfererzgänge nirgends das Devon erreichen, dessen Schichten aber Bruchstücke der Gänge als Anschwemmungsproducte enthalten sollen.

Nehmen wir zu dem Gesagten hinzu, dass sich in den Kalksteinen und Dolomiten fast aller Formationen Höhlenfüllungen und metamorphische Zink-, Eisen- und Manganerzlagerstätten finden, so erkennen wir, dass die Erzbildung in allen Formationen ununterbrochen vor sich ging. Aus dem Umstande, dass Hohlraumsfüllungen und metamorphische Lagerstätten in jüngeren Gesteinen seltener, als in älteren gefunden werden, darf man nicht schliessen, dass sie sich in jüngeren Erdepochen seltener wie in älteren gebildet haben, denn die älteren Gesteine waren ja länger den zerspaltenden und umwandelnden Einflüssen ausgesetzt, als die jüngeren.

Ganz sicher ist es, wie wir sahen (s. p. 309 und 306), dass die geschichteten Lagerstätten in den älteren Formationen, — wenn wir wieder von den Eisenerzen absehen — viel häufiger sind, als in den jüngeren, ja, in Jura, Kreide und Tertiär kaum noch gefunden werden.

Ebenso sicher ist es, dass Hohlraumsfüllungen und metamorphische Lagerstätten innerhalb der Schichtgesteine da recht selten vorkommen, wo Eruptivgesteine fehlen, sich dagegen reichlich neben letzteren und besonders in den Zonen der Contactmetamorphose einstellen. Ausgezeichnete Beispiele dafür geben die Erzgebiete von Christiania, Tellemarken, Cornwall, Californien, Australien, Toscana, Aveyron und andere.

Die Eruptivgesteine sind als Erzbringer bezeichnet (s. p. 183), und erscheint es sehr wahrscheinlich, dass bei dem Emporsteigen derselben die unter hohem Druck und hoher Temperatur innerhalb der Tiefe in Lösung gebrachten Metalle emporgefördert wurden, um sich in höheren Niveaus in Spalten, Höhlen und metamorphischen Lagerstätten abzulagern. In den tiefsten Erdschichten sind die Metalle ursprünglich in grösster Menge abgelagert worden (s. p. 309), und später, zum kleinen Theil, durch local wirkende Umstände in Lösung gebracht und so, bei den Bewegungen der Erdrinde, emporgepresst.

§ 158. **Trümmerlagerstätten.** (S. §§ 124 bis 127.) Die Genesis der Trümmerlagerstätten ist eine sehr einfache. Sie ist durch die mechanisch zerstörende und aufbauende Thätigkeit des Wassers zu erklären, die als bekannt vorausgesetzt werden kann.

Schluss.

Vergebens sucht man bei einer Umschau im Gebiet der Erzlagerstätten nach einem Gesetz der Metall- resp. Erzvertheilung auf der Erdoberfläche. Weder eine Abhängigkeit von der geographischen Lage, noch von bestimmten Gesteinen, oder Formationen lässt sich entdecken. Die Idee, dass sich die schweren Metalle, vor Allen das Gold, am Aequator in grösserer Menge als an den Polen angehäuft findet, ist schon lange als grundlos erkannt, die Hypothese von bestimmten Metallzeitaltern ist hinfällig geworden, eine gesetzmässige Beziehung zwischen dem Auftreten der Erze und bestimmten Gesteinen hat man, mit Ausnahme des Zinnsteins, den man immer nur mit Graniten und Felsitporphyren vergesellschaftet glaubte, nie auffinden können. Die angeführte Ausnahme ist auch zu streichen, denn man hat kürzlich am Poggio del Fumacchio und Monte Valerio unweit Campiglia maritima[1] innerhalb einer Brauneisensteinlagerstätte, die an einen versteinerungsleeren, mehr oder weniger körnigen Kalkstein geknüpft ist (von den italienischen Geologen als „Infraliasico" bezeichnet), Zinnstein von brauner, oder grünlicher Farbe, in Schnüren und Trümmern mit Kalkspath und Quarz verwachsen, gefunden. Ferner ist Zinnstein bei Durango[2] in Mexico in Form glaskopfförmiger Inkrustationen (Holzzinn) auf Klüften eines Trachyts bekannt geworden. So ist denn jede Hoffnung schwinden zu lassen auf dem angedeuteten Wege die Gesetzmässigkeit, die, wie allen Naturerscheinungen, so auch den Erzlagerstätten innewohnt, zu erkennen.

Welchen Weg soll man denn aber einschlagen? Es ist gewiss kein Zufall, wenn man die einzelnen Typen der Erzlagerstätten, an den entferntesten Punkten der Erde, unter gleichen, oder ähnlichen geologischen Verhältnissen sich wiederholen sieht.

---

1 M. Braun, *Neues Jahrb. f. Mineral.* 1877, p. 498. — P. Herter, *Zeitschr. d. d. geolog. Gesellsch.* 1877, p. 194.

2 *Zeitschr. d. d. geol. Gesellsch.* 1869, p. 737.

In allen Formationen findet man Sphärosideritflötze unter wesentlich gleichen Umständen. Die Kalksteine und Dolomite, vom krystallinischen Schiefergebirge an bis zum Tertiär hinauf, sind local in Galmei, Brauneisenstein oder Manganerze metamorphosirt, oder von Blei-Zinkerzlagerstätten als Lager, oder als Höhlenausfüllung, begleitet. Kieslager, aus derbem Schwefelkies und Kupferkies zusammengesetzt, treffen wir in grosser Zahl im krystallinischen Schiefergebirge, Silur, Devon und Kohlengebirge mit sich merkwürdig gleichbleibenden Formen und gleichem inneren Bau. Kupfersandsteine sind bis jetzt nur im Zechsteingebirge und in der unteren Trias bekannt. Chromeisensteine sind stets an, in Serpertin umgewandelte Olivingesteine gebunden. Gesteine, die nach gewöhnlichem Sprachgebrauch als Grünsteine bezeichnet werden, enthalten an sehr vielen Stellen Kupfererze eingeschlossen. Da, wo Eruptivgesteine die Sedimente durchbrechen, sammeln sich in Spalten die Erze, die man weit entfernt von den Eruptionspunkten nur äusserst sparsam antrifft und gewöhnlich ganz vermisst. Wo die tertiären Schichten, sonst so arm an Erz, von Propylit und Trachyt durchbrochen werden, wie in Ungarn und Amerika, sind reiche Gold- und Silbererzgänge entwickelt, u. s. w.

Wie sich also gewisse Gesteine zu allen Zeiten der Erdgeschichte bildeten, wie einzelne Modificationen derselben an locale Bedingungen geknüpft sind und nur in engbegrenzten geologischen Perioden zur Ausbildung gelangten, so ist es auch mit den Erzlagerstätten. — Wir haben dieselben als geologische Gebilde aufzufassen (s. p. 84) und ihrer Entstehungs- und Entwickelungsgeschichte in diesem Sinne nachzuspüren; vielleicht enthüllen sich dann, wenn auch nach langer mühsamer Arbeit vieler Hände und Köpfe, die geheimen Gesetze ihres Daseins.

Ich habe in dem Vorstehenden zum ersten Male versucht, gestützt auf die Arbeiten so vieler ausgezeichneter Forscher, die Erzlagerstätten, von geologischen Gesichtspunkten ausgehend, nach Typen zu ordnen, und bin mir wohl bewusst, dass die Grenzen, die ich gezogen habe, sich noch vielfach verschieben lassen und, wenn unsere Kenntnisse tiefer werden, auch sicher verschoben werden müssen.

Es wird nun nothwendig sein, dass monographische Arbeiten erscheinen, die sich nicht allein auf einzelne Erzlagerstätten erstrecken, sondern auf Typen derselben, damit die charakteristischen Eigenthümlichkeiten derselben klarer hervortreten, damit man erkennen lernt, unter welchen geologischen Bedingungen die eine, oder andere Art von Erzlagerstätten sich entwickelt hat.

Dass es einmal gelingen wird, rückwärts schliessend, aus dem Zusammentreffen gewisser geologischer Bedingungen das Vorhandensein bestimmter Erzlagerstätten vorherzusagen, müssen wir erhoffen, so wenig Aussicht auch augenblicklich vorhanden ist, dies Ziel erreichen zu können.

Die Specialuntersuchungen, die grösseren umfassenden Arbeiten vorangehen müssen, haben nur dann Werth, wenn sie nicht auf flüchtigen, geognostisch-bergmännischen Touren gemacht sind, sondern auf eingehenden Localstudien beruhen. Vor Allem sind die Beziehungen der Erzlagerstätten zu dem geognostischen Bau der Gegend, in der sie liegen, durch genaue geognostische Aufnahmen im grossen Maassstabe zu ermitteln. Das ist bezüglich der Erzgänge so selten in genügender Weise geschehen, und wissen wir desshalb so wenig Specielles über die Ursachen der Spaltenbildung und ihres Erfülltwerdens zu sagen. — Die Formen der Erzlagerstätten sind nicht in idealen Skizzen, sondern mit markscheiderischer Genauigkeit darzustellen. — Nicht allein die den practischen Bergmann, oder Mineralienliebhaber interessirenden Mineralien sind zu untersuchen und zu beschreiben, sondern auch die mit ihnen zusammen einbrechenden Gesteine, und zwar mit allen Hülfsmitteln der Wissenschaft. Ein besonderer Werth ist auf die chemischen Untersuchungen zu legen, die, von G. Bischof angebahnt, jetzt in so vielversprechender Weise von Fr. Sandberger aufgenommen sind.

Es werden so viele Detailstudien in der Petrographie, Palaeontologie etc. gemacht, warum nicht mehr auf diesem schwierigen Gebiete, dessen Bearbeitung einen so hohen wissenschaftlichen und practischen Nutzen verspricht! Durch solche Detailstudien und richtige Verwerthung derselben zur Charakteristik der typischen Entwickelungsformen der Erzlagerstätten, werden wir uns auch auf diesem Gebiet geologischer Wissenschaft immer mehr der Wahrheit nähern.

Register.

Druck von Metzger & Wittig in Leipzig.

LEIPZIG,
DRUCK VON METZGER & WITTIG.